普通高等教育系列教材

软件工程理论与实践

吕云翔　编著

机 械 工 业 出 版 社

本书按照典型的软件开发过程来组织内容，旨在培养读者具备软件工程思想及实际软件开发的能力。全书共 14 章，主要内容包括软件工程与软件过程、软件需求分析、软件设计、软件编程与软件测试，以及软件维护与软件工程管理，如软件规模估算、进度计划、人员组织和软件开发风险管理等内容。

本书可以作为普通高校计算机相关专业“软件工程”课程的教材，也可以供学习软件工程的读者单独使用（包括参加计算机等级考试或相关专业自学考试）参考。

本书配套授课电子课件，需要的教师可登录 www. cmpedu. com 免费注册，审核通过后下载，或联系编辑索取（微信：15910938545，电话：010-88379739）。

图书在版编目(CIP)数据

软件工程理论与实践/吕云翔编著．—北京：机械工业出版社，2017. 3
(2022. 1 重印)
普通高等教育系列教材
ISBN 978-7-111-57143-8

Ⅰ. ①软… Ⅱ. ①吕… Ⅲ. ①软件工程-高等学校-教材
Ⅳ. ①TP311. 5

中国版本图书馆 CIP 数据核字(2017)第 129490 号

机械工业出版社(北京市百万庄大街 22 号 邮政编码 100037)
策划编辑：郝建伟 责任编辑：郝建伟
责任校对：张艳霞 责任印制：单爱军

北京虎彩文化传播有限公司印刷

2022 年 1 月第 1 版 · 第 6 次印刷
184mm×260mm · 22. 75 印张 · 552 千字
标准书号：ISBN 978-7-111-57143-8
定价：59. 00 元

凡购本书，如有缺页、倒页、脱页，由本社发行部调换

电话服务
服务咨询热线：(010)88379833
读者购书热线：(010)88379649

网络服务
机 工 官 网：www. cmpbook. com
机 工 官 博：weibo. com/cmp1952
教育服务网：www. cmpedu. com
金 书 网：www. golden-book. com

前　　言

软件工程是研究软件开发和管理的一门工程科学，是计算机学科及相关专业的主干课程，也是软件从业人员必不可少的专业知识。目前，软件工程的理论在我国各企业和部门的软件开发中得到了广泛应用，软件工程课程也受到了各大专院校相关专业的重视。

软件工程是一门理论与实践并重的课程。本书在讲述软件工程的基本概念、原理和方法的基础上，详细而全面地介绍了可以实际用于软件开发实践的各种技能。旨在使学生通过有限课时的学习后，不仅能对软件工程的原理有所认识，而且能具备实际开发软件的各种技能，比如熟练使用各种软件工程工具，按照标准和规范编写文档等。

本书共分为14章，内容涉及软件工程的基本原理和概念、软件开发生命周期的各个阶段、软件工程管理的相关内容、如何使用各种自动化工具来辅助软件开发的过程，以及课程设计。

本书与其他书的不同之处在于，除了讲述必要的软件工程理论之外，还通过实验讲述流行的软件开发工具（如软件绘图工具 Microsoft Visio、面向对象建模工具 Rational Rose、软件实现工具 Visual Studio、软件测试工具 UnitTest 和软件项目管理工具 Microsot Project 等），以及它们是如何应用于"'墨韵'读书会书籍共享平台"的开发的。附录对课程设计进行了指导，如怎样进行项目选题、组建团队、团队工作方式和项目进度安排等。附录B中所提供的"'墨韵'读书会书籍共享平台"（包括文档和代码）是学生在做课程设计中可供模仿的一个完整项目。所有这些使得软件工程的三要素——过程、方法和工具，在本书中得到了充分体现。

本书的理论知识的教学安排建议如下。

章　节	内　容	学 时 数
第1章	软件工程概述	2
第2章	软件过程	2
第3章	可行性研究及需求分析	2
第4章	结构化分析	2～4
第5章	面向对象方法与 UML	4～6
第6章	面向对象分析	4～6
第7章	软件设计	1～2
第8章	软件体系结构与设计模式	1～2
第9章	结构化设计	2～4
第10章	面向对象设计	4～6
第11章	软件编程	1
第12章	软件测试概述	1
第13章	软件测试方法与过程	4～6
第14章	软件维护与软件工程管理	2～4

建议先修课程：计算机导论、面向对象程序设计、数据结构和数据库原理等。

建议理论教学时数：32 ～ 48 学时。

建议实验（实践）教学时数：16 ～ 32 学时。

教师可以按照自己对软件工程的理解适当省略一些章节，也可以根据教学目标，灵活地调整章节的顺序，增减各章的学时数。

另外，与本书配套的各章节的部分习题的参考答案，以及教学 PPT 可在机械工业出版社教育服务网（www. cmpedu. com）的本书页面中免费注册下载。

本书在编写的过程中，得到了杨婧团队、傅博团队、张昊文团队、王子烈团队以及翁学平、刘宇翔、杨承昊的大力支持，在此表示感谢。感谢所有为本书做出贡献的同仁们。

由于软件工程是一门新兴学科，软件工程的教学方法本身还在探索之中，加之编者的水平和能力有限，本书难免有疏漏之处。恳请各位同仁和广大读者给予批评指正，也希望各位能将实践过程中的经验和心得与我们进行交流（yunxianglu@ hotmail. com）。

编　者

2017 年 6 月

目　录

第 1 章　软件工程概述

本章首先介绍什么是软件，包括软件的概念及特点，以及软件的分类；然后介绍软件危机，包括软件危机的表现与原因，以及软件危机的启示；接着对软件工程的出现、软件工程的概念和研究的内容，以及软件工程的目标和原则、知识体系和发展进行介绍；最后，对软件开发方法和软件工程工具进行阐述。

本章目标

- ❑ 了解软件的概念、特点及主要分类。
- ❑ 了解软件危机的产生原因及其表现。
- ❑ 掌握软件工程的概念，以及软件工程的基本原则。
- ❑ 了解软件开发的方法。
- ❑ 了解与软件开发项目相关的常用工具。
- ❑ 了解“‘墨韵’读书会书籍共享平台”案例。

1.1　软件

1.1.1　软件的概念及特点

人们通常把各种不同功能的程序，包括系统程序、应用程序和用户自己编写的程序等称为软件。然而，当计算机的应用日益普及，软件日益复杂，规模日益增大，人们开始意识到软件并不仅仅等于程序。程序是人们为了完成特定的功能而编制的一组指令集，它由计算机的语言描述，并且能在计算机系统上执行。而软件不仅包括程序，还包括程序的处理对象——数据，以及与程序开发、维护和使用有关的图文资料（文档）。例如，用户购买的 Windows 10 操作系统软件，它不仅包含可执行的程序，还有一些支持的数据（都放在光盘中），并且还包含纸质的用户手册等文档。Roger S. Pressman 对软件给出了这样的定义：计算机软件是由专业人员开发并长期维护的软件产品。完整的软件产品包括可在各种不同容量和体系结构的计算机上执行的程序，运行过程中产生的各种结果，以及以硬复制和电子表格等多种方式存在的软件文档。

软件具有以下几个特点。

1）软件是一种逻辑实体，而不是具体的物理实体，因而它具有抽象性。

2）软件的生产与硬件不同，它没有明显的制造过程。要提高软件的质量，必须在软件开发方面下功夫。

3）在软件的运行和使用期间，不会出现硬件中所出现的机械磨损和老化问题。然而它存在退化问题，必须要对其进行多次修改与维护，直至其“退役”。如早期的 DOS 操作系统，就是进行了多次修改与维护，实在难以与 Windows 操作系统匹敌而“退役”了。图 1-1 和图 1-2 分别展示了硬件的失效率和使用时间的关系，以及软件的失效率和时间的关系。

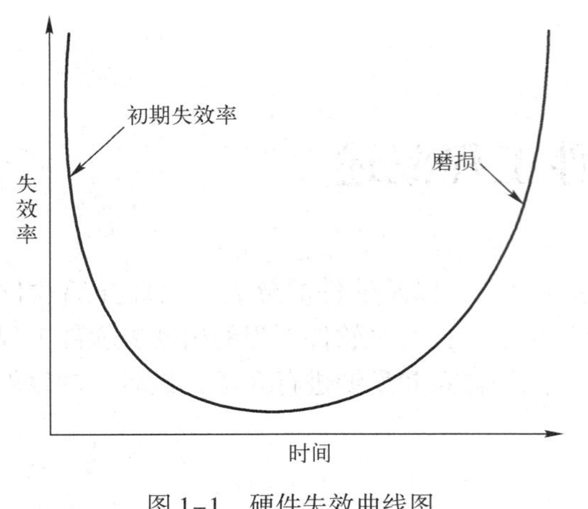

图 1-1　硬件失效曲线图

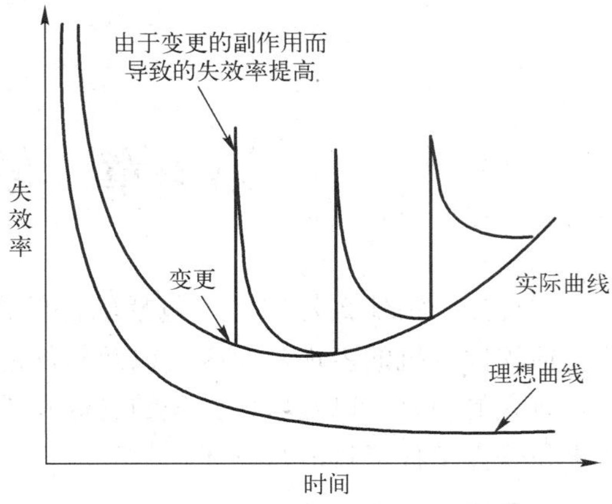

由于变更的副作用而导致的失效率提高
失效率
变更
实际曲线
理想曲线
时间

图 1-2　软件失效曲线图

4）计算机的开发与运行常常受到计算机系统的制约，它对计算机系统有着不同程度的依赖性。如有专门针对 PC 的游戏，也有针对苹果计算机的游戏。为了解除这种依赖性，在软件开发中提出了软件移植的问题。

5）软件的开发至今尚未完全摆脱人工的开发方式。

6）软件本身是复杂的。软件的复杂性可能来自它所反映的实际问题的复杂性，也可能来自程序逻辑结构的复杂性。

7）软件成本相当昂贵。软件的研制工作需要投入大量的、复杂的、高强度的脑力劳动，它的成本是比较高的。

8）相当多的软件工作涉及社会因素。许多软件的开发和运行涉及机构、体制及管理方式等问题，它们直接决定项目的成败。

1.1.2　软件的分类

随着计算机软件复杂性的增加，在某种程度上人们很难对软件给出一个通用的分类，但是人们可以按照不同的角度对软件进行分类。按照功能的不同，软件可以分为系统软件、支撑软件和应用软件 3 类。系统软件是居于计算机系统中最靠近硬件的一层，为其他程序提供最底层的系统服务，它与具体的应用领域无关，如编译程序和操作系统等。支撑软件以系统软件为基础，以提高系统性能为主要目标，支撑应用软件的开发与运行，主要包括环境数据库、各种接口软件和工具组。应用软件是提供特定应用服务的软件，如字处理程序等。系统软件、支撑软件和应用软件之间既有分工又有合作，是不可以截然分开的。

基于规模的不同，软件可以划分为微型、小型、中型、大型和超大型软件。一般情况下，微型软件只需要一名开发人员，在 4 周以内完成开发，并且代码量不超过 500 行，这类软件一般仅供个人专用，没有严格的分析、设计和测试资料，例如某个学生为完成软件工程课程的一个作业而编制的程序，就属于微型软件；小型软件的开发周期可以持续到半年，代码量一般控制在 5000 行以内，这类软件通常没有预留与其他软件的接口，但是需要遵循一定的标准，附有正规的文档资料，例如某个学生团队为完成软件工程课程的大作业（学期项目）而编制的程序，就属于小型软件；中型软件的开发人员控制在 10 人以内，要求在两年以内开发 5000 ～ 50000 行代码，这种软件的开发不仅需要完整的计划、文档及审查，还需要开发人员之间、开发人员和用户之间的交流与合作，例如某个软件公司为某个客户开发的办公自动化系统

（OA）所编制的程序，就属于中型软件；大型软件是由 10 ～ 100 名开发人员在 1 ～ 3 年的时间内开发的，具有 50000 ～ 100000 行（甚至上百万行）代码的软件产品，在这种规模的软件开发中，统一的标准、严格的审查制度及有效的项目管理都是必需的，例如某个软件公司开发的一款多人在线的网络游戏就属于大型软件；超大型软件往往涉及上百名甚至上千名成员以上的开发团队，开发周期可以持续到 3 年以上，甚至 5 年，这种大规模的软件项目通常被划分为若干个小的子项目，由不同的团队开发，例如微软公司开发的 Windows 10 操作系统就属于超大型软件。

根据软件服务对象的不同，软件还可以分为通用软件和定制软件。通用软件是由特定的软件开发机构开发，面向市场公开销售的独立运行的软件系统，如操作系统、文档处理系统和图片处理系统等。定制软件通常是面向特定的用户需求，由软件开发机构在合同的约束下开发的软件，如为企业定制的办公系统、交通管理系统和飞机导航系统等。

按照工作方式，计算机软件还可以划分为实时软件、分时软件、交互式软件和批处理软件。

软件的分类示意图如图 1-3 所示。

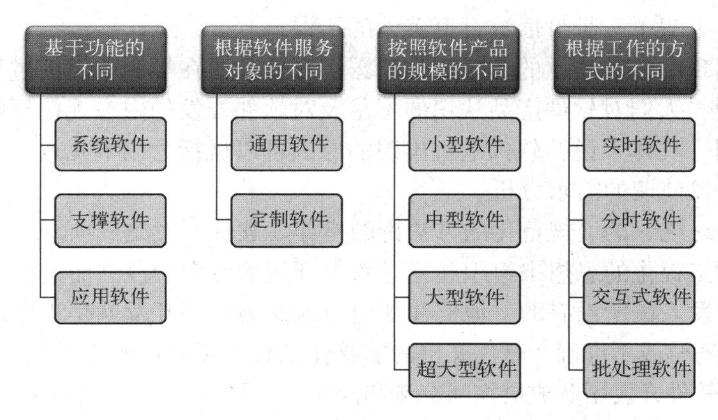

图 1-3　软件的分类

1.2　软件危机

1.2.1　软件危机的表现与原因

软件危机是指人们在开发软件和维护软件过程中所遇到的一系列问题。在 20 世纪 60 年代中期，随着软件规模的扩大、复杂性的增加和功能的增强，使得高质量的软件开发变得越来越困难。在软件开发过程中，会经常出现不能按时完成任务、产品质量得不到保证、工作效率低下和开发经费严重超支等现象。这些情况逐渐使人们意识到软件危机的存在及其重要性。计算机软件的开发、维护和应用过程中普遍出现的这些严重的问题，主要表现如下。

- 开发出来的软件产品不能满足用户的需求，即产品的功能或特性与需求不符。这主要是由于开发人员与用户之间不能充分有效地进行交流造成的，使得开发人员对用户需求的理解存在差异。
- 相比越来越廉价的硬件，软件成本过高。
- 软件质量难以得到保证，且难以发挥硬件潜能。开发团队缺少完善的软件质量评审体系及科学的软件测试规程，使得最终的软件产品存在诸多缺陷。

- 难以准确估计软件开发、维护的费用及开发周期。往往软件产品不能在预计范围之内按照计划完成开发。很多情况下，软件产品的开发周期或经费会大大超出预算。
- 难于控制开发风险，开发速度赶不上市场变化。
- 软件产品修改维护困难，集成遗留系统更困难。
- 软件文档不完备，并且存在着文档内容与软件产品不符的情况。软件文档是计算机软件的重要组成部分，它为在软件开发人员之间，以及开发人员与用户之间信息的共享提供了重要的平台。软件文档的不完整和不一致问题会给软件的开发和维护等工作带来很多麻烦。

这些问题严重影响了软件产业的发展，制约着计算机的应用。为了形象地描述软件危机，OS/360操作系统的开发经常被作为一个典型的案例。20世纪60年代初期，IBM公司组织了OS/360操作系统的开发，这是一个超大型的软件项目，用到了1000多名程序员。在经历了几年的开发之后，极度复杂的软件项目甚至产生了一套不包括在原始设计方案之中的工作系统。Fred Brooks是这个项目的管理者，他在自己的著作《人月神话》中曾经承认，自己在OS/360操作系统开发项目上犯了一个价值数百万美元的错误。

软件危机的出现和日益严重的趋势充分暴露了软件产业在早期的发展过程中存在的各种各样的问题。可以说，人们对软件产品认识的不足及对软件开发的内在规律理解的偏差是软件危机出现的本质原因。具体来说，软件危机出现的原因可以概括为以下几点。

- 忽视软件开发前期的需求分析。
- 开发过程缺乏统一的、规范化的方法论的指导。软件开发是一项复杂的工程，人们需要用科学的、工程化的思想来组织和指导软件开发的各个阶段。而这种工程学的视角正是很多软件开发人员所没有的，他们往往简单地认为软件开发就是程序设计。
- 文档资料不齐全或不准确。软件文档的重要性没有得到软件开发人员和用户的足够重视。软件文档是软件开发团队成员之间交流和沟通的重要平台，还是软件开发项目管理的重要工具。如果人们不能充分重视软件文档的价值，势必会给软件开发带来很多不便。
- 忽视与用户之间、开发组成员之间的交流。
- 忽视测试的重要性。
- 不重视维护或由于上述原因造成维护工作的困难。由于软件的抽象性和复杂性，使得软件在运行之前对开发过程的进展情况很难估计。再加上软件错误的隐蔽性和改正的复杂性，这些都使得软件开发和维护在客观上比较困难。
- 从事软件开发的专业人员对这个产业的认识不充分，缺乏经验。软件产业相对于其他工业产业而言，是一个比较年轻、发展不成熟的产业，人们在对它的认识上缺乏深刻性。
- 没有完善的质量保证体系。完善的质量保证体系的建立需要有严格的评审制度，同时还需要有科学的软件测试技术及质量维护技术。若软件的质量得不到保证，会使得开发出来的软件产品往往不能满足人们的需求，同时人们还可能需要花费大量的时间、资金和精力去修复软件的缺陷，从而导致软件质量的下降和开发预算超支等后果。

1.2.2 软件危机的启示

软件危机给人们的最大启示，是使人们更加深刻地认识到软件的特性及软件产品开发的内在规律。

- 软件产品是复杂的人造系统，具有复杂性、不可见性和易变性，难以处理。

- 个人或小组在开发小型软件时使用到的非常有效的编程技术和过程，在开发大型、复杂系统时难以发挥同样的作用。
- 从本质上讲，软件开发的创造性成分很大，发挥的余地也很大，很接近于艺术。它介于艺术与工程之间的某一点，并逐步向工程一端漂移，但很难发展成完全的工程。
- 计算机和软件技术的快速发展，提高了用户对软件的期望，促进了软件产品的演化，为软件产品提出了新的、更多的需求，难以在可接受的开发进度内保证软件的质量。
- 几乎所有的软件项目都是新的，而且是不断变化的。项目需求在开发过程中会发生变化，而且很多原来预想不到的问题也会出现，对设计和实现手段进行适当的调整是不可避免的。
- 生产力与人数并不成正比。

为了解决软件危机，人们开始尝试用工程化的思想去指导软件开发，于是软件工程应运而生。

1.3 软件工程

1.3.1 软件工程的概念

1968 年，在北大西洋公约组织举行的一次学术会议上，人们首次提出了软件工程这个概念。当时，该组织的科学委员们在开会讨论软件的可靠性与软件危机的问题时，提出了“软件工程”的概念，并将其定义为“为了经济地获得可靠的和能在实际机器上高效运行的软件，而建立和使用的健全的工程规则”。这个定义肯定了工程化的思想在软件工程中的重要性，但是并没有提到软件产品的特殊性。

随着 40 多年的发展，软件工程已经成为一门独立的学科，人们对软件工程也逐渐有了更全面、更科学的认识。

IEEE 对软件工程的定义为：①将系统化、严格约束的、可量化的方法应用于软件的开发、运行和维护，即将工程化应用于软件。②对①中所述方法的研究。

具体来说，软件工程是以借鉴传统工程的原则和方法，以提高质量、降低成本为目的指导计算机软件开发和维护的工程学科。它是一种层次化的技术，如图 1-4 所示。

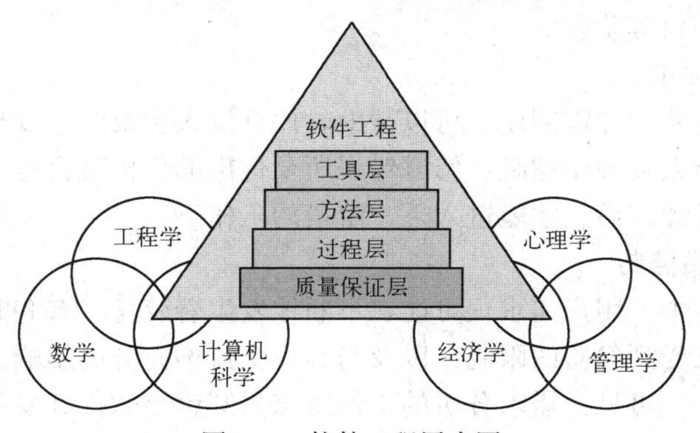

图 1-4　软件工程层次图

软件工程的根基就在于对质量的关注；软件工程的基础是过程层，它定义了一组关键过程区域的框架，使得软件能够被合理和及时地开发；软件工程的方法提供了建造软件在技术上需要“做什么”，它覆盖了一系列的任务，包括需求分析、设计、编程、测试和支持等；软件工程的工具对过程和方法提供了自动的或半自动的支持。而软件工程本身是一个交叉学科，涉及多种学科领域的相关知识，包括工程学、数学、计算机科学、经济学、管理学和心理学等。

软件工程以关注质量为目标，其中过程、方法和工具是软件工程的三要素。

1.3.2 软件工程研究的内容

软件工程研究的内容主要包括以下两部分。

- 软件开发技术。主要研究软件开发方法、软件开发过程、软件开发工具和环境。
- 软件开发过程管理。主要研究软件工程经济学和软件管理学。

必须要强调的是，随着人们对软件系统研究的逐渐深入，软件工程所研究的内容也在不断更新和发展。

1.3.3 软件工程的目标和原则

软件工程要达到的基本目标包括以下几个。

- 达到要求的软件功能。
- 取得较好的软件性能。
- 开发出高质量的软件。
- 付出较低的开发成本。
- 需要较低的维护费用。
- 能按时完成开发工作，及时交付使用。

为了达到上述目标，软件工程设计、工程支持及工程管理在软件开发过程中必须遵循一些基本原则。著名软件工程专家 B. Boehm 综合了有关专家和学者的意见，并总结了多年来开发软件的经验，提出了软件工程的 7 条基本原则。

1. 用分阶段的生命周期计划进行严格的项目管理

将软件的生命周期划分为多个阶段，对各个阶段实行严格的项目管理。软件开发是一个漫长的过程，人们可以根据软件的特点或目标，把整个软件的开发周期划分为多个阶段，并为每个阶段制订分阶段的计划及验收标准，这样有益于对整个软件开发过程进行管理。在传统的软件工程中，软件开发的生命周期可以划分为可行性研究、需求分析、软件设计、软件实现、软件测试、产品验收和交付等阶段。

2. 坚持进行阶段评审

严格地贯彻与实施阶段评审制度，可以帮助软件开发人员及时地发现错误并将其改正。在软件开发的过程中，错误发现得越晚，修复错误所要付出的代价就会越大。实施阶段评审，只有在本阶段的工作通过评审后，才能进入下一阶段的工作。

3. 实行严格的产品控制

在软件开发的过程中，用户需求很可能在不断地发生着变化。有些时候，即使用户需求没有改变，软件开发人员受到经验的限制，以及与客户交流不充分的影响，也很难做到一次性获取到全部的正确的需求。可见，需求分析的工作应该贯穿整个软件开发的生命周期。在软件开发的整个过程中，需求的改变是不可避免的。当需求更新时，为了保证软件各个配置项的一致性，实施严格的版本控制非常必要。

4. 采用现代程序设计技术

现代程序设计技术，如面向对象的软件开发技术，可以使开发出来的软件产品更易维护和修改，同时还能缩短开发的时间，并且更符合人们的思维逻辑。

5. 软件工程结果应能清楚地审查

虽然软件产品的可见性比较差，但是它的功能和质量应该能够被准确地审查和度量，这样才能有利于有效的项目管理。一般软件产品包括可以执行的源代码、一系列相应的文档和资源数据等。

6. 开发小组的人员应该少而精

开发小组成员的人数少有利于组内成员的充分交流，这是高效团队管理的重要因素。而高素质的开发小组成员是影响软件产品的质量和开发效率的重要因素。

7. 承认不断改进软件工程实践的必要性

随着计算机科学技术的发展，软件从业人员应该不断地总结经验，并且主动学习新的软件技术，只有这样才能不落后于时代。

B. Boehm 指出，遵循前 6 条基本原则，能够实现软件的工程化生产；按照第 7 条原则，不仅要积极主动地采纳新的软件技术，而且要注意不断总结经验。

1.3.4 软件工程知识体系

IEEE 在 2014 年发布的《软件工程知识体系指南》中将软件工程知识体系划分为以下 15 个知识领域。

1）软件需求（software requirements）。软件需求涉及软件需求的获取、分析、规格说明和确认。

2）软件设计（software design）。软件设计定义了一个系统或组件的体系结构、组件、接口和其他特征的过程，以及这个过程的结果。

3）软件构建（software construction）。软件构建是指通过编码、验证、单元测试、集成测试和调试的组合，详细地创建可工作的和有意义的软件。

4）软件测试（software testing）。软件测试是为评价和改进产品的质量、标识产品的缺陷和问题而进行的活动。

5）软件维护（software maintenance）。软件维护是指由于一个问题或改进的需要而修改代码和相关文档，进而修正现有的软件产品并保留其完整性的过程。

6）软件配置管理（software configuration management）。软件配置管理是一个支持性的软件生命周期过程，它是为了系统地控制配置变更，在软件系统的整个生命周期中维持配置的完整性和可追踪性，而标识系统在不同时间点上的配置的学科。

7）软件工程管理（software engineering management）。软件工程的管理活动建立在组织和内部基础结构管理、项目管理，以及度量程序的计划制定和控制 3 个层次上。

8）软件工程过程（software engineering process）。软件工程过程涉及软件生命周期过程本身的定义、实现、评估、管理、变更和改进。

9）软件工程模型和方法（software engineering models and methods）。软件工程模型特指在软件的生产与使用、退役等各个过程中的参考模型的总称，如需求开发模型、架构设计模型等都属于软件工程模型的范畴；软件开发方法主要讨论软件开发的各种方法及其工作模型。

10）软件质量（software quality）。软件质量特征涉及多个方面，保证软件产品的质量是软件工程的重要目标。

11）软件工程职业实践（software engineering professional practice）。软件工程职业实践涉及软件工程师应履行其实践承诺，使软件的需求分析、规格说明、设计、开发、测试和维护成为一项有益和受人尊敬的职业，还包括团队精神和沟通技巧等内容。

12）软件工程经济学（software engineering economics）。软件工程经济学是研究为实现特定功能需求的软件工程项目而提出的在技术方案、生产（开发）过程、产品或服务等方面所做的经济服务与论证，计算与比较的一门系统方法论学科。

13）计算基础（computing foundations）。计算基础涉及解决问题的技巧、抽象、编程基础、编程语言的基础知识、调试工具和技术、数据结构和表示、算法和复杂度、系统的基本概念、计算机的组织结构、编译基础知识、操作系统基础知识、数据库基础知识和数据管理、网络通信基础知识、并行和分布式计算、基本的用户人为因素、基本的开发人员人为因素，以及安全的软件开发和维护等方面的内容。

14）数学基础（mathematical foundations）。数学基础涉及集合、关系和函数，基本的逻辑、证明技巧、计算的基础知识、图和树、离散概率、有限状态机、语法，数值精度、准确性和错误，以及数论和代数结构等方面的内容。

15）工程基础（engineering foundations）。工程基础涉及实验方法和实验技术、统计分析、度量、工程设计，建模、模拟和建立原型，以及标准和影响因素分析等方面的内容。

软件工程知识体系的提出让软件工程的内容更加清晰，也使得其作为一个学科的定义和界限更加分明。

1.3.5 软件工程的发展

随着软件项目的规模和难度逐渐增大，以个人能力为基础的软件开发所具有的弊端得以体现，随之出现了著名的“软件危机”。NATO（北约）科学委员会在这种情况下，在1968年和1969年召开了两次里程碑式的“软件工程会议”，许多顶尖级的研究员和工程师参加了这次会议，真正意义上的“软件工程”就此诞生。

20世纪70年代，人们开始采用与60年代的“编码和组装”相反的过程，先做系统需求分析，然后再设计，最后再编码，并把50年代硬件工程技术最好的方面和改进的软件方向的技术加以总结，提出了“瀑布模型”。需要指出的是，瀑布模型本身在提出时，是一个支持迭代和反复的模型。然后为了更方便地对软件进行约束，瀑布模型总是被解释为一种纯顺序化的模型，另外，对瀑布模型的固定过程标准的解释也加深了这种误解。

另一方面，Bohm－Jacoponi提出了“go to语句是有害的”论点，并提出所有程序都可以转换为3种逻辑：顺序、分支和循环来实现，奠定了结构化编程的基础。随后，很多种结构化软件开发方法被提出，极大地改善了软件质量，提高了软件开发效率。数据结构和算法理论迅速发展，取得了很多重要成就；形式方法和程序证明技术也成为人们关注的发展焦点。

然而，随着形式化模型和连续化的瀑布模型所带来的问题大幅度增加，对于一个缺乏经验的团体来说，用形式化的方法，软件在可靠性和有用性上要达到要求十分困难。瀑布模型在文档编写时消耗很大，而且速度慢，使用起来代价大。

伴随20世纪70年代开发的一些“最佳实践”，80年代开始了一系列工作以处理70年代的遗留问题，并且开始改进软件工程的生产效率和可测量性。COCOMO模型、CMM模型等被提出，软件体系结构相关研究和技术日益成熟，关系数据库被提出。

在软件工具方面，除了20世纪70年代已经出现的软件需求和设计工具，其他领域一些重要的工具也得到了改进，如测试工具和配置管理工具。工具集和集成开发支持环境先后出现，最终人们将范围扩展到了计算机辅助软件工程（CASE），软件开发的效率进一步得到提高。

在其他方面，也出现了一些潜在的提高软件生产率的方法，如专家系统、高级程序语言、面向对象、强大的工作站及可视化编程等。Brooks 在 1986 年 IFIP 发表的著名论文“没有银弹”中对所有的这些发表了看法。他提出软件开发面临 4 个方面核心挑战：高等级的软件复杂度、一致性、可变性和不可视性。关于如何解决这些挑战，他严重质疑了将技术说成是软件解决方案的“银弹”的观点。Brooks 解决这些核心挑战的候选方案包括良好的设计者、快速原型、演化开发和通过复用降低工作量。

20 世纪 90 年代，面向对象方法的强劲势头得以持续。这些方法通过设计模式、软件体系结构和体系结构描述语言，以及 UML 技术的发展得到了加强。同时，Internet 的继续扩展和 WWW 的出现同时增强了面向对象的方法及市场竞争环境下软件的危险性。

软件作为竞争鉴别器重要性的增强及缩减软件推向市场时间的需要，引发了从顺序的瀑布模型向其他模型转变的潮流，这类模型应该强调并行的工程性的需求、设计和编码，产品和过程，以及软件和系统。软件复用成为软件开发中重要的内容，开源文化初露头角，可用性及人机交互也成为软件开发中的重要指标。

20 世纪 90 年代末，出现了许多的敏捷方法，如自适应软件开发、水晶项目开发、动态系统开发、极限编程、特征驱动开发和 Scrum 等。这些主要的敏捷方法的创始人在 2001 年聚集一堂并发表了敏捷开发宣言。

在 21 世纪，对快速应用开发追求的趋势仍在继续，在信息技术、组织、竞争对策及环境等方面的变革步伐也正在加快。云计算、大数据、物联网、人工智能和机器学习、移动互联网、三维打印、可穿戴式技术、虚拟现实、增强现实、社交媒体、无人驾驶汽车和飞机等技术不断涌现。这种快速的变革步伐引发了软件开发领域越来越多的困难和挫折，更多的软件开发过程、方法和工具也相继出现，软件工程在持续的机遇与挑战中不断发展。“大规模计算”“自治和生化计算机”“模型驱动体系结构”和“构件化软件开发”等新领域都可能成为接下来软件工程发展的主要方向。

1.4 软件开发方法

软件开发方法是一种使用定义好的技术集及符号表示组织软件开发的过程，它的目标是在规定的时间和成本内，开发出符合用户需求的高质量的软件。因此，针对不同的软件开发项目和对应的软件过程，应该选择合适的软件开发方法。常见的软件开发方法包括以下几种。

1. 结构化方法

1978 年，E. Yourdon 和 L. L. Constantine 提出了结构化方法，也可称为面向功能的软件开发方法或面向数据流的软件开发方法。1979 年，Tom DeMarco 对此方法做了进一步的完善。

结构化方法采用自顶向下、逐步求精的指导思想，应用广泛，技术成熟。它首先用结构化分析对软件进行需求分析，然后用结构化设计方法进行总体设计，最后是结构化编程。这一方法不仅开发步骤明确，而且给出了两类典型的软件结构（变换型和事务型），便于参照，使软件开发的成功率大大提高，从而深受软件开发人员的青睐。

2. 面向数据结构方法

1975 年，M. A. Jackson 提出了一类软件开发方法。这一方法从目标系统的输入、输出数据结构入手，导出程序框架结构，再补充其他细节，就可得到完整的程序结构图。这一方法对输入、输出数据结构明确的中小型系统特别有效，如商业应用中的文件表格处理。该方法也可与其他方法结合，用于模块的详细设计。Jackson 方法有时也称为面向数据结构的软件设计方法。

1974 年，J. D. Warnier 提出的软件开发方法与 Jackson 方法类似。差别有以下 3 点：一是它们使用的图形工具不同，分别使用 Warnier 图和 Jackson 图；二是使用的伪码不同；三是在构造程序框架时，Warnier 方法仅考虑输入数据结构，而 Jackson 方法不仅考虑输入数据结构，而且还考虑输出数据结构。

3. 面向对象方法

面向对象技术是软件技术的一次革命，在软件开发史上具有里程碑的意义。随着面向对象编程向面向对象设计和面向对象分析的发展，最终形成面向对象的软件开发方法。

这是一种自底向上和自顶向下相结合的方法，而且它以对象建模为基础，从而不仅考虑了输入、输出数据结构，实际上也包含了所有对象的数据结构。面向对象技术在需求分析、可维护性和可靠性这 3 个软件开发的关键环节和质量指标上有了实质性的突破，很大程度上解决了这方面存在的严重问题。

面向对象方法有 Booch 方法、Goad 方法和 OMT（Object Modeling Technology）方法等。为了统一各种面向对象方法的术语、概念和模型，1997 年推出了统一建模语言 UML，通过统一的语义和符号表示，将各种方法的建模过程和表示统一起来。

4. 形式化方法

形式化方法最早可追溯到 20 世纪 50 年代后期对于程序设计语言编译技术的研究，研究高潮始于 20 世纪 60 年代后期。针对当时的“软件危机”，人们提出了种种解决方法，归纳起来有两类：一是采用工程方法来组织、管理软件的开发过程；二是深入探讨程序和程序开发过程的规律，建立严密的理论，以便用来指导软件开发实践。前者导致“软件工程”的出现和发展，后者则推动了形式化方法的深入研究。

经过多年的研究和应用，如今人们在形式化方法这一领域取得了大量重要的成果，从早期最简单的一阶谓词演算方法到现在的应用于不同领域、不同阶段的基于逻辑、状态机、网络、进程代数和代数等众多形式化方法，形式化方法的发展趋势逐渐融入软件开发过程的各个阶段。

此外，软件开发方法还有问题分析法、可视化开发方法等。在本书接下来的章节中将会对结构化方法和面向对象方法进行更加详细、深入的介绍。

1.5 软件工程工具

软件工程的工具对软件工程中的过程和方法提供自动的或半自动的支持。可以帮助软件开发人员方便、简捷、高效地进行软件的分析、设计、开发、测试、维护和管理等工作。有效地利用工具软件可以提高软件开发的质量，减少成本，缩短工期，方便软件项目的管理。

软件工程工具通常有以下 3 种分类标准。

- 按照功能划分：功能是对软件进行分类的最常用的标准，按照功能划分，软件工程工具可分为可视化建模工具、程序开发工具、自动化测试工具、文档编辑工具、配置管理工具和项目管理工具等。
- 按照支持的过程划分：根据支持的过程，软件工程工具可分为设计工具、编程工具和维护工具等。
- 按照支持的范围划分：根据支持的范围，软件工程工具可以分为窄支持、较宽支持和一般支持工具。窄支持工具支持软件工程过程中的特定任务，一般将其称为工具；较宽支持工具支持特定的过程阶段，一般由多个工具集合而成，称为工作台；一般支持工具支持覆盖软件过程的全部或大部分阶段，包含多个不同的工作台，称为环境。

在需求分析与系统设计阶段，常用的 CASE（计算机辅助软件工程）工具有面向通用软件设计的 Microsoft Visio，用于面向对象软件设计的 Rational Rose，以及用于数据库设计的 Power Designer，除此之外，近年还出现了更加集成化的工具 Enterprise Architect 等。这些工具通过简化 UML 图的绘制工作，以及强大的模型转换功能（如正向工程、反向工程和数据库模型转化等），大大简化了设计及从设计向编码转化的工作。

在编码阶段，集成开发环境（IDE）通过提供代码高亮、补全，内置调试工具等功能，大大提高了效率。IDE 主流的实例如表 1-1 所示。

在测试阶段，通常会使用自动化测试工具进行测试。除单元测试工具外，较为流行的自动化测试工具包括功能测试工具 WinRunner、性能测试工具 LoadRunner、测试管理工具 TestDirector 和 Web 服务测试工具 QTester（简称 QT）等。单元测试工具通常与语言及开发框架关联密切，部分实例如表 1-2 所示。

表 1-1　IDE 主流的实例

名　称	编程语言
Turbo Pascal	Pascal
Dev C ++	C/C ++
Codeblocks	C/C ++
Visual Studio	C ++/VB/C#/ JavaScript 等
Rubymine	Ruby
Webstorm	JavaScript
PHPstorm	PHP
PyCharm	Python
Eclipse	Java
IntelliJ Idea	Java
XCode	Objective - C/Swift

表 1-2　单元测试工具部分实例

名　称	编程语言
CUnit	C
CppUnit	C ++
JUnit	Java
NUit	. NET
Perl Testing	Perl
Mocha/Should. js	Node. js
内置 unittest 模块	Python
PHPUnit	PHP
内置 Test:: Unit 模块	Ruby

除了这几个阶段，软件开发过程还包括诸多其他活动，而其中最重要的便是配置管理与项目管理。配置管理通常分为不同模式，每一种模式均有对应工具，较为著名的有 Microsoft VSS、CVS 和 SVN 等，近年来最常用的是 Git。而项目管理领域最普遍使用的是微软公司开发的 Microsoft Project，该软件提供了强大的项目管理功能，基本能够满足企业级项目管理的全部需要。此外，近年来随着敏捷开发的兴起，如 Teambition 等基于看板（Kanban）的轻量级开发平台也拥有了广大的用户群体。

除此之外，在软件过程的其他活动中同样存在众多 CASE 工具。在原型设计方面有快速原型构建系统 Dreamweaver，在协作文档管理方面有在线协作办公系统 Microsoft Office Online，还有在线协作软件设计平台 Processon 等，由于篇幅有限，这里不再赘述。

1.6 “‘墨韵’读书会书籍共享平台”案例介绍

作为本科生导师计划中的一个重要环节，“墨韵”读书会给某大学的软件学院的学子们提供了一个良好的读书交流平台。在实际的交流中，受到时间和地域的限制，导师和学生往往不能有很多的交流方式，同时学生的读书笔记也难以及时传递到导师手中。在学生和导师互相推荐感兴趣的书籍方面，用传统的面对面交流方式也存在很大的局限性，因此需要一个基于网络的平台来更好地使读书会发挥出更大的意义。

“墨韵”读书会书籍共享平台就是为了解决这样一个问题而产生的。“墨韵”读书会书籍共享平台的宗旨是方便师生之间的交流，让读书会更好地为软件学院的学生服务。平台中包含的个人主页、圈子和书库很好地涵盖了读书会生活的主要部分，能为读书会提供便利的条件。

在本书的随后章节中将会以这个案例为出发点，利用 Visio、Rose、Visual Studio 和 Project 这几个工具，来绘制一些相应的图，并实现和测试相应的模块。关于这部分的内容，读者可参考附录 B 的案例——“‘墨韵’读书会书籍共享平台”（通过扫描二维码获取文档和代码）进行学习。

习题

1. 判断题

（1）软件就是程序，编写软件就是编写程序。 （ ）

（2）软件危机的主要表现是软件需求增加，软件价格上升。 （ ）

（3）软件工程学科出现的主要原因是软件危机的出现。 （ ）

（4）软件工具的作用是为了延长软件产品的寿命。 （ ）

2. 选择题

（1）下列说法中正确的是（ ）。

A. 20 世纪 50 年代提出了软件工程的概念　B. 20 世纪 60 年代提出了软件工程的概念

C. 20 世纪 70 年代出现了客户端/服务器技术　D. 20 世纪 80 年代软件工程学科达到成熟

（2）软件危机的主要原因是（ ）。

A. 软件工具落后　B. 软件生产能力不足

C. 对软件的认识不够　D. 软件本身的特点及开发方法

（3）软件工程的三要素是（ ）。

A. 技术、方法和工具　B. 方法、对象和类

C. 方法、工具和过程　D. 过程、模型、方法

（4）在下列选项中，（ ）不属于软件工程学科所要研究的基本内容。

A. 软件工程材料　B. 软件工程目标

C. 软件工程原理　D. 软件工程过程

3. 简答题

（1）与计算机硬件相比，计算机软件有哪些特点？

（2）为什么说软件工程的发展可以在一定程度上解决软件危机的各种弊端？

（3）请简述软件工程的基本原则。

（4）请简述软件工程研究的内容。

（5）请简述软件工程的三要素。

（6）请简述软件工程的目标。

（7）通常有哪几种软件开发方法？

（8）请列举你所知道的软件工程工具。

第2章 软件过程

本章首先介绍软件过程的基本概念；然后介绍软件生命周期，包括软件生命周期的概念和传统软件生命周期的各个阶段；接着介绍软件工程过程模型，包括瀑布模型、快速原型模型、增量模型、螺旋模型、喷泉模型、基于组件的开发模型、统一软件开发过程模型，以及敏捷模型与极限编程等。

本章目标

- ❑ 掌握软件过程的定义和基本活动。
- ❑ 熟悉软件生命周期及阶段任务。
- ❑ 熟悉常用的几种软件过程模型。

2.1 软件过程概述

软件的诞生和生命周期是一个过程，称为软件过程。软件过程是为了开发出软件产品，或者是为了完成软件工程项目而需要完成的有关软件工程的活动，每一项活动又可以分为一系列的工程任务。任何一个软件开发组织，都可以规定自己的软件过程，所有这些过程共同构成了软件过程。为了获得高质量的软件产品，软件过程必须科学、有效。由于软件项目千差万别，不可能找到一个适用于所有软件项目的任务集合，因此科学、有效的软件过程应该定义一组适合于所承担的项目特点的任务集合。通常，一个任务集合包括一组软件工程任务、里程碑和应该交付的产品。事实上，软件工程过程是一个软件开发组织针对某一类软件产品为自己规定的工作步骤，它应当是科学的、合理的，否则必将影响软件产品的质量。

过程定义了运用方法的顺序，应该交付的文档资料，为保证软件质量和协调变化所需要采取的管理措施，以及标志软件开发各个阶段任务完成的里程碑。通常，使用生命周期模型简洁地描述软件过程。生命周期模型规定了把生命周期划分为哪些阶段及各个阶段的执行顺序，因此也称为过程模型。

2.2 软件生命周期

2.2.1 软件生命周期的概念

任何事物都有一个从产生到消亡的过程，事物从其孕育开始，经过诞生、成长、成熟、衰退，到最终灭亡，就经历了一个完整的生命周期。生命周期是世界上任何事物都具备的普遍特征，软件产品也不例外。作为一种工业化的产品，软件产品的生命周期是指从设计该产品的构想开始，到软件需求的确定、软件设计、软件实现、产品测试与验收、投入使用，以及产品版本的不断更新，到该产品最终被市场淘汰的全过程。

软件产品概念的提出有利于人们更科学、更有效地组织和管理软件开发。软件生命周期这个概念从时间的角度将软件的开发和维护的复杂过程分解为若干个阶段，每个阶段都完成特定的、相对独立的任务。由于每个阶段的任务相对于总任务难度会大幅度降低，在资源分配、时间把握和项目管理上都会比较容易控制。合理地划分软件生命周期的各个阶段，使各个阶段之间既相互区别又相互联系，为每个阶段赋予特定的任务，这些都是软件开发项目成功的重要因素。

2.2.2 传统软件生命周期的各个阶段

对软件生命周期的划分必须依据特定的软件开发项目所采用的软件开发模型。软件开发模型相当于软件生命周期中所有工作和任务的总体框架，它不仅反映了软件开发的组织方式，还映射了不同阶段之间的过渡和衔接关系。采用不同模型开发的软件产品，其生命周期也有所不同。但是，在传统的软件工程中，软件产品的生命周期一般可以划分为6个阶段，如图2-1所示。

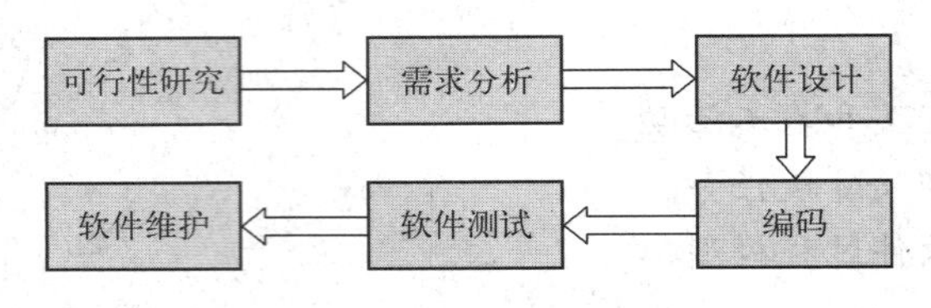

图2-1　传统的软件生命周期

1. 可行性研究

可行性研究阶段为后续的软件开发做必要的准备工作。它首先要确定待开发的软件产品所要解决的问题。软件分析人员与用户之间需要充分地交流与合作，才能对开发软件产品的目标达成一致。同时，在可行性研究阶段，开发人员还应该确定总体的开发策略与开发方式，并对开发所需要的资金、时间和各种资源做出合理的估计。精确的预估需要建立在开发人员对用户需求的充分了解及自身丰富经验的基础上。此外，在可行性研究阶段，还需要对待开发软件产品进行可行性分析，并制订初步的开发计划。可行性分析是为了在技术、经济、操作或社会等多个方面寻求可行的解决方案，并对各个方案进行比较，完成可行性分析报告。

2. 需求分析

需求是指为了解决用户提出的问题，目标系统需要做什么。需求分析是一个很复杂的过程，需求分析是否准确和成功，直接关系到后续的软件开发的成败。在需求分析阶段，开发人员首先要通过各种途径对需求进行获取。要得到正确和详尽的需求，开发人员与用户之间的交流与沟通是非常重要的。得到需求后，开发人员需要对原始的需求进行抽象与概括，从功能、性能、界面和接口等诸多方面对需求进行详细的描述，并最终反映到软件需求规格说明书中。

3. 软件设计

软件设计是指在需求分析的基础上，软件开发人员通过制定设计方案，把需求文档中描述的功能可操作化。软件设计分为概要设计和详细设计两个阶段。概要设计旨在建立系统的总体结构，从总体上对软件的结构、接口和全局数据结构等给出数据说明。详细设计关注每个模块的内部实现细节，为后续的编码工作提供最直接的依据。

4. 编码

在编码阶段，开发人员根据设计阶段制定出的设计方案，编写程序代码。简单来说，编码的过程就是把详细设计文档中对每个模块实现过程的算法描述转换为能用某种程序设计语言来实现的程序。在规范的软件开发过程中，编码必须遵守一定的标准，这样有助于团队开发，同时能够提高代码的质量。

5. 软件测试

软件测试是保证软件质量的关键步骤。软件测试的目的是发现软件产品中存在的软件缺陷，进而保证软件产品的质量。在软件开发的实践中，软件缺陷的产生是必然的。软件缺陷发现得越晚，修复缺陷所需的成本就越高，损失也就越大。为了尽早发现软件缺陷，有效地进行软件测试是必要的。按照测试点的不同，测试可以分为单元测试、集成测试、系统测试和验收测试。

6. 软件维护

在软件产品被交付后，其生命周期还在继续。在使用过程中，用户还会不断地发现产品中所隐藏的各种各样的错误。同时，随着用户需求的增长或改变，以及市场环境的变化，软件产品的功能需要不断更新，版本需要不断升级。所以，在使用软件产品的过程中，软件开发人员需要对产品进行维护，以保证软件产品的正常运行。一般来讲，软件产品的质量越高，进行维护的工作量就会越小。

2.3 软件过程模型

在现实生活中，人们处理问题时经常采用建模的方法。在软件工程中，人们通过建立抽象的软件开发模型（也称软件过程模型或软件生命周期模型），把软件生命周期中的各个活动或步骤安排到一个框架中，将软件开发的全过程清晰且直观地表达出来。可以说，软件开发模型是软件工程思想的具体化，它反映了软件在其生命周期中各阶段之间的衔接和过渡关系，以及软件开发的组织方式，是人们在软件开发实践中总结出来的软件开发方法和步骤。

软件开发模型的内在特征有以下 4 点。

1）描述了主要的开发阶段。

2）定义了每个阶段要完成的主要任务和活动。

3）规范了每个阶段的输入和输出。

4）提供了一个框架，把必要的活动映射到这个框架中。

40 多年来，软件工程领域中出现了多种不同的软件开发模型，它们具有不同的特征，适应于不同特点的软件开发项目。

常见的软件开发模型有很多，这里主要介绍瀑布模型、快速原型模型、增量模型、螺旋模型、喷泉模型、基于组件的开发模型、统一软件开发过程模型，以及敏捷模型与极限编程。

2.3.1 瀑布模型

瀑布模型是 20 世纪 80 年代之前最受推崇的软件开发模型，它是一种线性的开发模型，具有不可回溯性。开发人员必须等前一阶段的任务完成后，才能开始进行后一阶段的工作，并且前一阶段的输出往往就是后一阶段的输入。由于它的不可回溯性，如果在软件生命周期的后期发现并要改正前期的错误，则需要付出很高的代价。传统的瀑布模型是文档驱动的，如图 2-2 所示。

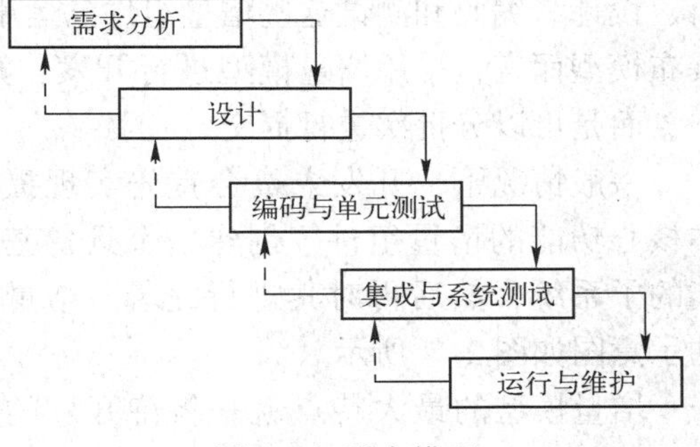

图 2-2 瀑布模型

瀑布模型的优点是过程模型简单，执行容易；缺点是无法适应变更。瀑布模型适应于具有以下特征的软件开发项目。

1）在软件开发的过程中，需求不发生或发生很少变化，并且开发人员可以一次性获取到全部需求。否则，由于瀑布模型较差的可回溯性，在后续阶段中需求经常性地变更需要付出高昂的代价。

2）软件开发人员具有丰富的经验，对软件应用领域很熟悉。

3）软件项目的风险较低。瀑布模型不具有完善的风险控制机制。

2.3.2 快速原型模型

快速原型的基本思想是快速建立一个能反映用户主要需求的原型系统，让用户在计算机上试用它，通过实践来了解目标系统的概貌。通常，用户试用原型系统之后会提出许多修改意见，开发人员按照用户的意见快速地修改原型系统，然后再次请用户试用……反反复复地改进，直到原型系统满足用户的要求。

软件产品一旦交付给用户使用之后，维护便开始了。根据用户使用过程中的反馈，可能需要返回到收集需求阶段，如图 2-3 中的虚线箭头所示（图中实线箭头表示开发过程，虚线箭头表示维护过程）。

快速原型的本质是“快速”。开发人员应该尽可能快地建造出原型系统，以加速软件开发过程，节约软件开发成本。原型的用途是获知用户的真正需求，一旦需求确定了，原型将被抛弃。因此，原型系统的内部结构并不重要，重要的是，必须迅速地构建原型，然后根据用户意见迅速地修改原型。UNIX Shell 和超文本都是广泛使用的快速原型语言。快速原型模型是伴随着第四代语言（PowerBuilder，Informix-4GL 等）和强有力的可视化编程工具（Visual Basic，Delphi 等）的出现而成为一种流行的开发模式。

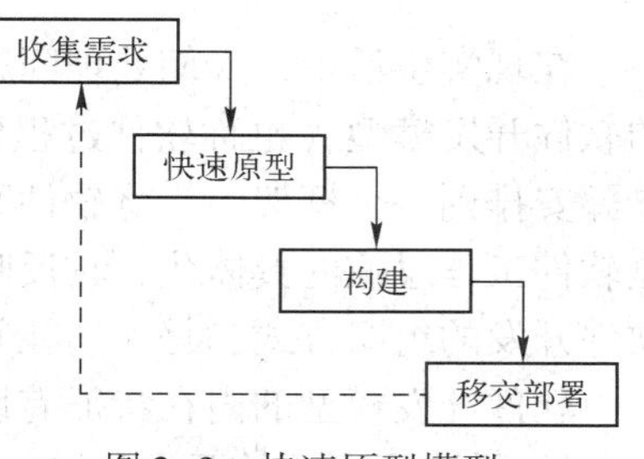

图 2-3　快速原型模型

快速原型模型适用于具有以下特征的软件开发项目。

1）已有产品或产品的原型（样品），只需客户化的工程项目。

2）简单而熟悉的行业或领域。

3）有快速原型开发工具。

4）进行产品移植或升级。

2.3.3 增量模型

增量模型是把待开发的软件系统模块化，将每个模块作为一个增量组件，从而分批次地分析、设计、编码和测试这些增量组件。运用增量模型的软件开发过程是递增式的过程。相对于瀑布模型而言，采用增量模型进行开发，开发人员不需要一次性地把整个软件产品提交给用户，而是可以分批次进行提交。

一般情况下，开发人员会首先实现提供基本核心功能的增量组件，创建一个具备基本功能的子系统，然后再对其进行完善。增量模型的示意图如图 2-4 所示。

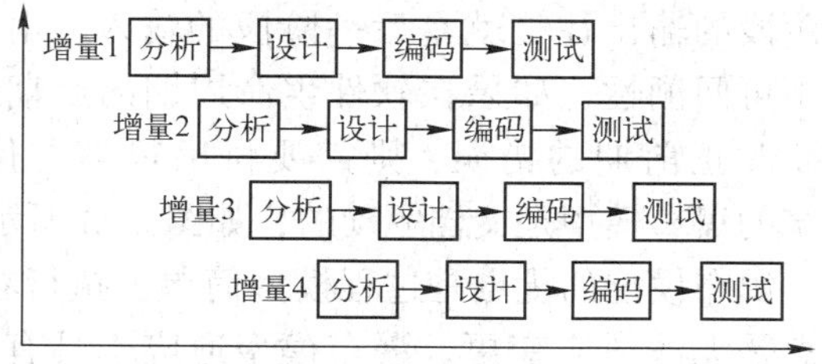

图 2-4　增量模型

增量模型的最大特点就是将待开发的软件系统模块化和组件化。基于这个特点，增量模型具有以下优点。

- 将待开发的软件系统模块化，可以分批次地提交软件产品，使用户可以及时了解软件项目的进展。
- 以组件为单位进行开发降低了软件开发的风险。一个开发周期内的错误不会影响到整个软件系统。
- 开发顺序灵活。开发人员可以对构件的实现顺序进行优先级排序，先完成需求稳定的核心组件。当组件的优先级发生变化时，还能及时地对实现顺序进行调整。

增量模型的缺点是要求待开发的软件系统可以被模块化。如果待开发的软件系统很难被模块化，那么将会给增量开发带来很多麻烦。

增量模型适用于具有以下特征的软件开发项目。

- 软件产品可以分批次地进行交付。
- 待开发的软件系统能够被模块化。
- 软件开发人员对应用领域不熟悉，难以一次性地进行系统开发。
- 项目管理人员把握全局的水平较高。

2.3.4 螺旋模型

螺旋模型是一种用于风险较大的大型软件项目开发的过程模型。该模型将瀑布模型与快速原型模型结合起来，并且加入了这两种模型所忽略了的风险分析。它把开发过程分为制订计划、风险分析、实施工程和客户评估4种活动。制订计划就是要确定软件系统的目标，了解各种资源限制，并选定合适的开发方案。风险分析旨在对所选方案进行评价，识别潜在的风险，并制定消除风险的机制。实施工程的活动中渗透了瀑布模型的各个阶段，开发人员对下一版本的软件产品进行开发和验证。客户评估是获取客户意见的重要活动。螺旋模型的示意图如图2-5所示。

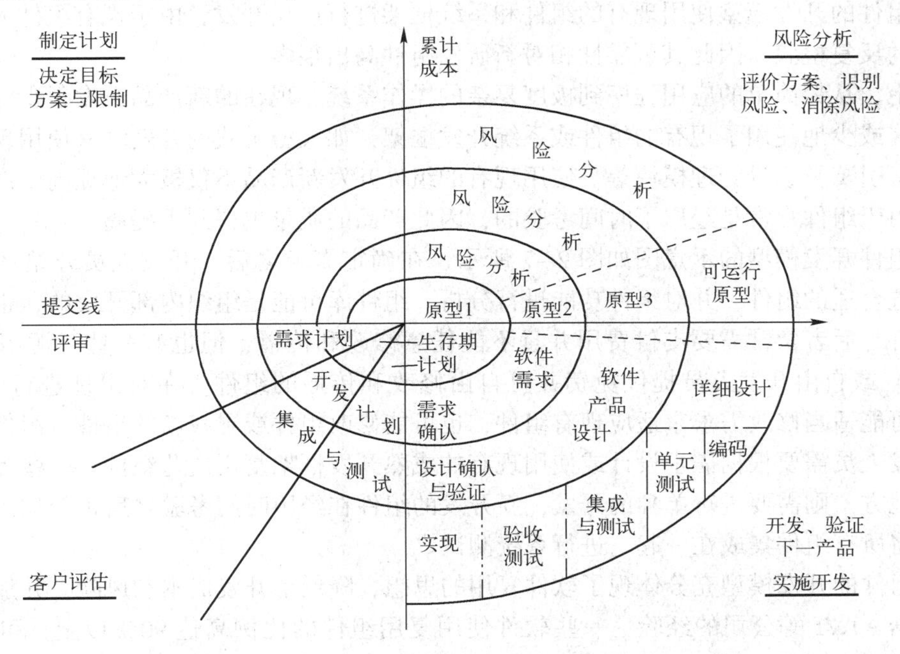

图2-5 螺旋模型

螺旋模型适应于风险较大的大型软件项目的开发。它的优点是将风险分析扩展到各个阶段中，大幅度降低了软件开发的风险。但是这种模型的控制和管理较为复杂，可操作性不强，对项目管理人员的要求较高。

2.3.5 喷泉模型

喷泉模型是一种过程模型，同时也支持面向对象开发。喷泉模型的示意图如图 2-6 所示。在分析阶段，定义类和对象之间的关系，建立对象 - 关系和对象 - 行为模型。在设计阶段，从实现的角度对分析阶段模型进行修改或扩展。在编码阶段，使用面向对象的编程语言和方法实现设计模型。在面向对象的方法中，分析模型和设计模型采用相同的符号标示体系，各阶段之间没有明显的界限，而且常常重复、迭代地进行。

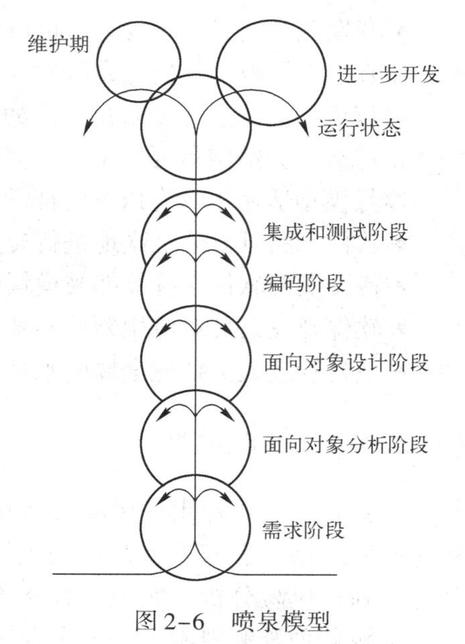

图 2-6 喷泉模型

“喷泉”一词体现了面向对象方法的迭代和无间隙性。迭代是指各阶段需要多次重复，例如，分析和设计阶段常常需要多次、重复进行，以便更好地实现需求。无间隙性是指各个阶段之间没有明显的界限，并常常在时间上互相交叉，并行进行。

喷泉模型主要用于面向对象的软件项目，软件的某个部分通常被重复多次，相关对象在每次迭代中随之加入渐进的软件成分。

2.3.6 基于组件的开发模型

基于组件的开发模型使用现有的组件和系统框架进行产品开发，由于现有组件大多已经历实际应用的反复检验，因此其可靠性相对新研发组件高出很多。

实际上，从最简单的应用程序到极度复杂的操作系统，现在的新产品开发很少完全从零开发，都或多或少地使用了现有的组件或系统开发框架，如大型游戏的开发常常使用现有的图形引擎、声音引擎及场景管理模块等。使用现有的组件开发新产品不仅极大地提高了产品开发效率，同时由于组件常常是经历了时间考验的，因此产品的质量也得到了提高。

基于组件开发模型的示意图如图 2-7 所示，在确定需求之后，开发人员开始从现有的组件库中筛选合适的组件，并对组件功能进行分析。组件库可能是组织内部开发的，也可能是商业授权组件，后者常常需要支付费用并且不能任意修改和传播，但也有一些开源组织（如著名的 GNU）或自由开发人员提供免费并可自由修改和传播的组件。在对组件进行分析之后，开发人员可能适当修改需求来适应现有组件，也可能修改组件或寻找新的组件。组件筛选完成之后，开发人员需要根据需求设计或使用现有的成熟开发框架复用这些组件，一些无法利用现有组件的地方，则需要进行单独的开发，新开发的组件在经历时间考验之后也会加入到组件库中。最后将所有组件集成在一起，进行系统测试。

基于组件的开发模型充分体现了软件复用的思想，降低了开发成本和风险，并加快了产品开发。根据 AT&T 等公司的经验，一些软件使用复用组件的比例高达 90% 以上，可以缩短产品研发时间 2 ～ 5 倍，错误率降低 80% ～ 90% 倍，成本减少 15% ～ 75% 。随着技术的发展，现在的软件系统越来越庞大，完全从零开发已近乎不可能，基于现有组件或系统开发已成为一种趋势。

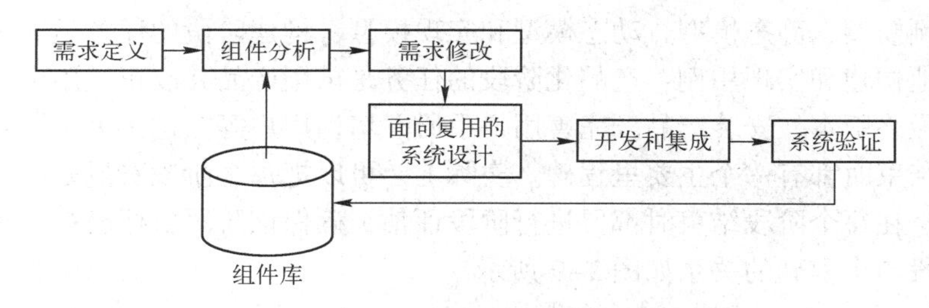

图 2-7　基于组件的开发模型

2.3.7　统一软件开发过程模型

统一软件开发过程（Rational Unified Process，RUP）模型是基于 UML（统一建模语言）的一种面向对象软件开发模型。它解决了螺旋模型的可操作性问题，采用迭代和增量递进的开发策略，并以用例驱动为特点，集中了多个软件开发模型的优点。RUP 模型是迭代模型的一种。RUP 模型的示意图如图 2-8 所示。

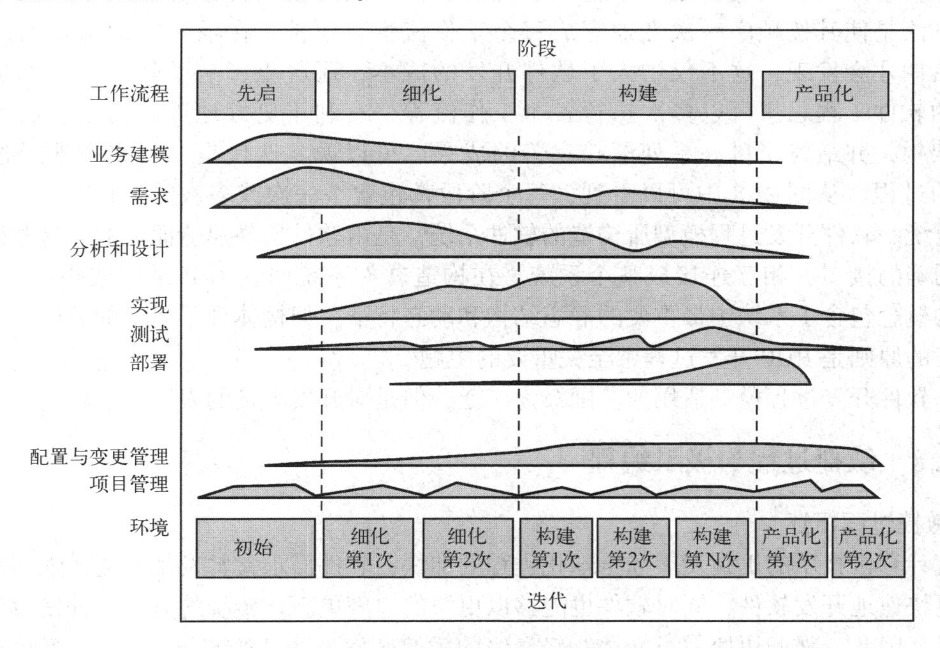

图 2-8　统一软件开发过程模型

图 2-8 中的纵轴以工作的内容为组织方式，表现了软件开发的工作流程。工作流程就是指一系列的活动，这些活动产生的结果是可见的价值。工作流程可以分为核心工作流程和核心支持工作流程。其中核心工作流程是在整个项目中与主要关注领域相关的活动的集合。在每个迭代的软件生命周期中，核心工作流程有业务建模、需求、分析和设计、实现、测试和部署。配置与变更管理、项目管理和环境属于核心支持工作流程，它们为核心工作流程的实施提供支持。

图 2-8 中的横轴以时间为组织方式，表现了软件开发的 4 个阶段：先启、细化、构建和产

品化，每个阶段中都可能包含若干次迭代。先启阶段的任务是估算项目的成本和效益，确定项目的规模、功能和架构，估计和安排项目的进度；细化阶段的主要目标是建立软件系统的架构，如建立用例模型、静态模型、动态模型和实现模型；构建阶段的任务是通过一系列的迭代过程，增量式地构建和实现用例；产品化阶段的任务是试用产品并改正试用中发现的错误，以及制作产品的最终版本，安装产品、完善用户手册并培训用户等。这4个阶段按照顺序依次进行，每个阶段结束时都有一个主要里程碑。实际上，可以把每个阶段看成是两个主要里程碑之间的时间跨度。在每个阶段结束时都要进行阶段评估，确保该阶段目标已被实现，从而进入下一个阶段。阶段与里程碑的关系如图2-9所示。

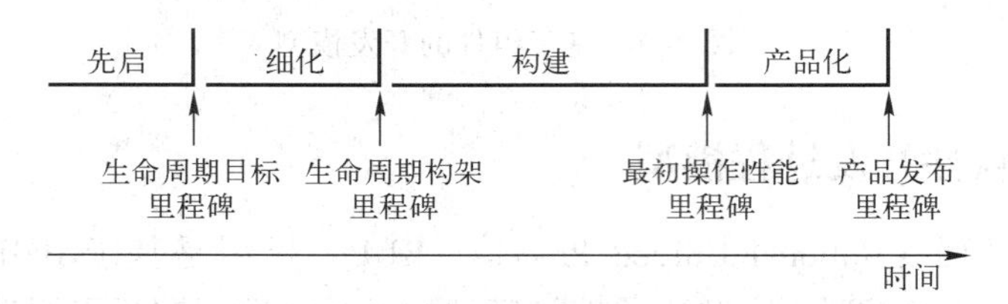

图2-9　统一软件开发过程的项目阶段和里程碑

统一软件开发过程模型是基于迭代思想的软件开发模型。在传统的瀑布模型中，项目的组织方法是使其按顺序一次性地完成每个工作流程。通常，在项目前期出现的问题可能推迟到后期才会发现，这不仅增大了软件开发的成本，还严重影响了软件开发的进度。采用迭代的软件工程思想可以多次执行各个工作流程，有利于更好地理解需求、设计出合理的系统架构，并最终交付一系列渐趋完善的成果。可以说，迭代是一次完整地经过所有工作流程的过程，从图2-8中可以看到，每个阶段都包含了一次或多次的迭代。

基于统一软件开发过程模型所构造的软件系统，是由软件构件建造而成的。这些软件构件定义了明确的接口，相互连接成整个系统。在构造软件系统时，RUP采用架构优先的策略。软件架构概念包含了系统中最重要的静态结构和动态特征，架构体现了系统的总体设计。架构优先开发的原则是RUP开发过程中至关重要的主题。

统一软件开发过程模型适用的范围极为广泛，但是对开发人员的素质要求较高。

2.3.8　敏捷过程与极限编程

1. 敏捷过程概述

随着计算机技术的迅猛发展和全球化进程的加快，软件需求常常发生变化，强烈的市场竞争要求更快速地开发软件，同时软件也能够以更快的速度更新。传统的方法在开发时效上时常面临挑战，因此，强调快捷、小文档、轻量级的敏捷开发方法开始流行。如今，“敏捷”已经成为一个非常时尚的名词。敏捷方法是一种轻量级的软件工程方法，相对于传统的软件工程方法，它更强调软件开发过程中各种变化的必然性，通过团队成员之间充分的交流与沟通，以及合理的机制来有效地响应变化。

敏捷开发开始于“敏捷软件开发宣言”。在2001年2月，17位软件开发方法学家在美国犹他州召开了长达两天的会议，制定并签署了“敏捷软件开发宣言”，该宣言给出了4个价值观。

（1）个体与交互高于过程和工具

这并不是否定过程与工具的重要性，而是更加强调人与人的沟通在软件开发中的作用。因为软件开发过程最终还是要人来实施的，只有涉及软件开发过程的各方面人员（需求人员、设计师、程序员、测试人员、客户和项目经理等）充分地沟通和交流，才能保证最终的软件产品符合客户的需求。如果只是具有良好的开发过程和先进的过程工具，而开发人员本身技能很差，又不能很好地沟通，那么软件产品最终一样会遭到失败。

（2）可运行软件高于详尽的文档

对用户来说，更多地会通过直接运行程序而不是阅读大量的使用文档来了解软件的功能。因此，敏捷软件开发强调不断地、快速地向用户提交可运行程序（虽然不一定是完整程序），来让用户了解软件并得到用户的认可。重要文档仍然是不可缺少的，它能帮助用户更精准、全面地了解软件的功能，但软件开发的主要目标是开发出可执行的软件。

（3）与客户协作高于合同（契约）谈判

大量实践表明，在软件开发的前期，很少有客户能够精确完整地表达他们的需求，即便是那些已经确定下来的需求，也常常会在开发过程中改变。因此，靠合同谈判的方式将需求确定下来非常困难。对于开发人员来说，客户的部分需求变更甚至会导致软件的大范围重构，而通过深入分析客户需求之后，有时还会发现通过适当调整需求就可以避免做出重大调整。而对于前者的情况，开发团队往往通过和客户谈判，撰写精确的需求合同来限制需求变更。但这会导致最终的软件产品功能与客户需求之间存在难以避免的差异，也会导致客户的满意度降低。因此，敏捷软件开发强调与客户的协作，通过密切的沟通合作而不是合同契约来确定用户的需求。

（4）对变更及时响应高于遵循计划

任何的软件开发都需要制订一个详细的开发计划，确定各任务活动的先后顺序及大致日期。然而，随着项目的进展，需求、业务环境、技术和团队等都有可能发生变化，任务的优先顺序和时间有时面临必要的调整，所以，必须保证项目计划能够很好地适应这种难以预料的变化，并能够根据变化修订计划。比如，软件开发的后期，如果团队人员流失，那么如果时间允许，适当后延计划比补充新的开发人员进入项目要风险更小。

发表“敏捷软件开发宣言”的 17 位软件开发人员组成了敏捷软件开发联盟（Agile software development alliance），简称“敏捷联盟”。他们当中有极限编程的发明者 Kent Beck、Scrum 的发明者 Jeff Sutherland 和 Crystal 的发明者 Alistair Cockburn。“敏捷联盟”为了帮助希望使用敏捷方法来进行软件开发的人们定义了 12 条原则。

1）首先要做的是通过尽早和持续交付有价值的软件来让客户满意。

2）需求变更可以发生在整个软件的开发过程中，即使在开发后期，也欢迎客户对于需求的变更。敏捷过程利用变更为客户创造竞争优势。

3）经常交付可工作的软件。交付的时间间隔越短越好，最好 2 ～ 3 周一次。

4）在整个软件开发周期中，业务人员和开发人员应该天天在一起工作。

5）围绕受激励的个人构建项目，给他们提供所需的环境和支持，并且信任他们能够完成工作。

6）在团队的内部，最有效果和效率的信息传递方法是面对面交谈。

7）可工作的软件是进度的首要度量标准。

8）敏捷过程提倡可持续的开发速度。责任人、开发人员和用户应该能够保持一种长期稳定的开发速度。

9）不断地关注优秀的技能和好的设计会增强敏捷能力。

10）尽量使工作简单化。

11）好的架构、需求和设计来源于自组织团队。

12）每隔一定时间，团队应该反省如何才能有效地工作，并相应调整自己的行为。

2. 极限编程

敏捷模型包括多种实践方法，如极限编程（eXtreme Programming，XP）、自适应软件开发（Adaptive Software Development，ASD）、动态系统开发方法（Dynamic System Development Method，DSDM）、Scrum、Cyrstal 和特征驱动开发（Feature Driven Development，FDD）等。这里只介绍极限编程的相关内容。

极限编程是一种实践性较强的、规范化的软件开发方法，它强调用户需求和团队工作。利用极限编程方法进行软件开发实践的工程师，即使在开发周期的末期，也可以很快地响应用户需求。在团队工作中，项目经理、用户及开发人员都有责任为提高软件产品的质量而努力。XP 特别适用于软件需求模糊且容易改变、开发团队人数少于 10 人、开发地点集中（如一个办公室）的场合。

极限编程包含了一组相互作用和相互影响的规则和实践。在项目计划阶段，需要建立合理和简洁的用户故事。在设计系统的体系架构时，可以采用 CRC（Class，Responsibility，Collaboration）卡促使团队成员共同努力。代码的质量在极限编程项目中非常重要。为了保证代码的质量，可以采用结对编程及在编码之前构造测试用例等措施。在测试方面，开发人员有责任向用户证明代码的正确性，而不是由用户来查找代码的缺陷。合理的测试用例及较高的测试覆盖率是极限编程项目测试所追求的目标。

2.3.9 几种模型之间的关系

1. 瀑布模型与 RUP 模型之间的关系

在宏观上，瀑布模型是静态模型，RUP 模型（RUP 模型是迭代模型的一种）是动态模型。RUP 模型的每一次迭代，实际上都需要执行一次瀑布模型，都要经历先启、细化、构建和产品化这 4 个阶段，完成瀑布模型的整个过程。

在微观上，瀑布模型与 RUP 模型都是动态模型。瀑布模型与 RUP 模型在每一个开发阶段（先启、细化、构建、产品化）的内部都需要有一个小小的迭代过程，只有进行这样的迭代，开发阶段才能做得更好。

瀑布模型与 RUP 模型之间的关系可用图 2-10 来表述：瀑布模型中有 RUP 模型，反过来，RUP 模型中也有瀑布模型。

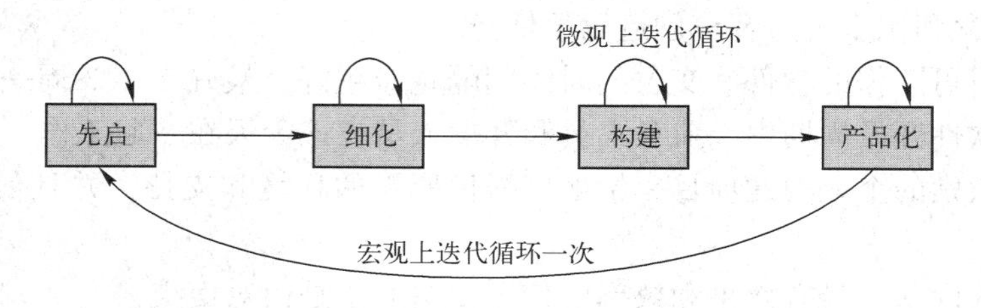

图 2-10　瀑布模型与 RUP 模型之间的关系

2. 瀑布模型与增量模型之间的关系

增量模型是把待开发的软件系统模块化，将每个模块作为一个增量组件，一个模块接着一个模块地进行开发，直到开发完所有的模块。

在开发每个模块时，通常都是采用瀑布模型，从分析、设计、编码和测试这几个阶段进行开发。所以，增量模型中有瀑布模型，即宏观上是增量模型，微观上是瀑布模型。

增量模型也体现了迭代思想，每增加一个模块，就进行一次迭代，执行一次瀑布模型，所以，增量模型本质上是迭代的。

3. 瀑布模型与快速原型模型之间的关系

快速原型模型的基本思想是快速建立一个能反映用户主要需求的原型系统，在此基础上之后的每一次迭代，都可能会用到瀑布模型。

快速原型模型中不但包含了迭代模型的思想，而且包含了瀑布模型的思想。

4. 瀑布模型与螺旋模型之间的关系

螺旋模型是瀑布模型和快速原型模型的结合，快速原型模型是原型模型的简化，原型模型又是迭代模型和瀑布模型的组合，这些模型之间是相互依存的、彼此有关的。

螺旋模型每一次顺时针方向旋转，相当于顺时针方向迭代一次，都是走完一次瀑布模型，这就是瀑布模型与螺旋模型之间的关系。实际上，瀑布模型与喷泉模型也有关系。

2.3.10 选择软件过程模型

各种软件过程模型反映了软件生命周期表现形式的多样性。在生命周期的不同阶段也可采用不同的软件过程模型。在具体的软件开发过程中，可以选择某种软件过程模型，按照某种开发方法，使用相应的工具进行软件开发。

在选择软件过程模型时需要考虑以下几点。

1）符合软件自身的特性，如规模、成本和复杂性等。

2）满足软件开发进度的要求。

3）对软件开发的风险进行预防和控制。

4）具有计算机辅助工具的支持。

5）与用户和软件开发人员的知识和技能相匹配。

6）有利于软件开发的管理和控制。

一般来说，结构化方法和面向数据结构方法可采用瀑布模型或增量模型进行软件开发；而面向对象方法可采用快速原型模型、喷泉模型或 RUP 模型进行软件开发。

在实际的软件开发过程中，选择软件过程模型并非是一成不变的，有时还需要针对具体的目标要求进行裁剪、修改等，从而构成完全适合开发目标要求的软件过程模型。

现实中的软件系统各种各样，软件开发方式也千差万别。对于同一个问题，不同的开发组织可能选择不同的开发模型（过程模型）去解决，开发出的软件系统也不可能完全一样，但是其基本目标都是一致的，即应该满足用户的基本功能需求，否则，再好的软件系统也是没有意义的。

2.4 软件过程模型实例

【例 2-1】 针对下面这些应用开发软件，应采用哪种软件过程模型？要求说明原因。

1）已经充分了解了的数据处理应用程序。

2）通过卫星通信连接计算机的新软件产品，假设之前没有开发卫星通信软件的经验。

3）作为电话交换系统控制器的软件产品。

4）新的图书馆自动化软件，连接城市中不同的图书馆。

5）超大型的软件，可以使用一套旋转的卫星，用来在订阅者中提供、监视和控制移动电话通信。

6）一个新的文本编辑器。

7）一种新语言的编译器。

8）面向对象的软件开发。

9）一个大型软件产品的图形用户界面。

【解析】

1）瀑布模型。

原因：在软件开发的过程中，需求不发生或很少发生变化，并且开发人员可以一次性获取全部需求；软件项目的风险较低；开发者对软件应用领域很熟悉。

2）螺旋模型。

原因：没有相应的开发经验，风险较大，螺旋模型明确包括了开发的每一阶段中的风险处理，在每一次迭代中，风险分析通过原型构建进行，允许对处理风险可用的不同选项进行权衡。

3）快速原型模型。

原因：已有产品或产品的原型；为简单而熟悉的行业和领域。

先建立一个模拟的电话交换系统控制器原型系统，让用户提出修改意见，快速地修改原型系统，直到用户认为模拟的电话交换系统可以达成目的，再无须返工地以线性顺序开发，便可实现需求。

4）基于组件的开发模型。

原因：有丰富的现有组件和系统框架，充分利用软件复用的思想，降低开发成本和风险，加快产品开发。

图书馆自动化软件所需要的模块较多，如数据库索引、用户的识别及连接其他图书馆等，可采用基于组件的开发模型；从组件库中筛选相关的组件，然后开发人员根据需求设计或使用现有的成熟开发框架复用这些组件，最后将所有组件集合在一起，进行系统测试。

5）统一软件开发过程模型。

原因：作为超大型软件，功能覆盖面广，开发风险大，开发时间长。

采用统一软件开发过程模型，可以从初始开始不断细化迭代，可以多次地执行各个工作流程，有利于更好地理解需求，设计出合理的系统架构，降低风险。

6）增量模型。

原因：文本编辑器的特点是分为基本功能和拓展功能，基本功能实现简单，但是毫无特色，新的文本编辑器的主要优点集中在拓展功能上，为此可采用增量模型。

开发人员首先实现提供基本核心功能的增量组件，创建一个具备基本功能的子系统，然后不断地增量拓展功能，以此达到需求目的。

7）统一软件开发过程模型。

原因：采用统一软件开发过程模型，可以多次执行各个工作流程，有利于更好地理解需求，设计出合理的系统架构，并最终交付一系列渐趋完善的成果。

8）由于面向对象的过程模型有快速原型模型、喷泉模型和统一软件开发过程模型等，所以要根据具体的开发特性来决定模型的选择。

9）敏捷模型。

原因：敏捷模型一般适用于小型项目和小型项目组，不大适用于大型项目和大型项目组。这里是对大型软件图形用户界面的开发，而不是对整个大型软件产品的开发，所以它应该算是小型项目。敏捷模型适用于软件需求常常发生变化的软件开发，大型软件的图形用户界面开发也需要和用户深入交流协作，这些都是敏捷模型所擅长的。

【例 2–2】假设计划研发一种产品，技术含量很高，与客户有关的风险也很多，你会采用哪种软件过程模型？请说明理由。

【解析】采用 RUP 模型。RUP 模型在每个步骤后都会形成一个可以发布的产品，这个产品是最终产品的一个子集。这样能够在生命周期中尽早地避免风险，不会像其他过程模型一样，有可能直到最后才发现，面临巨大风险。再者这个模型能产生多个软件样品，每个样品实现某个个别功能，一一解决软件开发中的难点，最终产生拥有高技术含量的成品。

由于考虑问题的角度不同，答案也许不是唯一的。此题还可以考虑。采用敏捷模型。

1）与客户有关的风险很多，其要求人们能够及时与客户进行沟通，充分了解客户的风险，敏捷模型有着经常交付可工作软件的原则，这一点可以充分满足客户规避风险的需要；针对这一点，瀑布模型和基于组件的开发模型都不符合。

2）技术含量很高，这一特点让人们考虑到了时间成本和人力成本，从这两点来说，不能采用增量模型、喷泉模型和统一软件开发过程模型，同时这对技术人员提出了很高的要求，快速原型模型显然不适用，最终剩下了螺旋模型和敏捷模型。

3）两者非常相似，但是敏捷模型更加注重软件开发工程中各种变化的必然性，通过与客户的沟通和团队的合作来更好地适应市场需求，螺旋模型更强调软件的整体性和风险的规避，但是这种模型的控制和管理较为复杂，可操作性不强，对项目管理人员的要求较高。

所以选择敏捷模型作为软件过程模型。

【例 2–3】假设要为一家生产和销售长筒靴的公司开发一个软件，使用此软件来监控该公司的存货，并跟踪从购买橡胶开始到生产长筒靴、发货给各个连锁店，直至卖给顾客的全过程。以保证生产和销售过程的各个环节供需平衡，既不会有停工待料现象，也不会有供不应求现象。为这个项目选择的软件过程模型时使用什么准则？

【解析】采用螺旋模型。

原因：这个项目总体上来看复杂程度较高，各个部分需求比较难以确定且数量较大。螺旋模型适用于风险较大的大型软件项目的开发，将风险分析扩展到各个阶段中，大幅度降低了软件开发的风险，并且可以逐步取得明确的需求，逐步完善。所以选择采用螺旋模型。

【例 2–4】假设【例 2–3】中为靴类连锁店开发的存货监控软件很受用户欢迎，现在软件开发公司决定把它重新写成一个通用软件包，以卖给各种生产并通过自己的连锁店销售产品的公司。因此，这个新的软件产品必须是可移植的，并且应该能够很容易地适应新的运行环境（硬件或操作系统），以满足不同用户的需求。为本题中的软件选择过程模型时，使用的准则与【例 2–3】中使用的准则有哪些不同？

【解析】采用喷泉模型。

原因：喷泉模型是典型的面向对象过程模型，具有较好的可移植性，容易适应各种运行环境，满足不同用户的需求。喷泉模型很好地缩短了软件维护的时间，适合本模型的分析设计多次重复等特点。

习题

1. 判断题

（1）瀑布模型的最大优点是将软件开发的各个阶段划分得十分清晰。（ ）

（2）螺旋模型是在瀑布模型和增量模型的基础上增加了风险分析活动。（ ）

（3）软件工程过程应该以软件设计为中心，关键是编写程序。（ ）

（4）极限编程属于增量模型。（ ）

2. 选择题

（1）增量模型本质上是一种（ ）。

A. 线性顺序模型　　B. 整体开发模型

C. 非整体开发模型　　D. 螺旋模型

（2）软件过程是（ ）。

A. 特定的开发模型　　B. 一种软件求解的计算逻辑

C. 软件开发活动的集合　　D. 软件生命周期模型

（3）软件生命周期模型不包括（ ）。

A. 瀑布模型　　B. 用例模型　　C. 增量模型　　D. 螺旋模型

（4）包含风险分析的软件工程模型是（ ）。

A. 螺旋模型　　B. 瀑布模型　　C. 增量模型　　D. 喷泉模型

（5）软件工程中描述生命周期的瀑布模型一般包括计划、需求分析、设计、编码、（ ）和维护等几个阶段。

A. 产品发布　　B. 版本更新　　C. 可行性分析　　D. 测试

（6）软件开发的瀑布模型一般都将开发过程划分为分析、设计、编码和测试等阶段，一般认为可能占用人员最多的阶段是（ ）。

A. 分析阶段　　B. 设计阶段　　C. 编码阶段　　D. 测试阶段

（7）螺旋模型综合了（ ）的优点，并增加了风险分析。

A. 增量模型和喷泉模型　　B. 瀑布模型和快速原型模型

C. 瀑布模型和喷泉模型　　D. 快速原型模型和喷泉模型

3. 简答题

（1）如何理解软件生命周期的内在特征？

（2）请对比瀑布模型、快速原型模型、增量模型和螺旋模型。

（3）在统一软件开发过程模型中核心工作流程包含哪些？

（4）当需求不能一次搞清楚，且系统需求比较复杂时，选用哪种开发模型比较适合？

（5）敏捷过程的核心价值观有哪些？它对传统方法的“反叛”体现在哪些方面？

（6）什么是软件过程？它与软件工程方法学有何关系？

（7）某大型企业计划开发一个“综合信息管理系统”，该系统涉及销售、供应、财务、生产和人力资源等多个部门的信息管理。该企业的想法是按部门优先级别逐个实现，边应用边开发。对此，需要一种比较合适的过程模型。请对这个过程模型做出符合应用需要的选择，并说明选择理由。

第3章　可行性研究及需求分析

本章首先介绍可行性研究，包括项目立项、可行性研究的内容和步骤；然后介绍需求分析，包括需求分析的任务、步骤和需求管理，以及需求分析的常用方法；最后给出软件开发计划书和需求规格说明书的编写指南。

本章目标

- 了解可行性研究的目的、意义和内容。
- 掌握可行性研究的主要步骤。
- 了解需求分析的任务。
- 熟悉进行需求分析的步骤和方法。
- 了解需求管理
- 掌握需求分析的原则。
- 熟悉需求分析的常用方法。
- 学习编写软件开发计划书。
- 学习编写需求规格说明书。

3.1　可行性研究

3.1.1　项目立项概述

任何一个完整的软件工程项目都是从项目立项开始的。项目立项包括项目发起、项目论证、项目审核和项目立项4个过程。

在发起一个项目时，项目发起人或单位为寻求他人的支持，要以书面材料的形式递交给项目的支持者和领导，使其明白项目的必要性和可行性。这种书面材料称为项目发起文件或项目建议书。

项目论证过程也就是可行性研究过程。可行性研究就是指在项目进行开发之前，根据项目发起文件和实际情况，对该项目是否能在特定的资源、时间等制约条件下完成评估，并且确定它是否值得去开发。可行性研究的目的不在于如何解决问题，而在于确定问题是否值得解决，是否能够解决。

之所以要进行可行性研究，是因为在实际情况中，许多问题都不能在预期的时间范围内或资源限制下得到解决。如果开发人员能够尽早地预知问题没有可行的解决方案，那么尽早地停止项目的开发就能够避免时间、资金、人力和物力的浪费。

项目经过可行性研究且认为可行后，还需要报告主管领导或单位，以获得项目的进一步审核，并得到他们的支持。

项目通过可行性研究和主管部门的批准后，将其列入项目计划的过程，称为项目立项。

经过项目发起、项目论证、项目审核和项目立项4个过程后，一个软件工程项目就正式启动了。

3.1.2 可行性研究的内容

可行性研究需要从多个方面进行评估，主要包括战略可行性、操作可行性、计划可行性、技术可行性、社会可行性、市场可行性、经济可行性和风险可行性等。

- 战略可行性研究主要从整体的角度考虑项目是否可行，例如，提出的系统对组织目标具有怎样的贡献；新系统对目前的部门和组织结构有何影响；系统将以何种方式影响人力水平和现存雇员的技术；它对组织整个人员开发策略有何影响等。
- 操作可行性研究主要考虑系统是否能够真正解决问题；是否系统一旦安装后，有足够的人力资源来运行系统；用户对新系统具有抵触情绪是否导致使操作不可行；人员的可行性等问题。
- 计划可行性研究主要估计项目完成所需的时间，并评估项目的时间是否足够。
- 技术可行性研究主要考虑项目使用技术的成熟程度；与竞争者的技术相比，所采用技术的优势及缺陷；技术转换成本；技术发展趋势及所采用技术的发展前景；技术选择的制约条件等。
- 社会可行性研究主要考虑项目是否满足所有项目涉及者的利益；是否满足法律或合同的要求等。
- 市场可行性研究主要包括研究市场的发展历史与发展趋势，说明本产品处于市场的什么发展阶段；本产品和同类产品的价格分析；统计当前市场的总额及竞争对手所占的份额，分析本产品能占多少份额；产品消费群体特征、消费方式及影响市场的因素分析；分析竞争对手的市场状况；分析竞争对手在研发、销售、资金和品牌等方面的实力；分析自己的实力等。
- 经济可行性研究主要是把系统开发和运行所需要的成本与得到的效益进行比较，进行成本效益分析。
- 风险可行性研究主要是考虑项目在实施过程中可能遇到的各种风险因素，以及每种风险因素可能出现的概率和出险后造成的影响程度。

3.1.3 可行性研究的步骤

进行可行性研究的步骤不是固化的，而是根据项目的性质、特点及开发团队的能力而有所区别。一个典型的可行性研究的步骤可以归结为以下几步，其示意图如图 3-1 所示。

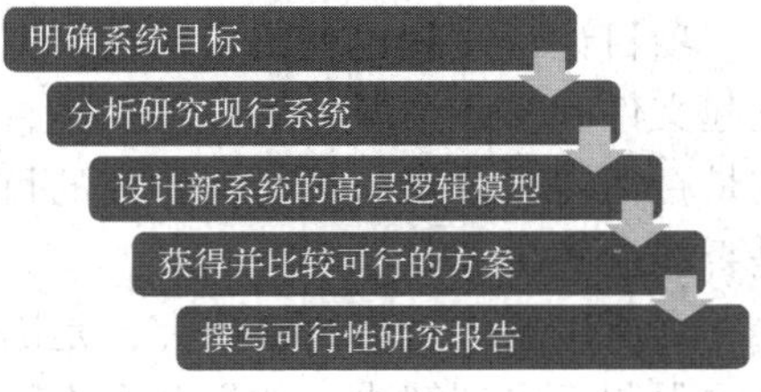

图 3-1 可行性研究的步骤

1. 明确系统的目标

在这一步，可行性分析人员要访问相关人员，阅读分析可以掌握的材料，确认用户需要解决的问题的实质，进而明确系统的目标及为了达到这些目标系统所需的各种资源。

2. 分析研究现行系统

现行系统是新系统重要的信息来源。新系统应该完成现行系统的基本功能，并在此基础上对现行系统中存在的问题进行改善或修复。可以从 3 个方面对现有系统进行分析：系统组织结构定义、系统处理流程分析和系统数据流分析。系统组织结构可以用组织结构图来描述。系统处理流程分析的对象是各部门的业务流程，可以用系统流程图来描述。系统数据流分析与业务流程紧密相连，可以用数据流图和数据字典来表示。

3. 设计新系统的高层逻辑模型

这一步从较高层次设想新系统的逻辑模型，概括地描述开发人员对新系统的理解和设想。

4. 获得并比较可行的方案

开发人员可根据新系统的高层逻辑模型提出实现此模型的不同方案。在设计方案的过程中要从技术、经济等角度考虑各方案的可行性。然后，从多个方案中选择出最合适的方案。

5. 撰写可行性研究报告

可行性研究的最后一步就是撰写可行性研究报告。此报告包括项目简介、可行性分析过程和结论等内容，其简略提纲如图 3-2 所示。

可行性研究的结论一般有 3 种。

1）可以按计划进行软件项目的开发。

2）需要解决某些存在的问题（如资金短缺、设备陈旧和开发人员短缺等）或者需要对现有的解决方案进行一些调整或改善后，才能进行软件项目的开发。

3）待开发的软件项目不具有可行性，立即停止该软件项目。

可行性研究报告

1）项目背景
2）客户需求
3）商务前景
4）战略可行性
5）操作可行性
6）计划可行性
7）技术可行性
8）社会可行性
9）市场可行性
10）经济性可行性
11）风险可行性
12）结论

图 3-2　可行性研究报告

上述可行性研究的步骤只是一个经过长期实践总结出来的框架，在实际的使用过程中，它不是固定的，根据项目的性质、特点及开发团队对业务领域的熟悉程度会有些变化。

经过可行性研究后，对于值得开发的项目，就要制订软件开发计划，写出软件开发计划书。

3.2　需求分析

3.2.1　需求分析的任务

1. 进行需求分析的必要性

为了开发出真正满足用户需要的软件产品，明确地了解用户需求是关键。虽然在可行性研究中，已经对用户需求有了初步的了解，但是很多细节还没有考虑到。可行性研究的目的是评估系统是否值得去开发，问题是否能够解决，而不是对需求进行定义。如果说可行性分析是要决定“做还是不做”，那么需求分析就是要回答“系统必须做什么”这个问题。

在需求中存在大量的错误，这些错误若未及时发现和更正，会引起软件开发费用增加、软件质量降低；严重时，会造成软件开发的失败。在对以往失败的软件工程项目进行失败原因分析和统计的过程中发现，因为需求不完整而导致失败的项目占 13.1%，缺少用户参与导致项目失败的占 12.4%，需求和需求规格说明书更改占 8.7%。可见约 1/3 的项目失败都与需求有关。要尽量避免需求中出现的错误，就要进行详细而深入的需求分析。可见需求分析是一个非常重要的过程，它完成得好坏直接影响了后续软件开发的质量。

2. 确定系统的运行环境要求

系统的运行环境要求包括系统运行时的硬件环境要求，如对计算机的 CPU、内存、存储器、输入/输出方式、通信接口和外围设备等的要求；软件环境要求，如操作系统、数据库管理系统和编程语言等的要求。

3. 确定系统的功能性需求和非功能性需求

需求可以分为两大类：功能性需求和非功能性需求，前者定义了系统做什么，后者定义了系统工作时的特性。

功能需求是软件系统的最基本的需求表述，包括对系统应该提供的服务，如何对输入做出反应，以及系统在特定条件下的行为描述。在某些情况下，功能需求还必须明确系统不应该做什么，这取决于开发的软件类型、软件未来的用户，以及开发的系统类型。所以，功能性的系统需求需要详细地描述系统功能特征、输入和输出接口，以及异常处理方法等。

非功能性需求包括对系统提出的性能需求、可靠性和可用性需求、系统安全，以及系统对开发过程、时间、资源等方面的约束和标准等。性能需求指定系统必须满足的定时约束或容量约束，一般包括速度（响应时间）、信息量速率（吞吐量、处理时间）和存储容量等方面的需求。

4. 进行有效的需求分析

一般情况下，用户并不熟悉计算机的相关知识，而软件开发人员对相关的业务领域也不甚了解，用户与开发人员之间对同一问题理解的差异和习惯用语的不同往往会为需求分析带来很大的困难。所以，开发人员和用户之间充分和有效的沟通在需求分析的过程中至关重要。

有效的需求分析通常都具有一定的难度，这一方面是由于交流障碍所引起的，另一方面是由于用户通常对需求的陈述不完备、不准确和不全面，并且还可能在不断变化。所以开发人员不仅需要在用户的帮助下抽象现有的需求，还需要挖掘隐藏的需求。此外，把各项需求抽象为目标系统的高层逻辑模型对日后的开发工作也至关重要。合理的高层逻辑模型是系统设计的前提。

5. 在需求分析的过程中应该遵守一些原则

首先，需求分析是一个过程，它应该贯穿于系统的整个生命周期中，而不是仅仅属于软件生命周期早期的一项工作。

其次，需求分析应该是一个迭代的过程。由于市场环境的易变性及用户本身对于新系统要求的模糊性，需求往往很难一步到位。通常情况下，需求是随着项目的深入而不断变化的。所以需求分析的过程还应该是一个迭代的过程。

此外，为了方便评审和后续的设计，需求的表述应该具体、清晰，并且是可测量的、可实现的。最好能够对需求进行适当的量化。比如系统的响应时间应该低于0.5秒；系统在同一时刻最多能支持30000个用户。

6. 需求分析的两个任务

首先是需求分析的建模阶段，即在充分了解需求的基础上，要建立起系统的分析模型。其次是需求分析的描述阶段，就是把需求文档化，用软件需求规格说明书的方式把需求表达出来。

7. 软件需求规格说明书

软件需求规格说明书是需求分析阶段的输出，它全面、清晰地描述了用户需求，因此是开发人员进行后续软件设计的重要依据。软件需求规格说明书应该具有清晰性、无二义性、一致性和准确性等特点。同时，它还需通过严格的需求验证和反复修改的过程才能最终确定。

3.2.2 需求分析的步骤

为了准确获取需求，需求分析必须遵循一系列的步骤。只有采取了合理的需求分析的步骤，开发人员才能更有效地获取需求。一般来说，需求分析分为需求获取、分析建模、需求描述和需求验证4步。以下将分步进行介绍。

1. 需求获取

需求获取就是收集并明确用户需求的过程。系统开发人员通过调查研究，要理解当前系统的工作模型、用户对新系统的设想与要求。在需求获取的初期，用户提出的需求一般模糊且凌乱，这就需要开发人员能够选取较好的需求分析方法，提炼出逻辑性强的需求。

例如，没有经验或只是偶尔使用系统的用户关心的是系统操作的易学性。他们喜欢具有菜单、图形界面、整齐有序的屏幕显示、详细的提示，以及使用向导的系统。而对于熟悉系统的用户，他们就会更关心使用的方便性与效率，并看重快捷键、宏、自定义选项、工具栏和脚本功能等。而且不同用户的需求有可能发生冲突，例如，对于同样一个人力资源管理系统，某些用户希望系统反应速度快一些，查找准确；但另一些用户希望做到安全性第一，而对反应速度要求不高。因此，对于发生冲突的需求必须仔细考虑并做出选择。

获取需求的方法有多种，如问卷调查、访谈、实地操作和建立原型等。

1）问卷调查是采用让用户填写问卷的形式了解用户对系统的看法。问题应该是循序渐进的，并且可选答案不能太局限，以免限制了用户的思维。回收问卷后，开发人员要对其进行汇总和统计，从而分析出有用信息。

2）访谈是指开发人员与特定的用户代表进行座谈的需求获取方法。在进行访谈之前，访谈人员应该准备好问题。一般情况下问题涉及的方面主要是When、Where、What、Who、Why和How。问题可以分为开放性问题和封闭式问题。开放性问题是指答案比较自由的问题，比如：对于这个项目，你的看法是什么？而封闭式问题是指答案受限制的问题，比如：对于这个项目，你是赞成还是反对？在访谈中，分析人员应该多提一些开放性问题，这样更容易捕捉到用户的真实想法。由于被访谈的用户的身份多种多样，所以在访谈过程中，访谈人员要根据用户的身份提出不同的问题，这样访谈才能更有效。

3）如果开发人员能够以用户的身份参与到现有系统的使用过程中，那么在亲身实践的基础上，观察用户的工作过程，发现问题及时提问，开发人员就能直接体会到现有系统的弊端及新系统应该解决的问题。这种亲身实践的需求获取方法就是实地操作。这种方式可以帮助开发人员获得真实的信息。

4）为了进一步挖掘需求，了解用户对目标系统的想法，开发人员有时还采用建立原型系统的方法。在原型系统中，用户更容易表达自己的需求。所谓原型，就是目标系统的一个可操作的模型。原型化分析方法要求在获得一组基本需求说明后，能够快速地使某些重要方面"实现"，通过原型反馈加深对系统的理解，并对需求说明进行补充和优化。利用原型的需求获取过程可以用图3-3来表示。

针对前述所获取的需求，要进行归纳，形成软件需求。软件需求包括功能需求、性能需求、系统运行环境需求、用户界面需求、软件成本消耗与开发进度需求、资源使用需求、可靠性需求，以及安全保密要求等。

2. 分析建模

获取到需求后，下一步就应该对开发的系统建立分析模型了。模型就是为了理解事物而对事物做出的一种抽象，通常由一组符号和组织这些符号的规则组成。对待开发系统建立各种角度的模型有助于人们更好地理解问题。通常，从不同角度描述或理解软件系统，就需要不同的模型。常用的建模方法有数据流图、实体关系图、状态转换图、控制流图、用例图、类图和对象图等。

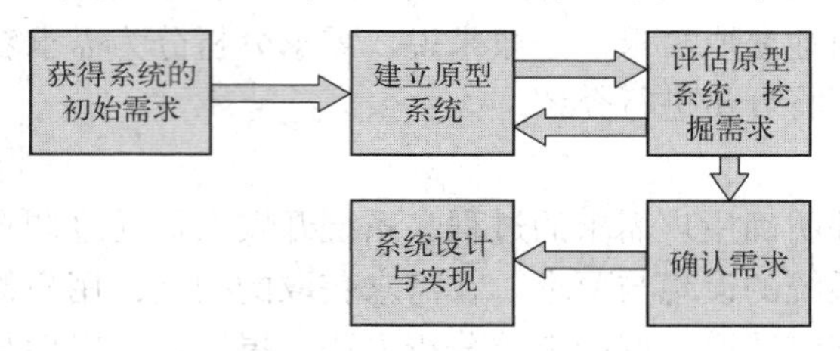

图 3-3　原型化开发过程

3. 需求描述

需求描述就是指编制需求分析阶段的文档。一般情况下，对于复杂的软件系统，需求阶段会产生 3 个文档：系统定义文档（用户需求报告）、系统需求文档（系统需求规格说明书）和软件需求文档（软件需求规格说明书）。而对于简单的软件系统而言，需求阶段只需要输出软件需求文档就可以了。软件需求规格说明书主要描述软件部分的需求，简称 SRS（Software Requirement Specification），它站在开发者的角度，对开发系统的业务模型、功能模型、数据模型和行为模型等内容进行描述。经过严格的评审后，它将作为概要设计和详细设计的基线。

对于大型软件项目，在需求分析阶段要完成多项文档，包括可行性研究报告、项目开发计划、软件需求说明、数据要求说明和测试计划。对于中型的软件项目，可行性研究报告和项目开发计划可以合并为项目开发计划，软件需求说明和数据要求说明可以合并为软件需求说明。而对于小型的软件项目，一般只需完成软件需求与开发计划就可以了，如图 3-4 所示。

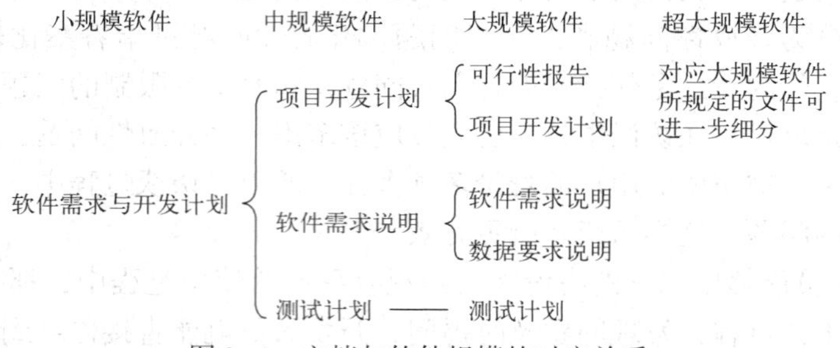

图 3-4　文档与软件规模的对应关系

4. 需求验证

需求分析的第四步是验证以上需求分析的成果。需求分析阶段的工作成果是后续软件开发的重要基础，为了提高软件开发的质量，降低软件开发的成本，必须对需求的正确性进行严格的验证，确保需求的一致性、完整性、现实性和有效性。确保设计与实现过程中的需求可回溯性，并进行需求变更管理。

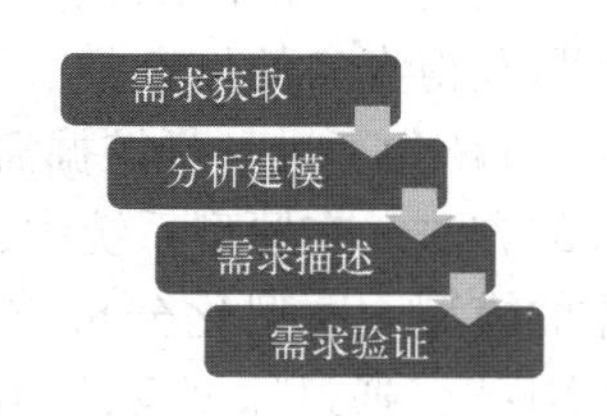

图 3-5　需求分析的步骤

需求分析步骤的示意图如图 3-5 所示。

3.2.3　需求管理

为了更好地进行需求分析并记录需求结果，需要进行需求管理。需求管理是一种用于查找、记录、组织和跟踪系统需求变更的系统化方法。可用于以下两个方面。

- 获取、组织和记录系统需求。
- 使客户和项目团队在系统变更需求上达成并保持一致。

有效需求管理的关键在于维护需求的明确阐述、每种需求类型所适用的属性，以及与其他需求和其他项目工件之间的可追踪性。

软件需求的变更往往贯穿于软件的整个生命周期。需求管理是一组活动，用于在软件开发的过程中标识需求、控制需求、跟踪需求，并对需求变更进行管理（需求变更管理活动与“14.7 软件配置管理概述”中所述的基本上相同，因此，具体内容可参见14.7节）。

需求管理实际上是项目管理的一个部分，它涉及3个主要问题。

- 识别、分类和组织需求，并为需求建立文档。
- 需求变化（即带有建立对需求不可避免的变化是如何提出、如何协商、如何验证，以及如何形成文档的过程）。
- 需求的可跟踪性（即带有维护需求之间，以及与系统的其他制品之间依赖关系的过程）。

3.2.4 需求分析的常用方法

需求分析的方法有多种，下面只简单介绍功能分解方法、结构化分析方法、信息建模方法和面向对象的分析方法。

1. 功能分解方法

功能分解方法是将一个系统看成是由若干功能模块组成的，每个功能又可分解为若干子功能及接口，子功能再继续分解，即功能、子功能和功能接口成为功能分解方法的3个要素。功能分解方法采用的是自顶向下、逐步求精的理念。

2. 结构化分析方法

结构化分析方法是一种从问题空间到某种表示的映射方法，其逻辑模型由数据流图和数据词典构成并表示。它是一种面向数据流的需求分析方法。它主要适用于数据处理领域问题。在第4章将详细介绍这种方法。

3. 信息建模方法

模型是通过某种媒介对相同媒介或其他媒介里的一些事物的表现形式。从一个建模角度出发，模型就是要抓住事物的最重要方面而简化或忽略其他方面。简而言之，模型就是对现实的简化，建立模型的过程称为建模。

建模可以帮助人们理解正在开发的系统，这是需要建模的一个基本理由。并且，人对复杂问题的理解能力是有限的。建模可以帮助开发者缩小问题的范围，每次着重研究一个方面，进而对整个系统产生更加深刻的理解。可以明确地说，越大、越复杂的系统，建模的重要性也越大。

信息建模方法常用的基本工具是E-R图，其基本要素由实体、属性和关系构成。它的核心概念是实体和关系，它的基本策略是从现实中找出实体，然后再用属性对其进行描述。

4. 面向对象的分析方法

面向对象的分析方法的关键是识别问题域内的对象，分析它们之间的关系，并建立3类模型，它们分别是描述系统静态结构的对象模型、描述系统控制结构的动态模型，以及描述系统计算结构的功能模型。其中，对象模型是最基本、最核心、最重要的。面向对象主要考虑类或对象、结构与连接、继承和封装，以及消息通信，只表示面向对象的分析中几项最重要的特征。类的对象是对问题域中事物的完整映射，包括事物的数据特征（即属性）和行为特征（即服务）。在第5章将详细介绍这种方法。

3.3 软件开发计划书编写指南

下面的软件开发计划书模板（可裁剪）可作为编写软件开发计划书的指南。

1. 引言

1.1 目的

本章节提供整个软件开发计划的综述。主要确定以下内容。

1）软件生命周期的选取及裁剪。

2）软件规范、方法和标准的选择。

3）软件工作产品的规模估计。

4）软件工作量和成本的估计。

5）软件进度表的制定。

6）软件风险的估计。

7）软件项目培训计划。

1.2 范围

说明该软件开发计划的范围，简要描述软件开发计划的内容。一般而言，对于一个较大的软件项目（工期为6个月以上），计划书包括以下内容。

1）软件规模估计。

2）工作模块计划。

3）人力资源计划。

4）其他资源计划。

5）进度安排计划。

6）配置管理计划（可单独做一个计划）。

7）质量保证计划（可单独做一个计划）。

1.3 术语定义

对该软件开发计划中的术语和缩写词进行定义。包括用户应用领域与计算机领域的术语与缩写词等，举例如下。

[1] 软件相关组：指软件配置管理组、文档支持组和测试组。

[2] 软件质量保证组：指计划和实施软件质量保证活动的人员的集合。

1.4 参考资料

说明该软件开发计划使用的参考资料，如项目的用户需求报告、商务合同和用户领域的资料等，每一个文件、文献要有标题、索引号或文件号，发布或发表日期，以及出版单位。

[1] ……

[2] ……

1.5 相关文档

当该文档变更时，可能对其他文档产生影响，受影响的文档称为相关文档，需将它们列出。

[1] ……

[2] ……

1.6 版本更新记录

版本更新记录格式，如表 3-1 所示。

表 3-1　版本更新记录

版　本　号	创　建　者	创建日期	维　护　者	维护日期	维护纪要
V1.0	王大庆	2016/08/06	—	—	—
V1.0.1	—	—	王小庆	2016/08/25	成本估算维护
……					

2. 项目概述

2.1　项目的目的

说明该软件项目的目的。

2.2　项目的范围

本章节的内容主要参照《立项建议书》/《合同》与《用户需求报告》中的相关章节，简要描述该软件项目的实现范围。

1）主要功能点列表。

2）主要性能点列表。

3）主要接口列表。

4）本软件项目与其他软件项目之间的关系。

5）项目实施方面的限制等内容。

2.3　项目的使用对象

在本章节中，要识别出用户与最终用户，对用户与最终用户的情况要有简单描述，如最终用户的教育水平、技术水平及本系统的使用频度等。

3. 项目组织

项目组织是为开发项目而组建的队伍。建议以框图的方式表示项目的组织结构，并对每一组织的负责人和职责加以说明。可能的项目组织单元如下。

1）项目管理组。

2）质量保证组。

3）配置管理组。

4）软件工程组。

5）测试组。

6）需求管理组。

各组织说明如下。

1）项目管理组，执行 SPP 和 SPTO 过程，对项目实施负全部责任。

2）质量保证组，执行 SQA 过程，负责项目过程与产品的质量控制和报告。

3）配置管理组，执行 SCM 过程，负责项目产品的版本、配置管理及配置库状态报告。

4）软件工程组，执行软件项目工程过程，负责项目产品的开发和维护工作。

5）测试组，执行软件项目测试过程，负责项目产品的测试。

6）需求管理组，负责对需求基线和需求变更进行管理。

4. 软件生命周期

本章节记录项目策划生命周期定义的工作结果，需要描述的主要内容如下。

1）项目生命周期框图。

2）项目生命周期说明。

5. 规范、方法和标准

本章节中需要描述采用的供开发和维护软件用的规范、方法和标准。

6. 任务与工作产品

项目任务和工作产品，是指根据项目生命周期阶段划分的任务和相应阶段的工作产品。记录项目生命周期各阶段确定的需重点控制的阶段任务和工作产品。建议以表格的形式列出生命周期各阶段的任务和工作产品。项目包含的任务如下。

1）需求分析。

2）系统设计。

3）系统实现。

4）测试。

5）产品交付。

6）产品维护。

项目可能包含的产品如下。

1）需求分析说明书。

2）规格分析说明书。

3）系统设计说明书。

4）源代码。

5）各种测试报告。

6）用户手册。

7）软件问题维护记录。

7. 工作产品、任务规模和工作量估计

项目规模估算是为了确定项目所需的人工。需要描述的主要内容如下。

1）对软件工作产品规模估计依据的简要描述。

2）每种任务和工作产品规模估计的结果。

3）规模估算的结果，建议用《任务规模和工作量估算表》的形式列出。

8. 成本估计

成本估计是指对项目完成过程中耗费的人力、物力和财力资源的估算。成本估计应按类别进行估算，可能的成本估算类别如下。

1）直接人工。

2）直接费用。

3）间接成本。

4）制造费用。

5）管理费用。

6）不可预见费用。

9. 关键计算机资源计划

所谓项目的关键计算机资源计划，是指系统在开发环境、测试环境及用户目标环境中，对关键计算机资源，如计算机存储能力、计算机处理器速度、通信通道容量和服务器处理能力等的估计，使之能满足软件开发、测试和运行的要求。

10. 软件项目进度计划

软件项目进度计划是指对项目的进度、人员工作分工所做的计划，此计划依据上述各章节的估算和分析结果，计划建议采用表格的形式。若采用工具制订项目计划，应将工具生成的图和表作为项目计划的附件。本章节中需要描述的主要内容如下。

1）软件项目每个阶段的进度时间表。

2）设定的里程碑。

3）评审时间。

4）缓冲时间。

11. 配置管理计划（可单独做一个计划）

12. 质量保证计划（可单独做一个计划）

13. 风险分析

项目风险分析是指对可能发生的将会对项目按预期时间、资源和预算完成产生重大影响的事件的分析，包括以下几个方面。

1）被识别出的重大风险事件：政策风险、技术风险和技能风险等。

2）易发生重大风险事件的高风险区域：用户需求、设计、测试和运行平台等。

3）重大风险事件的级别：功能不全、性能不稳等。

4）拟采取的预防措施：增加投入、纠错和延时等。

5）风险事件发生后建议采用的处理措施：更改计划、降低难度系数等。

14. 设备工具计划

项目设备工具计划是根据项目的工作指派及进度确定项目所需要的设备和工具，以确保设备工具在任务执行前到位，保证项目任务的顺利执行，在本计划中应包含以下几方面的内容。

1）所需的设备。

2）基本的要求。

3）应到位的时间。

15. 培训计划

项目的培训计划应根据项目的特点和项目组成员的技能情况，制定出项目组成员所需的培训内容，培训计划中应包含以下几方面。

1）培训内容。

2）培训时间。

3）教员。

4）接受培训的人员。

5）培训目的（应达到的效果）。

16. 项目评审

项目评审是对项目策划过程所做的定期性评审。其内容可分为以下几部分。

1）评审点。

2）评审周期。

3）评审层次。

4）评审条款和措施。

5）管理评审活动中提交的工作产品（列出被评审的工作产品）。

17. 度量

度量是按规定在项目进行过程中需要采集的度量数据，以便量化地反映项目的进展情况，为管理者提供对项目进展的适当的可视性，同时度量数据是项目过程改善的数据基础。应规定项目度量值的记录人（一般为项目经理或其指定人员）、记录时间（一般以定期评审为基础）和记录的数据。常用的度量数据如下。

1）项目过程的评审次数。

2）项目计划修改的次数。

3）项目各阶段的人员投入（各阶段投入的人数）。

4）各类任务耗用时间的统计（如设计、编码、测试和文档编写等）。

5）工作产品的统计（如文档字数、功能点数、用例数和源代码行数等）。

软件开发计划书编写的具体实例可参看附录 B。

3.4 需求规格说明书编写指南

一般来说，软件需求规格说明书的格式可以根据项目的具体情况有所变化，没有统一的标准。下面是一个可以参照的软件需求规格说明书的模板。

1. 概述

本文档是进行项目策划、概要设计和详细设计的基础，也是软件企业测试部门进行内部验收测试的依据。

1.1 用户简介

列出本软件的最终用户的特点，充分说明操作人员、维护人员的教育水平和技术专长，以及本软件的预期使用频度。这些是软件设计工作的重要约束。

1.2 项目的目的与目标

项目的目的是对开发本系统的意图的总概括。

项目的目标是将目的细化后的具体描述。项目目标应是明确的、可度量的、可以达到的，项目的范围应能确保项目的目标可以达到。

对于项目的目标可以逐步细化，以便与系统的需求建立对应关系，检查系统的功能是否覆盖了系统的目标。

1.3 术语定义

列出本文件中用到的专门术语的定义和外文首字母缩写词的原词组。

1.4 参考资料

列出相关的参考资料，举例如下。

- 本项目的经核准的计划任务书或合同及上级机关的批文。
- 属于本项目的其他已公布的文件。
- 本文件中各处引用的文件和资料，包括所要用到的软件开发标准。

列出这些文件资料的标题、文件编号、发表日期和出版单位，说明得到这些文件资料的来源。

1.5 相关文档

[1] 项目开发计划。

[2] 概要设计说明书。

[3] 详细设计说明书。

1.6　版本更新信息

版本更新记录格式如表 3-2 所示。

表 3-2　版本更新记录

版本号	创建者	创建日期	维护者	维护日期	维护纪要
V1.0	张三	2016/09/03	—	—	—
V1.0.1	—	—	李四	2016/09/16	业务模型维护

2. 目标系统描述

2.1　组织结构与职责

将目标系统的组织结构逐层详细描述，建议采用树状的组织结构图进行表达，每个部门的职责也应进行简单的描述。组织结构是用户企业业务流程与信息的载体，对分析人员理解企业的业务、确定系统范围很有帮助。取得用户的组织结构是需求获取步骤中的工作任务之一。

2.2　角色定义

用户环境中的企业角色和组织机构一样，也是分析人员理解企业业务的基础，是需求获取的工作任务，同时也是分析人员提取对象的基础。对每个角色的授权可以进行详细的描述，建议采用表格的形式，如表 3-3 所示。对用户角色的识别也包括使用了计算机系统后的系统管理人员。

表 3-3　角色定义

编号	角色	所在部门	职责	相关的业务
1005	采购员	业务部	商品采购、合同签订、供应商选择	进货、合同管理

2.3　作业流程或业务模型

目标系统的作业流程是对现有系统作业流程的重组、优化与改进。企业的作业流程首先要有一个总的业务流程图，将企业中各种业务之间的关系描述出来，然后对每种业务进行详细的描述，使业务流程与部门职责结合起来。

详细业务流程图可以采用直式业务流程图、用例图或其他示意图的形式。

图形可以将流程描述得很清楚，但是还要附加一些文字说明，如关于业务发生的频率、意外事故的处理和高峰期的业务频率等，不能在流程图中描述的内容，需要用文字进行详细描述。

2.4　单据、账本和报表

目标系统中用户将使用的正式单据、账本和报表等，进行穷举、分类和归纳。单据、账本和报表是用户系统中信息的载体，是进行系统需求分析的基础，无论采用哪种分析方法，这都是必不可少的信息源。

2.4.1 单据

因为单据上的数据是原始数据，所以一种单据一般对应一个实体，一个实体一般对应一张基本表。单据的格式可用表格描述，如表3-4所示。

表3-4 单据的描述格式

单 据 名 称	
用途	
使用单位	
制作单位	
频率	
高峰时数据流量	

各数据项的详细说明如表3-5所示。

表3-5 单据数据项说明

数据项中文名	数据项英文名	数据项类型、长度、精度	数据项的取值范围	主键/外键

2.4.2 账本

因为账本上的数据是统计数据，所以一个账本一般对应一张中间表，账本的格式可用表格描述，如表3-6所示。

表3-6 账本的描述格式

账 本 名 称	
用途	
使用单位	
制作单位	
频率	
高峰时数据流量	

各数据项的详细说明如表3-7所示。

表3-7 账本数据项说明

序　　号	数据项中文名	数据项英文名	数据项类型、长度、精度	数据项算法
1				
2				
3				

2.4.3 报表

因为报表上的数据是统计数据，所以一个报表一般对应一张中间表，报表的格式可用表格描述，如表3-8所示。

表 3-8　报表的描述格式

报 表 名 称	
用途	
使用单位	
制作单位	
频率	
高峰时数据流量	

各数据项的详细说明如表 3-9 所示。

表 3-9　报表数据项说明

序　　号	数据项中文名	数据项英文名	数据项类型、长度、精度	数据项算法
1				
2				
3				

2.5　可能的变化

对于目标系统将来可能会有哪些变化，需要在此描述。企业中的变化是永恒的，系统分析员需要描述哪些变化可能引起系统范围变更。

3. 目标系统功能需求

3.1　功能需求描述

采用功能需求点列表或者用例模型的方式对目标系统的功能需求进行详细描述。功能需求描述可以提供给后续设计、编程和测试中使用，也可以在用户测试验收中使用。功能需求点列表的格式如表 3-10 所示。

表 3-10　功能需求点列表

编　　号	功能名称	使用部门	使用岗位	功能描述	输　　入	系统响应	输　　出
1							
2							
3							

4. 目标系统性能需求

4.1　性能需求描述

详细列出用户性能需求点列表，提供给后续分析、设计、编程和测试中使用，更是为了用户测试验收中使用。性能需求点列表的格式如表 3-11 所示。

表 3-11　性能需求点列表

编　　号	性 能 名 称	使 用 部 门	使 用 岗 位	性 能 描 述	输　　入	系 统 响 应	输　　出
1							
2							
3							

5. 目标系统界面与接口需求

5.1 界面需求

界面需求包括界面的原则要求，如方便、简洁、美观和一致等；整个系统的界面风格定义；某些功能模块的特殊的界面要求。

1）输入设备：键盘、鼠标、条码扫描器和扫描仪等。

2）输出设备：显示器、打印机、光盘刻录机、磁带机和音箱等。

3）显示风格：图形界面、字符界面和 IE 界面等。

4）显示方式：1920×1080 等。

5）输出格式：显示布局、打印格式等。

5.2 接口需求点列表

1）与其他系统的接口，如监控系统、控制系统、银行结算系统、税控系统、财务系统、政府网络系统及其他系统等。

2）与系统特殊外设的接口，如 CT 机、磁共振、柜员机（ATM）、IC 卡和盘点机等。

3）与中间件的接口，要列出接口规范、入口参数、出口参数和传输频率等。

应在此列举出所有的外部接口名称、接口标准和规范。外部接口列表如表 3-12 所示。

表 3-12 接口需求点列表

编号	接口名称	接口规范	接口标准	入口参数	出口参数	传输频率
1						
2						
3						

6. 目标系统其他需求

6.1 安全性

列出安全性需求。

6.2 可靠性

列出可靠性需求。

6.3 灵活性

列出灵活性需求。

6.4 特殊需求

列出其他特殊需求，例如以下需求。

1）进度需求：系统的阶段进度要求。

2）资金需求：投资额度。

3）运行环境需求：平台、体系结构和设备要求。

4）培训需求：用户对培训的需求，是否提供在线培训。

5）推广需求：推广的要求，如在上百个远程的部门推广该系统，是否要有推广的支持软件。

7. 目标系统假设与约束条件

假设与约定条件是对预计的系统风险的描述，例如以下内容。

1）法律、法规和政策方面的限制。

2）硬件、软件、运行环境和开发环境方面的条件和限制。

3）可利用的信息和资源。

4）系统投入使用的最晚时间。

需求规格说明书编写的具体实例可参看附录 B。

3.5 可行性研究实例

【例 3－1】 本实例要求实现的浏览器是全功能的通用型网络浏览器，其功能主要有以下几个方面。

1）浏览。最基本的功能，保证浏览的正确性。

2）缓存。缓存结构保持网站存储结构的原貌。

3）提供一个系统化的解决方案。提供网页编辑、收发 E－mail 等功能。

4）离线浏览。能定义下载的层数，能定义下载的文件类型，能定义是否跨网站下载。

5）网页内容分析。通过对网页内容的分析，得出用户关心的网页的主题，获取相关的网页。

假设某公司将要投资开发此浏览器系统，你作为一家软件开发企业，准备接手此项目的开发。但是首先要对此项目做可行性分析，并形成报告，这份报告既要能打动投资者投入资金，又要能让自己在项目开发中有所收益。

【解析】

全功能的通用型网络浏览器
可行性研究报告

一、引言

1. 编写目的

可行性研究的目的是为了对问题进行研究，以最小的代价在最短的时间内确定问题是否可解。经过对此项目进行详细的调查研究，初拟系统的可行性报告，对软件开发中将要面临的问题及其解决方案进行初步设计及合理安排，明确开发风险及其所带来的经济效益。

本报告经审核后，交由项目经理审查。

2. 项目背景

开发软件名称：全功能的通用型网络浏览器

项目任务提出者：X 公司

项目开发者：X 软件开发企业

用户：有需求的客户

项目与其他软件、系统的关系：

在主流浏览器（如 IE）中，缓存并未保持网站存储原貌，使希望观察网站组织结构的用户无法如愿；针对目前网速较慢，网费较高的情况，离线浏览的功能是有用户群的；而网页内容分析，由于高速光纤网正在普及，对那些使用高速光纤网的用户来说，通过浏览网页时的冗余带宽自动获取对用户可能有帮助的信息，对于希望获取某一方面内容网站的网页的用户是有帮助的。因此，我们决定开发这个软件。

3. 参考资料

吕云翔．软件工程实用教程［M］．北京：清华大学出版社，2015.

二、对现有系统的分析

1. 处理流程和数据流程

通过对目前市场上浏览器系统的分析，将现有浏览器系统分为 5 个子系统：

(1) 用户界面子系统

输入控制。

(2) 控制子系统

系统控制，以及消息传递。

(3) 网页显示子系统

网页显示。

(4) 网页获取子系统

从远端 Web 服务器获取文件，以及文件信息。

(5) 数据管理子系统

包括数据库、数据库管理。

浏览器的系统结构图如图 3-6 所示。

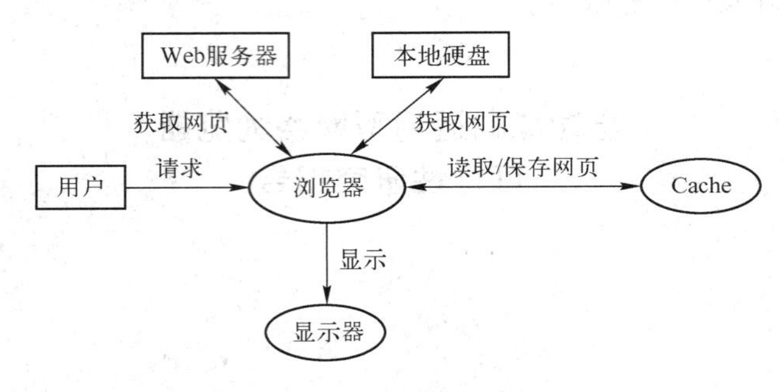

图 3-6　系统结构图

子系统间对于数据处理的协作关系如图 3-7 所示。

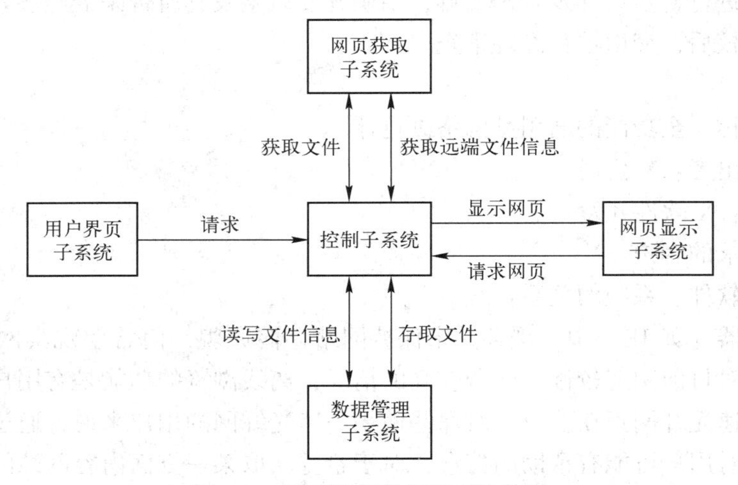

图 3-7　子系统间数据处理协作图

2. 用户体验分析

当用户想要缓存某些网站的网页时，通常缓存下来的网页在脱机浏览时出现图片缺失、网页效果无法正常展示，这是由于缓存网页时仅仅缓存了当前网页的内容，而没有储存整个网站的体系结构和依赖资源。

而当用户在网络上进行搜索时，常常得到大量与自己预期内容无关的结果，而真正想要的内容却无法得到，浪费了大量时间。目前普遍来说，用户的带宽较高，在使用网页时浪费了大量的闲置带宽。一系列的原因导致了当前浏览器的用户体验较差。

3. 局限性

现有系统的局限性如下。

1）脱机访问时，缓存网页原有结构、内容丢失。

2）缺少离线浏览功能。

3）冗余带宽浪费较多。

4）用户搜索信息耗时较多且效果不佳。

三、所建议的系统

1. 对所建议系统的说明

本系统是一个全功能的通用型网络浏览器，其主要功能主要有以下几个方面。

1）浏览。最基本的功能，保证浏览的正确性。

2）缓存。缓存结构保持网站存储结构的原貌。

3）提供一个系统化的解决方案。提供轻量级网页编辑、收发 E－mail 等功能。

4）离线浏览。能定义下载的层数，能定义下载的文件类型，能定义是否跨网站下载。

5）网页内容分析。通过对网页内容的分析，得出用户关心的网页的主题，获取相关的页面。

2. 处理流程和数据流程

本系统的处理流程和数据流程如下。

1）HTTP 客户端发起请求，创建端口。

2）HTTP 服务器在端口监听客户端请求。

3）HTTP 服务器向客户端返回状态和内容。

4）浏览器搜索自身的 DNS 缓存。

5）搜索操作系统自身的 DNS 缓存（浏览器没有找到缓存或缓存已经失效）。

6）读取本地的 HOST 文件。

7）浏览器发起一个 DNS 的一个系统调用。

8）浏览器获得域名对应的 IP 地址后，发起 HTTP“三次握手”。

9）TCP/IP 连接建立起来后，浏览器向服务器发送 HTTP 请求。

10）服务器端接收到了这个请求，根据路径参数，经过后端的一些处理，把处理后的一个结果的数据返回给浏览器，如果是某网站的页面就会把完整的 HTML 页面代码返回给浏览器。

11）浏览器拿到了某网站的完整的 HTML 页面代码，在解析和渲染这个页面的时候，里面的 JS、CSS、图片资源，它们同样也是一系列 HTTP 请求，都需要经过上面主要的七个步骤。

12）浏览器根据拿到的资源对页面进行渲染，最终呈现给用户一个完整的页面。

3. 改进之处

本系统的改进之处如下。

1）脱机访问时，缓存结构保持网站存储结构的原貌。

2）有离线浏览功能。能定义下载的层数，能定义下载的文件类型，能定义是否跨网站下载。

3）针对使用高速光纤网的用户，通过浏览网页时的冗余带宽自动获取对用户可能有帮助的信息。

4）通过对网页内容的分析，得出用户关心的网页的主题，获取相关的页面。

4. 影响

以下将说明在建立所建议系统时，预期将带来的影响。

1）对设备的影响

该浏览器完全兼容原有设备，不需要对设备进行更换或改造。

2）对软件的影响

该浏览器兼容现有应用软件和相关支持软件，无需对这些软件进行修改和补充。

3）对用户单位机构的影响

该浏览器简单易用，不需要用户单位机构设置专业人员来进行管理和维护。

4）对系统运行过程的影响

对系统运行过程的影响如下。

1）用户操作规程与原系统基本一致。

2）运行中心与用户通过该浏览器实现联系。

3）用户登录及浏览数据存入服务器端的相应数据库，及时备份。

4）针对用户数据进行分析，通过对网页内容的分析，得出用户关心的网页的主题，获取相关的页面。

5）系统发生意外崩溃时及时修复，从备份恢复数据。

（5）对开发的影响

对开发的影响如下。

1）需要雇佣一些开发人员进行产品开发。

2）需要租借开发人员办公场所。

3）需要一定数量的计算机进行开发。

4）需要建设浏览器官网，并建立数据库以提供技术支持。

（6）对地点和设施的影响

该浏览器无需额外使用场所，无需改造现有设施。

（7）对经费开支的影响

该浏览器开发难度适中，开支项主要有开发人员的工资及相应社会保障开支，开发场所房租费用，使用计算机的购买或租赁费用，网站及数据库建设和维护费用。

5. 局限性

由于该浏览器刚刚进入市场，支持该浏览器的扩展性插件可能比较少，不容易实现丰富的扩展性功能。随着使用人数的增加，其支持插件会逐渐增多，该问题会逐渐改善。

四、技术可行性分析

1. 技术基础

（1）主框架技术基础

截止至 2017 年 4 月，浏览器的全球市场占有率从高到低分别为 Chrome、Microsoft Internet Explorer、Firefox、Microsoft Edge、Apple Safari 等。目前常用的浏览器都可分为多个标签以同时浏览多个网页，并方便地在网页间进行切换。

浏览器有时候需要安装一些插件（也称加载项）来实现一些本身并不能完成的功能。如浏览 PDF 文件一般需要安装 Adobe Reader 插件，登录网上银行需要安装对应的安全插件等。IE 用户可以在“管理加载项”中管理已安装的插件。

浏览器的用户界面有很多彼此相同的元素，其中包括：用来输入 URI 的地址栏、前进和后退按钮、书签设置选项、用于刷新和停止加载当前文档的刷新和停止按钮、用于返回主页的主页按钮。

因此，可以基于现有的浏览器框架进行主框架设计。

（2）缓存技术基础

浏览器的主要功能就是向服务器发出请求，在浏览器窗口中展示用户选择的网络资源。这里所说的资源一般是指 HTML 文档，也可以是 PDF、图片或其他的类型。资源的位置由用户使用 URI（统一资源标示符）指定。其中浏览器解释并显示 HTML 文件的方式是在 HTML 和 CSS 规范中指定的。

浏览器缓存是浏览器端保存数据用于快速读取或避免重复资源请求的优化机制，有效的缓存使用可以避免重复的网络请求和浏览器快速地读取本地数据，整体上加速网页展示给用户。浏览器端缓存的机制种类较多，如果要缓存网站的完整结构，可以通过缓存 HTML + CSS + JavaScript 文件，从而在脱机情况下完成整个网站的正常浏览。

（3）带宽利用技术基础

可以利用预加载技术对多余的带宽进行利用，以提高包含用户预期信息的页面的访问速度。

预加载是一种浏览器机制，使用浏览器空闲时间来预先下载/加载用户接下来很可能会浏览的页面/资源。页面提供给浏览器需要预加载的集合。浏览器载入当前页面完成后，将会在后台下载需要预加载的页面并添加到缓存中。当用户访问某个预加载的链接时，页面就得以快速呈现。

HTML5 中已经提供了预加载相关的技术。

因此，预期浏览器可以利用现有的技术进行开发。

2. 人员基础

参与此项目的研发人员均需具有多年 Web 项目研发经验，对开发的相关标准、项目技术条件和开发环境等相当熟悉，具备研发此项目的技术能力。

综上所述，技术可行。

五、投资及效益分析

1. 支出

运行本浏览器系统所引起的费用开支有人力、设备、空间、支持性服务、材料等项开支以及开支总额。

（1）基本建设投资

基本建设投资如下。

1）建立本浏览器系统所需的房屋以及周边设施。

2）建立本系统所需数字通信设备的使用费用。

3）保障本系统运行与信息安全设备的使用费用。

4）建立本系统所需数据库管理软件的使用费。

（2）其他一次性支出

其他一次性支出如下。

1）本浏览器系统建立时所需研究者的经费。

2）本系统建立浏览器官网时所需数据库的费用。

3）本浏览器的日常维护开销。

4）本浏览器系统开发时计算机购买或租赁费用。

（3）非一次性支出

非一次性支出如下。

1）本浏览器系统开发人员的工资与奖金。

2）本浏览器系统开发时所需房屋的租赁费用。

2. 收益

这里所说的收益，表现为开支费用的减少或避免、差错的减少、灵活性的增加、动作速度的提高和管理计划方面的改进等。

（1）一次性收益

一次性收益如下。

1）开支的缩减：本浏览器系统除必要的功能之外，应尽可能减少不必要的功能，以减少浏览器系统的能源损耗，提高运行效率，改进数据的进入、存储和恢复技术。

2）价值的提升：本浏览器系统出错率的减少，并提高运行与处理效率，发生意外崩溃时，该系统可及时进行备份，并且可从备份中恢复。

（2）非一次性收益

本浏览器系统开发的收益来自开支的缩减和自身价值的提升。

（3）不可定量的收益

本浏览器开发系统给用户的效率提升所带来的额外收益。

六、社会因素方面的可行性

1. 法律方面的可行性

法律方面存在的可行性的问题有很多，包括合同责任、侵犯专利权、侵犯版权等方面的陷阱，然而这些方面软件开发人员通常是不熟悉的，容易落入此类陷阱，因此，项目相关负责人务必要关注此方面，并多做研究，避免软件开发在法律方面受到阻挠。

对于本系统开发所使用的软件、开发文档均来自于正版和开源代码网站，因此不会涉及侵权与违反法律的相关内容。

对于用户信息的保护，会提示用户是否愿意分享相关的信息，保证用户在知情的情况下进行所有的操作，并且维护用户的信息安全。

2. 使用方面的可行性

作为一家专业的软件开发企业，公司应拥有足够的技术人员，技术力量和开发能力已经在之前的软件开发过程中有所体现，所以，开发的技术能力是毋庸置疑的。对于管理层面，现有的管理技术足够满足此浏览器系统的开发需求。就硬件条件而言，各种外围设备、计算机设备的性能能够满足系统的开发，并充分发挥其效应。对软件条件来说，公司的技术人员精通浏览器开发所需的各种软件。因此，公司具备开发全功能的通用型网络浏览器所需的必要条件。

七、结论

通过对此软件系统进行的各方面的可行性分析，可以得出以下结论。

1）针对目前网速较慢、网费较高的情况，离线浏览的功能是有用户群的。

2）由于宽带网正在普及，对那些使用宽带网的用户来说，通过浏览网页时的冗余宽带自动获取对用户可能有帮助的信息，对于希望获取某一方面内容网站的网页的用户是有帮助的。

3）全功能的通用型网络浏览器所能获取的效益是可观的。

4）此浏览器系统开发具有较强的可行性。

综上所述，全功能的通用型网络浏览器是一款能够提高用户浏览体验的软件系统，可以立即进行此软件系统的开发。

习题

1. 判断题

（1）用于需求分析的软件工具，应该能够保证需求的正确性，即验证需求的一致性、完整性、现实性和有效性。（　　）

（2）需求分析是开发方的工作，用户的参与度不大。（　　）

（3）需求规格说明书在软件开发中具有重要的作用，它也可以作为软件可行性研究的依据。（　　）

（4）需求分析的主要目的是解决软件开发的具体方案。（　　）

（5）需求规格说明书描述了系统每个功能的具体实现。（　　）

（6）非功能需求是从各个角度对系统的约束和限制，反映了应用对软件系统质量和特性的额外要求。（　　）

（7）需求分析阶段的成果主要是需求规格说明书，但该成果与软件设计、编码、测试直至维护关系不大。（　　）

2. 选择题

（1）在需求分析之前有必要进行（　　）工作。

A. 程序设计　　B. 可行性研究

C. 系统设计　　D. 系统测试

（2）需求分析是一个（　　），它应该贯穿于系统的整个生命周期中，而不是仅仅属于软件生命周期早期的一项工作。

A. 概念　　B. 工具

C. 方法　　D. 过程

（3）软件需求规格说明书的内容不应该包括（　　）。

A. 对重要功能的描述　　　　　　B. 对算法的详细过程描述
C. 对数据的要求　　　　　　　　D. 软件的性能

（4）软件需求分析阶段的工作可以分为以下 4 个方面：对问题的识别、分析与综合、编写需求分析文档，以及（　　）。

A. 总结　　　　　　　　　　　　B. 阶段性报告
C. 需求分析评审　　　　　　　　D. 以上答案都不正确

3. 简答题

（1）可行性研究的内容有哪些？

（2）如何理解需求分析的作用和重要性。

（3）常用的需求获取的方法有哪些？对比各种方法的优缺点。

第 4 章　结构化分析

本章首先概述结构化分析；然后介绍结构化分析的方法，包括功能建模、数据建模、行为建模、数据字典和加工规格说明；接着描述结构化分析图形工具，包括层次方框图、Warnier 图和 IPO 图；最后，阐述了如何利用 Visio 绘制“‘墨韵’读书会书籍共享平台”的数据流图。

本章目标

- ❑ 掌握结构化分析的几种常用建模方法。
- ❑ 掌握结构化分析的几种图形工具。
- ❑ 掌握利用 Visio 绘制数据流图的方法。

4.1　结构化分析概述

一种考虑数据和处理的需求分析方法，被称为结构化分析方法（Structured Analysis，简称 SA 法），是 20 世纪 70 年代由 Yourdon Constaintine 及 DeMarco 等人提出和发展，并得到了广泛的应用。它基于“分解”和“抽象”的基本思想，逐步建立目标系统的逻辑模型，进而描绘出满足用户要求的软件系统。

“分解”是指对于一个复杂的系统，为了将复杂性降低到可以掌握的程度，可以把大问题分解为若干个小问题，然后再分别解决。图 4-1 演示了对目标系统 X 进行自顶向下逐层分解的示意图。

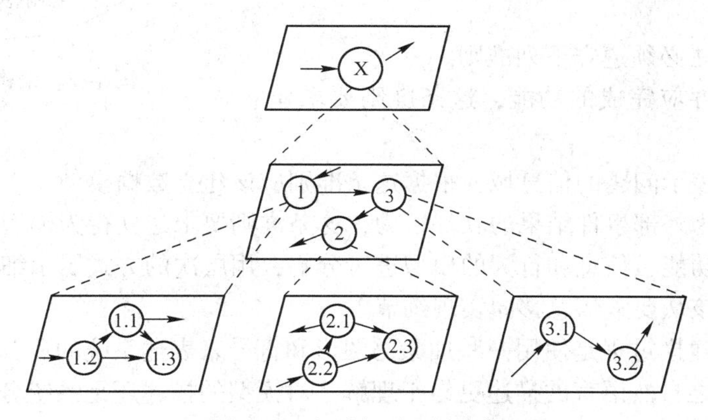

图 4-1　自顶向下逐层分解

最顶层描述了整个目标系统 X，中间层将目标系统划分为若干个模块，每个模块完成一定的功能，而最底层是对每个模块实现方法的细节性描述。可见，在逐层分解的过程中，起初并不考虑细节性的问题，而是先关注问题最本质的属性，随着分解自顶向下的进行，才会逐渐考虑越来越具体的细节。这种用最本质的属性表示一个软件系统的方法就是“抽象”。

结构化分析方法是一种面向数据流的需求分析方法，其中数据作为独立实体转换，数据建模定义了数据的属性和关系，操作数据的处理建模表明当数据在系统流动时处理如何转换数据。

结构化分析的具体步骤如下。

1）建立当前系统的“具体模型”：系统的“具体模型”就是现实环境的忠实写照，这样的表达与当前系统完全对应，因此用户容易理解。

2）抽象出当前系统的逻辑模型：分析系统的“具体模型”，抽象出其本质的因素，排除次要因素，获得当前系统的“逻辑模型”。

3）建立目标系统的逻辑模型：分析目标系统与当前系统逻辑上的差别，从而进一步明确目标系统“做什么”，建立目标系统的“逻辑模型”。

4）为了对目标系统进行完整的描述，还需要考虑人机界面和其他一些问题。

4.2 结构化分析方法

结构化分析实质上是一种创建模型的活动，它建立的分析模型如图 4-2 所示。

此模型的核心是“数据字典”，它描述软件使用和产生的所有数据对象。围绕着这个核心有 3 种不同的图：“数据流图”指出当数据在软件系统中移动时怎样被变换，并描绘变换数据流的功能和子功能，用于功能建模；“实体 - 关系图”（E - R 图）描绘数据对象之间的关系，用于数据建模；“状态转换图”指明了作为外部事件结果的系统行为，用于行为建模。

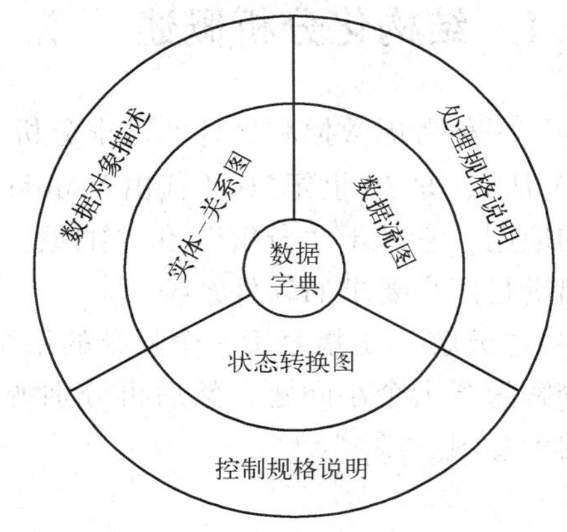

图 4-2 结构化分析模型

每种建模方法对应其各自的表达方式和规约，描述系统某一方面的需求属性。它们基于同一种数据描述，即数据字典。

结构化分析方法必须遵守下列准则。

- 必须定义软件应完成的功能，这条准则要求建立功能模型。
- 必须理解和表示问题的信息域，根据这条准则应该建立数据模型。
- 必须表示作为外部事件结果的软件行为，这条准则要求建立行为模型。
- 必须对描述功能、信息和行为的模型进行分解，用层次的方式展示细节。
- 分析过程应该从要素信息移向实现细节。

需求分析中的建模过程是使用一些抽象的图形和符号来表述系统的业务过程、问题和整个系统。这种描述较之自然语言的描述更易于理解。对模型的描述还是系统分析和设计过程之间的重要桥梁。

不同的模型往往表述系统需求的不同方面，而模型之间又相互关联，相互补充。除了用分析模型表示软件需求之外，还要写出准确的软件需求规格说明。模型既是软件设计的基础，也是编写软件规格说明的基础。

4.2.1 功能建模

功能建模的思想就是用抽象模型的概念，按照软件内部数据传递和变换的关系，自顶向下逐层分解，直到找到满足功能要求的、可实现的软件为止。功能模型用数据流图来描述。

数据流图（简称 DFD 图）就是采用图形方式来表达系统的逻辑功能、数据在系统内部的逻辑流向和逻辑变换过程，是结构化系统分析方法的主要表达工具和用于表示软件模型的一种图示方法。

1. 数据流图的表示符号

在数据流图中，存在 4 种表示符号。

1）外部实体：表示数据的源点或终点，它是系统之外的实体，可以是人、物或者其他系统。

2）数据流：表示数据流的流动方向。数据流可以从加工流向加工，从加工流向文件，从文件流向加工。

3）数据变换：表示对数据进行加工或处理，如对数据的算法分析和科学计算。

4）数据存储：表示输入或输出文件。这些文件可以是计算机系统中的外部或者内部文件，也可以是表、账单等。

数据流图主要分为 Yourdon 和 Gane 两种表示方法。其符号约定如图 4-3 所示。

以 Yourdon 表示法为例，各部分的说明如下。

1）矩形表示数据的外部实体。

2）圆形泡泡表示变换数据的处理逻辑。

3）两条平行线表示数据的存储。

4）箭头表示数据流。

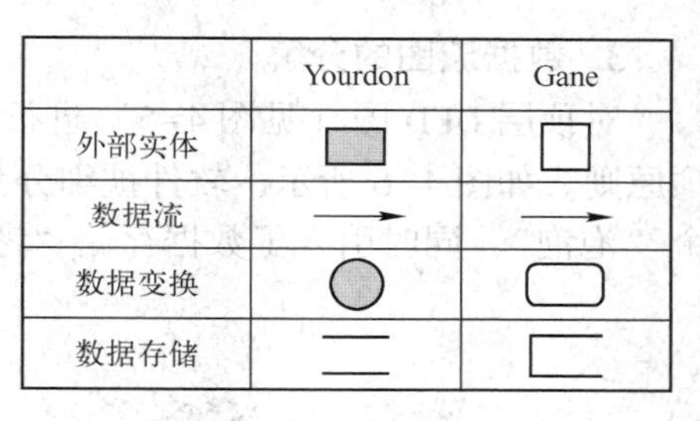

	Yourdon	Gane
外部实体		
数据流		
数据变换		
数据存储		

图 4-3　数据流图表示符号

2. 环境图

环境图（见图 4-4）也称为系统顶层数据流图（或 0 层数据流图），它仅包括一个数据处理过程，也就是要开发的目标系统。环境图的作用是确定系统在其环境中的位置，通过确定系统的输入和输出与外部实体的关系确定其边界。

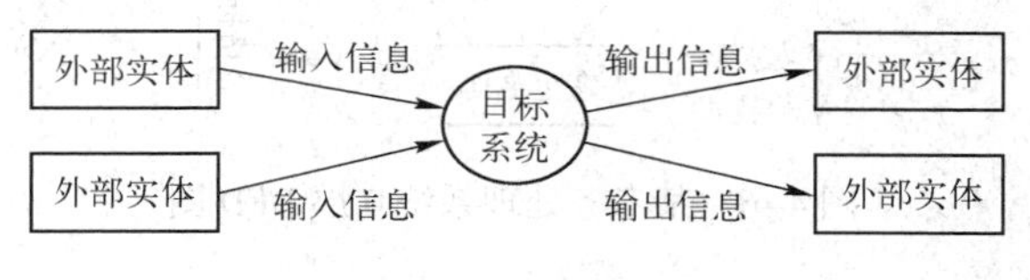

图 4-4　环境图

根据结构化需求分析采用的“自顶向下，由外到内，逐层分解”的思想，开发人员要先画出系统顶层的数据流图，然后逐层画出低层的数据流图。顶层的数据流图要定义系统范围，并描述系统与外界的数据联系，它是对系统架构的高度概括和抽象。底层的数据流图是对系统某个部分的精细描述。

可以说，数据流图的导出是一个逐步求精的过程。其中需要遵守的一些原则如下。

1）第 0 层的数据流图应将软件描述为一个泡泡。

2）主要的输入和输出应该被仔细标记。

3）通过将下一层表示的候选处理过程、数据对象和数据存储进行分离，开始求精过程。

4）应使用有意义的名称标记所有的箭头和泡泡。

5）当从一个层转移到另一个层时要保持信息流连续性。

6）一次精化一个泡泡。

图 4-5 所示是某考务处理系统顶层 DFD 图。其中只用一个数据变换表示软件，即考务处理系统；包含所有相关外部实体，即考生、考试中心和阅卷站；包含外部实体与软件中间的数据流，但是不含数据存储。顶层 DFD 图应该是唯一的。

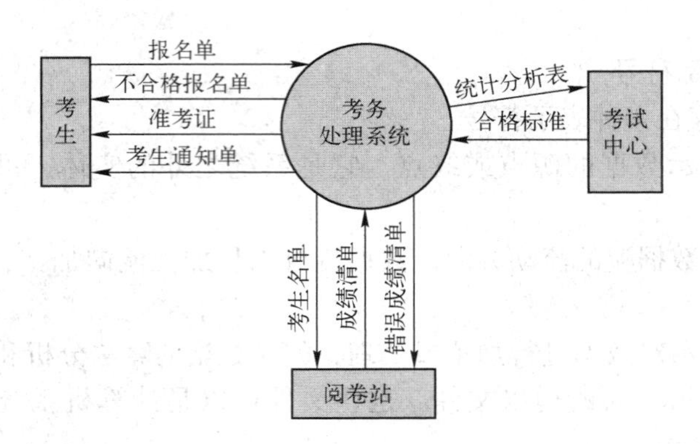

图 4-5　某考务处理系统顶层 DFD 图

3. 数据流图的分解

对顶层 DFD 图（见图 4-5）进行细化，得到 0 层 DFD 图，细化时要遵守上文所介绍的各项原则。如图 4-6 所示，软件被细分为两个数据处理，“登记报名表” 和 “统计成绩”，即两个 “泡泡”，同时引入了数据存储 “考生名册”。

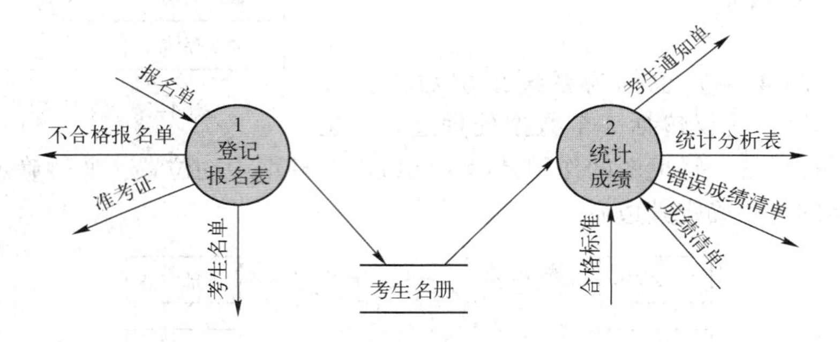

图 4-6　某考务处理系统 0 层 DFD 图

同理，可以对 “登记报名表” 和 “统计成绩” 分别细化，得到该系统的两张 1 层 DFD 图，如图 4-7 和图 4-8 所示。

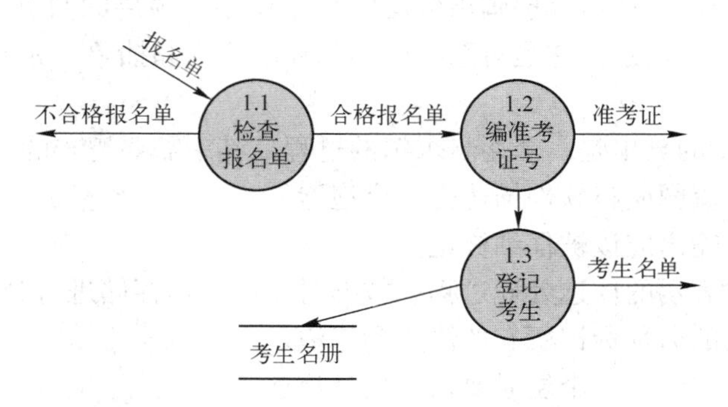

图 4-7　登记报名表 1 层 DFD 图

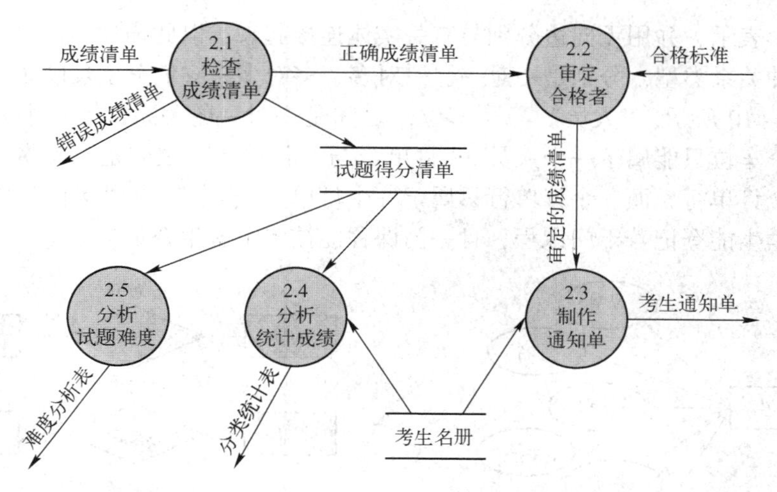

图 4-8　统计成绩 1 层 DFD 图

在绘制数据流图的过程中，要注意以下几点。

1）数据的处理可以是一个程序或一个模块，也可以是一个连贯的处理过程。

2）数据存储是指输入或输出文件，但它不仅可以是文件，还可以是数据项或用来组织数据的中间数据。

3）数据流和数据存储是不同状态的数据。数据流是流动状态的数据，而数据存储是指处于静止状态的数据。

4）当目标系统的规模较大时，为了描述得更清晰和易于理解，通常采用逐层分解的方法，画出分层的数据流图。在分解时，要考虑自然性、均匀性和分解度这几个概念。

- 自然性是指概念上要合理和清晰。
- 均匀性是指尽量将一个大问题分解为规模均匀的若干部分。
- 分解度是指分解的维度，一般每一个加工每次分解最多不宜超过 7 个子加工，应分解到基本的加工为止。

5）数据流图分层细化时必须保持信息的连续性，即细化前后对应功能的输入和输出数据必须相同。

关于数据流图的绘制方法，在本章的 4.5 节会进行详细介绍。

4.2.2　数据建模

数据建模的思想是在较高的抽象层次（概念层）上对数据库结构进行建模。数据模型用实体关系图来描述。

实体 – 关系图（简称 E – R 图）可以明确描述待开发系统的概念结构数据模型。对于比较复杂的系统，通常要先构造出各部分的 E – R 图，然后将各分 E – R 图集合成总的 E – R 图，并对 E – R 图进行优化，以得到整个系统的概念结构模型。

在建模的过程中，E – R 图以实体、关系和属性 3 个基本概念概括数据的基本结构。实体就是现实世界中的事物，多用矩形框来表示，框内含有相应的实体名称。属性多用椭圆形表示，并用无向边与相应的实体联系起来，表示该属性归某实体所有。可以说，实体是由若干个属性组成的，每个属性都代表了实体的某些特征。例如，在某教务系统中，“学生”实体的属性如图 4-9 所示。

关系用菱形表示，并用无向边分别与有关实体连接起来，以此描述实体之间的关系。实体之间存在着3种关系类型，分别是一对一、一对多、多对多，它们分别反映了实体间不同的对应关系。如图4-10所示，“人员”与“车位”之间是一对一的关系，即一个人员只能分配一个车位，且一个车位只能属于一个人员。“订单”与“订单行”之间是一对多的关系，即一个订单包含若干个订单行，而一个订单行只属于一个订单。“学生”与“课程”之间是多对多的关系，即一个学生能登记若干门课程，且一门课程能被多个学生登记。

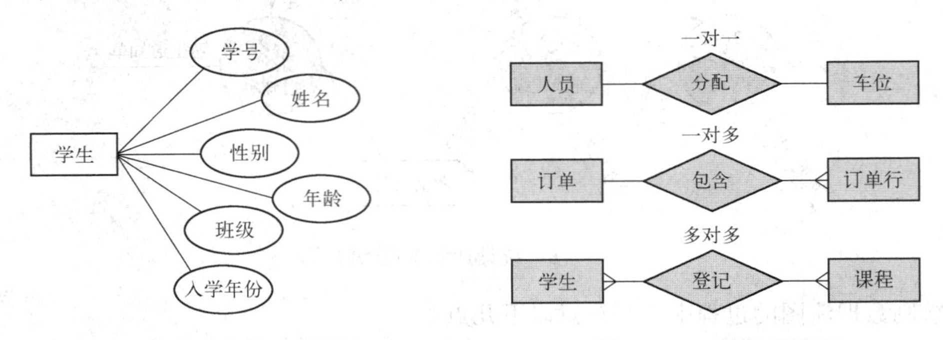

图4-9 “学生”实体及其属性　　图4-10 3种关系类型

图4-11所示是某教务系统中课程、学生和教师之间的E-R图。其中，方框表示实体，有学生、教师和课程3个实体；椭圆形表示实体的属性，如学生实体的属性有学号、姓名、性别和专业；菱形表示关系，学生和课程之间是选课关系，且是一个多对多关系，老师和课程之间是任教关系，且是一个一对多关系；实体与属性、实体与关系之间用实线进行连接。

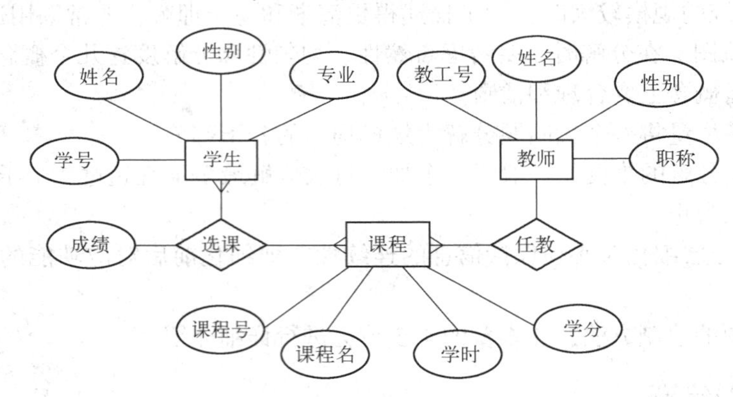

图4-11 某教务系统E-R图

另外，关系本身也可能有属性，这在多对多的关系中尤其常见。如图4-11所示，成绩就是选课这个关系的一个属性。

运用E-R图，概念结构设计在调查用户需求的基础上，对现实世界中的数据及其关系进行分析、整理和优化。需要指出的是，E-R图并不具有唯一性，也就是说，对于同一个系统，可能有多个E-R图，这是由于不同的分析人员看问题的角度不同而造成的。

4.2.3 行为建模

状态转换图是一种描述系统对内部或外部事件响应的行为模型。它描述系统状态和事件，事件引发系统在状态间的转换，而不是描述系统中数据的流动。这种模型尤其适合用来描述实时系统，因为这类系统多是由外部环境的激励而驱动的。

使用状态转换图具有以下优点。

- 状态之间的关系能够被直观地捕捉到。
- 由于状态转换图的单纯性，能够机械地分析许多情况，可以很容易地建立分析工具。
- 状态转换图能够很方便地对应状态转换表等其他描述工具。

并不是所有的系统都需要画状态转换图，有时系统中的某些数据对象在不同状态下会呈现不同的行为方式，此时应分析数据对象的状态，画出状态转换图，才可正确地认识数据对象的行为，并定义其行为。对这些行为规则较复杂的数据对象需要进行以下分析。

- 找出数据对象的所有状态。
- 分析在不同的状态下，数据对象的行为规则有无不同，若无不同则可将其合并成一种状态。
- 分析从一种状态可以转换成哪几种状态，是数据对象的什么行为导致这种状态的转换。

1. 状态

状态是任何可以被观察到的系统行为模式，一个状态代表系统的一种行为模式。状态规定了系统对事件的响应方式。系统对事件的响应，既可以是做一个（或一系列）动作，也可以是仅仅改变系统本身的状态，还可以是既改变状态又做动作。

在状态转换图中定义的状态主要有初态（即初始状态）、终态（即最终状态）和中间状态。初态用一个黑圆点表示，终态用黑圆点外加一个圆表示（很像一只牛眼睛），状态图中的状态用一个圆角四边形表示（可以用两条水平横线把它分成上、中、下 3 个部分。上面部分为状态的名称，这部分是必须有的；中间部分为状态变量的名称和值，这部分是可选的；下面部分是活动表，这部分也是可选的），状态之间为状态转换，用一条带箭头的线表示。带箭头的线上的事件发生时，状态转换开始（有时也称之为转换“点火”或转换被“触发”）。在一张状态图中只能有一个初态，而终态则可以没有，也可以有多个。状态转换图中使用的主要符号如图 4-12 所示。

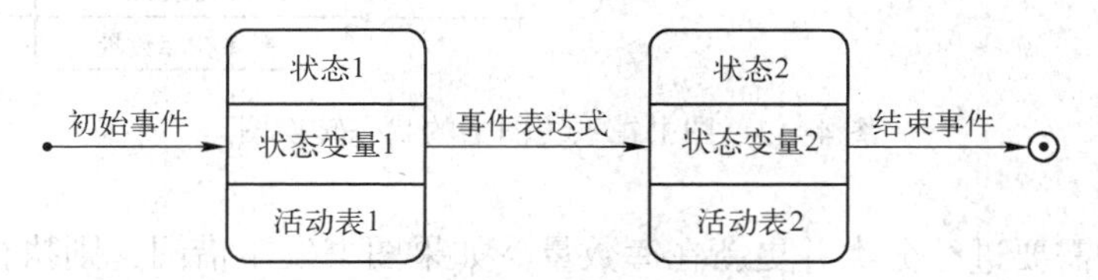

图 4-12　状态转换图中使用的主要符号

状态中的活动表的语法格式如下。

事件名（参数表）/动作表达式

其中，“事件名”可以是任何事件的名称。在活动表中经常使用下述 3 种标准事件：entry、exit 和 do。entry 事件指定进入该状态的动作，exit 事件指定退出该状态的动作，而 do 事件则指定在该状态下的动作。需要时可以为事件指定参数表。活动表中的动作表达式描述应做的具体动作。

状态转换图既可以表示系统循环动作过程，也可以表示系统单程生命期。当描绘循环运行过程时，通常并不关心循环是怎样启动的。当描绘单程生命期时，需要标明初始状态（系统启动时进入初始状态）和最终状态（系统运行结束时到达最终状态）。

2. 事件

事件是在某个特定时刻发生的事情，它是对引起系统做动作或（和）从一个状态转换到另一个状态的外界事件的抽象。例如，观众使用电视遥控器，用户移动鼠标、单击鼠标等都是事件。简而言之，事件就是引起系统做动作或（和）转换状态的控制信息。

状态变迁通常是由事件触发的，在这种情况下应在表示状态转换的箭头线上标出触发转换的事件表达式。

如果在箭头线上未标明事件，则表示在源状态的内部活动执行完之后自动触发转换。事件表达式的语法如下。

事件说明 [守卫条件]/动作表达式

其中，事件说明的语法为：事件名（参数表）。

守卫条件是一个布尔表达式。如果同时使用事件说明和守卫条件，则当且仅当事件发生且布尔表达式为真时，状态转换才发生。如果只有守卫条件没有事件说明，则只要守卫条件为真，状态转换就发生。

动作表达式是一个过程表达式，当状态转换开始时执行该表达式。

3. 实例

为了具体说明怎样用状态转换图建立系统的行为模型，下面举一个实例。

图书馆管理系统的图书：图书可借阅、分类、归还、续借，图书也可能破损和遗失。

根据以上情况画出图书馆管理系统图书的状态转换图如图 4-13 所示。

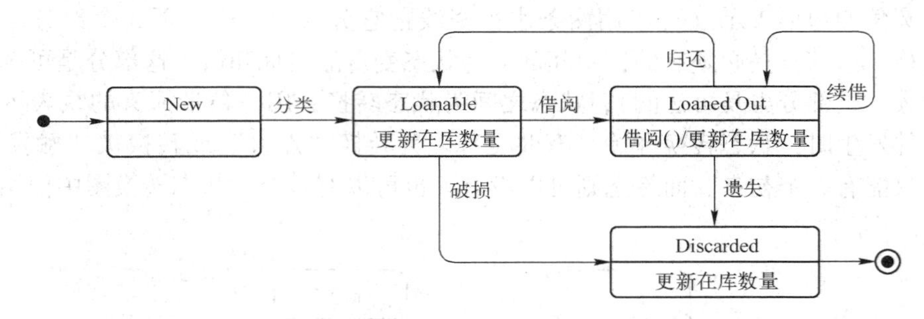

图 4-13　图书馆系统图书的状态转换图

图书在初始时需要进行分类并更新在库数量。如果图书发生借阅，则执行借阅操作，并对在库图书数量进行更新。在借阅期间，如果图书发生续借操作，则对该图书重新执行借阅操作并更新在库数量。如果借阅的图书被归还，则需要对在库图书数量进行更新。此外，如果在库图书发生破损或者借阅图书发生遗失，则对在库图书的数量进行更新。

4.2.4　数据字典

如前所述，分析模型包括功能模型、数据模型和行为模型。数据字典以一种系统化的方式定义在分析模型中出现的数据对象及控制信息的特性，给出它们的准确定义，包括数据流、数据存储、数据项、数据加工，以及数据源点、数据汇点。数据字典成为将分析模型中的 3 种模型黏合在一起的“黏合剂”，是分析模型的“核心”。

数据字典中采用的符号如表 4-1 所示。

表 4-1　数据字典符号

符　　号	含　　义	示　　例
=	被定义为	
+	与	X = a + b 表示 X 由 a 和 b 组成
[… | …]	或	X = [a | b] 表示 X 由 a 或 b 组成
m{…}n 或 $\{\cdots\}_m^n$	重复	X = 2{a}6 或 $\{a\}_2^6$ 表示重复 2～6 次 a
{…}	重复	X = {a} 表示 X 由 0 个或多个 a 组成
(…)	可选	X = (a) 表示 a 在 X 中可能出现，也可能不出现
"…"	基本数据元素	X = "a" 表示 X 是取值为字符 a 的数据元素
..	连接符	X = 1..9 表示 X 可取 1～9 中的任意一个值

例如，数据流"应聘者名单"由若干应聘者姓名、性别、年龄、专业和联系电话等信息组成，那么"应聘者名单"可以表示为：应聘者名单 = {应聘者姓名 + 性别 + 年龄 + 专业 + 联系电话}。数据项考试成绩可以表示为：考试成绩 =0..100。再如，某教务系统的学生成绩库文件的数据字典描述可以表示为以下形式。

文件名：学生成绩库。

记录定义：学生成绩 = 学号 + 姓名 + {课程代码 + 成绩 + [必修 | 选修]}。

学号：由 6 位数字组成。

姓名：2 ～ 4 个汉字。

课程代码：8 位字符串。

成绩：1 ～ 3 位十进制整数。

文件组织：以学号为关键字递增排列。

4.2.5　加工规格说明

在对数据流图的分解中，位于最底层数据流图的数据处理，也称为基本加工或原子加工，对于每一个基本加工都需要进一步说明，这称为加工规格说明，也称为处理规格说明。在编写基本加工的规格说明时，主要目的是要表达"做什么"，而不是"怎样做"。加工规格说明一般用结构化语言、判定表和判定树来表述。

1. 结构化语言

结构化语言又称为程序设计语言（Program Design Language，PDL），也称为伪代码，在某些情况下，在加工规格说明中会用到。但一般说来，最好将用 PDL 来描述加工规格说明的工作推迟到过程设计阶段进行比较好。有关 PDL 的介绍可参见 9.6.4。

2. 判定表

在某些数据处理中，某个数据处理（即加工）的执行可能需要依赖于多个逻辑条件的取值，此时可用判定表。判定表能够清晰地表示复杂的条件组合与应做的动作之间的对应关系。

一张判定表由 4 部分组成，左上部列出所有条件，左下部是所有可能做的动作，右上部是表示各种条件组合的一个矩阵，右下部是和每种条件组合相对应的动作。判定表右半部的每一列实质上是一条规则，规定了与特定的条件组合相对应的动作。

下面以某工厂生产的奖励算法为例说明判定表的组织方法。某工厂生产两种产品 A 和 B。凡工人每月的实际生产量超过计划指标者均有奖励。奖励政策如下。

对于产品 A 的生产者，超产数 N 小于或等于 100 件时，每超产 1 件奖励 2 元；N 大于 100 件小于等于 150 件时，大于 100 件的部分每件奖励 2.5 元，其余的每件奖励金额不变；N 大于 150 件时，超过 150 件的部分每件奖励 3 元，其余按超产 150 件以内的方案处理。

对于产品 B 的生产者，超产数 N 小于或等于 50 件时，每超产 1 件奖励 3 元；N 大于 50 件小于等于 100 件时，大于 50 件的部分每件奖励 4 元，其余的每件奖励金额不变；N 大于 100 件时，超过 100 件的部分每件奖励 5 元，其余按超产 100 件以内的方案处理。

此处理功能的判定表如表 4-2 所示。

表 4-2　此处理功能的判定表

	决策规则号	1	2	3	4	5	6
条件	产品 A	Y	Y	Y	N	N	N
	产品 B	N	N	N	Y	Y	Y
	$N \leqslant 50$	Y	N	N	Y	N	N
	$50 < N \leqslant 100$	Y	N	N	N	Y	N
	$100 < N \leqslant 150$	N	Y	N	N	N	Y
	$N > 150$	N	N	Y	N	N	Y
奖励政策	$2 \times N$	√					
	$2.5 \times (N - 100) + 200$		√				
	$3 \times (N - 150) + 325$			√			
	$3 \times N$				√		
	$4 \times (N - 50) + 150$					√	
	$5 \times (N - 100) + 350$						√

从上面这个实例可以看出，判定表能够简洁而又无歧义地描述处理规则。当把判定表和布尔代数或卡诺图结合起来使用时，可以对判定表进行校验或化简。判定表并不适于作为一种通用的工具，没有一种简单的方法使它能同时清晰地表示顺序和重复等处理特性。

判定表也可用在结构化设计中。

3. 判定树

判定表虽然能清晰地表示复杂的条件组合与应做的动作之间的对应关系，但其含义却不是一眼就能看出来的，初次接触这种工具的人要理解它需要有一个简短的学习过程。此外，当数据元素的值多于两个时，判定表的简洁程度也将下降。

判定树是判定表的变种，也能清晰地表示复杂的条件组合与应做的动作之间的对应关系。判定树也是用来表述加工规格说明的一种工具。判定树的优点在于，它的形式简单到无须任何说明，一眼就可以看出其含义，因此易于掌握和使用。多年来判定树一直受到人们的重视，是一种比较常用的系统分析和设计的工具。图 4-14 所示为与表 4-2 等价的判定树。从图 4-14 中可以看出，虽然判定树比判定表更直观，但简洁性却不如判定表，数据元素的同一个值往往要重复写多遍，而且越接近树的叶端重复次数越多。此外还可以看出，画判定树时分枝的次序可能对最终画出的判定树的简洁程度有较大影响。显然判定表并不存在这样的问题。

判定树也可用在结构化设计中。

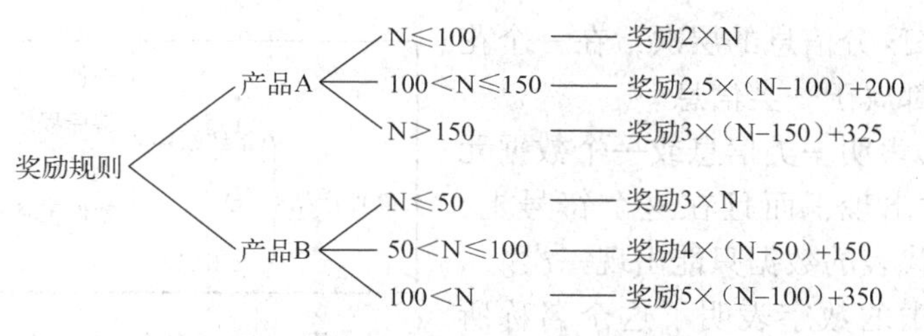

图 4-14　用判定树表示此处理功能的算法

4.3　结构化分析图形工具

除了前述所用的数据流图、E－R 图、状态图、数据字典和加工规格说明（结构化语言、判定表和判定树）外，在结构化的分析中，有时还会用到层次方框图、Warnier 图和 IPO 图这 3 种图形工具。

4.3.1　层次方框图

层次方框图由树形结构的一系列多层次的矩形组成，用来描述数据的层次结构。树形结构的顶层是一个单独的矩形框，它表示数据结构的整体。下面的各层矩形框表示这个数据的子集，最底层的各个框表示这个数据的不能再分割的元素。这里需要提醒的是，层次方框图不是功能模块图，方框之间的关系是组成关系，而不是调用关系。

图 4-15 所示为电子相册管理系统组成的层次方框图。

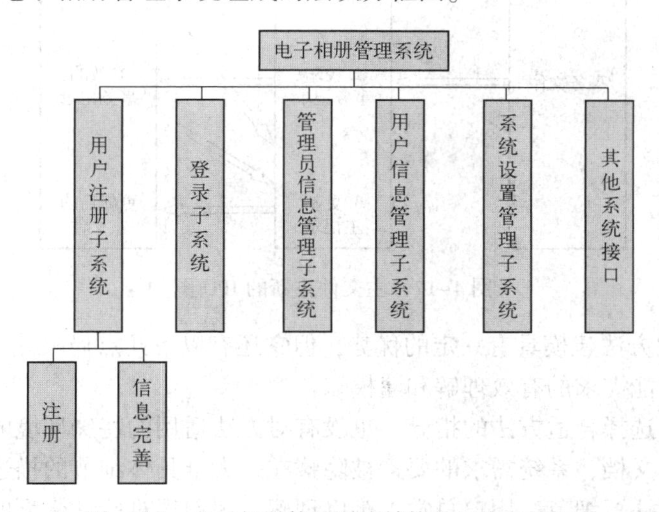

图 4-15　电子相册管理系统结构的层次方框图

4.3.2　Warnier 图

Warnier 图是表示数据层次结构的另一种图形工具，它与层次方框图相似，也用树形结构来描绘数据结构。Warnier 图比层次方框图提供了更详细的描绘手段，能指出某一类数据或某一数据元素重复出现的次数，并能指明某一特定数据在某一类数据中是否是有条件地出现。

Warnier 图使用以下几种符号。

1）花括号用来区分信息的层次，在一个花括号中的所有名称都属于一类信息。

2）异域符号⊕表明一类信息或一个数据元素在一定条件下才出现，而且在这个符号上、下方的两个名称所代表的数据只能出现一次。

3）圆括号( )中的数字表明了这个名称所代表的信息类（或元素）在这个数据结构中出现的次数。

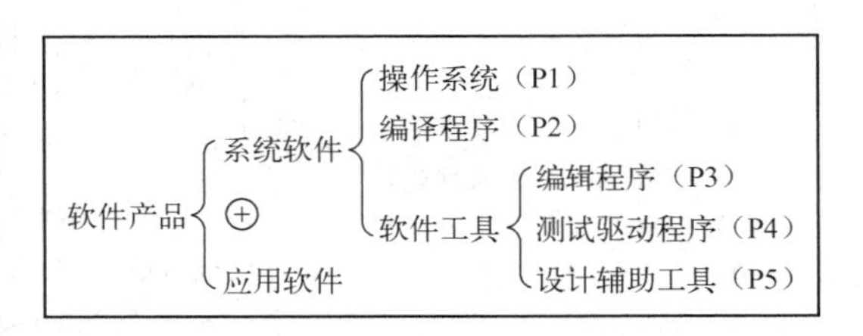

图 4-16　软件产品组成的 Warnier 图

软件产品的组成就可用 Warnier 图来描述，如图 4-16 所示（图中的 P 代表若干个）。

4.3.3　IPO 图

IPO 图是输入 - 处理 - 输出（Input - Process - Output）图的简称。IPO 图使用的基本符号既少又简单，因此易学易用。它的基本形式是在左边的框中列出有关的输入数据，在中间的框内列出主要的处理，在右边的框内列出产生的输出数据。处理框中列出处理的次序是按执行的顺序，但是用这些基本符号还不足以精确描述执行处理的详细情况。在 IPO 图中还用类似向量符号的空心大箭头清楚地指出数据通信的情况。图 4-17 所示为一个主文件更新的 IPO 图，通过这个实例不难了解 IPO 图的用法。

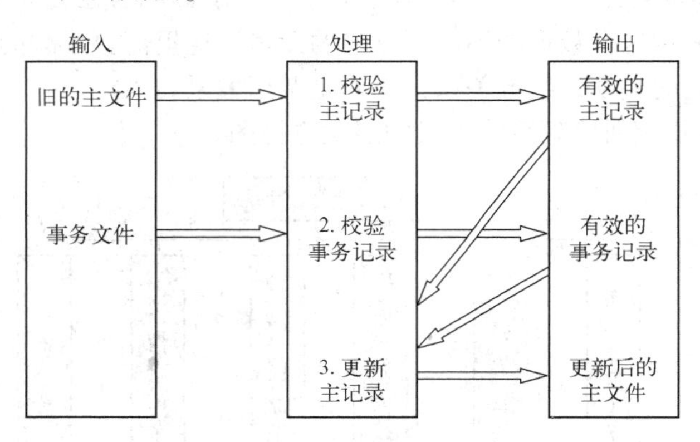

图 4-17　主文件更新的 IPO 图

尽管使用结构化方法建模具有一定的优势，但它还有以下几点局限性。

- 不提供对非功能需求的有效理解和建模。
- 不提供对用户选择合适方法的指导，也没有对方法适用的特殊环境的忠告。
- 往往产生大量文档，系统需求的要素被隐藏在一大堆具体细节的描述中。
- 产生的模型不注意细节，用户总觉得难以理解，因而很难验证模型的真实性。

4.4　结构化分析实例

【例 4-1】 某培训机构入学管理系统有报名、交费和就读等多项功能，并有课程表（课程号，课程名，收费标准）、学员登记表（学员号，姓名，电话）、学员选课表（学员号，课程号，班级号）和账目表（学员号，收费金额）等诸多数据表。

下面是对其各项功能的说明。

1）报名：由报名处负责，需要在学员登记表上进行报名登记，需要查询课程表让学员选报课程，学员所报课程将记录到学员选课表。

2）交费：由收费处负责，需要根据学员所报课程的收费标准进行收费，然后在账目表上记账，并打印收款收据给办理交费的学员。

3）就读：由培训处负责，其在验证学员收款收据后，根据学员所报课程将学员安排到合适班级就读。

请用结构化方法画出入学管理系统的顶层图和0层图，并写出其数据字典。

【解析】

1）对于一个培训机构，外部用户主要有非学员、学员和工作人员。非学员通过报名成为学员。学员只有交费，才可上课。工作人员需要登记学员、收费及安排学员就读，根据以上分析得到顶层图，如图4-18所示。

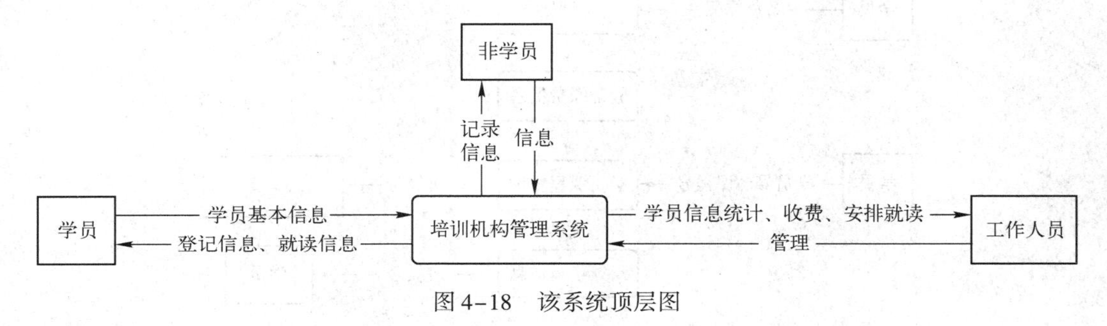

图4-18　该系统顶层图

2）一个非学员通过报名成为学员，他需要将个人信息提供给报名处，报名处负责记录信息，并通过查询课程表提供学员选课信息。学员选课，并将学员选课信息记录在学员选课表中。报名0层图如图4-19所示。

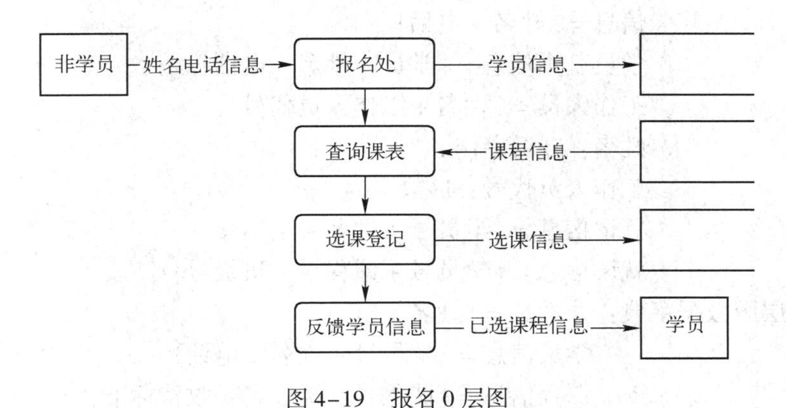

图4-19　报名0层图

3）学员将学号报给收费处。收费处通过查询选课表获取课程信息。通过查询课程表查询应收金额，并将信息记录在账目表。最后向学员收费并打印账目信息。收费0层图如图4-20所示。

4）学员向培训处提供缴费凭证。培训处验证好学员缴费凭证后，应通过查询选课表提供学员班级号，分配其到指定班级上课。就读0层图如图4-21所示。

入学管理系统的数据字典如下。

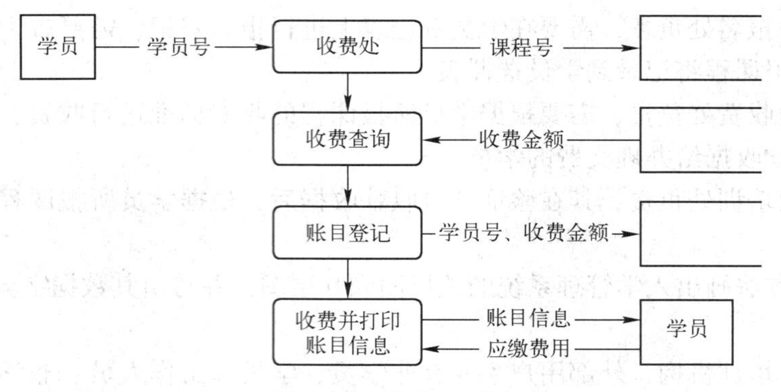

图 4-20　收费 0 层图

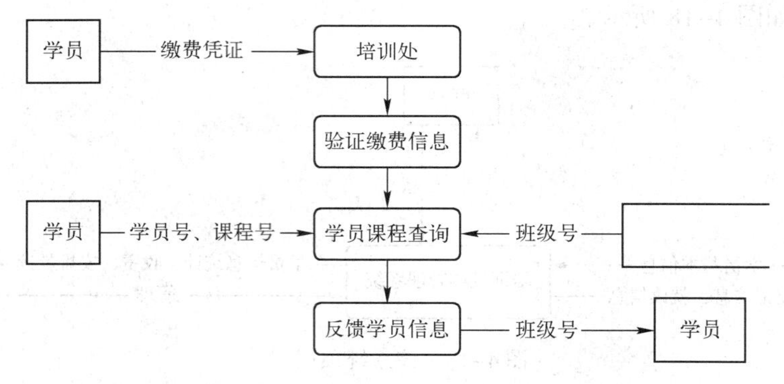

图 4-21　就读 0 层图

1）顶层图数据字典：非学员 = {姓名 + 电话}
学员 = {学员号 + 姓名 + 电话}
信息 = {姓名 + 电话}
学员基本信息 = {学员 + 姓名 + 电话}
工作人员 = {姓名 + 工作人员代号}
姓名：2{汉字}4
工作人员代号：4{数字}4
登记信息 = {学员号 + 姓名 + 电话}
就读信息 = {学员号 + 课程号 + 班级号}

2）报名 0 层图数据字典：非学员 = {姓名 + 电话}
学员信息 = {学员号 + 姓名 + 电话}
课程信息 = {课程号 + 课程名 + 收费标准}
选课信息 = {学员号 + 课程号}
学员 = {学员号 + 姓名 + 电话}
学员号：6{数字}6
姓名：2{汉字}4
电话：11{数字}11
收费金额：2{数字}4
课程号：4{数字}4

3）收费 0 层图数据字典：学员 =｛学员号 + 姓名 + 电话｝
课程号：4｛数字｝4
收费金额：2｛数字｝4
学员号：6｛数字｝6
账目信息 =｛学员号 + 收费金额｝
应缴费用：2｛数字｝4

4）就读 0 层图数据字典：学员 =｛学员号 + 姓名 + 电话｝
学员号：6｛数字｝6
课程号：4｛数字｝4
班级号：3｛数字｝3

4.5 实验：使用 Visio 绘制“‘墨韵’读书会书籍共享平台”的数据流图

本节主要是实践利用 Visio 2013 来绘制“‘墨韵’读书会书籍共享平台”（简称“书籍共享平台”）的数据流图。利用 Visio 2013 创建 Gane – Sarson 数据流图，可以选择“软件和数据库”模板，然后再选择“数据流模型图”，创建之后可以看到 Gane – Sarson 有 4 种基本符号，如图 4-3 所示。

在绘制系统数据流图的过程中，结构化需求分析方法通常强调“自顶向下，逐层分析”的思想。对于大规模的软件系统而言，需要采用多层的数据流图才能将问题描述清楚，而对于中等规模或小型的软件系统而言，采用 3 层的数据流图就可以了。在 3 层的数据流图中，顶层数据流图主要描述目标系统作为一个整体与外部用户或数据之间的交互；中层数据流图是对顶层数据流图的细化，描述系统的主要功能模块，以及数据在功能模块之间的流动关系；底层数据流图是对中层数据流图的进一步细化，它更关注功能模块内部的数据处理细节。

绘制目标系统的顶层数据流图时，关键在于分析系统有哪些外部用户，以及与该系统进行交互的数据源点或终点。例如，对于这里的书籍共享平台，其外部用户主要有学生、导师和管理员。其中，学生和导师都需要通过注册来获取自己的账户，并且都享有管理个人空间，以及分享圈子信息和使用书库分享书籍的权限，而同时每位导师作为一个圈子的管理者拥有维护圈子信息的权限。管理员则是维护整个系统的用户信息和书籍信息等。根据上述分析，可以得到书籍共享平台的顶层数据流图，如图 4-22 所示。

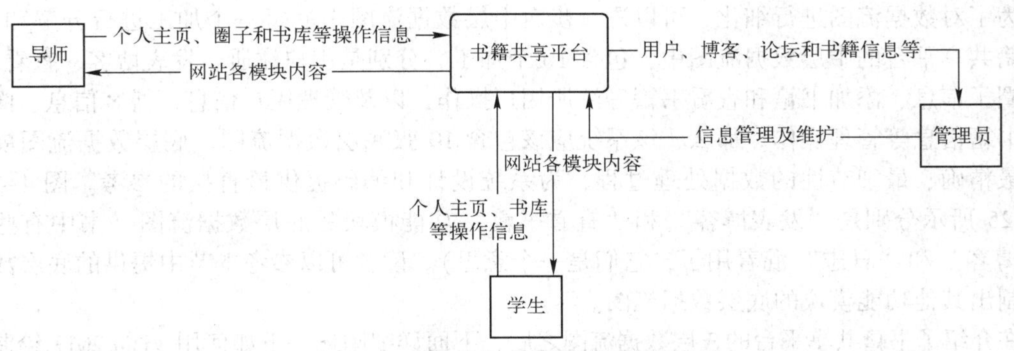

图 4-22　书籍共享平台的顶层数据流图

中层数据流图是对顶层数据流图的细化，它把目标系统主要的功能模块细分为不同的加工，并对数据在不同加工之间的流动关系进行描述。按照结构化需求分析方法，书籍共享平台的主要功能模块可以分为用户注册、发表博客、查看博客、维护圈子信息、添加书籍和查看书籍等注册用户操作，以及管理用户信息、博客信息、圈子信息和书籍信息等管理操作。在数据处理的过程中，系统内部的信息存储至少应该包括用户信息记录、博客信息记录、书籍信息记录和圈子信息记录等。

根据上述分析，可以得到“书籍共享平台”的中层数据流图，如图 4-23 所示。

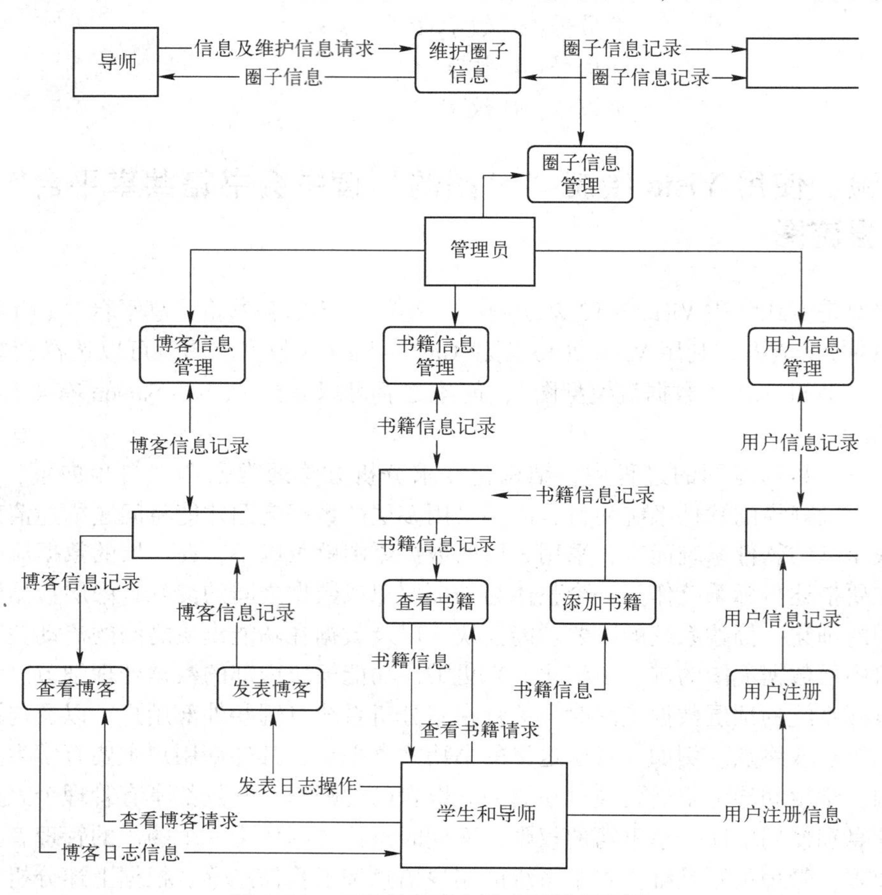

图 4-23　书籍共享平台的中层数据流图

为了对数据流图进行细化，可以进一步对中层数据流图中的每一个加工进行分解和求精。在书籍共享平台的中层数据流图中，包含 10 个加工，分别是用户注册、发表博客、查看博客、维护圈子信息、添加书籍和查看书籍等注册用户操作，以及管理用户信息、博客信息、圈子信息和书籍信息等管理操作。那么，该系统应该包含 10 张底层数据流图。底层数据流图展现了系统最精确、最细节性的数据处理过程，为系统设计和编码提供最直接的参考。图 4-24 和图 4-25 所示分别是“发表博客”和“查看书籍”功能模块的底层数据流图（书中有些地方将“博客”和“日志”混着用了，它们是一个意思）。读者可以参考本节中提供的底层数据流图绘制出其他功能模块的底层数据流图。

在介绍了书籍共享平台的 3 层数据流图之后，下面详细阐述一下如何用 Visio 2013 绘制数据流图。数据流图的绘制过程可以分为 4 步：绘制图元、编辑图元文字、连接图元和调整布局。

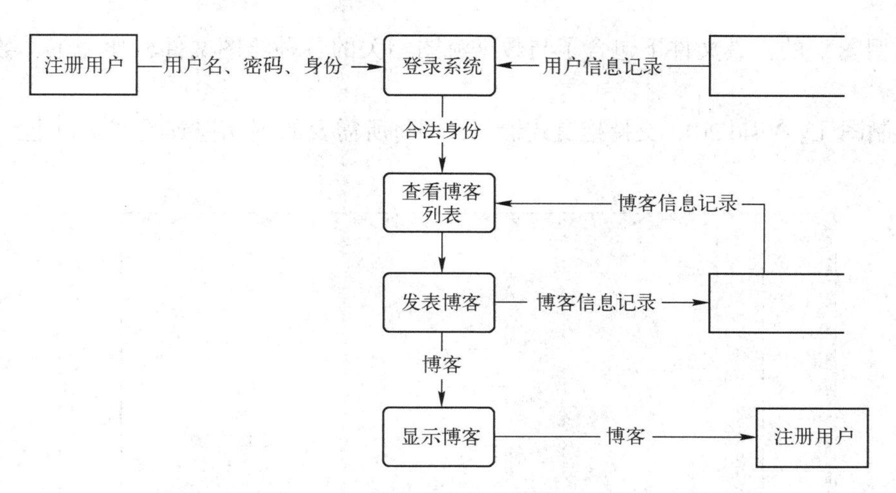

图 4-24　发表博客的底层数据流图

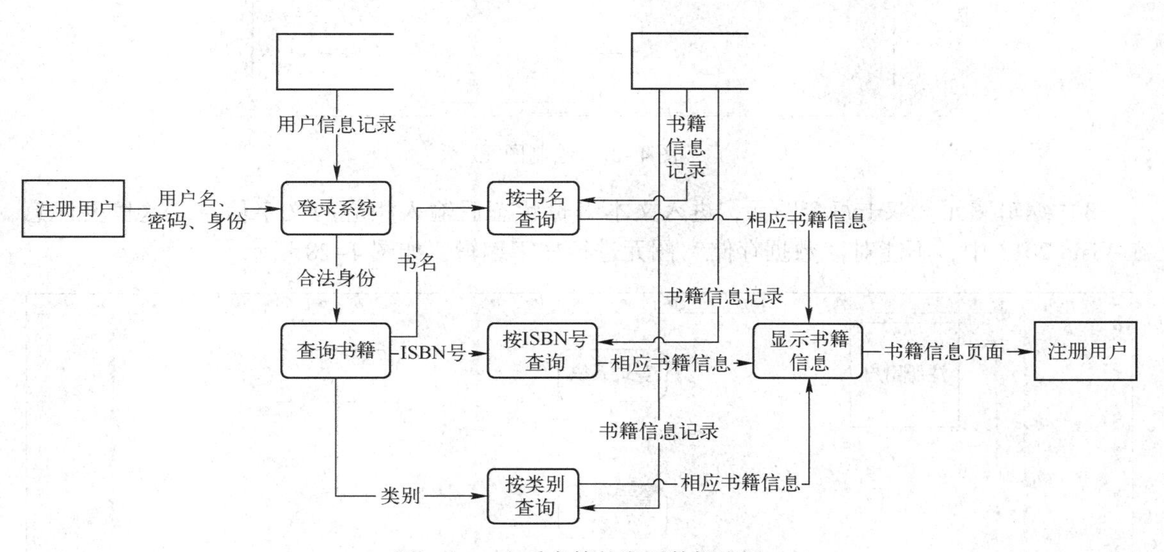

图 4-25　查看书籍的底层数据流图

下面以书籍共享平台的“发表博客”模块的数据流图为例，详细介绍它的绘制过程。

1）打开 Visio 2013，选择“软件和数据库”→“数据流模型图”选项，如图 4-26 所示。

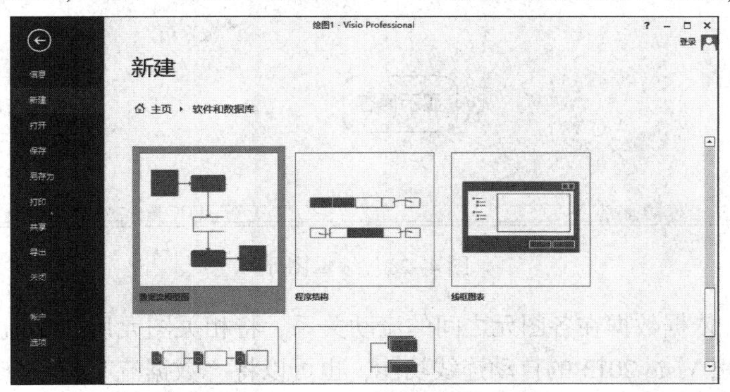

图 4-26　选择数据流模型图

“数据流模型图”的模具文件下包含了与数据流图相关的各种绘图文件，如加工、数据流和数据存储等。

2）绘制图元。Visio 2013 支持拖曳式绘图，即将所需要的图元拖到绘图窗口上，如图 4-27 所示。

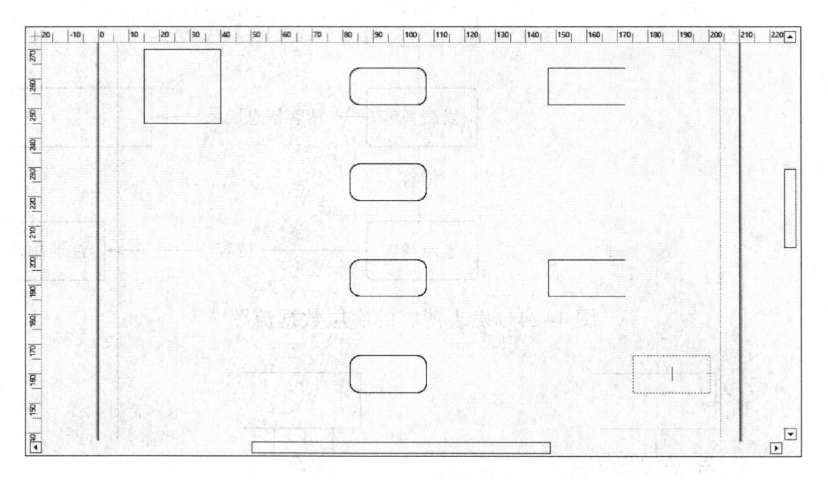

图 4-27　绘制图元

3）编辑图元。双击每个图元，进入文本编辑状态后输入相应的文字信息。这里要注意，在 Visio 2013 中，不能对“数据存储”图元进行文字编辑，如图 4-28 所示。

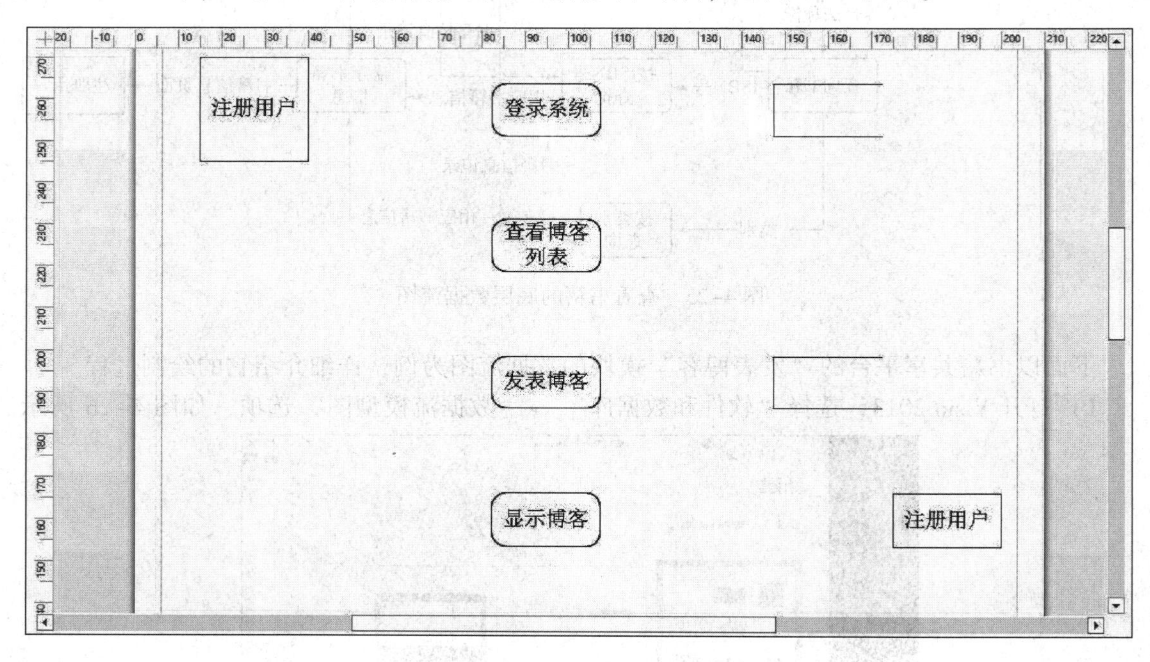

图 4-28　编辑图元

4）连接图元。依据数据在各图元之间的流动关系，将相关图元用数据流连线连接起来。在连接图元时，可以用 Visio 2013 的自动连线功能，也可以将“数据流”连线拖曳到待连线的图元之间。双击“数据流”图元，可以输入数据流所表示的详细信息。图 4-29 所示为 Visio 2013 的自动连线功能。

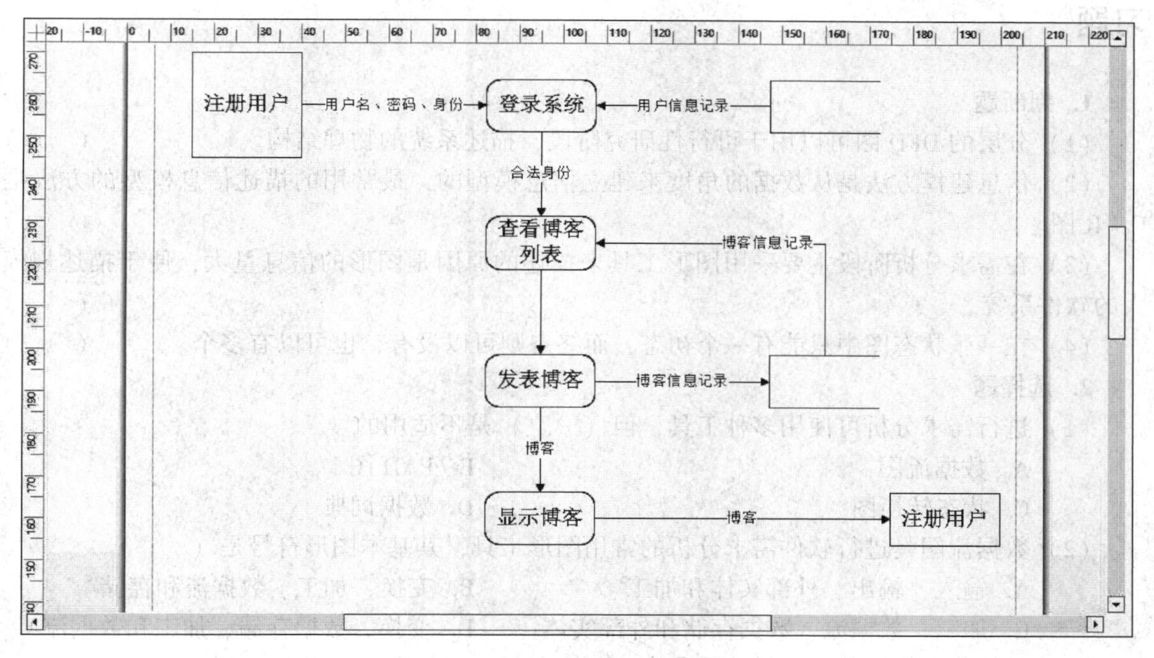

图 4-29　连接图元

5）布局。先选中多个图元，然后在“开始”选项卡的“排列”下拉列表框中选择相应的对齐方式对图形进行布局，如图 4-30 所示。最后，便可得到完整的数据流图。

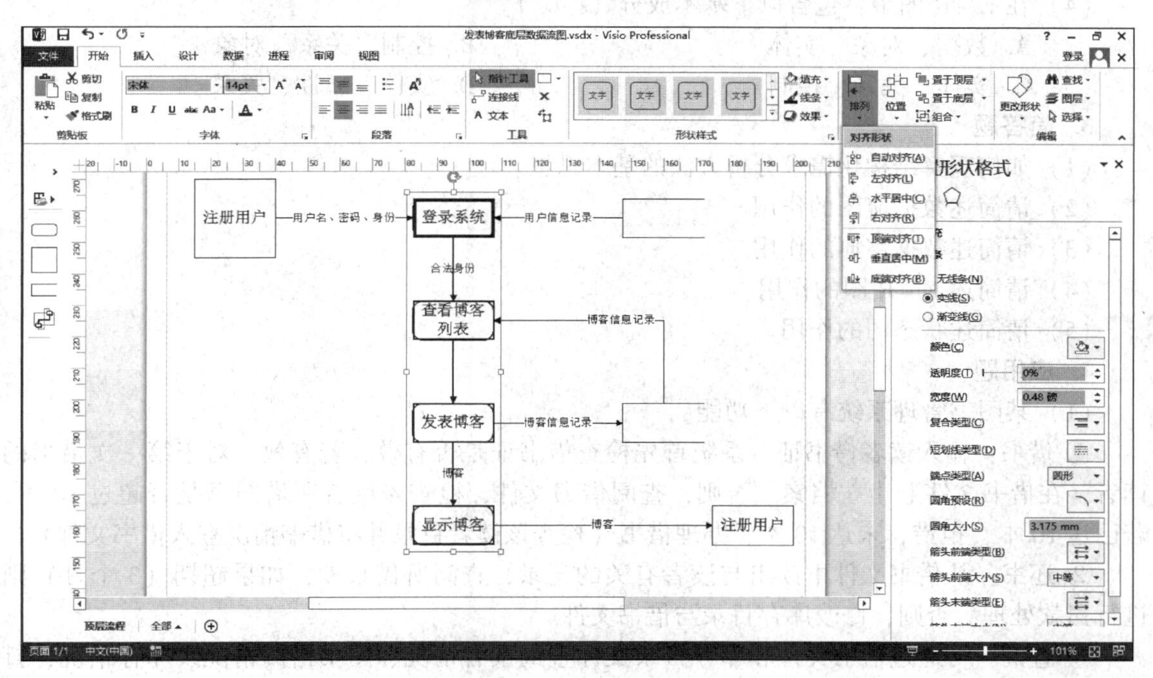

图 4-30　对齐形状

习题

1. 判断题

（1）分层的 DFD 图可以用于可行性研究阶段，描述系统的物理结构。（　）

（2）信息建模方法是从数据的角度来建立信息模型的，最常用的描述信息模型的方法是 E－R 图。（　）

（3）在需求分析阶段主要采用图形工具来描述的原因是图形的信息量大，便于描述规模大的软件系统。（　）

（4）在一张状态图中只能有一个初态，而终态则可以没有，也可以有多个。（　）

2. 选择题

（1）进行需求分析可使用多种工具，但（　）是不适用的。

A. 数据流图　B. PAD 图

C. 状态转换图　D. 数据词典

（2）数据流图是进行软件需求分析的常用图形工具，其基本图形符号是（　）。

A. 输入、输出、外部实体和加工　B. 变换、加工、数据流和存储

C. 加工、数据流、数据存储和外部实体　D. 变换、数据存储、加工和数据流

（3）结构化分析法的主要描述手段有（　）。

A. 系统流程图和模块图　B. DFD 图、数据词典、加工说明

C. 软件结构图、加工说明　D. 功能结构图、加工说明

（4）在 E－R 图中，包含以下基本成分（　）。

A. 数据、对象、实体　B. 控制、关系、对象

C. 实体、关系、控制　D. 实体、属性、关系

3. 简答题

（1）如何理解结构化需求分析方法的基本思想。

（2）请简述数据流图的作用。

（3）请简述数据字典的作用。

（4）请简述 E－R 图的作用。

（5）请简述状态图的作用。

4. 应用题

（1）某图书管理系统有以下功能。

① 借书：输入读者借书证。系统首先检查借书证是否有效，若有效，对于第一次借书的读者，在借书文件上建立档案。否则，查阅借书文件，检查该读者所借图书是否超过 10 本，若已达 10 本，拒借，未达 10 本，办理借书（检查该读者目录并将借书情况登入借书文件）。

② 还书：从借书文件中读出与读者有关的记录，查阅所借日期，如果超期（3 个月）则进行罚款处理。否则，修改库存目录与借书文件。

③ 查询：可通过借书文件和库存目录文件查询读者情况、图书借阅情况及库存情况，打印各种统计表。

用结构化分析方法画出系统顶层图和 0 层图（数据流图），并写出数据字典。

（2）根据以下描述画出相应的状态转换图。

到 ATM 机前插入磁卡后输入密码，如果密码不正确则系统会要求再次输入密码，如 3 次输入不正确则退出服务；密码正确后，系统会提示选择服务类型，如选择存款则进行存款操作，存款完毕后可选择继续服务，也可以选择退出服务；如选择取款则进行取款操作，取款完毕后可选择继续服务，也可以选择退出服务。

（3）某企业集团有若干工厂，每个工厂生产多种产品，且每一种产品可以在多个工厂生产，每个工厂按照固定的计划数量生产产品，计划数量不低于 300；每个工厂聘用多名职工，且每名职工只能在一个工厂工作，工厂聘用职工有聘期和工资。工厂的属性有工厂编号、厂名和地址，产品的属性有产品编号、产品名和规格，职工的属性有职工号、姓名和技术等级。请画出 E－R 图。

第5章　面向对象方法与UML

本章首先讲述面向对象的基本概念；然后介绍面向对象的软件工程方法的特征与优势；接着讲述面向对象的实施步骤；最后介绍统一建模语言 UML，以及 UML 的 9 种图。

本章目标

- ❑ 掌握面向对象的基本概念。
- ❑ 理解面向对象的软件工程方法的特征与优势。
- ❑ 掌握面向对象的实施步骤。
- ❑ 了解统一建模语言 UML。
- ❑ 熟悉 UML 的 9 种图。

5.1　面向对象的软件工程方法

5.1.1　面向对象的基本概念

哲学的观点认为现实世界是由各种各样的实体所组成的，每种对象都有自己的内部状态和运动规律，不同对象间的相互联系和相互作用就构成了各种不同的系统，并进而构成整个客观世界。同时人们为了更好地认识客观世界，把具有相似内部状态和运动规律的实体综合在一起称为类。类是具有相似内部状态和运动规律的实体的抽象，进而人们抽象地认为客观世界是由不同类的事物间相互联系和相互作用所构成的一个整体。计算机软件的目的就是为了模拟现实世界，使各种不同的现实世界系统在计算机中得以实现，进而为人们的工作、学习和生活提供帮助。这种思想就是面向对象的思想。

以下是面向对象中的几个基本概念。

1）面向对象：按人们认识客观世界的系统思维方式，采用基于对象的概念建立模型，模拟客观世界分析、设计和实现软件的办法。通过面向对象的理念使计算机软件系统能与现实世界中的系统一一对应。

2）对象：即指现实世界中各种各样的实体。它既可以指具体的事物，也可以指抽象的事物。在面向对象概念中，把对象的内部状态称为属性，把运动规律称为方法或事件。如某架载客飞机作为一个具体事物，是一个对象。它的属性包括型号、运营公司、座位数量、航线、起飞时间和飞行状态等，而它的行为包括整修、滑跑、起飞、飞行和降落等。

3）类：类是具有相似内部状态和运动规律的实体的集合。类的概念来自于人们认识自然、认识社会的过程。在这一程中，人们主要使用两种方法：由特殊到一般的归纳法和由一般到特殊的演绎法。在归纳的过程中，人们从一个个具体的事物中把共同的特征抽取出来，形成一个一般的概念，这就是“归类”；在演绎的过程中人们又把同类的事物，根据不同的特征分成不同的小类，这就是“分类”；对于一个具体的类，它有许多具体的个体，把这些个体称为“对象”。类的内部状态是指类集合中对象的共同状态；类的运动规律是指类集合中对象的共同运动规律。例如，所有的飞机可以归纳成一个类，它们共同的属性包括型号、飞行状态等，它们共同的行为包括起飞、飞行和降落等。

4）消息：消息是指对象间相互联系和相互作用的方式。一个消息主要由 5 部分组成：发送消息的对象、接收消息的对象、消息传递办法、消息内容和反馈。

5）类的特性：类的定义决定了类具有以下 5 个特性。

① 抽象：类的定义中明确指出类是一组具有内部状态和运动规律对象的抽象，抽象是一种从一般的观点看待事物的方法，它要求人们集中于事物的本质特征，而非具体细节或具体实现。面向对象鼓励人们用抽象的观点来看待现实世界，也就是说，现实世界是一组抽象的对象——类组成的。人们从各种飞机中寻找出它们共同的属性和行为，并定义飞机这个类的过程，就是抽象。

② 继承：继承是不同抽象级别类之间的关系。类的定义主要用两种方法：归纳和演绎；由一些特殊类归纳出来的一般类称为这些特殊类的父类，特殊类称为一般类的子类，同样父类可以演绎出子类；父类是子类更高级别的抽象。子类可以继承父类的所有内部状态和运动规律。在计算机软件开发中采用继承性，提供了类的规范的等级结构；通过类的继承关系，使公共的特性能够共享，提高了软件的重用性。例如，如战斗机就可以作为飞机的子类，它集成飞机所有的属性和行为，并具有自己的属性和行为。

③ 封装：对象间的相互联系和相互作用过程主要通过消息机制得以实现。对象之间并不需要过多地了解对方内部的具体状态或运动规律。面向对象的类是封装良好的模块，类定义将其说明与实现显式地分开，其内部实现按其具体定义的作用域提供保护。类是封装的最基本单位。封装防止了程序相互依赖而带来的变动影响。在类中定义的接收对方消息的方法称为类的接口。

④ 多态：多态性是指同名的方法可在不同的类中具有不同的运动规律。在父类演绎为子类时，类的运动规律也同样可以演绎，演绎使子类的同名运动规律或运动形式更具体，甚至子类可以有不同于父类的运动规律或运动形式。不同的子类可以演绎出不同的运动规律。比如，同样是飞机父类的起飞行为，对于战斗机子类和直升机子类具有不同的实际表现。

⑤ 重载：重载是指类的同名方法在给其传递不同的参数时可以有不同的运动规律。在对象间相互作用时，即使接收消息对象采用相同的接收办法，但消息内容的详细程度不同，接收消息对象内部的运动规律也可能不同。

⑥ 包：现实世界中不同对象间的相互联系和相互作用构成了各种不同的系统，不同系统间的相互联系和相互作用构成了更庞大的系统，进而构成了整个世界。在面向对象概念中把这些系统称为包。

⑦ 包的接口类：在系统间相互作用时为了蕴藏系统内部的具体实现，系统通过设立接口界面类或对象来与其他系统进行交互；让其他系统只看到这个接口界面类或对象，这个类在面向对象中称为接口类。

5.1.2 面向对象的软件工程方法的特征与优势

1. 面向对象的软件工程方法的特征

面向对象的软件工程方法是当前最流行的软件工程方法，它主要有以下几个方面的特征。

- 把数据和操作封装在一起，形成对象。对象是构成软件系统的基本构件。
- 把特征相似的对象抽象为类。

- 类之间可以存在继承或被继承的关系，形成软件系统的层次结构。
- 对象之间通过发送消息进行通信。
- 将对象的私有信息封装起来。外界不能直接访问对象的内部信息，而必须是发送相应的消息后，通过有限的接口来访问。

面向对象的方法的最重要的特点就是把事物的属性和操作组成一个整体，从问题域中客观存在的事物出发来识别对象，并建立由这些对象所构成的系统。

2. 面向对象的软件工程方法的优势

1）符合人类的思维习惯。通常人类在认识客观世界中的事物时，不仅会考虑到事物会有哪些属性，还会考虑到事物能完成哪些操作，也就是说静态的属性及动态的动作特征都是组成事物的一部分，它们组合起来才能完整地表达一个事物。而面向对象的软件工程方法最重要的特点就是把事物的属性和操作组成一个整体，以对象为核心，更符合人类的思维习惯。此外，面向对象的软件工程方法更加注重人类在认识客观世界时循序渐进、逐步深化的特点。用面向对象的软件工程方法进行软件开发的过程，是一个主动的多次反复迭代的过程，而不是把整个过程划分为几个严格的顺序阶段。

2）稳定性好。传统的软件工程方法基于功能分析和功能分解。当软件功能发生变化时，很容易引起软件结构的改变。而面向对象的软件工程方法则是基于对象的概念，用对象来表示与待解决的问题相关的实体，以对象之间的联系来表示实体之间的关系。当目标系统的需求发生变化时，只要实体及实体之间的关系不发生变化，就不会引起软件系统结构的变化，而只需要对部分对象进行局部修改（如从现有的类中派生出新的子类），就可以实现系统功能的扩充。因此，基于对象的软件系统稳定性比较好。

3）可复用性好。面向对象技术采用了继承和多态的机制，极大地提高了代码的可复用性。从父类派生出子类，一方面复用了父类中定义的数据结构和代码，另一方面提高了代码的可扩展性。

4）可维护性好。由于利用面向对象软件工程方法开发的软件系统稳定性好，可复用性好，而且采用了封装和信息隐藏机制，易于对局部软件进行调整，所以系统的可维护性比较好。

基于以上这些优点，面向对象的软件工程方法越来越受到人们的青睐。

5.1.3 面向对象的实施步骤

在软件工程中，面向对象方法的具体实施步骤如下。

1）面向对象分析：从问题陈述入手，分析和构造所关心的现实世界问题域的模型，并用相应的符号系统表示。模型必须是简洁、明确地抽象目标系统必须做的事，而不是如何做。分析步骤如下。

① 确定问题域，包括定义论域，选择论域，以及根据需要细化和增加论域。

② 区分类和对象，包括定义对象、定义类和命名。

③ 区分整体对象及组成部分，确定类的关系及结构。

④ 定义属性，包括确定属性和安排属性。

⑤ 定义服务，包括确定对象状态、确定所需服务和确定消息联结。

⑥ 确定附加的系统约束。

2）面向对象设计：面向对象的设计与传统的，以功能分解为主的设计有所不同。具体设计步骤如下。

① 应用面向对象分析，对用其他方法得到的系统分析的结果进行改进和完善。

② 设计交互过程和用户接口。

③ 设计任务管理，根据前一步骤确定是否需要多重任务，确定并发性，确定以何种方式驱动任务，设计子系统及任务之间的协调与通信方式，确定优先级。

④ 设计全局资源，确定边界条件，确定任务或子系统的软、硬件分配。

⑤ 对象设计。

3）面向对象实现：使用面向对象语言实现面向对象的设计相对比较容易。如果用非面向对象语言实现面向对象的设计时，特别需要注意和规定保留程序的面向对象结构。

4）面向对象测试：对面向对象实现的程序进行测试，包括模型测试、类测试、交互测试、系统（子系统）测试和验收测试等。

5.2 统一建模语言 UML

5.2.1 UML 简述

统一建模语言（Unified Modeling Language，UML）是一种通用的可视化建模语言，可以用来描述、可视化、构造和文档化软件密集型系统的各种构件。它由信息系统和面向对象领域的 3 位著名的方法学家 Grady Booch、James Rumbaugh 和 Ivar Jacobson 提出。它记录了与被构建系统的有关的决策和理解，可用于对系统的理解、设计、浏览、配置、维护及控制系统的信息。这种建模语言已经得到了广泛的支持和应用，并且已被 ISO 组织发布为国际标准。

UML 是一种标准的图形化建模语言，它是面向对象分析与设计的一种标准表示。它不是一种可视化的程序设计语言，而是一种可视化的建模语言；它不是工具或知识库的规格说明，而是一种建模语言规格说明，是一种表示的标准；它不是过程，也不是方法，但允许任何一种过程和方法使用它。

UML 用来捕获系统静态结构和动态行为的信息。其中静态结构定义了系统中对象的属性和方法，以及这些对象间的关系。动态行为则定义了对象在不同时间、状态下的变化，以及对象间的相互通信。此外，UML 可以将模型组织为包的结构组件，使得大型系统可分解成易于处理的单元。

UML 是独立于过程的，它适用于各种软件开发方法、软件生命周期的各个阶段、各种应用领域，以及各种开发工具。UML 规范没有定义一种标准的开发过程，但它更适用于迭代式的开发过程。它是为支持现今大部分面向对象的开发过程而设计的。

UML 不是一种程序设计语言，但用 UML 描述的模型可以和各种编程语言相联系。可以使用代码生成器将 UML 模型转换为多种程序设计语言代码，或者使用逆向工程将程序代码转换成 UML。把正向代码生成和逆向工程这两种方式结合起来就可以产生双向工程，使得 UML 既可以在图形视图下工作，也可以在文本视图下工作。

5.2.2 UML 的特点

UML 具有以下几个特点。

- 统一标准。UML 融合了当前一些流行的面向对象开发方法的主要概念和技术，是一种面向对象的、标准化的、统一的建模语言。UML 提供了标准的、面向对象的、模型元素的定义和表示方法，并已经成为 OMG 的标准。
- 面向对象。UML 支持面向对象技术的主要概念，它提供了一些基本的表示模型元素的图形和方法，可以简洁地表达面向对象的各种概念。
- 可视化，表达能力强大。UML 是一种图形化语言，系统的逻辑模型或实现模型都能用相应的图形清晰地表示，每一个图形表示符号后面都有良好定义的语义。UML 可以处理与软件的说明和文档有关的问题。UML 提供了语言的扩展机制，用户可以根据需要增加定义自己的构造型、标记值和约束等，它的强大表达能力使它可以用于各种复杂类型的软件系统的建模。
- 独立于过程。UML 是系统建模语言，独立于开发过程。
- 容易掌握使用。UML 概念明确，建模表示法简洁明了，图形结构清晰，容易掌握使用。学习 UML 应着重学习 3 方面的主要内容：UML 的基本模型元素，把这些模型元素组织在一起的规则，UML 语言中的公共机制。
- 与编程语言的关系。用 Java、C ++ 等编程语言可以实现一个系统。支持 UML 的一些 CASE 工具（如 Rose）可以根据 UML 所建立的系统模型自动产生 Java、C ++ 等代码框架，并且支持这些程序的测试及配置管理等环节的工作。

5.2.3 UML 的应用范围

UML 以面向对象的方式来描述系统。最广泛的应用是对软件系统进行建模，但它同样适用于许多非软件系统领域的系统。理论上来说，任何具有静态结构和动态行为的系统都可以使用 UML 进行建模。当 UML 应用于大多数软件系统的开发过程时，它从需求分析阶段到系统完成后的测试阶段都能起到重要作用。

在需求分析阶段，可以通过用例捕获需求。通过建立用例模型来描述系统的使用者对系统的功能要求；在分析和设计阶段，UML 通过类和对象等主要概念及其关系建立静态模型，对类、用例等概念之间的协作进行动态建模，为开发工作提供详尽的规格说明；在开发阶段，将设计的模型转化为编程语言的实际代码，指导并减轻编码工作；在测试阶段，可以用 UML 图作为测试依据：用类图指导单元测试，用构件图和协作图指导集成测试，以及用用例图指导系统测试等。

5.2.4 UML 的图

UML 主要用图来表达模型的内容，而图又由代表模型元素的图形符号组成。学会使用 UML 的图，是学习和使用 UML 的关键。这里只是概括地介绍 UML 的图，后面各节还将结合实例更详细地讲述 UML 的图。

UML 的主要内容可以由下列 5 类图（共 9 种图形）来定义。

1. 用例图

用例是对系统提供的功能（即系统的具体用法）的描述。用例图从用户的角度描述了系统功能，并指出各个功能的参与者。

2. 静态图

静态图用来描述系统的静态结构，属于这类图的有类图、对象图和包图。类图不仅定义系统中的类，表示类之间的关系，如关联、依赖和聚合等，也包括类的内部结构（类的属性和操作）。类图描述的是一种静态关系，在系统的整个生命周期都是有效的。

对象图是类图的实例，几乎使用与类图完全相同的标识。它们的不同点在于对象图显示类的多个对象实例，而不是实际的类。一个对象图是类图的一个实例。由于对象存在生命周期，因此对象图只能在系统的某一时间段存在。一般说来，对象图没有类图重要，它主要用来帮助对类图的理解。

包图由包或类组成，表示包与包之间的关系。包图用于描述系统的分层结构。

3. 行为图

行为图用于描述系统的动态模型和组成对象间的交互关系。其中状态图描述类的对象所有可能的状态，以及事件发生时状态的转移条件。通常，状态图是对类图的补充。在使用上并不需要为所有的类画状态图，仅为那些有多个状态、其行为受外界环境的影响并且发生改变的类画状态图。而活动图描述满足用例要求所要进行的活动及活动间的约束关系，有利于识别并行活动。活动图是状态图的一个变种。

4. 交互图

交互图用于描述对象间的交互关系。其中顺序图显示对象之间的动态合作关系，它强调对象之间消息发送的顺序，同时显示对象之间的交互；协作图描述对象间的协作关系，协作图跟顺序图相似，也显示对象间的动态合作关系。除显示信息交换外，协作图还显示对象及它们之间的关系。如果强调时间和顺序，则使用顺序图；如果强调上下文关系，则选择协作图。

5. 实现图

实现图用于提供关于系统实现方面的信息。其中构件图描述了代码构件的物理结构及各构件之间的依赖关系。一个构件可能是一个资源代码构件、一个二进制构件或一个可执行构件。构件图有助于分析和理解构件之间的相互影响程度。

部署图用于定义系统中软硬件的物理体系结构。它可以显示实际的计算机和设备（用结点表示），以及它们之间的连接关系，也可显示连接的类型及构件之间的依赖性。在结点内部，放置可执行构件和对象以显示结点跟可执行软件单元的对应关系。

当采用面向对象技术设计系统时，首先是描述需求；其次根据需求建立系统的静态模型，以构造系统的结构；接着是描述系统的行为。其中在前两步中所建立的模型都是静态的，包括用例图、类图（包含包）、对象图、构件图和部署图等 5 个图，是 UML 的静态建模机制；在最后一步中所建立的模型或者可以执行，或者表示执行时的时序状态或交互关系，它包括状态图、活动图、顺序图和协作图等 4 个图，是 UML 的动态建模机制。因此，UML 的主要内容也可以归纳为静态建模机制和动态建模机制两大类。

本书将构件图和部署图从静态建模机制提取出来，组成描述物理架构的机制。

5.2.5 UML“4 +1”视图

UML 用模型来描述系统的静态特征结构及动态特征行为，从不同的角度为系统建模，形成不同的视图。每个视图代表完整系统描述中的一个对象，表示这个系统中的一个特定方面，每个视图由一组图组成，每张图强调系统中某一方面的信息。

为了更好地表现同一事物的不同方面，经常采用不同的视图，每个视图从一个角度看待和描述问题。在 UML 中，存在“4 +1”视图，如图 5-1 所示。

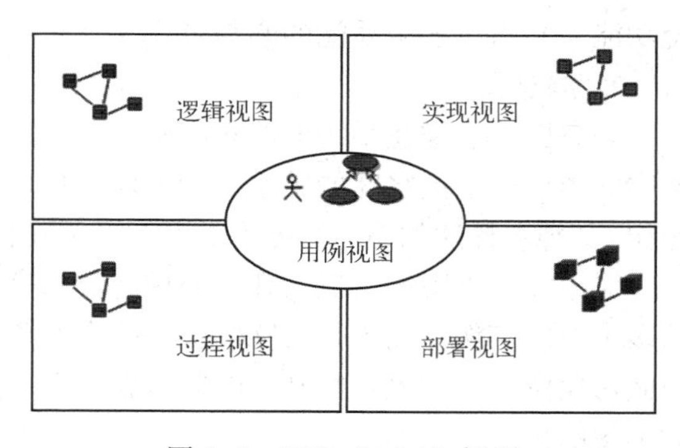

图 5-1　UML“4 +1”视图

- 用例视图，描述项目干系人的需求，所有其他视图都是从用例视图派生而来的，该视图把系统的基本需求捕获为用例并提供构造其他视图的基础。
- 逻辑视图，描述系统功能和词汇。作为类和对象的集合，重点是展示对象和类是如何组成系统、实现所需系统行为的。
- 过程视图，描述系统性能、可伸缩性和吞吐量。在建模过程中，把系统中的可执行线程和进程作为活动类。其实，它是逻辑视图面向进程的变体，包含所有相同的制品。
- 实现视图，描述系统组装和配置管理，对组成基于系统的物理代码的文件和构件进行建模。它同样展示出构件之间的依赖，展示一组构件的配置管理以定义系统的版本。
- 部署视图，描述系统的拓扑结构、分布、移交和安装。建模过程把构件物理地部署到一组物理的、可计算的结点上，如计算机和外设上。它允许建模横跨分布式系统结点上的构件的分布。

5.3　静态建模机制

任何建模语言都以静态建模机制为基础，UML 也不例外。UML 的静态建模机制包括用例图、类图、对象图和包图等。

5.3.1　用例图

用例图是从用户的角度描述系统的功能，由用例（User Case）、参与者（Actor）及它们的关系连线组成。

用例是从用户角度描述系统的行为，它将系统的一个功能描述成一系列的事件，这些事件最终对操作者产生有价值的观测结果。参与者（也称为操作者或执行者）是与系统交互的外部实体，可能是使用者，也可能是与系统交互的外部系统、基础设备等。用例是一个类，它代表一类功能而不是使用该功能的某一具体实例。

在 UML 中，参与者使用人形符号表示，并且具有唯一的名称；用例使用椭圆表示，也具有唯一的名称。参与者和用例之间使用带箭头的实线连接，由参与者指向用例。

正确识别系统的参与者尤为重要，以图书管理系统中学生借书事务为例，学生将书带到总借还台，由图书管理员录入图书信息，完成学生的借书事务。这个使用场景中，图书管理员是参与者，而学生不是，因为借书事务本身是由图书管理员来完成的，而不是学生本身。但如果学生可以自助借书，或者可以在网上借书，那么学生也将是参与者，因为这两种场景中学生直接与图书管理系统进行了交互。

在分析系统的参与者时，除了考虑参与者是否与系统交互外，还要考虑参与者是否在系统的边界之外，只有在系统边界之外的参与者才能称为参与者，否则只能是系统的一部分。初学者常常把系统中的数据库识别为系统的参与者，对于多数系统来说，数据库是用来存储系统数据的，是系统的一部分，不应该被识别为参与者。可能的例外是，一些遗留系统的数据库存储着新系统需要导入或者处理的历史数据，或者将系统产生的数据导出到外部数据库中以供其他系统使用，这时的数据库应该视为系统的参与者。

在分析用例名称是否合适时，一个简单有效的方法是将参与者和其用例连在一起读，看是否构成一个完整场景或句子。比如“游客浏览图书”、“游客登录注册”等，都是一个完整的场景。而“游客图书”就不是一个完整的场景或句子。

参与者之间可以存在泛化关系，类似的参与者可以组成一个层级结构。在“小型网上书店系统”的例子中，“会员”是“游客”的泛化，“游客”有“浏览图书”的用例，而“会员”不仅包含“游客”的全部用例，还具有自己特有的“会员购书”用例，如图 5-2 所示。

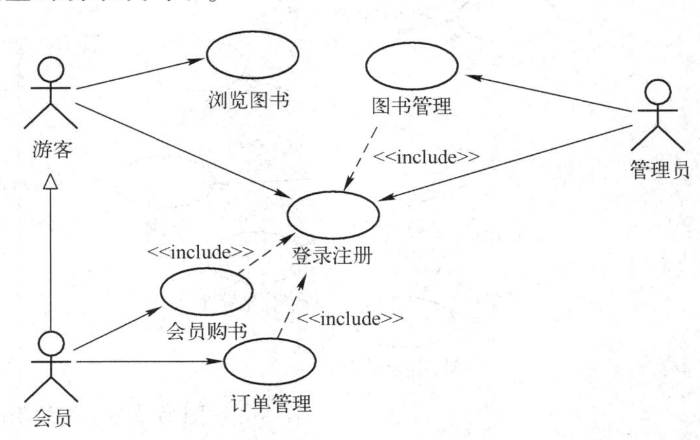

图 5-2 “小型网上书店系统”部分用例

用例之间的关系有 3 种，包括“包含”（include）、“扩展”（extend）和“泛化”（generalization）3 种。

根据 3 种不同的用例关系，用例间的连线也有 3 种，“包含”关系使用带箭头的虚线表示，虚线上标有“ << include >> ”，方向由包含用例指向被包含用例；扩展关系也使用带箭头的虚线表示，虚线上标有“ << extend >> ”，方向由扩展用例指向被扩展用例；“泛化”关系使用带三角形箭头的实线表示，方向由子用例指向父用例。

1. 包含关系

如果系统用例较多，不同的用例之间存在共同行为，可以将这些共同行为提取出来，单独组成一个用例。当其他用例使用这个用例之时，它们就构成了包含关系。例如，在图 5-2 中，用例“购书”和“登录注册”之间就是包含关系。

2. 扩展关系

在用例的执行过程中，可能出现一些异常行为，也可能会在不同的分支行为中选择执行，这时可将异常行为与可选分支抽象成一个单独的扩展用例，这样扩展用例与主用例之间就构成了扩展关系。一个用例常常有多个扩展用例。例如，在图 5-2 中，用例“购书”和“查询图书”之间就是扩展关系。

3. 泛化关系

用例之间的泛化关系描述用例的一般与特殊关系，不同的子用例代表了父用例的不同实现。例如，在图 5-2 中，“按类别浏览图书”和“按年份浏览图书”就是其父用例“浏览图书”的子用例。

图 5-3 显示了一个图书管理系统的用例图。从这个图中可以看到，用例“借书”和“还书”都具有“信息查询”的功能，所以，“信息查询”是这两个用例的共同行为，可以将它单独组成一个用例“信息查询”；用例“超期罚款”是“还书”用例的一种特殊情况（异常行为），所以这两种用例是扩展的关系。

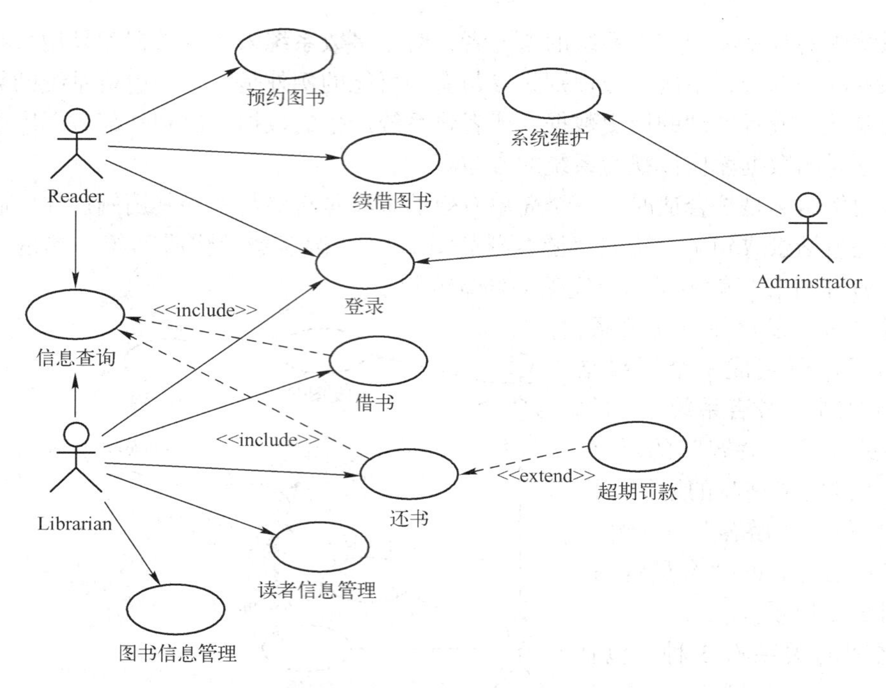

图 5-3　图书管理系统的用例图

5.3.2　类图和对象图

类图使用类和对象描述系统的结构，展示了系统中类的静态结构，即类与类之间的相互关系。类之间有多种联系方式，如关联（相互连接）、依赖（一个类依赖于或使用另一个类）和泛化（一个类是另一个类的特殊情况）。一个系统有多幅类图，一个类也可以出现在几幅类图中。

对象图是类图的实例，它展示了系统在某一时刻的快照。对象图使用与类图相同的符号，只是在对象名下面加上下画线。

在 UML 中，类图用具有 3 个分隔线的矩形表示。顶层分隔表示类和对象的名称，中间表示属性，底层表示操作。对象图通常只有名称和属性。通常情况下，类名称的开头字母用大写，对象名称的开头字母用小写，对象名引用时常常后面跟着类名。如图 5-4 所示，Student、Librarian 和 Book 是图书管理系统中的 3 个示例类。其中，在 Book 类中包含 3 个属性（id、name、author），以及两个操作（getInfo 和 edit）。其中，属性和操作前面的加号表示属性或操作是公有（Public）的，如果是减号，则表示属性或操作是私有的（Private），关于属性和操作的可见性请参见表 5-1。图 5-5 表示图 5-4 的一个对象图，图中包含 john、jim 和 se 共 3 个对象，其中 se 对象是 Book 类的对象。因为 Book 类中包含 3 个属性，所以 se 对象中也对应地包含 3 个属性值。对象的属性类型表示属性的取值范围。如果类定义时没有指明属性的类型，比如因为类型不是系统中已定义的基本类型，则对该属性的决策可以推迟到对象创建之时。这

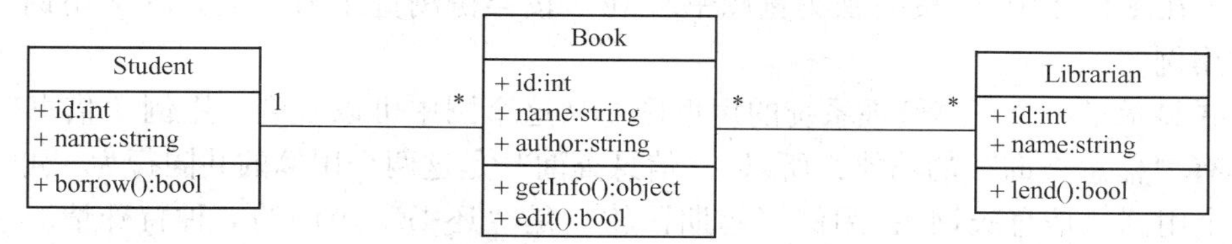

图 5-4　图书管理系统中的示例类图

john: Student
+ id: int=1
name: string=Mike B

jim: Librarian
id: int=13
name: string=Jim L

se: Book
id: int=17
name: string=software engineering
author: string=Dbernd

图 5-5　图书管理系统中的示例对象图

样可以允许开发者在设计类时将注意力更多地放在系统功能的设计上，并在系统功能修订时，将细节变化的程度减少到最小。

表 5-1　属性和操作的可见性

符　　号	种　　类	语　　义
+	Public（公共的）	能访问该类的类都能访问该属性
#	Protected（受保护的）	该类和其继承类都能访问该属性
-	Private（私有的）	只有该类能访问该属性
~	Package（包的）	在同一个包中的类都能够访问该属性

类与类之间的关系有关联、依赖、泛化和实现等。

1. 关联

关联（Association）表达模型元素间的一种语义关系，是对具有共同的结构特性、行为特性、关系和语义的链的描述。UML 中使用一条直线表示关联关系，直线两端上的数字表示重数。在图 5-4 中，一个学生可以同时借阅多本书，但一本书只能同时被一个学生借阅，关系是一对多；而一个图书管理员可以管理多本图书，一本图书也可以被多个管理员管理，关系是多对多。

关联关系还分为二元关联、多元关联、受限关联、聚合和组合等。

二元关联是指两个类之间的关联，图 5-4 中展示的就是二元关联。

多元关联是指一对多或多对多的关联。三元关联使用菱形符号连接关联类，图 5-6 表示的就是三元关联关系。

受限关联用于一对多或多对多的关联。如果关联时需要从多重数的端中指定一个对象来限定，可以通过使用限定符来指定特定对象。比如，一个学生可以借多本书，但这多本书可以根据书的书号不同而区分，这样就可以通过限定符“书号”来限定这些图书中的某一本图书。如图 5-7 所示。

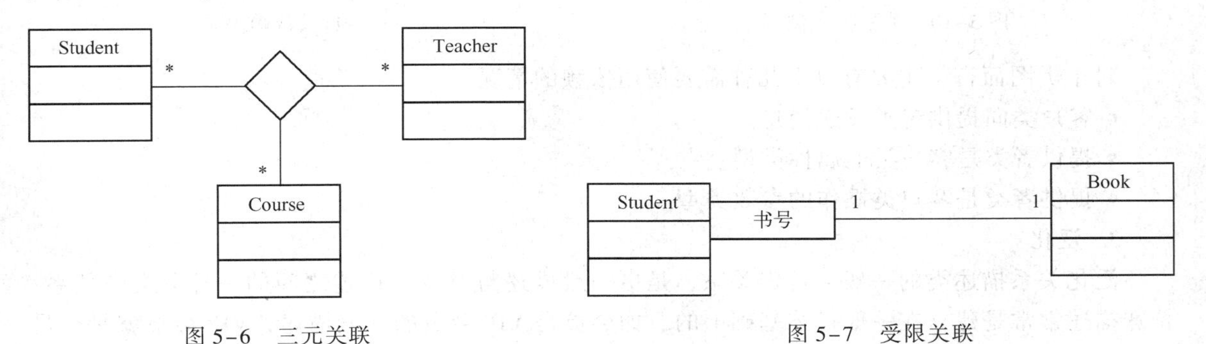

图 5-6　三元关联　　　　图 5-7　受限关联

聚合和组合表示整体 - 部分的关联，有时也称之为“复合”关系。聚合的部分对象可以是任意整体对象的一部分，比如，“目录”与该目录下的“文件”，班级与该班级的学生等。组合则是一种更强的关联关系，代表整体的组合对象拥有其子对象，具有很强的“物主”身份，具有管理其部分对象的特有责任，如“窗口”与窗口中的“菜单”。聚合关联使用空心菱形表示，菱形位于代表整体的对象一端；组合关联与聚合关联的表示方式相似，但使用实心菱形。聚合和组合的关联关系如图 5-8 和图 5-9 所示。

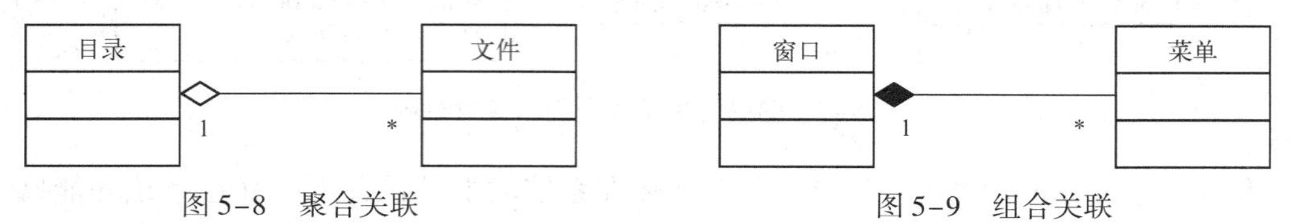

图 5-8　聚合关联　　　　图 5-9　组合关联

关联类是一种充当关联关系的类，和类一样具有自己的属性和操作。关联类使用虚线连接自己和关联符号。关联类依赖于连接类，没有连接类时，关联类不能单独存在。比如图 5-10 所示的关联类关系，在一次借阅中，学生可以借阅一本书，借阅类就是该例子中的关联类。实际上，任何关联类都可以表示成一个类和简单关联关系，但常常采用关联类的表示方式，以便更加清楚地表示关联关系。

重数是关联关系中的一个重要概念，表示关联链的条数。例如，在图 5-9 中，链的两端的数字“1”和符号“ * ”表示的就是重数。重数可以一个任意的自然数集合，但实际使用中，大于 1 的重数常常用“ * ”号代替。所以实际使用的重数多为 0、1 和符号“ * ”。一对一关联的两端重数都是 1；一对多关联的一端的重数是 1，另一端是“ * ”；多对多关联的两端重数都是 0 ～ n，常表示为“ * ”。

2. 依赖

依赖关系表示的是两个元素之间语义上的连接关系。对于两个元素 X 和 Y，如果元素 X 的变化会引起对另一个元素 Y 的变化，则称元素 Y 依赖于 X。其中，X 被称为提供者，Y 被称为客户。依赖关系使用一个指向提供者的虚线箭头来表示，如图 5-11 所示。

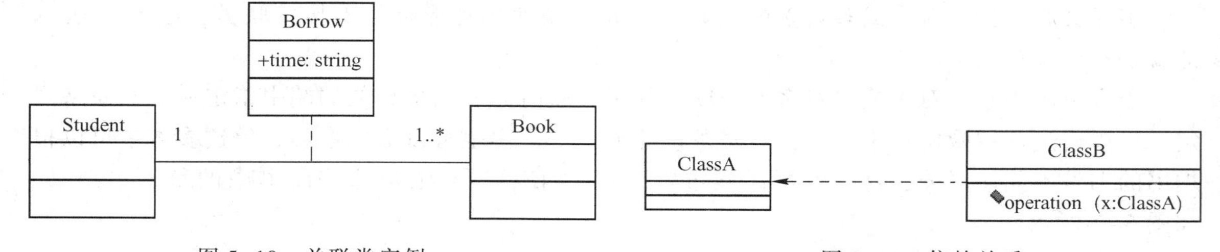

图 5-10　关联类实例　　　　图 5-11　依赖关系

对于类图而言，主要有以下几种需要使用依赖的情况。

- 客户类向提供者类发送消息。
- 提供者类是客户类的属性类型。
- 提供者类是客户类操作的参数类型。

3. 泛化

泛化关系描述类的一般 - 特殊关系，是更一般描述与更特殊描述之间的一种分类学关系。特殊描述常常是建立在一般描述基础上的，如会员是 VIP 会员的一般描述，VIP 会员就是会员的泛化，会员是一般类，VIP 会员是特殊类；学生是本科生的一般描述，本科生就是学生的泛化，学生是一般类，本科生是特殊类。特殊类是一般类的子类，而特殊类还可以是另一个特殊类的子类。比如，本科一年学生就是本科生的更特殊化描述，是后者的泛化。泛化的这种特点构成了泛化的分层结构。

在面向对象的分析与设计时，可以把一些类的公共部分（包括属性与操作）提取出来作为它们的父类。这样，子类继承了父类的属性和操作，子类中还可以定义自己特有的属性和操作。子类不能定义父类中已经定义的属性，但可以通过重载的方式重定义父类的操作，这种方式称为方法重载。当操作被重载时，在子类对象的父类引用中调用操作方法，对象会根据重载定义调用该操作在子类中的实现，这种行为称为多态。重载的操作必须和父类的操作具有相同的接口（操作名、参数和返回类型）。比如，三角形、四边形和六边形都属于多边形，而四边形中又包含矩形，它们的关系如图 5-12 所示。多边形中的“显示”操作是一个抽象操作，而三角形和六边形中具体化和重载了这个操作，因为父类多边形自身的“显示”操作并不能确定图形如何显示，也不适用于子类的显示，所以子类必须根据自己的特定形状重新定义“显示”操作。在四边形中定义了父类多边形中没有的“计算面积”操作，在子类矩形中重载了该操作，因为子类包含特有的属性——“长”和“宽”，可以用于矩形的面积计算。

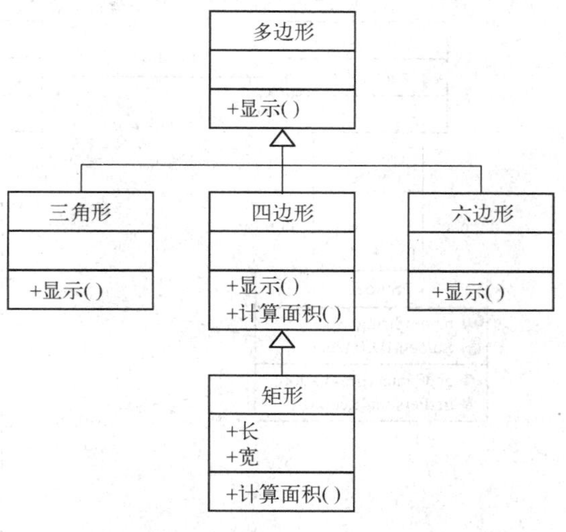

图 5-12　类的泛化和继承关系

泛化关系有两种情况。在最简单的情况下，每个类最多能拥有一个父类，这称为单继承。而在更复杂的情况中，子类可以有多个父类并继承了所有父类的结构、行为和约束。这被称为多重继承（或多重泛化），其表示法如图 5-13 所示。

4. 实现

实现关系将一个模型连接到另一个模型，通常情况下，后者是行为的规约（如接口），前者要求必须至少支持后者的所有操作。如果前者是类，后者是接口，则该类是后者的实现。

实现与泛化很相似，区别是泛化是针对同层级元素之间的连接，而实现是针对不同语义层上的元素的连接。例如，子类与父类关系是泛化，类与接口关系是实现。比如，定义“图形”接口，类“圆”则是该接口的实现（用带空心三角形箭头的虚线进行连接），如图 5-14 所示。

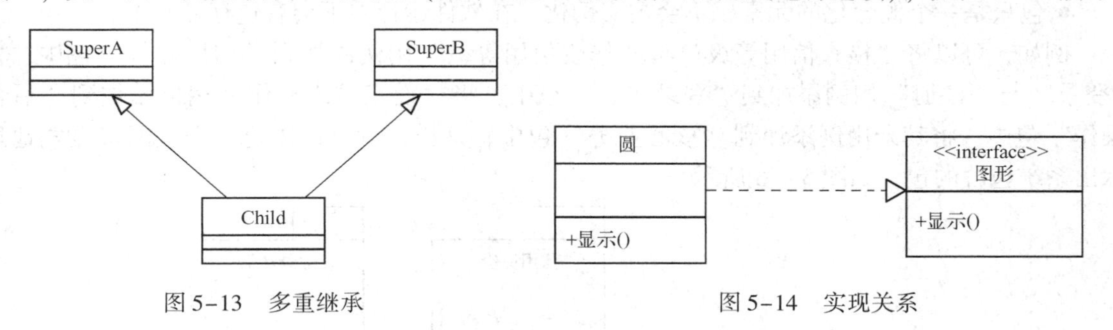

图 5-13　多重继承

图 5-14　实现关系

图 5-15 展示了一个学生在学校上课的类图。

5.3.3　包图

包是一种对元素进行分组的机制。如果系统非常复杂，常常包含大量的模型，为了利于理解并将模型独立出来用于复用，对这些元素进行分组组织，从而作为一个个集合进行整体命名和处理。包的符号如图 5-16 所示。

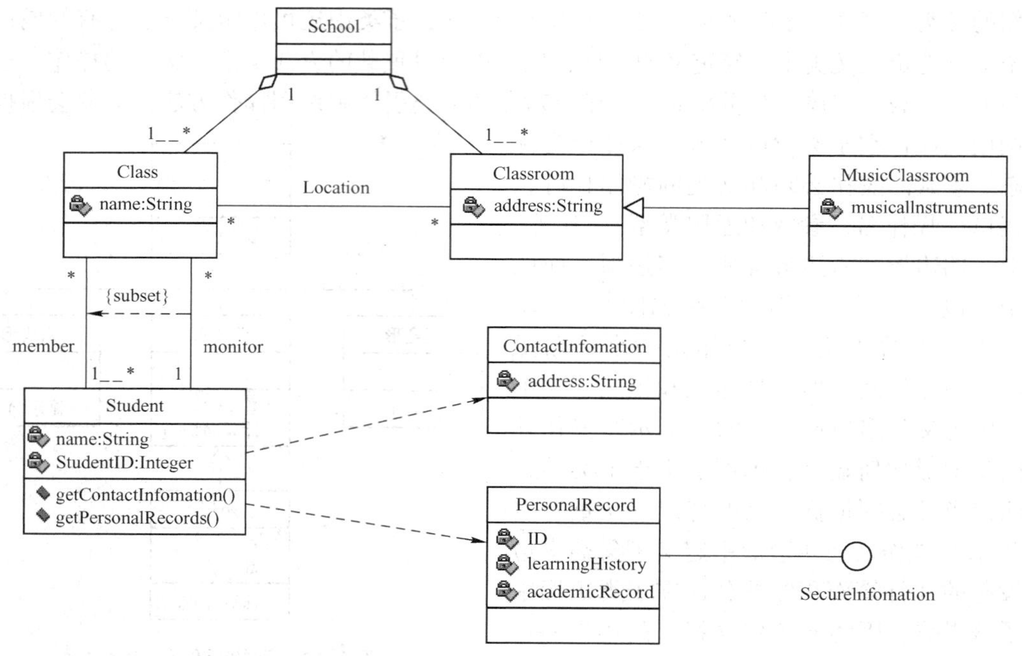

图 5-15　学生在学校上课的类图

包中的元素需要与其他包或类中的元素进行交互，交互过程的可访问性包括以下几种。

- Public（公有访问）（+）：包中元素可以被其他包的元素访问。
- Private（私有访问）（-）：包中元素只能被同属于一个包的内含元素访问。
- Protected（保护访问）（#）：包中的元素只能被此包或其继承包内的元素访问。

包的一些特征如下。

- 包是包含和管理模型内容的一般组织单元，任何模型元素都可以包含其中。
- 一个模型元素只能存在于一个包中，包被撤销时，其中的元素也被撤销。
- 包可以包含其他包，构成嵌套层次结构。
- 包只是一个概念化的元素，不会被实例化，在软件运行中不会有包存在其中。

例如，可以将“检查信用等级”与“修改信用等级”用例添加到“信用评价”包中，将“登录”与“注册”用例添加到“登录注册”包中，将“设定航班操作”用例添加到“后台操作”包中，将其余用例添加到“核心业务”包中，这样，就可以创建一个包图来显式地显示出系统包含的包，如图 5-16 所示。

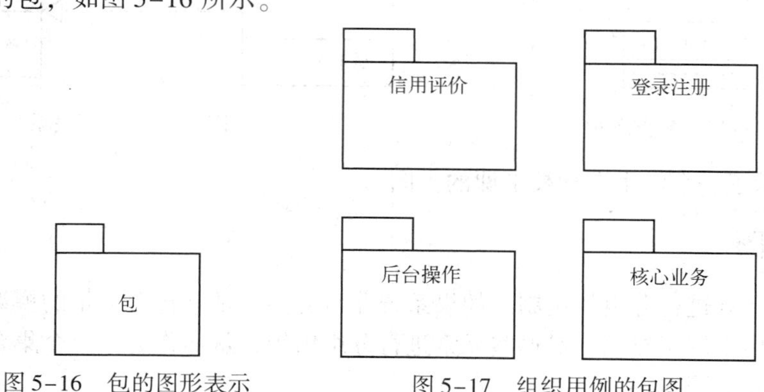

图 5-16　包的图形表示　　图 5-17　组织用例的包图

5.4 动态建模机制

系统中的对象在执行期间的不同时间点如何通信，以及通信的结果如何，就是系统的动态行为，也就是说，对象通过通信相互协作的方式，以及系统中的对象在系统生命期中改变状态的方式，是系统的动态行为。UML 的动态建模机制包括顺序图、协作图、状态图和活动图。

5.4.1 顺序图

顺序图描述了一组对象的交互方式，它表示完成某项行为的对象和这些对象之间传递消息的时间顺序。顺序图由对象（参与者的实例也是对象）、生命线、控制焦点和消息等组成。生命线是一条垂直的虚线，表示对象的存在时间；控制焦点是一个细长的矩形，表示对象执行一个操作所经历的时间段；消息是作用于控制焦点上的一条水平带箭头的实线，表示消息的传递。图 5-18 显示了一个顺序图，并将其中内容做了标注。

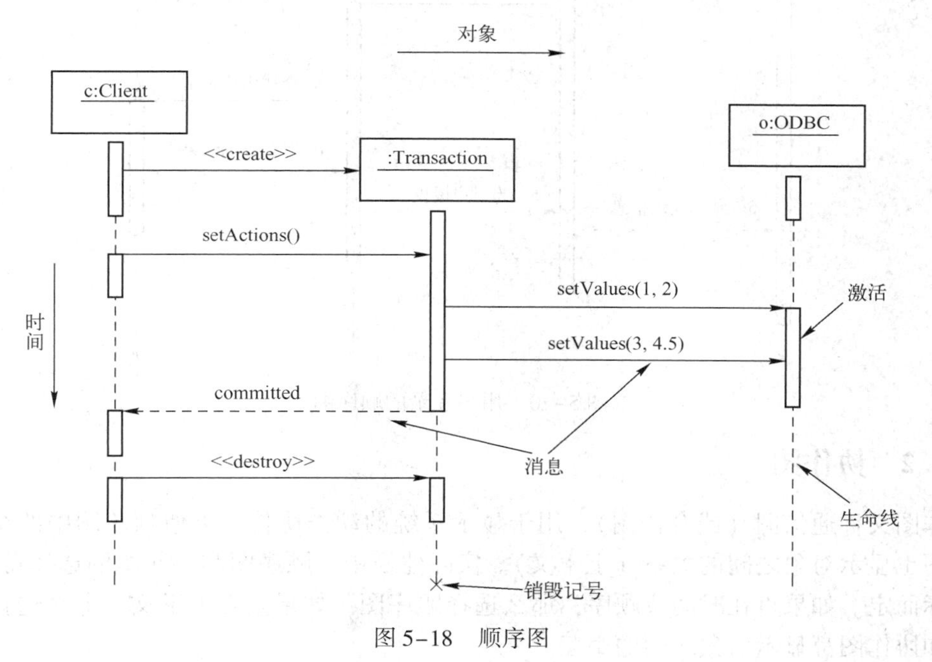

图 5-18 顺序图

图 5-19 显示了基本的消息类型。

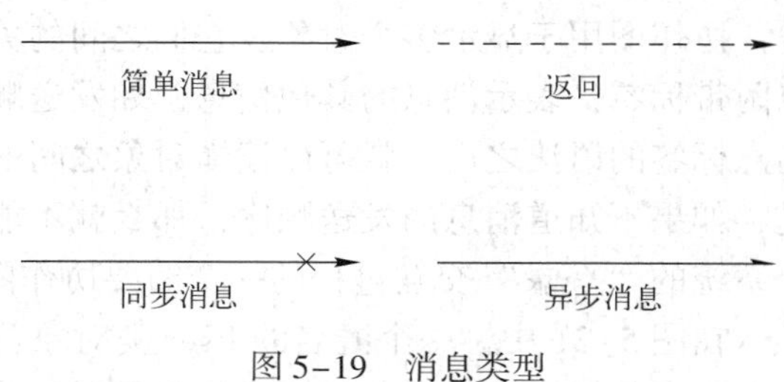

图 5-19 消息类型

一般使用顺序图描述用例的事件流，标识参与这个用例的对象，并以服务的形式将用例的行为分配到对象上。通过对用例进行顺序图建模，可以细化用例的流程，以便发现更多的对象和服务。

顺序图可以结合以下步骤进行绘制。

1）列出启动该用例的参与者。

2）列出启动用例时参与者使用的边界对象。

3）列出管理该用例的控制对象。

4）根据用例描述的所有流程，按时间顺序列出分析对象之间进行消息传递的序列。

绘制顺序图需要注意以下问题。

- 如果用例的事件流包含基本流和若干备选流，则应当对基本流和备选流分别绘制顺序图。
- 如果备选流比较简单，可以合并到基本流中。
- 如果事件流比较复杂，可以在时间方向上将其分成多个顺序图。
- 实体对象一般不会访问边界对象和控制对象。

图 5-20 所示为用户登录的顺序图，连线按时间的先后从 1 到 6 排列。

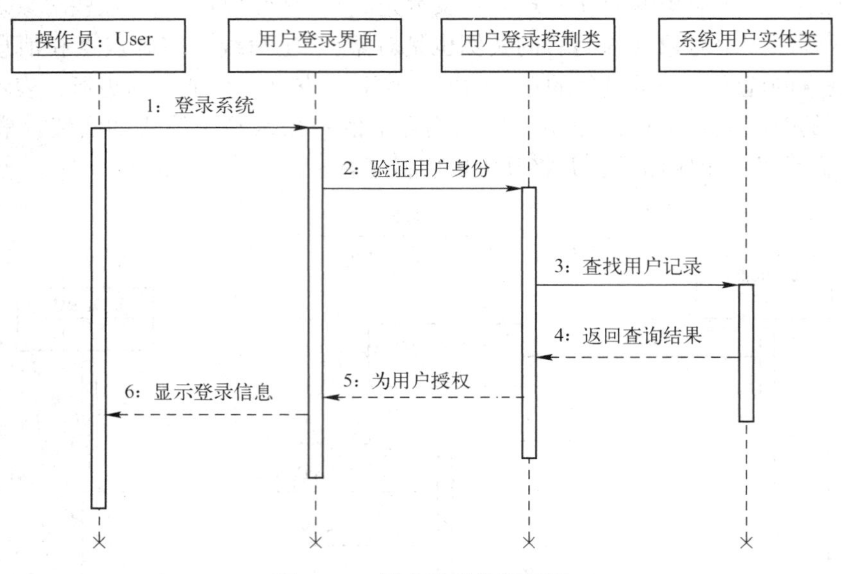

图 5-20　用户登录的顺序图

5.4.2　协作图

协作图又称通信图（或合作图），用于显示系统的动作协作，类似顺序图中的交互片段，但协作图也显示对象之间的关系（上下文）。实际建模中，顺序图和协作图的选择需要根据工作的目标而定。如果重在时间或顺序，那么选择顺序图；如果重在上下文，那么选择协作图。顺序图和协作图都显示对象之间的交互。

协作图用于显示多个对象及它们之间的关系，对象间的箭头显示消息的流向。消息上也可以附带标签，表示消息的其他信息，如发送顺序、显示条件、迭代和返回值等。开发人员熟识消息标签的语法之后，就可以读懂对象之间的通信，并跟踪标准执行流程和消息交换顺序。但是，如果不知道消息的发送顺序，那么就不能使用协作图来表示对象关系。图 5-21 展示了某个系统的“登录”交互过程的一个简要协作图。

在图 5-21 中，一个匿名的 User 类对象首先向登录界面对象输入了用户信息，接着用户界面向用户数据对象请求验证用户信息是否正确并得到请求的返回结果，最后登录界面根据返回的结果向用户反馈对应的登录结果。

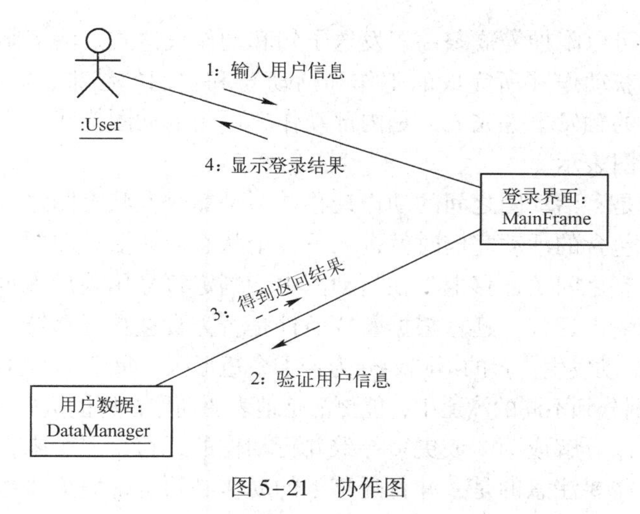

图 5-21　协作图

5.4.3　状态图

状态图由状态机扩展而来，用来描述对象对外部对象响应的历史状态序列，即描述对象所有可能的状态，以及哪些事件将导致状态的改变。包括对象在各个不同状态间的跳转，以及这些跳转的外部触发事件，即从状态到状态的控制流。状态图侧重于描述某个对象的动态行为，是对象的生命周期模型。并不是所有的类都需要画状态图。有明确意义的状态、在不同状态下行为有所不同的类才需要画状态图。有关状态图的知识在 4.2.3 节中已经做过介绍，这里不再赘述。

下面给出一个例子，图 5-22 是显示了一个某个网上购物系统中订单类的一个简单状态图。

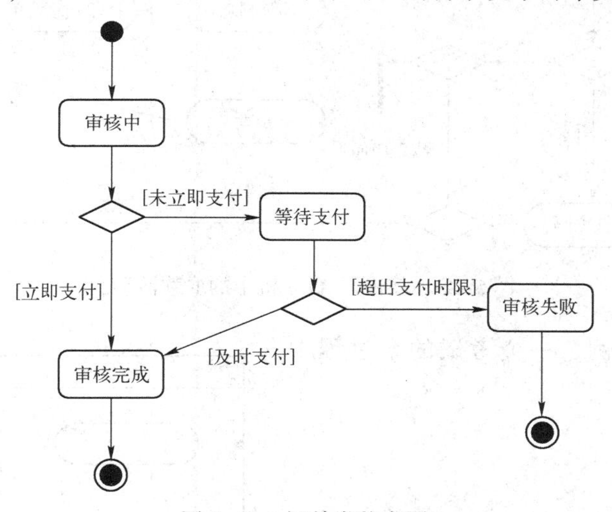

图 5-22　订单类状态图

5.4.4　活动图

活动图中的活动是展示整个计算步骤的控制流（及其操作数）的结点和流的图。执行的步骤可以是并发的或顺序的。

活动图可以看做特殊的状态图，用于对计算流程和工作建模（后者是对对象的状态建模）。活动图的状态表示计算过程中所处的各种状态。活动图的开始结点和结束结点与状态图相同，活动图中的状态称为动作状态，也使用圆角矩形表示。动作状态之间使用箭头连接，表示动作迁移，箭头上可以附加警戒条件、发送子句和动作表达式。活动图是状态图的变形，根据对象状态的变化捕获动作（所完成的工作和活动）和它们的结果，表示了各动作及其间的关系。如果状态转换的触发事件完成的是内部动作，可用活动图描述；当状态的触发事件是外部事件时，常用状态图表示。

与状态图不同的是，活动图之间的动作迁移并不是靠触发状态图之间状态迁移的事件完成的，而是当动作状态包含的活动完成时就进入下一个状态。在活动图中，事件只能附加在开始结点到第一个动作状态之间的迁移上。在活动图中，判定符号用菱形表示，可以包含两个或更多附加有警戒条件的输出迁移，迁移根据警戒条件是否为真选择迁移结点。

活动图可以根据活动发生位置的不同划分为若干个矩形区，每个矩形区称为一个“泳道”，泳道有泳道名。把活动划分到不同的泳道中，能更清楚地表明动作在哪里执行（在哪个对象中等）。

一个动作迁移可以分解成两个或更多导致并行动作的迁移，多个来自并行动作的迁移也可以合并为一个迁移。需要注意的是，并行迁移上的动作必须全部完成才能进行合并。

活动图中也可以包含对象，对象使用矩形表示，可作为活动的输入或输出（用虚线箭头连接），表示对象受特定动作的影响。此外，活动图还可以描述系统的活动场景。

图 5-23 显示了某银行 ATM 机中的取款活动图。

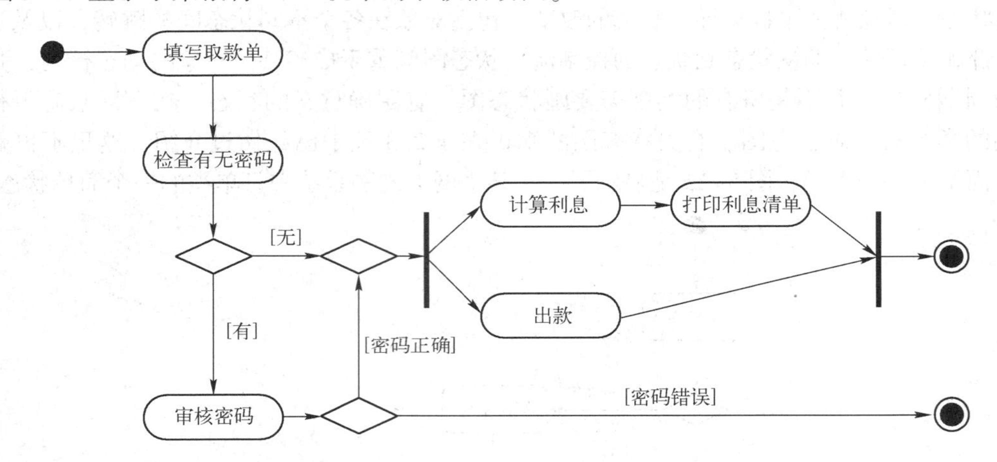

图 5-23　某银行 ATM 机中的取款活动图

下面再举一个实例。一个考试的全过程中，有如下过程。

1）老师出卷。

2）学生作答。

3）老师批卷。

4）老师打印成绩单。

5）学生领取成绩单。

在这个过程中，可以发现每一个过程的主语都是该动作的执行者，那么在这个简单的过程中可以分为“老师”和“学生”两个泳道，把动作与负责执行它的对象用这种形如二维表的方式进行关联，如图 5-24 所示。

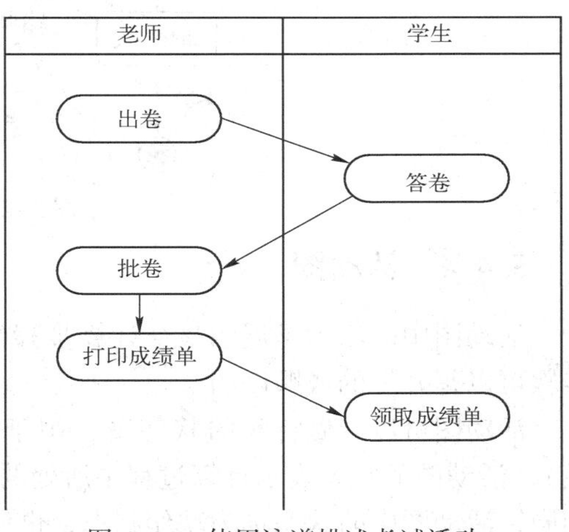

图 5-24　使用泳道描述考试活动

5.5 描述物理架构的机制

系统架构分为逻辑架构和物理架构两大类。逻辑架构完整地描述系统的功能，把功能分配到系统的各个部分，详细说明它们是如何工作的；物理架构详细地描述系统的软件和硬件，描述软件和硬件的分解。在 UML 中，用于描述逻辑架构的图有用例图、类图、对象图、状态图、活动图、协作图和顺序图；用于描述物理架构的图有构件图和部署图。

5.5.1 构件图

构件图根据系统的代码构件显示系统代码的物理结构。其中的构件可以是源代码构件、二进制构件或可执行构件。构件包含了其实现的一个或多个逻辑类信息，因此也就创建了从逻辑视图到构件视图的映射。根据构件视图中构件之间的关系，可以轻易地看出当某一个构件发生变化时，哪些构件会受到影响。如图 5-25 所示的构件图，“Student”构件依赖于“Common”构件，“Librarian”构件也依赖于“Common”构件，这样，如果“Common”构件发生变化，就会同时影响到“Student”构件和“Librarian”构件。依赖关系本身还具有传递性，如“Common”构件依赖于“DataBase”构件，所以“Student”和“Librarian”构件也依赖于“DataBase”构件。

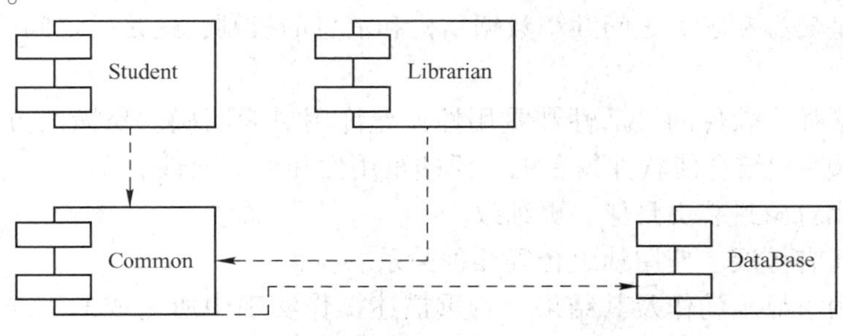

图 5-25　图书管理系统构件示例图

构件图只将构件表示成类型，如果要表示实例，必须使用部署图。

5.5.2 部署图

部署图用于显示系统中硬件和软件的物理结构，可以显示实际中的计算机和设备（结点），以及它们之间的互连关系。在部署图中的结点内，已经分配了可以执行的组件和对象，以显示这些软件单元具体在哪个结点上运行。部署图也显示了各组件之间的依赖关系。

部署图是对系统实际物理结构的描述，不同于用例图等从功能角度的描述。对一个明确定义的模型，可以实现完整的导航：从物理部署结点到组件，再到实现类，然后是该类对象参与的交互，最后到达具体的用例。系统的各种视图合在一起，从不同的角度和细分层面完整地描述整个系统。图书管理系统的物理机构部署图如图 5-26 所示，整体上划分为数据库、应用系统和客户端 3 个结点。数据库结点中包含“DataBase”的相关构件，应用系统中包含“Common”“Student”和“Librarian”等构件，客户端中包含各种客户端构件。

部署图中的构件代表可执行的物理代码模块（可执行构件的实例），逻辑上可与类图中的包或类相对应。所以，部署图可显示运行时各个包或类在结点中的分布情况。通常，结点至少应具备存储能力，而且常常具有处理能力。运行时，对象和构件可驻留在结点上。

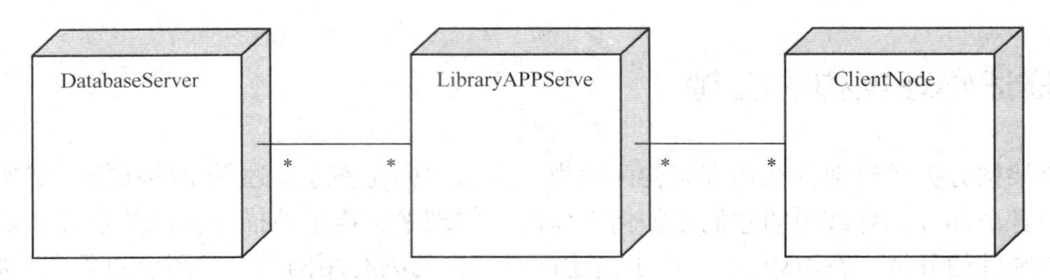

图 5-26　图书管理系统物理结构部署图

习题

1. 判断题

（1）UML 是一种建模语言，是一种标准的表示，是一种方法。（　　）

（2）类图用来表示系统中的类和类与类之间的关系，它是对系统动态结构的描述。（　　）

（3）在面向对象的软件开发方法中，每个类都存在其相应的对象，类是对象的实例，对象是生成类的模板。（　　）

（4）顺序图用于描述对象是如何交互的，并且将重点放在消息序列上。（　　）

（5）继承性是父类和子类之间共享数据结构和消息的机制，这是类之间的一种关系。（　　）

（6）多态性增强了软件的灵活性和重用性，允许用更为明确、易懂的方式去建立通用软件，多态性和继承性相结合使软件具有更广泛的重用性和可扩充性。（　　）

（7）类封装比对象封装更具体、更细致。（　　）

（8）用例之间有扩展、使用和组合等几种关系。（　　）

（9）活动图用于显示动作及其结果，着重描述操作实现中所完成的工作，以及用例实例或类中的活动。（　　）

（10）UML 语言支持面向对象的主要概念，并与具体的开发过程相关。（　　）

（11）部署图用于描述系统硬件的物理拓扑结构，以及在此结构上执行的软件。（　　）

2. 选择题

（1）面向对象技术中，对象是类的实例。对象有 3 种成分：（　　）、属性和方法（或操作）。

A. 标识　　B. 继承　　C. 封装　　D. 消息

（2）以下不是面向对象的特征的是（　　）。

A. 多态性　　B. 继承性　　C. 封装性　　D. 过程调用

（3）汽车有一个发动机，汽车和发动机之间的关系是（　　）关系。

A. 组装　　B. 整体与部分　　C. 分类　　D. 一般与具体

（4）（　　）是把对象的属性和操作结合在一起，构成一个独立的对象，其内部信息对外界是隐藏的，外界只能通过有限的接口与对象发生联系。

A. 多态性　　B. 继承　　C. 消息　　D. 封装

（5）面向对象的主要特征除了对象唯一性、封装和继承外，还有（　　）。

A. 兼容性　　B. 完整性　　C. 可移植性　　D. 多态性

（6）关联是建立（　　）之间关系的一种手段。

A. 对象　　　B. 类　　　C. 功能　　　D. 属性

（7）面向对象软件技术的许多强有力的功能和突出的优点，都来源于把类组织成一个层次结构的系统，一个类的上层可以有父亲，下层可以有子类，这种层次结构系统的一个重要性质是（　　），一个类获得其父亲的全部描述（数据和操作）。

A. 兼容性　　　B. 继承性　　　C. 复用性　　　D. 多态性

（8）所有的对象可以成为各种对象类，每个对象类都定义了一组（　　）。

A. 说明　　　B. 类型　　　C. 过程　　　D. 方法

（9）通过执行对象的操作可以改变对象的属性，但它必须通过（　　）的传递。

A. 操作　　　B. 消息　　　C. 信息　　　D. 继承

（10）UML是软件开发中的一个重要工具，它主要应用于（　　）。

A. 基于螺旋模型的结构化方法　　　B. 基于需求动态定义的原型化方法

C. 基于数据的数据流开发方法　　　D. 基于对象的面向对象的方法

（11）（　　）是从用户使用系统的角度描述系统功能的图形表达方法。

A. 类图　　　B. 活动图　　　C. 用例图　　　D. 状态图

（12）（　　）描述了一组交互对象间的动态协作关系，它表示完成某项行为的对象和这些对象之间传递消息的时间顺序。

A. 类图　　　B. 顺序图　　　C. 状态图　　　D. 协作图

3. 简答题

（1）请简述面向对象的基本概念。

（2）与面向结构化开发过程相比，为什么面向对象能更真实地反映客观世界？

（3）什么是面向对象技术？面向对象方法的特点有哪些？

（4）什么是类？类与传统的数据类型有什么关系？

（5）与传统的软件工程方法相比，面向对象的软件工程方法有哪些优点？

（6）UML的作用和优点有哪些？

（7）如何着手从自然语言描述的用户需求中画出用例图？

（8）用例脚本有何作用？

（9）类间的外部关系有几种类型？每种关系表达什么语义？

4. 应用题

（1）某市进行招考公务员工作，分为行政、法律和财经3个专业。市人事局公布所有用人单位招收各专业的人数，考生报名，招考办公室发放准考证。考试结束后，招考办公室发放考试成绩单，公布录取分数线，针对每个专业，分别将考生按总分从高到低进行排序。用人单位根据排序名单进行录用，发放录用通知书给考生，并给招考办公室留存备查。请根据以上情况进行分析，画出顺序图。

（2）某学校领书的工作流程为：学生班长填写领书单，班主任审查后签名，然后班长拿领书单到书库领书。书库保管员审查领书单是否有班主任签名，填写是否正确等，将不正确的领书单退回给班长；如果填写正确则给予领书并修改库存清单；当某书的库存量低于临界值时，登记需订书的信息，每天下班前为采购部门提供一张订书单。用用例图、顺序图和活动图来描述领书的过程。

（3）当手机开机时，它处于空闲状态，当用户使用电话呼叫某人时，手机进入拨号状态。如果呼叫成功，即电话接通，手机就处于通话状态；如果呼叫不成功，例如对方线路有问题或关机，则拒绝接听。这时手机停止呼叫，重新进入空闲状态。手机进入空闲状态下被呼叫，手机进入响铃状态；如果用户接听电话，手机处于通话状态；如果用户未做出任何反应，可能他没有听见铃声，手机一直处于响铃状态；如果用户拒绝来电，手机回到空闲状态。

请按以上描述绘制出使用手机的状态图。

第6章　面向对象分析

本章首先讲述面向对象的分析过程和原则；然后阐述面向对象建模，包括如何建立对象模型、动态模型及功能模型；最后介绍如何利用Rose工具绘制用例图、类图、对象图、包图、状态图和顺序图。

本章目标

- ❑ 理解面向对象分析的过程和原则。
- ❑ 掌握面向对象建模的3种模型。
- ❑ 掌握利用Rose绘制用例图、类图、对象图、包图、状态图和顺序图的方法。

6.1　面向对象分析方法

6.1.1　面向对象分析过程

面向对象的分析主要以用例模型为基础。开发人员在收集到的原始需求的基础上，通过构建用例模型，从而得到系统的需求。进而再通过对用例模型的完善，使得需求得到改善。用例模型不仅包括用例图，还包括与用例图相关的文字性描述。因此，在绘制完用例图后，还要对每个用例的细节做详细的文字性说明。所谓用例，是指系统中的一个功能单元，可以描述为参与者与系统之间的一次交互。用例常被用来收集用户的需求。

首先要找到系统的操作者，即用例的参与者。参与者是在系统之外，透过系统边界与系统进行有意义交互的任何事物。“在系统之外”是指参与者本身并不是系统的组成部分，而是与系统进行交互的外界事物。这种交互应该是“有意义”的交互，即参与者向系统发出请求后，系统要给出相应的回应。而且，参与者并不限于人，也可以是时间、温度和其他系统等。比如，目标系统需要每隔一段时间就进行一次系统更新，那么时间就是参与者。

可以把参与者执行的每一个系统功能都看做一个用例。可以说，用例描述了系统的功能，涉及系统为了实现一个功能目标而关联的参与者、对象和行为。识别用例时，要注意用例是由系统执行的，并且用例的结果是参与者可以观测到的。用例是站在用户的角度对系统进行的描述，所以描述用例要尽量使用业务语言而不是技术语言。关于用例模型的详细创建方法，在本章的“6.4实验”节会进行介绍。有关用例图的详细内容，可参看5.3.1节。

确定了系统的所有用例之后，就可以开始识别目标系统中的对象和类了。把具有相似属性和操作的对象定义为一个类。属性定义对象的静态特征，一个对象往往包含很多属性。比如，教师的属性可能有姓名、年龄、职业、性别、身份证号、籍贯、民族和血型等。目标系统不可能关注对象的所有属性，而只是考虑与业务相关的属性。比如，在“教学信息管理”系统中，可能就不会考虑教师的籍贯、民族和血型等属性。操作定义了对象的行为，并以某种方式修改对象的属性值。

通常，先找出所有的候选类，然后再从候选类中剔除那些与问题域无关的、非本质的东西。有一种查找候选类的方法，这种方法可以分析书写的需求陈述，将其中的名词作为候选类，将描述类的特征的形容词等作为属性，将动词作为类的服务的候选者；之后，剔除其中不必要的、不正确的、重复等方面的内容，以此确定类、对象及其相互的关系。

目标系统的类可以划分为边界类、控制类和实体类。

- 边界类代表了系统及其参与者的边界，描述参与者与系统之间的交互。它更加关注系统的职责，而不是实现职责的具体细节。通常，界面控制类、系统和设备接口类都属于边界类。边界类示意图如图 6-1 所示。
- 控制类代表了系统的逻辑控制，描述了一个用例所具有的事件流的控制行为，实现对用例行为的封装。通常，可以为每个用例定义一个控制类。控制类示意图如图 6-2 所示。
- 实体类描述了系统中必须存储的信息及相关行为，通常对应于现实世界中的事物。实体类示意图如图 6-3 所示。

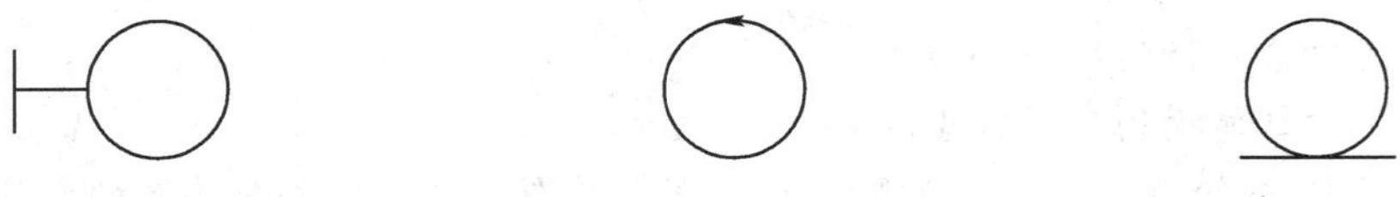

图 6-1　边界类示意图　　图 6-2　控制类示意图　　图 6-3　实体类示意图

确定了系统的类和对象之后，就可以分析类之间的关系了。对象或类之间的关系有依赖、关联、聚合、组合、泛化和实现。

1）依赖关系是“非结构化”的、短暂的关系，表明某个对象会影响另外一个对象的行为或服务。

2）关联关系是“结构化”的关系，描述对象之间的连接。

3）聚合关系和组合关系是特殊的关联关系，它们强调整体和部分之间的从属性，组合是聚合的一种形式，组合关系对应的整体和部分具有很强的归属关系和一致的生命期。比如，计算机和显示器就属于聚合关系。

4）泛化关系与类间的继承类似。

5）实现关系是针对类与接口的关系。

有关类图和对象的详细内容，可参看 5.3.2 节。

明确了对象、类和类之间的层次关系之后，需要进一步识别出对象之间的动态交互行为，即系统响应外部事件或操作的工作过程。一般采用顺序图将用例和分析的对象联系在一起，描述用例的行为是如何在对象之间分布的。也可以采用协作图、状态图或活动图。有关顺序图、协作图、状态图和活动图的详细内容，可参看 5.4.1 节～5.4.4 节。

最后，需要将需求分析的结果用多种模型图表示出来，并对其进行评审。由于分析的过程是一个循序渐进的过程，合理的分析模型需要多次迭代才能得到。面向对象需求分析的示意图如图 6-4 所示。

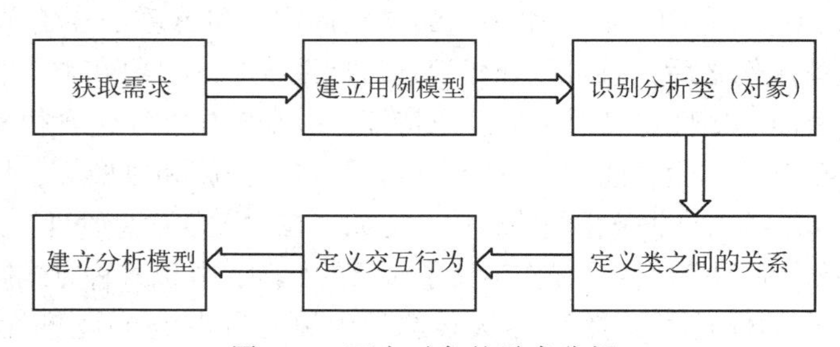

图 6-4　面向对象的需求分析

6.1.2 面向对象分析原则

面向对象分析的基础是对象模型。对象模型由问题域中的对象及其相互关系组成。首先根据系统的功能和目的对事物抽象其相似性，抽象时可根据对象的属性和服务来表达，也可根据对象之间的关系来表达。

面向对象分析的原则如下。

1. 定义有实际意义的对象

特别需要注意的是，一定要把在应用领域中有意义的、与所要解决的问题有关系的所有事物作为对象，既不能遗漏所需的对象，也不能定义与问题无关的对象。

2. 模型的描述要规范、准确

强调实体的本质，忽略无关的属性。对象描述应尽量使用现在时态、陈述性语句，避免模糊的、有二义性的术语。在定义对象时，还应描述对象与其他对象的关系，以及背景信息等。

例如，学校图书馆图书流通管理系统中，“学生”对象的属性可包含学号、姓名、性别、年龄、借书日期、图书编号和还书日期等。还可以定义“学生”类的属性——所属的“班级”。新生入学时，在读者数据库中，以班级为单位，插入新生的读者信息；当这个班级的学生毕业时，可以从读者数据库中删除该班的所有学生，但是在这个系统中，没有必要把学生的学习成绩、家庭情况等作为属性。

3. 共享性

面向对象技术的共享有不同级别，例如，同一类共享属性和服务、子类继承父类的属性和服务；在同一应用中的共享类及其继承性；通过类库实现在不同应用中的共享等。

同一类的对象有相同的属性和服务，对不能抽象为某一类的对象实例，要明确地排斥。

例如，学生进校后，学校要把学生分为若干个班级，“班级”是一种对象类，“班级”通常有编号。同一年进校，学习相同的专业，同时学习各门课程，一起参加各项活动的学生，有相同的班长、相同的班主任，班上的学生按一定的顺序编排学号等。同一年进校、不同专业的学生不在同一班级。同一专业、不是同一年进校的学生不在同一班级。有时，一个专业，同一届学生人数较多，可分为几个班级，这时，不同班级的编号也不相同。例如，2016 年入学的软件工程系（代号 11）云计算专业（代号 12）1 班，用 1611121 作为班级号，2016 年入学的云计算专业 2 班用 1611122 作为班级号。

4. 封装性

所有软件构件都有明确的范围及清楚的外部边界。每个软件构件的内部实现和界面接口分离。

6.2 面向对象建模

在面向对象的分析中，通常需要建立 3 种形式的模型，它们分别是描述系统数据结构的对象模型、描述系统控制结构的动态模型，以及描述系统功能的功能模型。这 3 种模型都涉及数据、控制和操作等共同的概念，只不过每种模型描述的侧重点不同。这 3 种模型从 3 个不同但又密切相关的角度模拟目标系统，它们各自从不同侧面反映了系统的实质性内容，综合起来则全面反映了对目标系统的需求。一个典型的软件系统通常包括的内容为：它使用数据结构（对象模型），执行操作（动态模型），并且完成数据值的变化（功能模型）。

在面向对象的分析中，解决的问题不同，这 3 个模型的重要程度也不同：几乎解决任何一个问题，都需要从客观世界实体及实体间的相互关系抽象出极有价值的对象模型；当问题涉及交互作用和时序时（如用户界面及过程控制等），动态模型是重要的；解决运算量很大的问题时（如高级语言编译、科学与工程计算等），则涉及重要的功能模型。动态模型和功能模型中都包含了对象模型中的操作（即服务或方法）。在整个开发过程中，这 3 种模型一直都在发展和完善。在面向对象分析过程中，构造出完全独立于实现的应用域模型；在面向对象设计过程中，把求解域的结构逐渐加入到模型中；在实现阶段，把应用域和求解域的结构都编成程序代码并进行严格的测试验证。

下面分别介绍如何建立这 3 种模型。

6.2.1 建立对象模型

面向对象分析首要的工作，是建立问题域的对象模型。这个模型描述了现实世界中的“类与对象”，以及它们之间的关系，表示了目标系统的静态数据结构。静态数据结构对应的细节依赖较少，比较容易确定。当用户的需求变化时，静态数据结构相对来说比较稳定。因此，用面向对象方法开发绝大多数软件时，都首先建立对象模型，然后再建立动态模型和功能模型。

复杂问题（大型系统）的对象模型通常由下列 5 个层次组成：主题层（也称为范畴层）、类与对象层、结构层、属性层和服务层，如图 6-5 所示。

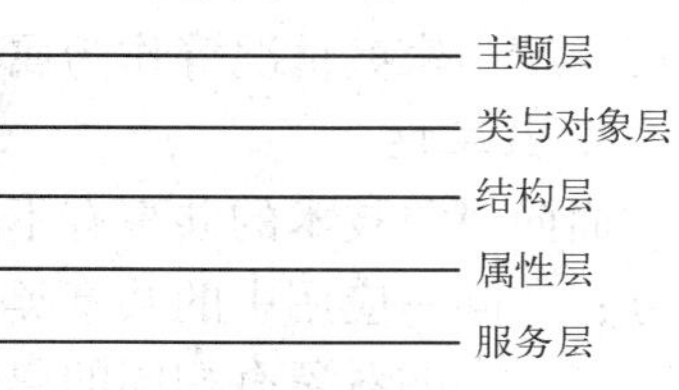

图 6-5 复杂问题的对象模型的 5 个层次

上述 5 个层次对应着在面向对象分析过程中建立对象模型的 5 项主要活动：划分主题；找出类与对象；识别结构；定义属性；定义服务。事实上，这 5 项工作完全没有必要按顺序完成，也无须彻底完成一项工作以后再开始另外一项工作。虽然这 5 项活动的抽象层次不同，但是在进行面向对象分析时并不需要严格遵守自顶向下的原则。这些活动指导人们从高的抽象层（如问题域的类及对象）到越来越低的抽象层（结构、属性和服务）。

1. 划分主题

（1）主题

在开发大型、复杂系统的过程中，为了降低复杂程度，人们习惯于把系统再进一步划分成几个不同的主题，也就是在概念上把系统包含的内容分解成若干个范畴。

主题是把一组具有较强联系的类组织在一起而得到的类的集合。

主题具有以下几个特点。

1）主题是由一组类构成的集合，但其本身并不是一个类。

2）一个主题内部的对象具有某种意义上的内在联系。

3）主题的划分具有一定的灵活性。强调的重点不同可以得到不同的主题划分。

主题的划分有以下两种方式。

1）自底向上。先建立对象类，然后把对象类中关系较密切的类组织为一个主题。如果主题数量仍然很多，则可进一步将联系较强的小主题组织为大主题，直到系统中最上层主题数不超过 7 个。这种方式适合于小型系统或中型系统。

2）自顶向下。先分析系统，确定几个大的主题，每个主题相当于一个子系统。然后，将这些子系统再分别进行面向对象分析，建立各个子系统中的对象类。最终可将各个子系统合并为一个大的子系统。

在开发很小的系统时，可能根本无须引入主题层；对于含有较多对象的系统，则往往先识别出类与对象和关联，然后划分主题，并用它作为指导开发者和用户观察整个模型的一种机制；对于规模极大的系统，则首先由系统分析员粗略地识别类与对象和关联，然后初步划分主题，经进一步分析，对系统结构有更深入的了解之后，再进一步修改和精炼主题。

应该按问题领域而不是用功能分解方法来确定主题。此外，应该按照使不同主题内的对象相互间依赖和交互最少的原则来确定主题。主题可以采用 UML 中的包来展现。

例如，对于“小型网上书店系统”，可以划分为如下主题：登录注册、浏览图书、会员购书、订单管理和图书管理。

（2）主题图

上述主题划分的最终结果能够形成一个完整的对象类图和一个主题图。

主题图一般有以下 3 种表示方式。

1）展开方式。将关系较密切的对象类画在一个框内，框的每个角标上主题号，框内是详细的对象类图，标出每个类的属性和服务，以及类之间的详细关系，这就是主题图的展开方式。

2）压缩方式。将每个主题号及主题名分别写在一个框内，这就是主题图的压缩方式。

3）半展开方式。将每个框内主题号、主题名及该主题中所含的对象类全部列出，这就是主题图的半展开方式。

主题图的压缩方式是为了表明系统的总体情况，而主题图的展开方式是为了表明系统的详细情况。

下面举一个关于商品销售管理系统主题图的实例。

商品销售管理系统是商场管理的一个子系统，要求具有以下功能：为每种商品编号，以及记录商品的名称、单价、数量和库存的下限等；营业员（收款员）接班后要登录和售货，以及为顾客选购的商品输入购物清单、商品计价、收费、打印购物清单及合计；交班时要进行结账和交款。系统能够帮助供货员发现哪些商品的数量达到安全库存量、即将脱销，以及需要及时供货。账册用来统计商品的销售量、进货量及库存量，以及结算资金向上级报告；上级可以发送接收信息，例如要求报账和查账，以及增删商品种类或变更商品价格等。

通过上述分析，可确定以下对象类：营业员（收款员）、销售事件、账册、商品、商品目录、供货员和上级系统接口，并将它们的属性和服务标识在图中。这些对象类之间的所有关系也可在图中标出，得出一个完整的类图，如图 6-6a 所示。在图 6-6a 中，“账册”类和“销售事件”类之间的关系是聚合关系；同样，“商品目录”类和“商品”类之间的关系也是聚合关系。分析此系统，可将其中对象类之间关系比较密切的画在一个框里。例如，营业员（收款员）、销售事件和账册关系比较密切；商品和商品目录关系比较密切。供货员和上级系统接口与销售之间的关系较远，但是供货员和上级系统接口有一个共同之处，都可以看成是系统与外部的接口。这里将关系较密切的对象类画在一个框内，框的每个角标上主题号，就得到了展开方式的主题图，如图 6-6a 所示。如果将每个主题号及主题名分别写在一个框内，就得到了压缩方式的主题图，如图 6-6b 所示。将主题号、主题名及该主题中所含的对象类全部列出，就得到了半展开主题图，如图 6-6c 所示。

主动对象是一组属性和一组服务的封装体，其中至少有一个服务不需要接受消息就能主动执行（称为主动服务）。商品销售管理系统中的营业员就是一个主动对象，他的主动服务就是登录。商场销售的上级领导（上级系统接口）也是主动对象，他可以对商场各部门发送消息，进行各种管理，如图 6-6a 所示（主动对象用黑框框起）。

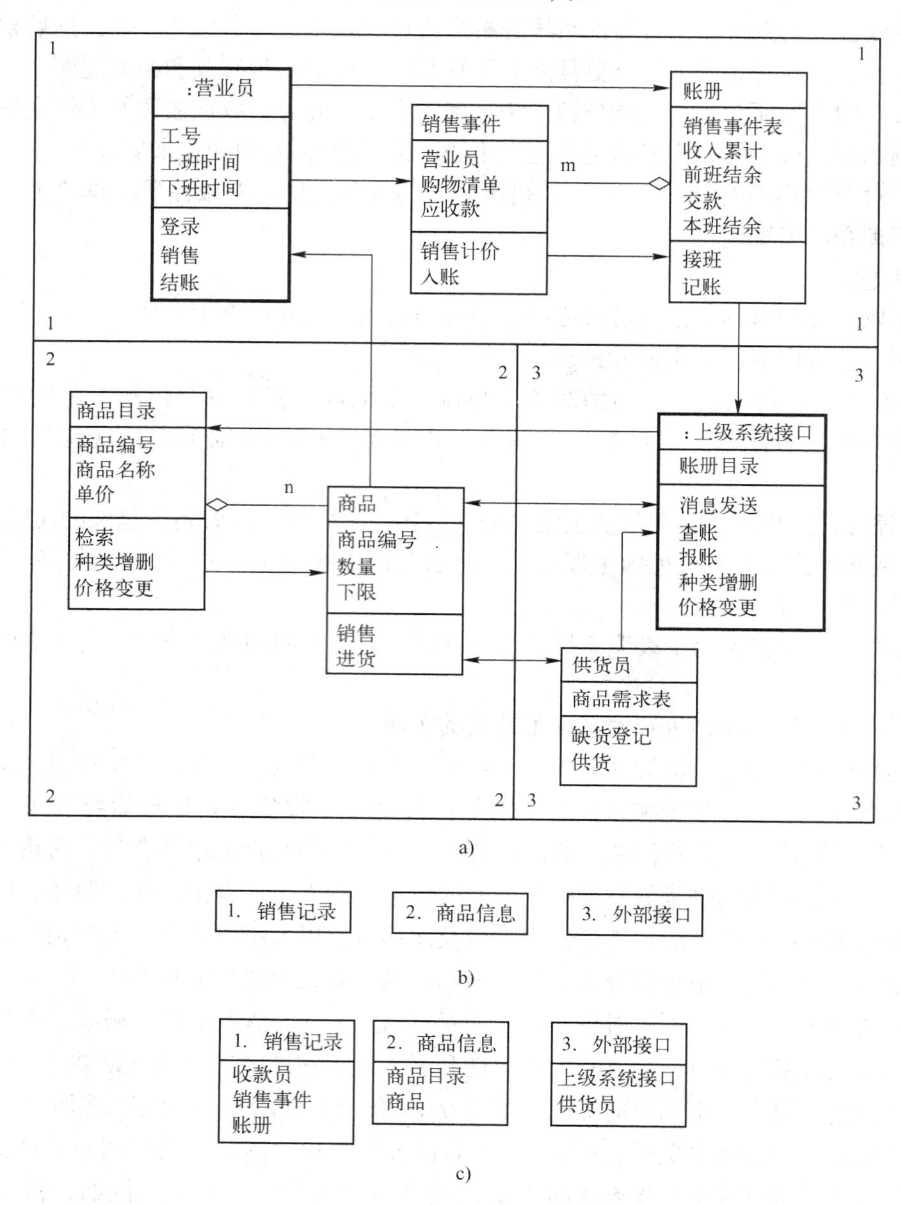

图 6-6　商品销售管理系统主题图

a）商品销售管理系统完整的类图　b）商品销售管理系统压缩方式的主题图

c）商品销售管理系统半展开方式的主题图

2. 确定类与对象

建立对象模型首先要确定对象和类，然后分析对象和类之间的相互关系。对象和类之间的关系可分为关联、依赖、泛化和实现等关系。对象模型用类符号、类实例符号、类的关联关系和继承关系等表示。有些对象具有主动服务功能，称为主动对象。有关如何确定对象和类，以及如何确定类的相互关系这些方面的内容，已在 5.3.2 节中描述过，这里不再赘述。

3. 确定属性

属性的确定既与问题域有关，也与目标系统的任务有关。应该仅考虑与具体应用直接相关的属性，不要考虑那些超出所要解决的问题范围的属性。在分析过程中，应该首先找出最重要的属性，以后再逐渐把其余属性添加进去。在分析阶段，不要考虑那些纯粹用于实现的属性。

标识属性的启发性准则如下。

1）每个对象至少包含一个属性。

2）属性的取值必须适合对象类的所有实例。

3）出现在泛化关系中的对象所继承的属性必须与泛化关系一致。

4）系统的所有存储数据必须定义为属性。

5）对象的导出属性应当略去。

6）在分析阶段，如果某一属性描述了对象的外部不可见状态，应将该属性从分析模型中删去。

通常，属性放在哪一个类中应是很明显的。通用的属性应放在泛化结构中较高层的类中，特殊的属性应放在较低层的类中。

实体关系图中的实体可能对应于某一对象。这样，实体的属性就会简单地成为对象的属性。如果实体（如学校）不只对应于一类对象，那么这个实体的属性必须分配到分析模型的不同类的对象之中。

有关如何确定属性的具体内容，可参看 5.3.2 节。

下面举一个例子来说明如何确定属性和方法。

一个多媒体商店的销售系统要处理两类媒体文件：图像文件（imageFile）和声音文件（audioFile）。每个媒体文件都有名称和唯一的编码，而且文件包含作者信息和格式信息，声音文件还包含声音文件的时长（以秒为单位）。假设每个媒体文件可以由唯一的编码所识别，系统要提供以下几个功能。

1）可以添加新的特别媒体文件。

2）通过给定的文件编码查找需要的媒体文件。

3）删除指定的媒体文件。

4）统计系统中媒体文件的数量。

5）考虑类 imageFile 和 audioFile 应该具有哪些恰当的属性和方法（服务）。

根据上述问题，分析如下。

根据对象（媒体文件）所具有的信息，imageFile 应该具有 id（唯一的编码）、author（作者信息）和 format（格式信息），此外为了方便文件处理，还应该具有 source（文件位置）属性。这些属性都有相应的存取方法。考虑到添加/删除，imageFile 类还应该有带参数的构造方法和一个按 id 删除的方法。考虑到查找功能，需要一个 findById( ) 方法。为了实现统计功能，需要一个类方法 count( )。

audioFile 的属性除了 imageFile 具有的属性之外，还需要一个 double 类型的 duration，用来描述时长，duration 也有其相应的存取方法。audioFile 的方法和 imageFile 的方法，除了构造函数的参数列表需要在 audioFile 基础上加上 duration 外，其他基本相同。

类 imageFile 和 audioFile 具体的属性和方法如图 6-7 和图 6-8 所示。

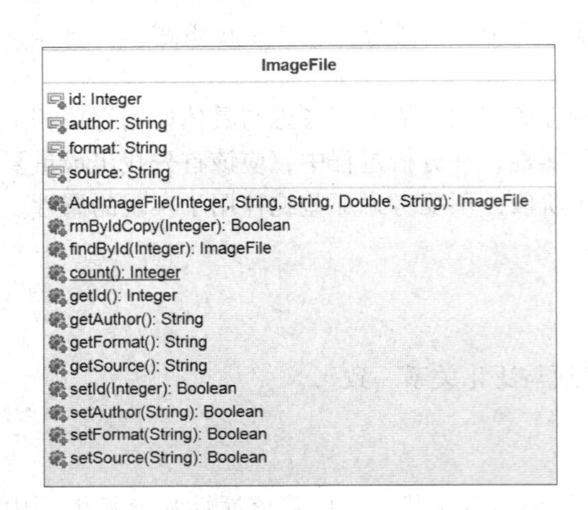

图 6-7　类 imageFile

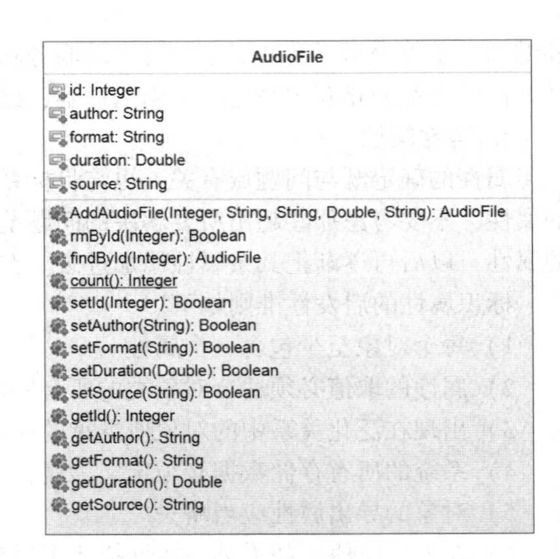

图 6-8　类 audioFile

4. 确定服务

"对象"是由描述其属性的数据及可以对这些数据施加的操作（即方法或服务），封装在一起构成的独立单元。因此，为建立完整的对象模型，既要确定类中应该定义的属性，又要确定类中应该定义的服务。但是，需要等到建立了动态模型和功能模型之后，才能最终确定类中应有的服务，因为这两个模型更明确地描述了每个类中应该提供哪些服务。实际上，在确定类中应有的服务时，既要考虑该类实体的常规行为，又要考虑在本系统中特殊需要的服务。有关如何确定服务的具体内容，可参看 5. 3. 2 节。

具体实例可参看前述的类 imageFile 和 audioFile。

6. 2. 2　建立动态模型

对象模型建立后，还需要考察对象和关系的动态变化情况。面向对象分析所确定的对象和关系都具有生命周期。对象及其关系的生命周期由许多阶段组成，每个阶段都有一系列的运行规律和规则，用来调节和管理对象的行为。对象和关系的生命周期用动态模型来描述。动态模型描述对象和关系的状态、状态转换的触发事件，以及对象的服务（行为）。

1）状态。状态是对象在其生命周期中的某个特定阶段所处的某种情形，它是对影响对象行为的属性值的一种抽象。状态规定了对象对事件的响应方式。对象对事件的响应，既可以是做一个（或一系列）动作，也可以仅仅改变对象本身的状态，还可以是既改变状态又做动作。

2）事件。事件是引起对象状态转换的控制信息，它是在某个特定时刻所发生的事情，是对引起对象从一种状态转换到另一种状态的现实世界中的抽象。事件没有持续时间，是瞬间完成的。

3）服务。服务（行为）是指对象达到某种状态时所做的一系列处理操作。这些操作需要消耗时间。

例如，某个"班级"的学生学习一年后，有的升级，有的留级，班级人数会有变动，"学年"对班级状态有控制作用，是"事件"。班级当前处于第几学年，就是"状态"。学习期满这个班级的绝大多数学生毕业，班级就不再存在，即使有学生留级，也应安排到另一个班级去了。每学期一个班级的学习课程、任课教师和课程表都有变化，因此"学期"也是事件。班级处于第几学年、第几学期是“状态”。每学期每个学生的各门课的成绩统计、计算成绩总分，以及班上的学生按成绩排名次等一系列处理是“服务”（“行为”）。

建立动态模型首先要编写脚本，从脚本中提取事件，然后画出 UML 的顺序图（也称事件跟踪图），最后画出对象的状态转换图。

1. 编写脚本

脚本的原意是指表演戏剧、话剧、拍摄电影或电视剧等所依据的本子，里面记载了台词、故事情节等。在建立动态模型过程中，脚本是系统执行某个功能的一系列事件，脚本用于描述用户（或其他外部设备）与目标系统之间的一个或多个典型的交互过程，以便对目标系统的行为有更具体的认识。

脚本通常起始于一个系统外部的输入事件，结束于一个系统外部的输出事件，它可以包括这个期间系统发生的所有内部事件（包括正常情况脚本和异常情况脚本）。

编写脚本的目的是保证不遗漏系统功能中重要的交互步骤，有助于确保整个交互过程的正确性和清晰性。

例如，下面陈述的是客户在 ATM 机上取款的脚本。

1）客户将卡插入 ATM 机，开始用例。

2）ATM 机显示欢迎消息并提示客户输入密码。

3）客户输入密码。

4）ATM 机确认密码有效。如果无效则执行子事件流 a。如果与主机联接有问题，则执行异常事件流 e。

5）ATM 机提供以下选项：存钱、取钱和查询。

6）用户选择“取钱”选项。

7）ATM 机提示输入所取金额。

8）用户输入所取金额。

9）ATM 机确定该账户是否有足够的金额。如果余额不够，则执行子事件流 b，如果与主机联接有问题，则执行异常事件流 e。

10）ATM 机从客户账户中减去所取金额。

11）ATM 机向客户提供要取的钱。

12）ATM 机打印清单。

13）ATM 机退出客户的卡，用例结束。

子事件流 a 执行下列操作。

a1. 提示用户输入无效密码，请求再次输入。

a2. 如果 3 次输入无效密码，系统自动关闭，退出客户银行卡。

子事件流 b 执行下列操作。

b1. 提示用户余额不够。

b2. 返回 5），等待客户重新选择。

e1. 提示用户主机联接有问题，请再次联接。

e2. 如果联接还有问题，提示用户找银行工作人员帮助解决。

2. 设计用户界面

大多数交互行为都可以分为应用逻辑和用户界面两部分。通常，系统分析员首先集中精力考虑系统的信息流和控制流，而不是首先考虑用户界面。实际上，采用不同界面（如命令行或图形用户界面），可以实现同样的程序逻辑。应用逻辑是内在的、本质的内容，用户界面是外在的表现形式。动态模型着重表示应用系统的控制逻辑。

但是，用户界面是用户使用系统时首先感受到的。用户界面的美观与否往往对用户是否喜欢、是否接受一个系统起很重要的作用。在分析阶段不能忽略用户界面的设计，在这个阶段用户界面的细节并不太重要，重要的是在这种界面下的信息交换方式。应该快速建立用户界面原型，供用户试用与评价。面向对象方法的用户界面设计和传统方法的用户界面设计基本相同，可参见7.3节。

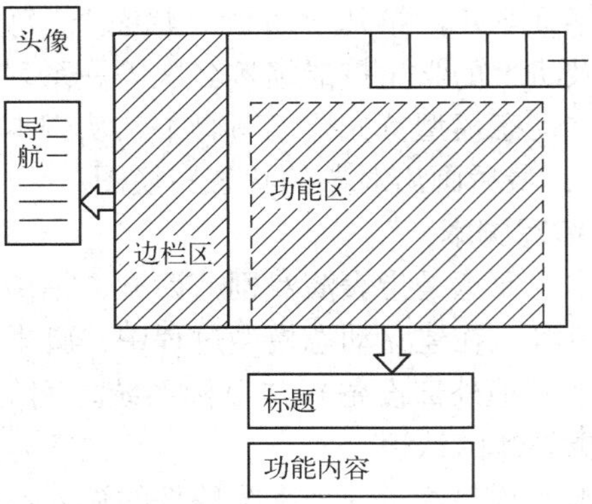

图6-9所示为初步设想出的“图书分享系统”的界面格式。

图6-9　初步设想出的“图书分享系统”的界面格式

3. 画UML顺序图或活动图

完整、正确的脚本为建立动态模型奠定了必要的基础。但是，用自然语言书写的脚本往往不够简明，而且有时在阅读时会有二义性。为了有助于建立动态模型，通常在画状态图之前先画出事件跟踪图。在UML顺序图（也称为事件跟踪图）中，一条竖线代表应用领域中的一个类，每个事件用一条水平的箭头线表示，箭头方向从事件的发送对象指向接受对象，时间从上往下递增。

有关如何画UML顺序图或活动图的具体内容，可参看5.4.1节和5.4.4节。

4. 画状态图

如果对象的属性值不相同时，对象的行为规则有所不同，称对象处于不同的状态。

由于对象在不同状态下呈现不同的行为方式，所以应分析对象的状态，才能正确地认识对象的行为并定义它的服务。

例如，通信系统中的电话对象，就有电话闲置、拨通中、忙音、通话、断线和超时等状态。这里可以专门定义一个“状态”属性。该属性有之前介绍的几种属性值，每一个属性值就是一种状态。

有了状态图，即可“执行”状态图，以便检验状态转换的正确性和协调一致性。执行方法是从任意一个状态开始，当出现一个事件时，引起状态转换，到达另一状态，在状态入口处执行相关的行为，在另一事件出现之前，这个状态不应该发生变化。

有关如何画状态图的具体内容，可参看4.2.3节。

6.2.3　建立功能模型

功能模型表明了系统中数据之间的依赖关系，以及有关的数据处理功能，它由一组数据流图组成。数据流图中的处理对应于状态图中的活动或动作，数据流对应于对象图中的对象或属性。

建立功能模型的步骤如下。

1）确定输入和输出值。

2）画数据流图。

3）定义服务。

1. 确定输入和输出值

数据流图中的输入和输出值是系统与外部之间进行交互的事件的参数。

2. 画数据流图

功能模型可用多张数据流图等来表示。数据流图符号参见 4.2.1 节。

在面向对象方法中，数据源往往是主动对象，它通过生成或使用数据来驱动数据流。数据终点接收数据的输出流。数据流图中的数据存储是被动对象，本身不产生任何操作，只响应存储和访问数据的要求。输入箭头表示增加、更改或删除所存储的数据，输出箭头表示从数据存储中查找信息。

3. 定义服务

在 6.2.1 节中已经指出，需要等到建立了动态模型和功能模型之后，才能最终确定类中应有的服务，因为这两个模型更明确地描述了每个类中应该提供哪些服务。

类的服务与对象模型中的属性和关联的查询有关，与动态模型中的事件有关，与功能模型的处理有关。通过分析，把这些服务添加到对象模型中去。

类的服务有以下几种。

（1）对象模型中的服务

来自对象模型的服务具有读和写属性值。

（2）从事件导出的服务

状态图中发往对象的事件也就是该对象接收到的消息，因此该对象必须有由消息选择符指定的操作，这个操作修改对象状态（即属性值）并启动相应的服务。可以看出，所启动的这些服务通常就是接受事件的对象在相应状态的行为。

（3）来自状态动作和活动的服务

状态图中的活动和动作可能是操作，应该定义成对象模型的服务。

（4）与数据流图中处理框对应的操作

数据流图中的每个处理框都与一个对象（也可能是若干个对象）上的操作相对应。应该仔细对照状态图和数据流图，以便更正确地确定对象应该提供的服务，将其添加到对象模型的服务中去。

需要强调的是，结构化的功能模型中使用的数据流图与面向对象的功能模型使用的数据流图的差别主要是数据存储的含义可能不同。在结构化的功能模型中，数据存储几乎总是作为文件或数据库来保存，然而在面向对象的功能模型中，类的属性也可以是数据存储。因此，面向对象的功能模型中包含两类数据存储，分别是类的数据存储和不属于类的数据存储。建立的方法与 4.2.1 节一致。

6.2.4 3 种模型之间的关系

通过面向对象分析应得到的模型包含对象模型、动态模型和功能模型。对象模型为动态模型和功能模型提供基础，这 3 种模型之间的关系如下。

1）动态模型描述了类实例的生命周期或运行周期。

2）动态模型的状态转换驱使行为发生，这些行为在数据流图中被映射成处理，在用例图中被映射成用例，它们同时与类图中的服务相对应。

3）功能模型中的用例对应于复杂对象提供的服务，简单的用例对应于更基本的对象提供的服务；有时一个用例对应多个服务，有时一个服务对应多个用例。

4）功能模型数据流图中的数据流，往往是对象模型中对象的属性值，也可能是整个对象；数据流图中的数据存储，以及数据的源点/终点，通常是对象模型中的对象。

5）功能模型中的用例可能产生动态模型中的事件。

6）对象模型描述了数据流图中的数据流、数据存储，以及数据源点/终点的结构。

面向对象的分析就是用对象模型、动态模型和功能模型描述对象及其相互关系。

6.3 面向对象分析实例

【例 6-1】 请用面向对象方法分析“图书馆信息管理系统”。

【解析】

由于不同的“图书馆信息管理系统”具有不同的功能，这里只是做一些假设。

1. 建立用例模型

在“图书馆信息管理系统”中，参与者主要有 3 类：读者、工作人员及管理员。读者能够利用该系统进行书籍信息的查阅、图书的预约和续借等操作。工作人员可以对读者信息进行管理、对书籍的信息进行管理，同时还能完成借书、还书的操作。管理员可对整个系统的数据进行维护和管理。“图书馆信息管理系统”的用例图如图 6-10 所示。

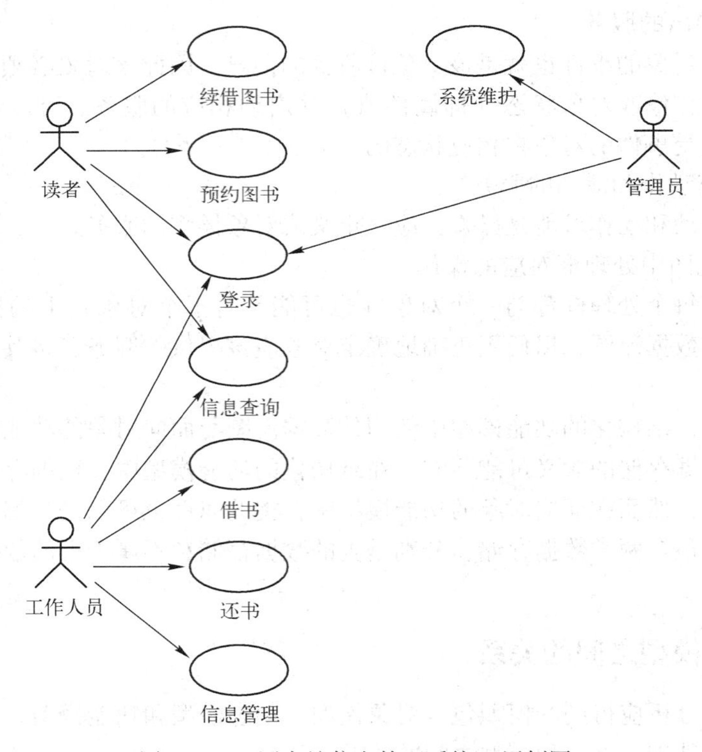

图 6-10 “图书馆信息管理系统”用例图

对于借书和还书用例，有些人可能认为它们是由“读者”来完成的，实际上“读者”只是把要借阅或要还的图书拿到图书馆的借还台，然后由“工作人员”来完成借还操作的。所以借书和还书的用例应该隶属于工作人员。

当然，这张用例图只是初始的用例图，它大致描述了目标系统的功能，但是也存在一些问题，将在后续的步骤中对这个用例模型进行优化和完善。

使用说明场景是对需求更精细的描述，它配合用例图，对用例详细的活动步骤及路径等信息进行记录。使用说明场景的描述可以包括以下几个方面：用例编号、用例名称、用例描述、前置条件、后置条件、活动步骤、扩展点和异常处理。前置条件是指用例执行前必须满足的条件。后置条件是用例执行结束后系统的状态。活动步骤用于描述在一般情况下系统的执行步骤，以及各个活动的组织顺序。如果某用例有多个执行步骤，可在扩展点中阐述。异常处理主要描述系统如何处理异常的发生。

以“续借图书”这个用例为例，其使用说明场景如图 6-11 所示。

用例编号： UC1
用例名称： 续借图书
用例描述： 在所借图书到期之前，如想继续阅读，读者可以进行图书续借，延长图书的借阅时间。
前置条件： 读者登录系统，并经过了身份验证。
后置条件： 图书的借阅时间被延长。
活动步骤：

1. 读者登录系统。
2. 读者查找到已借图书。
3. 续借该图书。

扩展点：

1. 如果读者身份验证失败，则用例结束。
2. 如果查询条件错误，则查询失败。
3. 如果借阅规则不允许，则续借失败。

图 6-11　续借图书用例描述

2. 优化用例模型

优化用例模型是指在重新获取需求的基础上，对原有的用例模型进行修改，使之能更恰当地表现需求。需求的获取是无法一步到位的，所以用例模型也需要不断地改善。

在“图书馆信息管理系统”的初始用例图中就存在一些问题。首先，对于“信息查询”用例，有“读者”和“工作人员”两个参与者，但是这两种身份的用户进行信息查询的权限是不一样的。读者只能对个人的信息进行查询，而工作人员不仅能查询所有读者的信息，而且还能查询图书的信息。此外，对于“信息管理”用例，工作人员管理的信息包括读者信息和图书信息，由于这两种信息管理的方式和性质完全不同，所以把它们放在一个用例里也是不合适的。

经过修改，“图书馆信息管理系统”的用例图如图 6-12 所示。

优化用例模型除了对用例进行优化外，还要对用例之间的关系进行定义。用例之间的关系有 extend（扩展）、include（包含）和 generalization（泛化）3 种。当某些步骤在多个用例中重复出现，且单独形成价值时，可以将这些步骤提取出来，单独形成一个可供其他用例使用的用例，从而使用例模型得到简化。这时用例之间的关系就是 include。比如在工作人员进行借书或还书的操作时，首先要查询到相关图书的信息，这时就可以把信息查询作为被借书、还书

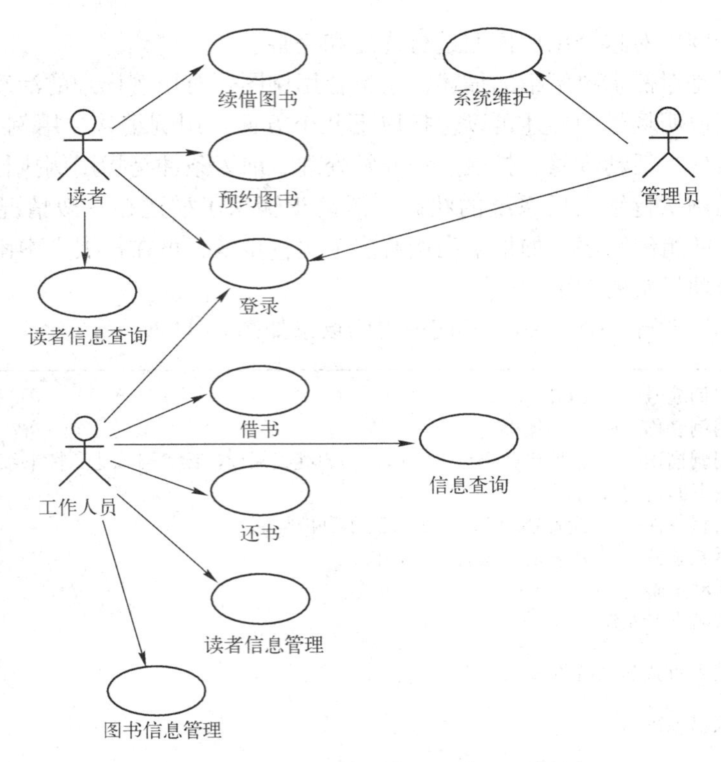

图 6-12 “图书馆信息管理系统”用例图

用例包含的用例。“extend”关系将在某些情况下才发生的路径提取出来单独形成用例，简化了基本路径。在本案例里，在还书用例中，可能会遇到图书已经超期的情况，这时就需要对读者进行超期罚款。因为超期罚款只是在某些情况下才会出现，所以可以把它从还书用例中提取出来，作为还书用例的扩展用例。考虑用例间的关系之后，“图书馆信息管理系统”的用例图可以得到进一步的改善，如图 6-13 所示。

3. 确定候选业务对象

通过分析用例模型，仔细阅读使用场景文档，可以从中提取出目标系统的对象。可以从使用场景文档中找出相应的名词和名词性短语，作为候选的业务对象。比如，针对“续借图书”的用例描述：在所借图书到期之前，如想继续阅读，读者可以进行图书续借，延长图书的借阅时间。该描述中出现的名词或名词性短语有图书、读者和借阅时间。由于借阅时间属于图书的属性，所以从“续借图书”用例中得到的候选业务对象是读者和图书。

4. 确定属性

一个对象往往包含很多属性，如读者的属性可能有姓名、年龄、年级、性别、学号、身份证号、籍贯、民族和血型等。目标系统不可能关注到对象的所有属性，而只是考虑与业务相关的属性。比如，在“图书馆信息管理”系统中，可能不会考虑读者的民族、血型等属性。

确定属性的办法通常是在用例的使用说明场景中寻找一些与对象相关的形容词，以及无法归类为对象的名词。比如，针对“续借图书”的用例描述：在所借图书到期之前，如想继续阅读，读者可以进行图书续借，延长图书的借阅时间。借阅时间就是图书的一个属性。

有时并不能从用例的使用说明场景中找到对象的所有属性，这种情况下就应该对每一个对象考虑以下问题：对象包含了什么信息；对象需要将哪些信息长久保存下来；对象能够以哪些

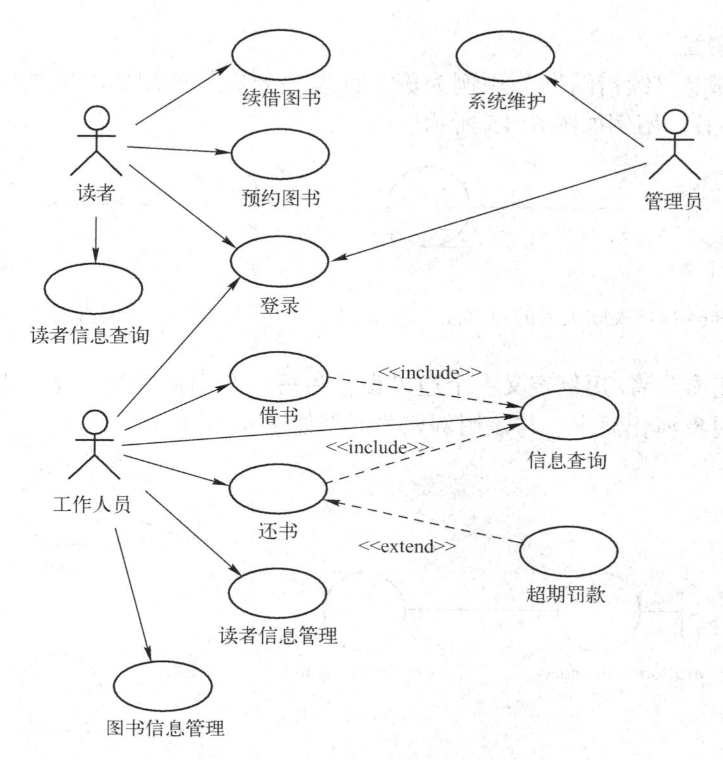

图 6-13 “图书馆信息管理系统”用例图

状态存在；不同的对象之间通信时需要哪些信息等。回答这些问题的过程能够帮助系统分析人员找到遗漏的对象属性。

5. 确定服务

服务是业务对象必须执行的特定的行为，如图书续借就是目标系统提供给读者的服务。

将服务分配给相关的对象，则该对象是动作的接收者或者该动作的负责人。

确定服务的方法是在用例的使用说明场景中寻找动词。比如，从“工作人员查询读者信息”中可以得到候选服务：查询信息；从“读者检索到相应的图书后进行预约”中可以得到候选服务：查询图书、预约图书。

6. 确定关系

对象或类之间的关系有依赖、关联、聚合、组合、泛化和实现。依赖关系是“非结构化”的、短暂的关系，表明某个对象会影响另外一个对象的行为或服务。关联关系是“结构化”的关系，描述对象之间的连接。关联关系通过多重性表达式来表示对象之间的对应关系，比如，一个读者可以借阅多本图书，也可以不借阅图书，那么读者与图书之间的多重性表达式就是 1.. ＊。关联关系还具有导航性。导航性是指可使用关联关系从一个关联类访问目标类。比如，“读者信息控制类”可以访问“读者实体类”，那么导航性可以表示为如图 6-14 所示的形式。

聚合关系和组合关系是特殊的关联关系，它们强调整体和部分之间的从属性，组合是聚合的一种形式，组合关系对应的整体和部分具有很强的归属关系和一致的生命期。比如，计算机和显示器就属于聚合关系。泛化关系与类间的继承类似。实现关系是针对类与接口的关系。在“图书馆信息管理系统”中，只用到了关联关系。

7. 建立对象模型

这里及下面都以“续借图书”用例为例。首先要分析与该用例相关的实体类、控制类和边界类。“续借图书”用例如图 6-15 所示。

图 6-14　关联关系的导航性　　　　图 6-15　“续借图书”用例

通常为每一组参与者/用例定义一个边界类，为每一个用例定义一个控制类，而实体类从分析得到的业务对象演化而来。与该用例相关的类如图 6-16 所示。

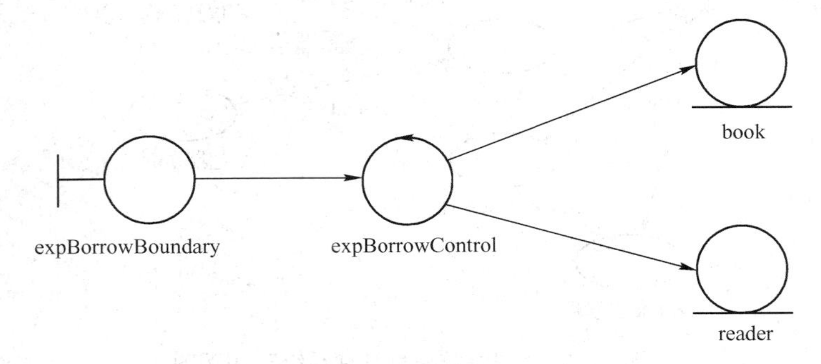

图 6-16　“续借图书”模块相关的类

为 expBorrowBoundary、expBorrowControl、reader 和 book 类添加属性和服务，就可以得到“续借图书”用例的类图，如图 6-17 所示。

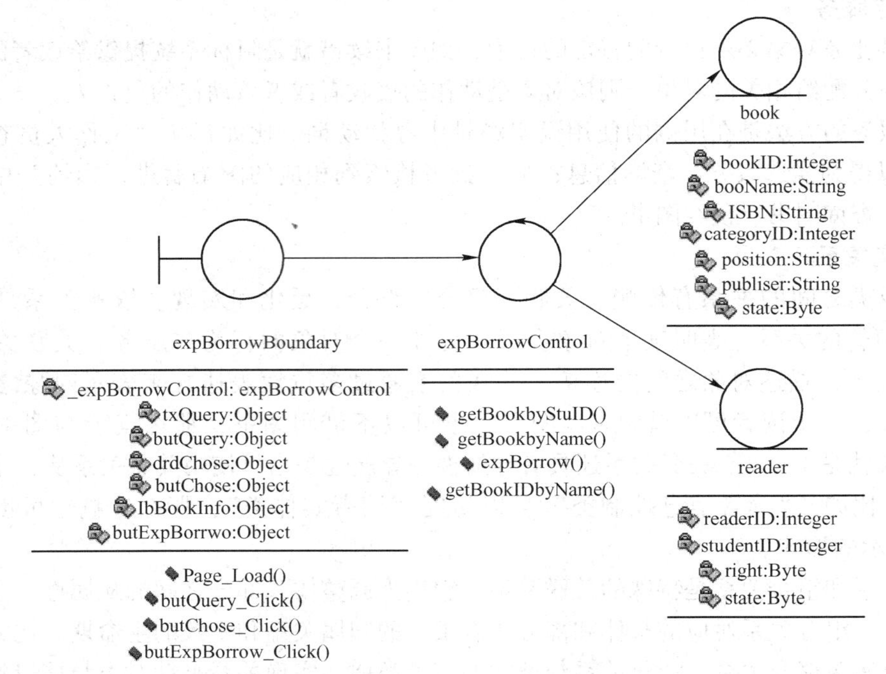

图 6-17　“续借图书”模块的类图

8. 建立实体关系图

与“续借图书”相关的实体类有 reader 和 book，一个 reader 可以借阅多本的 book，而一个 book 在同一时间段内只能被一个 reader 借阅，所以 reader 和 book 之间的多重性表达式是 1..n，实体关系图如图 6-18 所示。

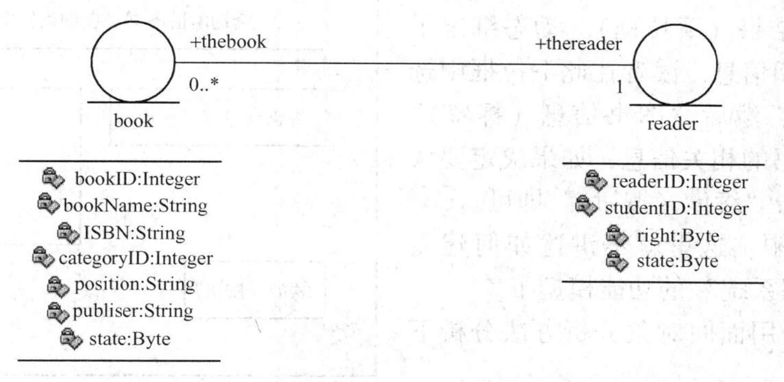

图 6-18 “图书馆信息管理系统”部分实体关系图

9. 建立动态模型

当用户向 expBorrowBoundary 发送续借图书的请求后，expBorrowBoundary 把该请求发送给 expBorrowControl 进行处理，续借成功后，expBorrowControl 要改变图书的状态及读者的借阅信息。“续借图书”的顺序图如图 6-19 所示。

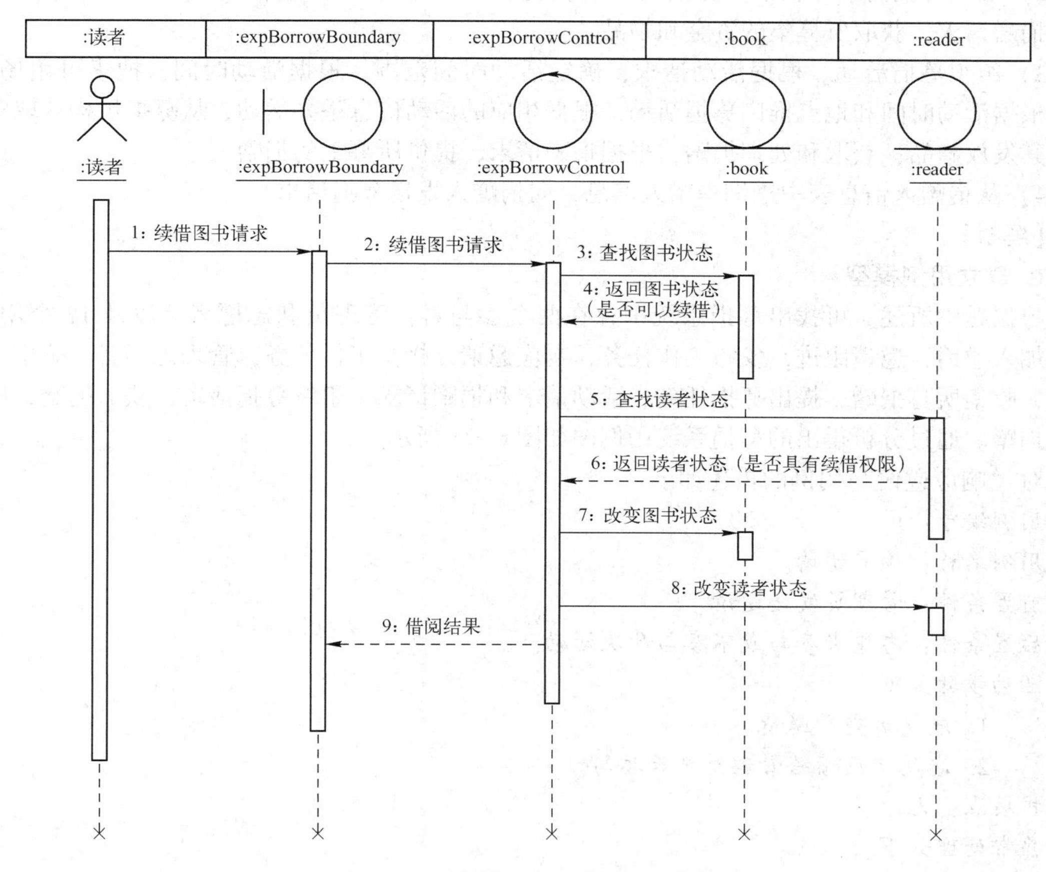

图 6-19 “续借图书”用例的顺序图

10. 设计用户界面

面向对象的分析阶段还需要设计出目标系统的用户界面。“续借管理”模块的用户界面如图 6–20 所示。

读者在“查询条件文本框”内输入个人信息，然后“查询结果（下拉框）”动态绑定了该读者的图书借阅信息，读者在此下拉框中选择要续借的图书，然后“图书信息（标签）”就会显示所选图书的相关信息，如果决定要续借，读者最后单击“续借（按钮）”即可。

由于篇幅有限，这里就不讲述如何建立“图书馆信息管理系统”的功能模型了。

查询所借图书（查询条件文本框）

查询结果（下拉框）

图书信息（标签）

续借（按钮）

图 6–20 “续借图书”模块用户界面

【**例 6–2**】采用面向对象分析方法分析下列需求。

某慈善机构需要开发一个募捐系统，已跟踪记录为事业或项目向目标群体进行募捐而组织的集体性活动。该系统的主要功能如下。

1）管理志愿者。根据募捐任务给志愿者发送加入邀请、邀请跟进和工作任务；管理志愿者提供的邀请响应、志愿者信息、工作时长和工作结果等。

2）确定募捐需求和收集所募捐赠（如资金及物品等）。根据需求提出募捐任务、活动请求和捐赠请求，获取所募集的资金和物品。

3）组织募捐活动。根据活动请求，确定活动时间范围。根据活动时间，搜索可用场馆。然后根据活动时间和地点推广募捐活动，根据相应的活动信息举办活动，从募捐机构获取资金并向其发放赠品；获取和处理捐赠，根据捐赠请求，提供所募集的捐赠。

4）从捐赠人信息表中查询捐赠人信息，向捐赠人发送募捐请求。

【**解析**】

1. 建立用例模型

根据题中所述，可找出募捐系统中存在两个参与者：管理员和志愿者，以及 12 个用例：发送加入邀请，邀请跟进，发布工作任务，响应邀请，接受工作任务，管理志愿者，确定募捐需求，收集所募捐赠，提出募捐任务、活动请求和捐赠请求，组织募捐活动，获取捐赠，以及处理捐赠。通过分析得出的募捐系统用例图如图 6–21 所示。

对“响应邀请”用例的描述如下。

用例编号：1。

用例名称：响应邀请。

前置条件：管理员发送邀请。

后置条件：志愿者参与或不参与此次活动。

活动步骤如下。

1. 志愿者查看邀请。
2. 志愿者反馈给管理员是否参与。

扩展点：无。

异常处理如下。

1. 如果邀请已过期，则无法响应，系统返回邀请失效。

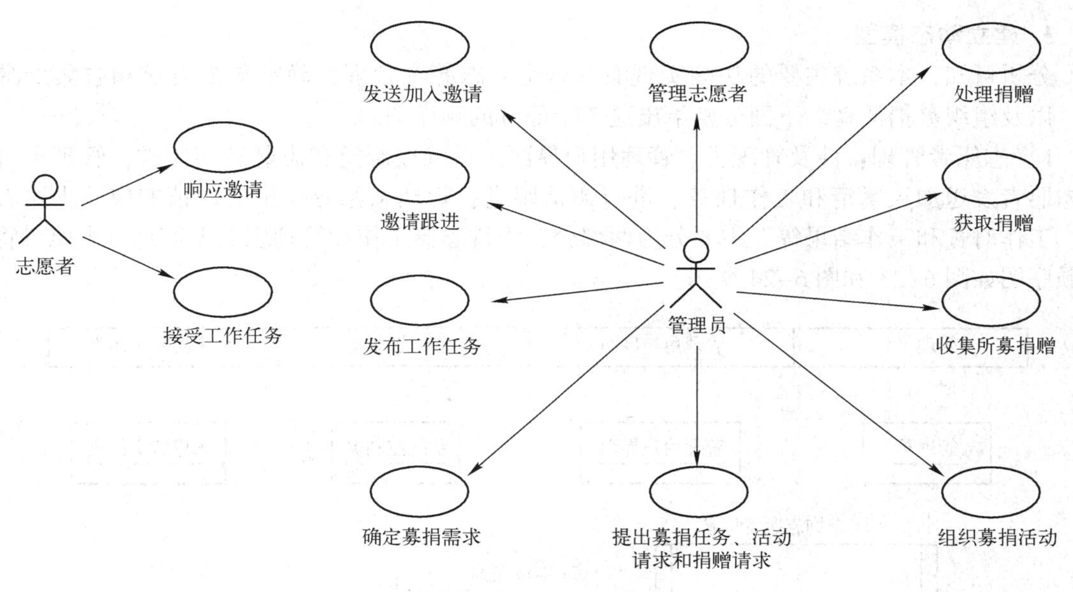

图 6-21　募捐系统的用例图

按照这一方法可对其他的用例添加文字性描述。

2. 建立对象模型

分析可知，系统可划分出进行操作的实体类志愿者和管理员，此外还有进行各种数据处理的系统控制类，以及与系统的数据库进行交互的系统边界类。由于参与者活动会产生相关的数据信息等需要进行存储及管理，所以它们应当作为相关活动的数据类进行分析，包括募捐需求和募捐活动。此处仅做简单的对象划分，将在设计部分进行详细的划分和设计。募捐系统的类图如图 6-22 所示。

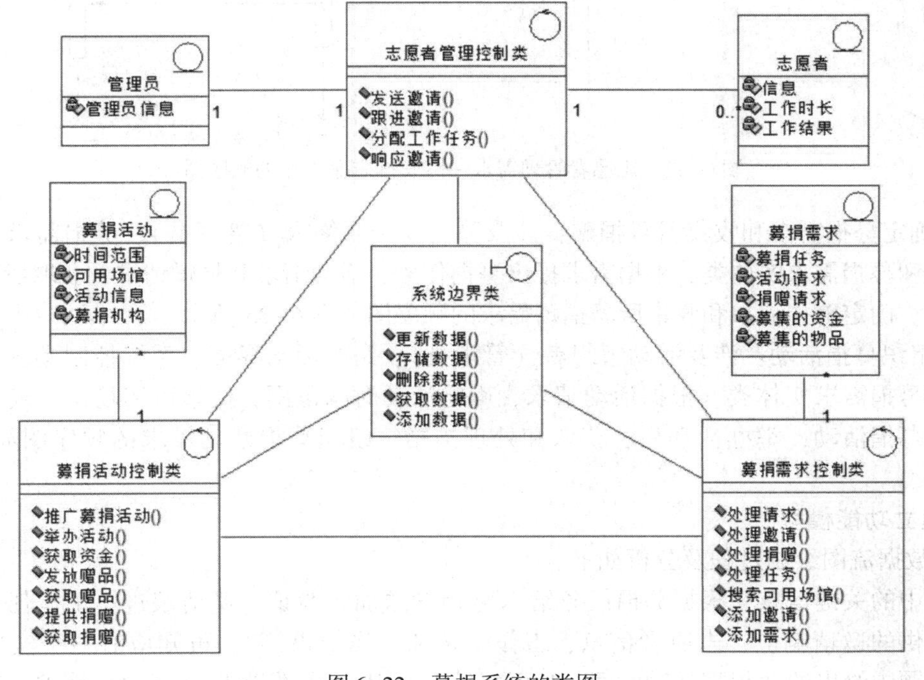

图 6-22　募捐系统的类图

3. 建立动态模型

分析可知，本系统主要的功能实现有 3 部分：志愿者管理、确定募捐需求和收集所募捐赠，以及组织募捐活动。下面分别给出这 3 个部分的顺序图。

1）志愿者管理：涉及管理员、管理用户界面、系统控制类和志愿者实体类，管理员可以给志愿者发送加入邀请和工作任务、进行邀请跟进；管理志愿者提供的邀请响应、志愿者信息、工作时长和工作结果等。主要分为两部分，安排志愿工作和管理志愿者信息。志愿者管理的顺序图如图 6-23 和图 6-24 所示。

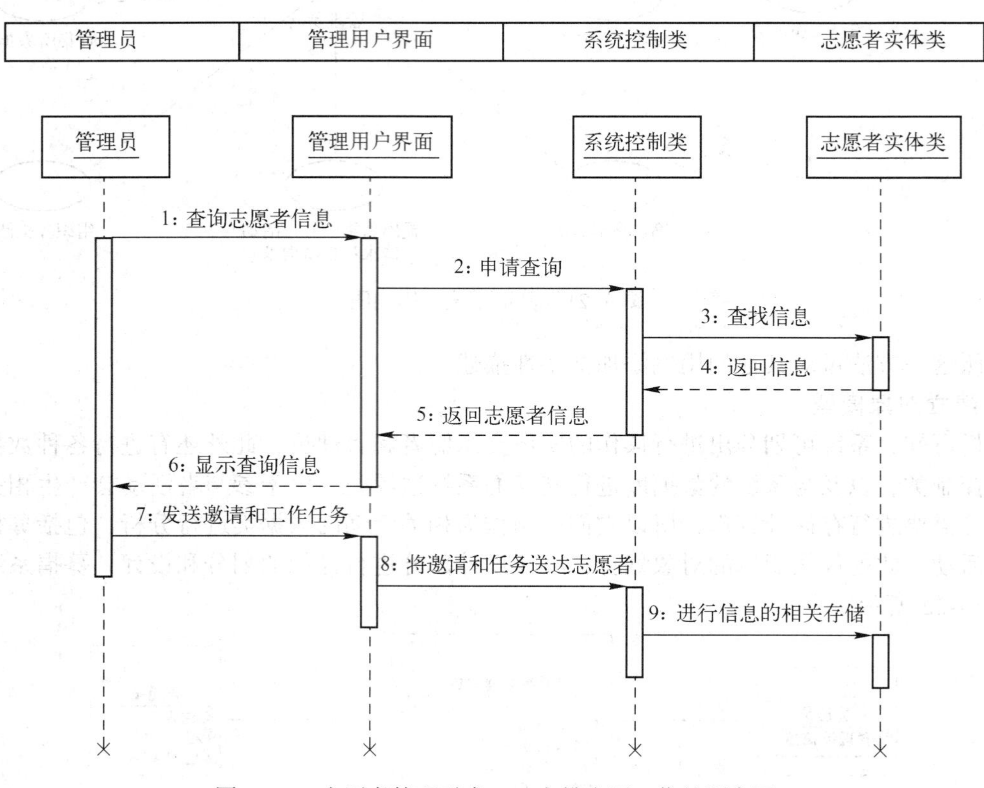

图 6-23　志愿者管理需求——安排志愿工作的顺序图

2）确定募捐需求和收集所募捐赠：涉及募捐物资联络人（管理员）、募捐需求界面、系统控制类和募捐需求实体类，根据需求提出募捐任务、活动请求和捐赠请求，获取所募集的资金和物品。确定募捐需求和收集所募捐赠需求的顺序图如图 6-25 所示。

3）组织募捐活动：涉及活动组织者（管理员）、组织活动界面、系统控制类、募捐活动实体类和募捐需求实体类。根据活动请求，确定活动时间范围，搜索可用场馆，确定活动信息，推广募捐活动，举办活动后，获取和处理捐赠。组织募捐活动需求的顺序图如图 6-26 所示。

4. 建立功能模型

0 层数据流图绘制过程及分析如下。

由题中的关键信息“根据募捐任务给志愿者发送加入邀请、邀请跟进、工作任务；管理志愿者提供的邀请响应、志愿者信息、工作时长和工作结果等”，可知应有一个实体为志愿者，根据题中给出的“根据活动时间，搜索场馆”，即向场馆发送场馆可用性请求，获得场馆

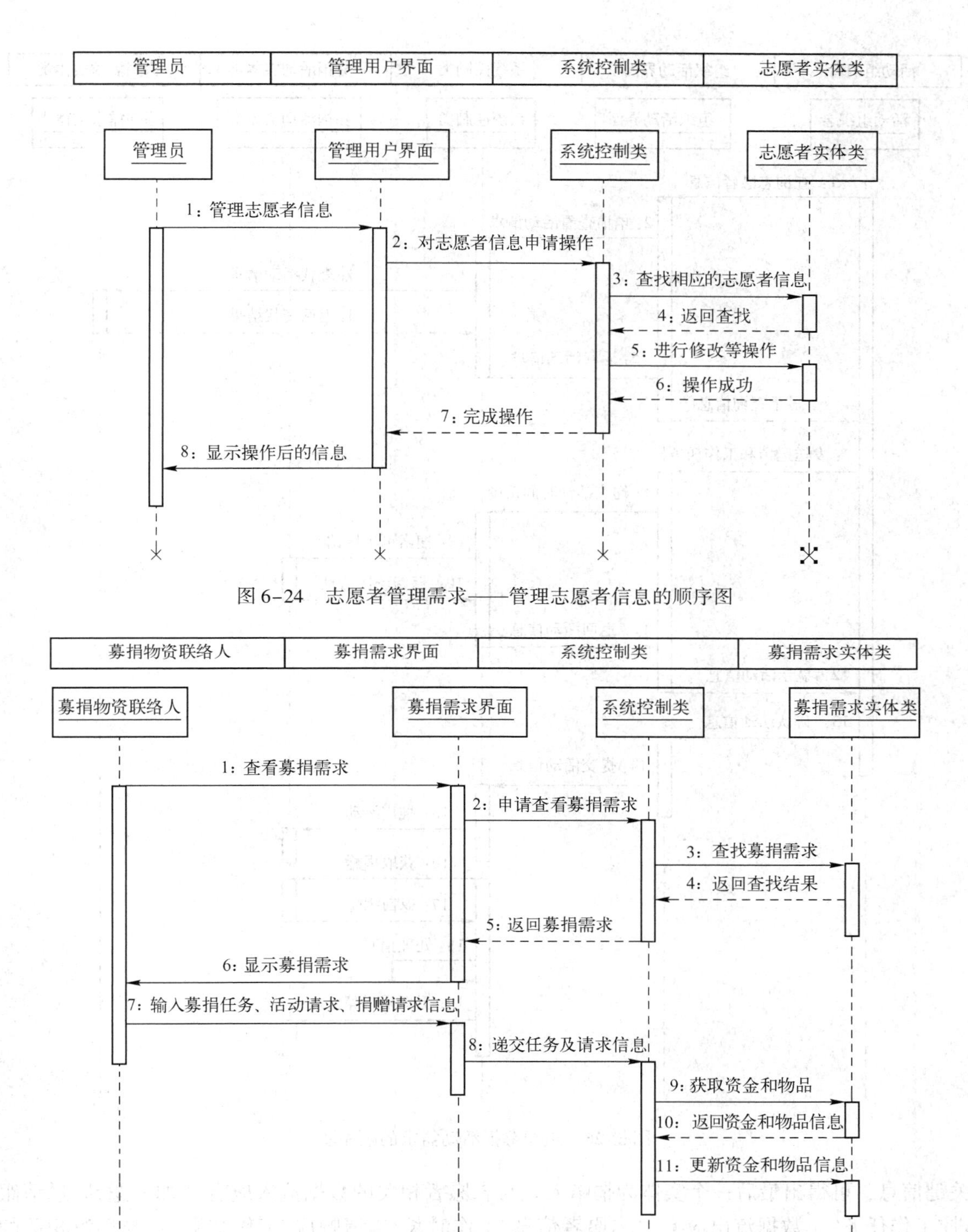

图 6-24　志愿者管理需求——管理志愿者信息的顺序图

图 6-25　确定募捐需求和收集所募捐赠需求的顺序图

可用性等关键信息，则必定有另一个实体为场馆。基于题干中给出的“根据相应的活动信息举办活动，从募捐机构获取资金并向其发放赠品”等关键信息，可知募捐机构也应以实体形式出现。依据题中给出的“从捐赠人信息表中查询捐赠人信息，向捐赠人发送募捐请求”等

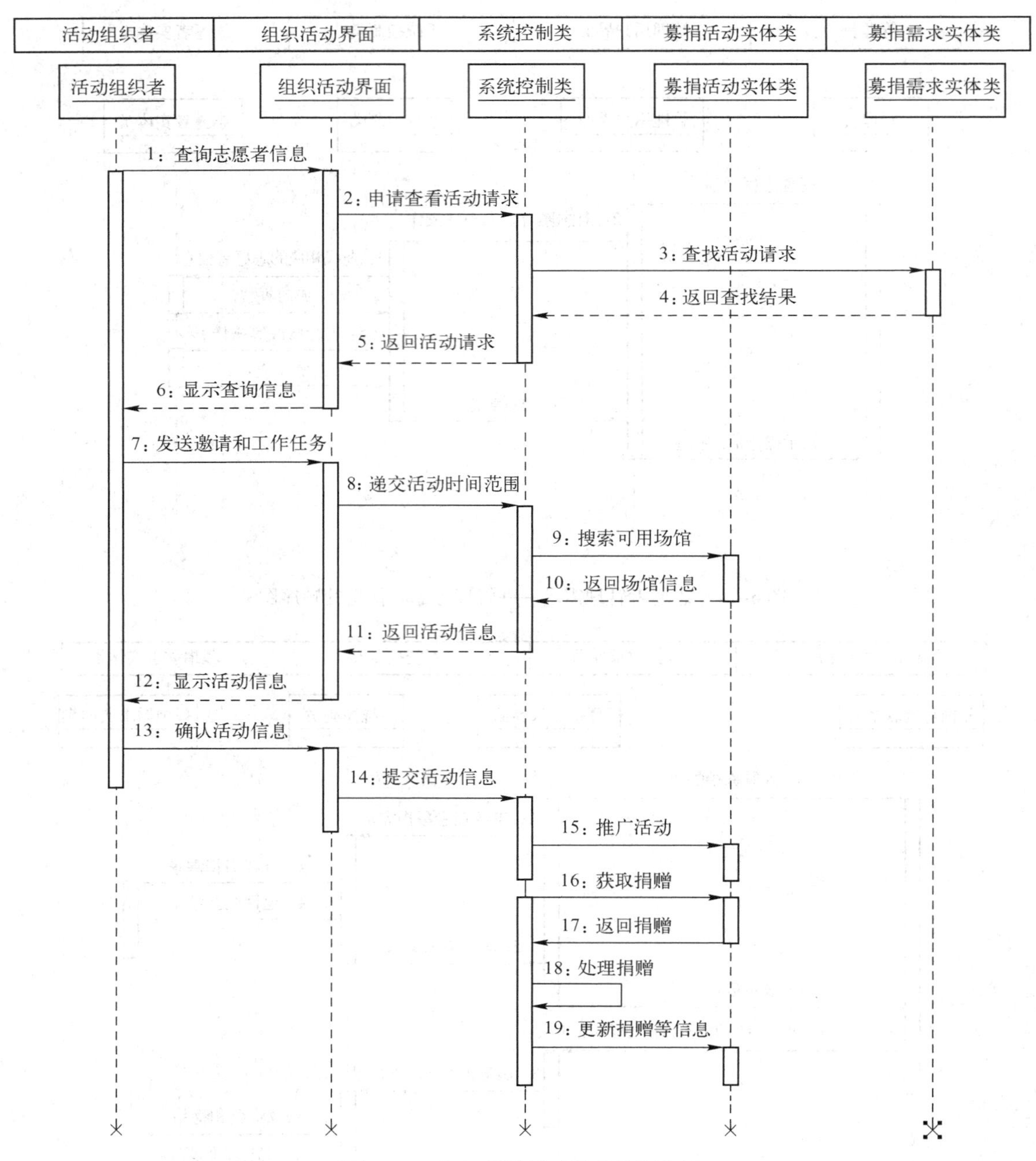

图 6-26　组织募捐活动需求的顺序图

关键信息，可得出最后一个实体为捐赠人。与志愿者相关的数据流入应有“加入邀请/邀请跟进/工作任务”，数据流出应有“志愿者信息/工作时长/邀请响应/工作结果”；与场馆相关的数据流入应有“场馆可用性请求”，数据流出应有“场馆可用性”；与募捐组织相关的数据流入应有“赠品”，数据流出应有“资金”；与捐赠人相关的数据流入应有“募捐请求”，数据流出应有“捐赠人信息”。募捐系统的 0 层数据流图如图 6-27 所示。

对于如何利用面向对象的方法设计此募捐系统，可参看 10.7 节的【例 10－1】。

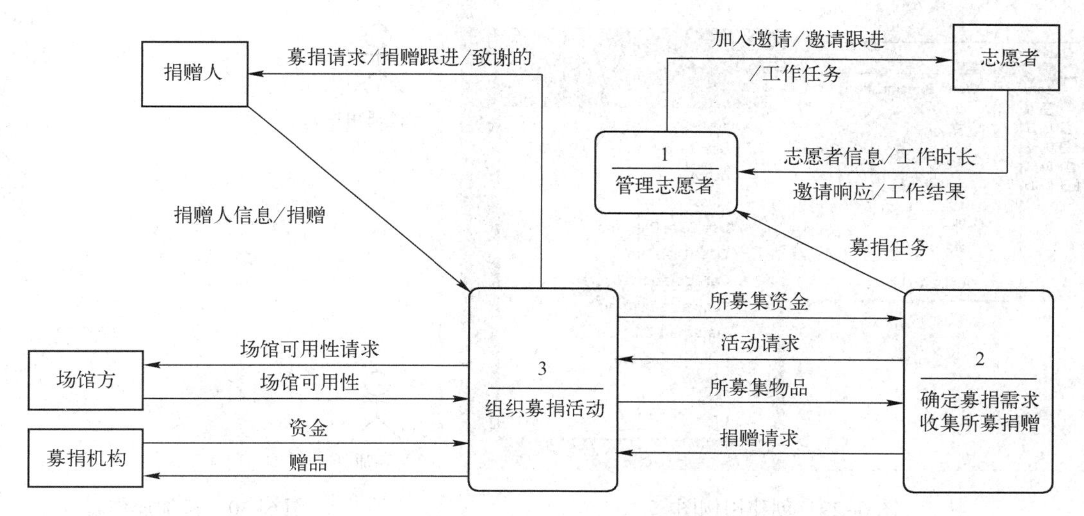

图 6-27　募捐系统的 0 层数据流图

6.4　实验

6.4.1　利用 Rose 创建“‘墨韵’读书会书籍共享平台”的用例模型

Rational Rose 2003 中提供的用例图的建模符号及对符号的相关描述如图 6-28 所示。

用例模型可以建立在不同的层次上，具有不同的粒度。顶层用例图比较概要地描述系统的结构和功能，底层用例图对顶层用例图中的用例进行细化。下面以创建“‘墨韵’读书会书籍共享平台”（简称“书籍共享平台”）的顶层用例模型为例，介绍如何运用 Rational Rose 2003 创建用例模型。

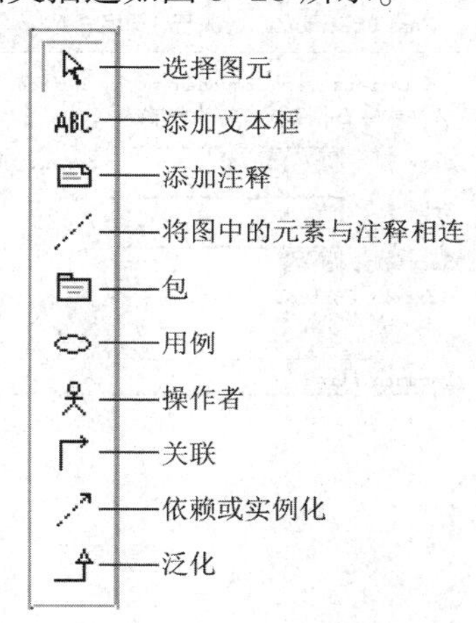

图 6-28　用例图的建模符号

1）创建一个名为“书籍共享平台 .mdl”的 Rose 模型文件。

2）在用例视图下，创建一个用例图。右击“Use Case View”选项，在弹出的快捷菜单中选择“New”→“Use Case Diagram”命令，如图 6-29 所示。将用例图命名为“顶层用例图”，然后在浏览区中双击“顶层用例图”，打开编辑区中对应的框图。

3）在编辑区添加用例模型的操作者（即参与者）。在书籍共享平台中，操作者有学生、导师和管理员。在系统中，导师只比学生多了圈子信息维护的权限，因此将学生归类为已注册用户，而导师则是特殊的注册用户，两者呈泛化关系。因此在下面的分析中，系统使用者将划分为已注册用户、导师和管理员身份。

单击工具栏上的“操作者”按钮，然后将鼠标移动到用例图窗口上的合适位置，单击即可。同时，为操作者命名，如图 6-30 所示。

4）如果想对操作者做详细的说明或定义，可以在编辑区中右击相应的操作者图符，在弹出的快捷菜单中选择“Open Specification”命令，然后在如图 6-31 所示的对话框中为该操作者添加详细的说明信息。

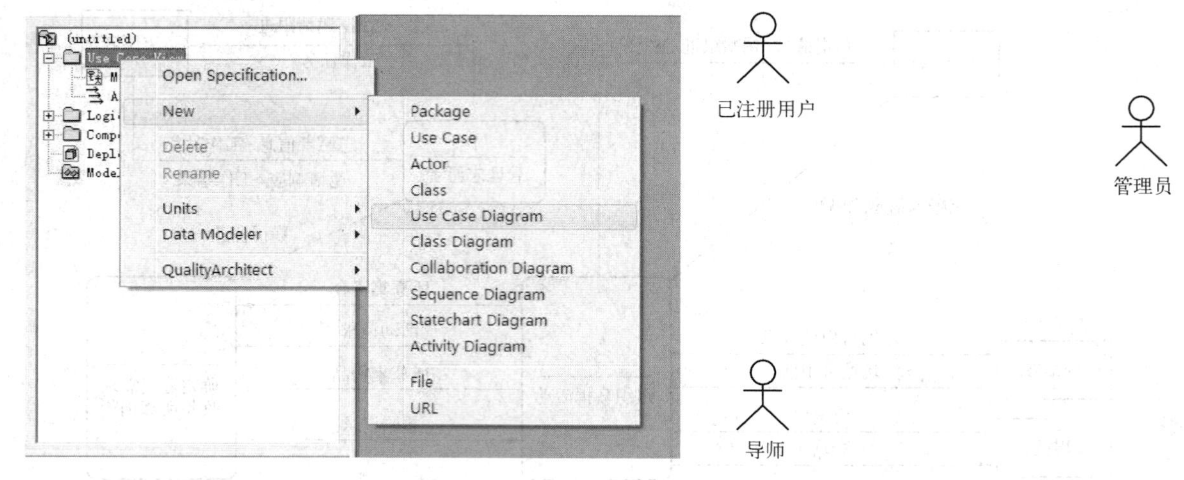

图 6-29　创建用例图　　　　图 6-30　添加操作者

5）添加操作者之间的关系。部分操作者之间可能会存在着“泛化”的关系。所谓泛化，可以理解为类之间的继承。在书籍共享平台中，如步骤 3）中的分析。添加泛化关系时，可以单击工具栏中的“泛化”按钮，然后在编辑区中的操作者之间画一条线。双击这条线，可以在打开的窗口中对“泛化”关系进行详细定义。至此，得到了用例模型的操作者视图，如图 6-32 所示。

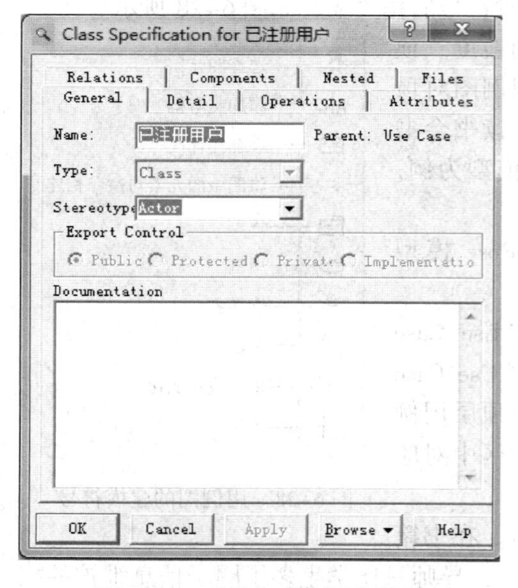

图 6-31　对操作者的详细说明

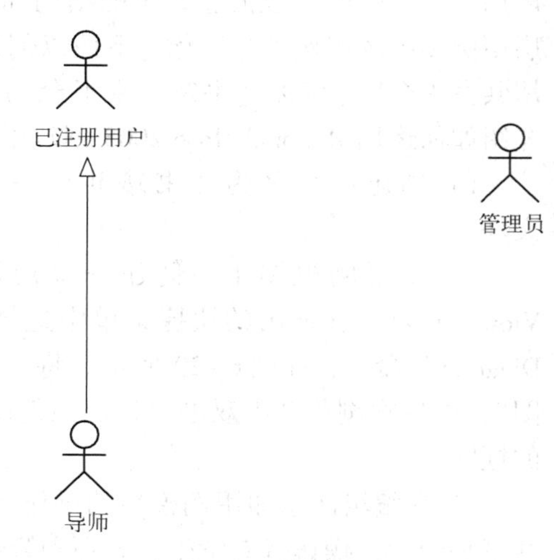

图 6-32　用例模型中的操作者

6）添加用例。单击工具栏中的“用例”按钮，然后在用例图的合适位置单击，得到一个用例图符，然后对该用例进行编辑，输入名称，如图 6-33 所示。如果想对用例进行详细描述，可以在编辑区中右击相应的用例，然后在弹出的快捷菜单中选择“Open Specification”命令，在弹出的对话框中添加相应的信息即可。

7）添加操作员与各用例之间的关系。单击工具栏中的“单向连接线”按钮，然后在编辑区中从操作者到相关用例画一条线即可。绘好单向连接线后的用例图如图 6-34 所示。

8）添加用例之间的关系。添加用例之间的关系时，可以单击工具栏中的“依赖或实例化”按钮，然后在有关联的用例间画一条线。选中该线并右击，在弹出的快捷菜单中选择“Open Specification”命令，弹出如图 6-35 所示的对话框。在“Stereotype”下拉列表框中选择相应的关系即可。

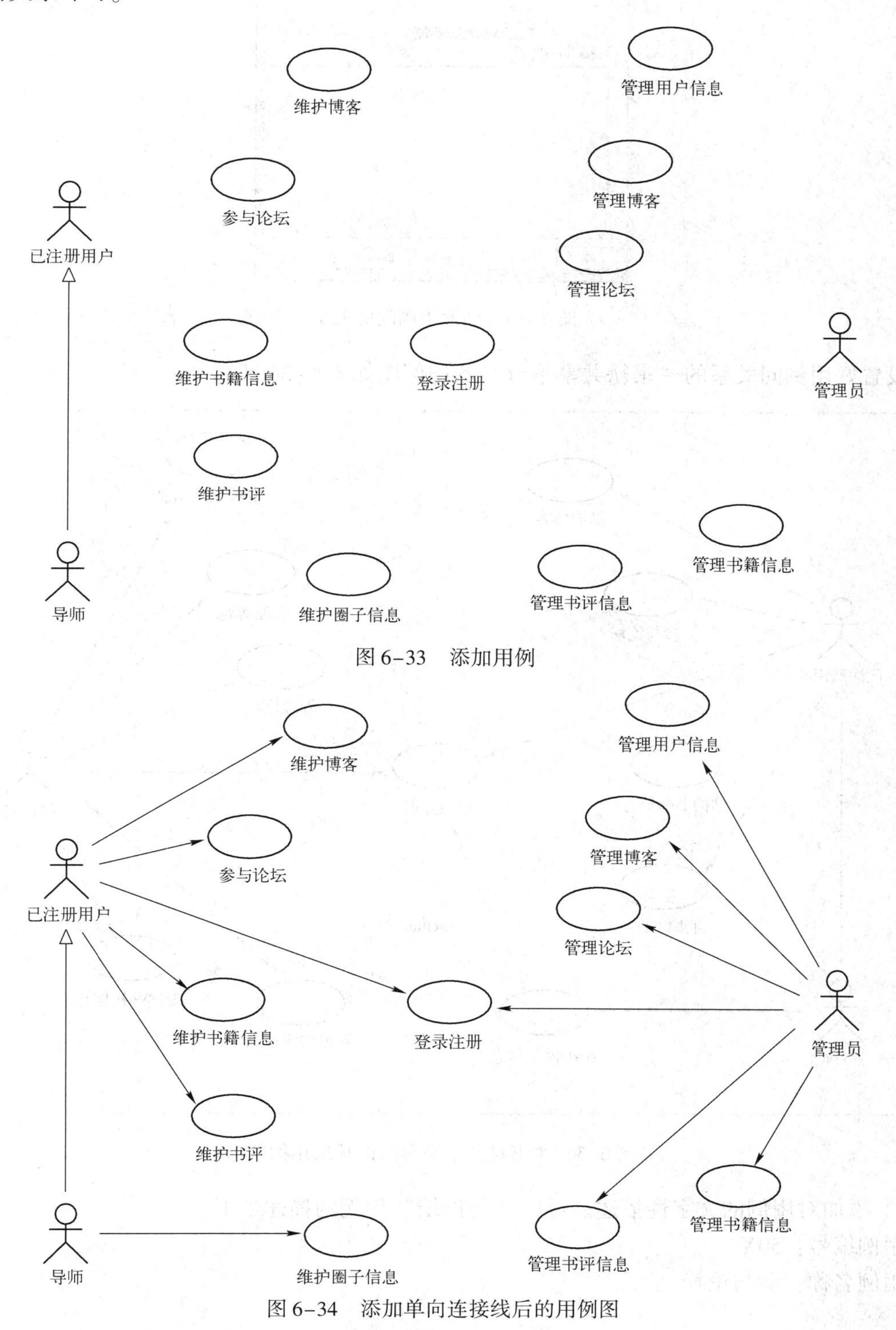

图 6-33　添加用例

图 6-34　添加单向连接线后的用例图

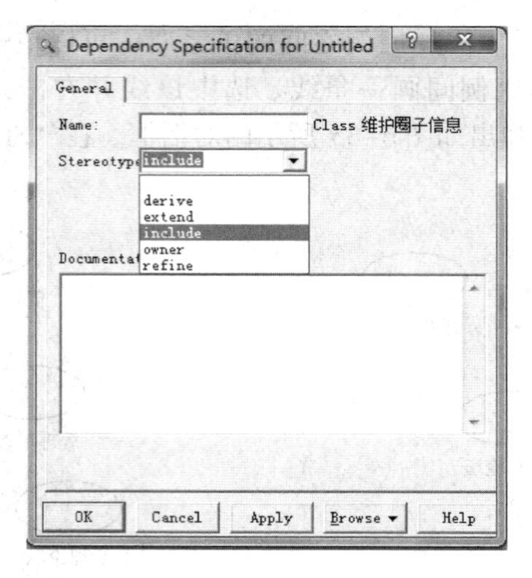

图 6-35　设置用例间的关系

设置好用例间关系的“书籍共享平台”的用例图如图 6-36 所示。

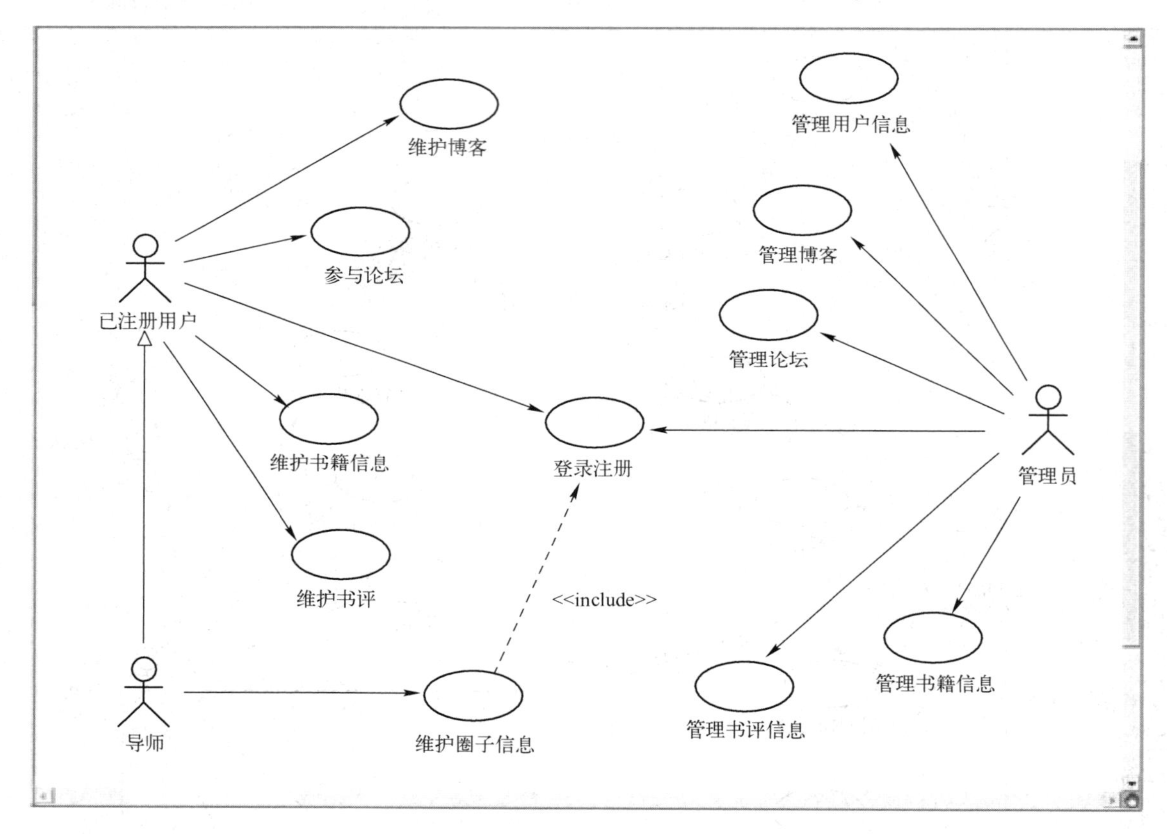

图 6-36　“书籍共享平台”的顶层用例图

9）添加对用例的文字性描述。对“参与论坛”用例的描述如下。

用例编号：50X。

用例名称：参与论坛。

前置条件：用户已经登录该系统，并且已经参与到圈子中时，单击“讨论区”按钮。

后置条件：用户成功参与到论坛中。

活动步骤如下。

1）用户单击“讨论区”按钮。

2）系统显示已有的讨论区。

3）用户单击进入已有的讨论区或者新建一个讨论区。

4）用户参与到讨论区中。

扩展点：无。

异常处理：系统从数据库读取论坛信息出现错误或者系统添加用户新建的讨论区出现异常。

这些文字性的描述信息也可以表现在用例模型中。在编辑区中选中用例“参与论坛”并右击在弹出的快捷菜单中选择“Open Specification”命令，在弹出的对话框的 Documentation 文本框中输入对该用例的描述，如图 6-37 所示。

按照这一方法对每一个用例添加文字性描述。添加完成后，回到主界面，选中每个用例时，对该用例的文字性描述会自动出现在文档窗口中，如图 6-38 所示。

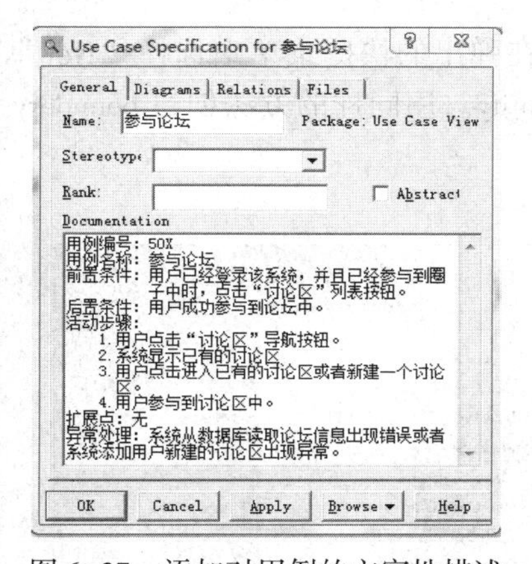

图 6-37　添加对用例的文字性描述

图 6-38　文档窗口显示文字性描述信息

至此，书籍共享平台的顶层用例图已经绘制完成，要及时进行保存。根据用例模型的分层思想，还可以对顶层用例图中的用例进行细化，即继续绘制低一层的用例图。书籍共享平台中“维护日志”模块的底层用例图如图 6-39 所示。其他模块的底层用例图的绘制可参照本节中介绍的方法完成。

6.4.2　利用 Rose 绘制“‘墨韵’读书会书籍共享平台”的类图

“书籍共享平台”的“个人日志管理”模块的类图如图 6-40 所示。

通常，类图中包括模块中用到的所有的类和接口，以及它们所属于的包和它们之间的关系，类与类之间的关系包含关联、聚合、依赖和泛化，类与接口之间的关系为实现。在图 6-40 中，包含用户类、日志类、日志评论类和访问记录类，且用户类、日志类、日志评论类和访问记录类均属于 entity 包。

可以利用 Rational Rose 2003 来绘制该类图。在 Rose 中，类图的建模符号如图 6-41 所示。

下面以“书籍共享平台”的“个人日志管理”模块的类图为例，具体介绍利用 Rose 绘制类图的方法。

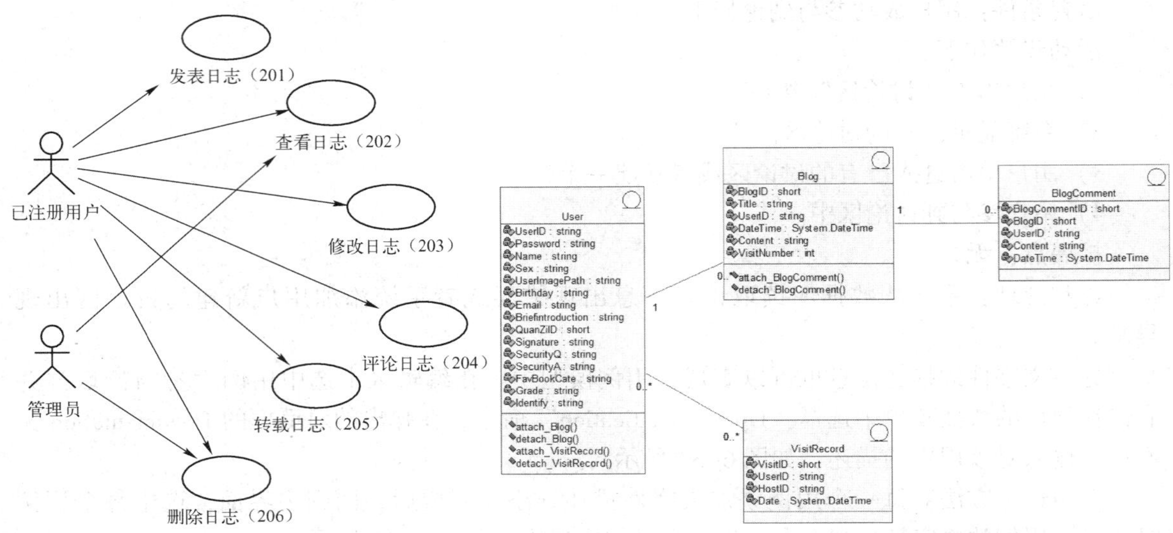

图 6-39　维护日志模块的用例图　　　　图 6-40　个人日志管理模块的类图

1）创建包。在浏览窗口中，右击 Logical View 文件夹，在弹出的快捷菜单中选择 “New” → “Package” 命令，如图 6-42 所示。得到新的包，命名为 entity。用同样的方法创建 boundary 包和 control 包。

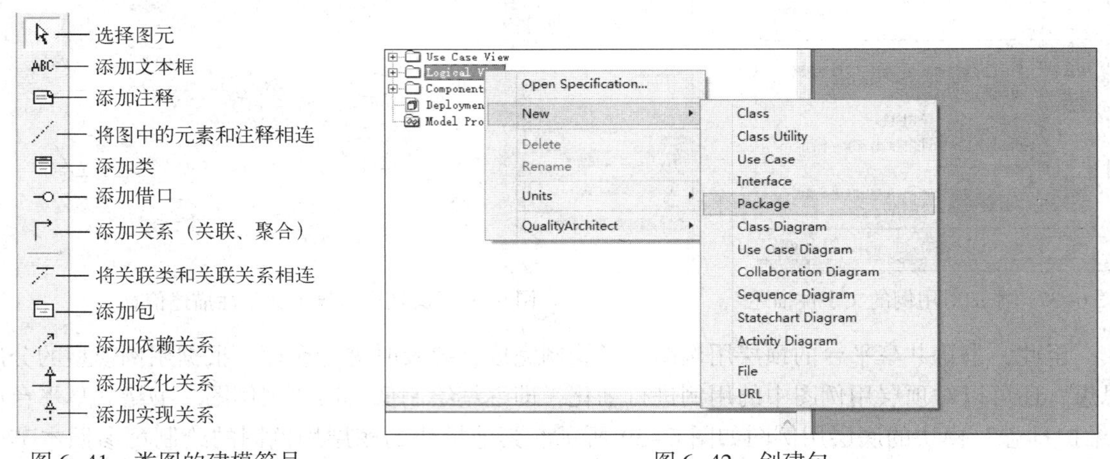

图 6-41　类图的建模符号　　　　图 6-42　创建包

2）创建类。在浏览窗口中右击 entity 包，在弹出的快捷菜单中选择 “New” → “Class” 命令，如图 6-43 所示。得到新的类并命名为用户。用同样的方法创建日志类、日志评论类和访问记录类。

3）添加类的属性。在浏览窗口中双击用户，选择 “Attributes” 选项卡，右击下方空白处，在弹出的快捷菜单中选择 “Insert” 命令，双击出现的属性名，修改属性名和属性类型，如图 6-44 所示。用同样的方法添加日志类、日志评论类和访问记录类中的属性。

4）添加类的方法。在浏览窗口中双击用户，选择 “Operation” 选项卡，右击下方空白处，在弹出的快捷菜单中选择 “Insert” 命令，双击出现的方法名，修改方法名和方法的返回类型，如图 6-45 所示。用同样的方法添加日志类、日志评论类和访问记录类中的方法。

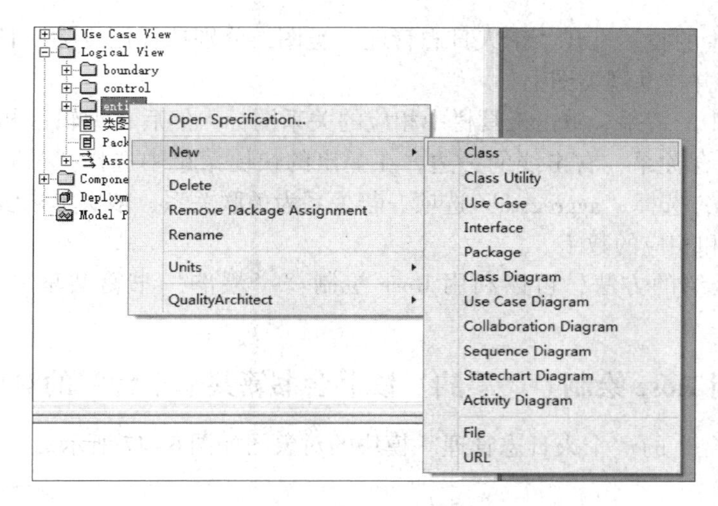

图 6-43　创建类

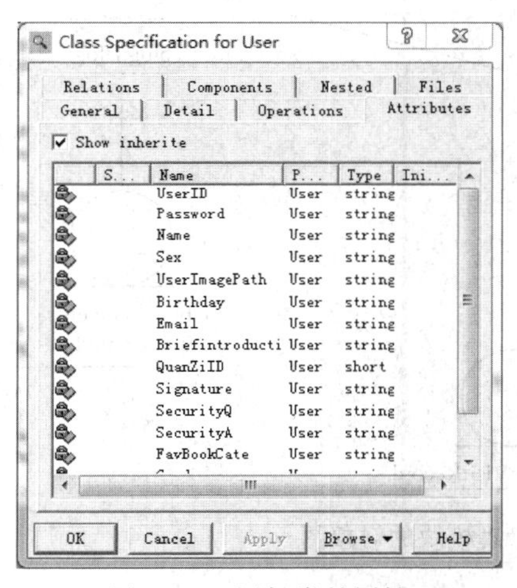

图 6-44　添加类的属性　　　　图 6-45　添加类的方法

5）新建类图。在浏览窗口中右击 Logical View 文件夹，在弹出的快捷菜单中选择“New”→“Class Diagram”命令，如图 6-46 所示。得到新的类图后，将其命名为“个人日志管理”。

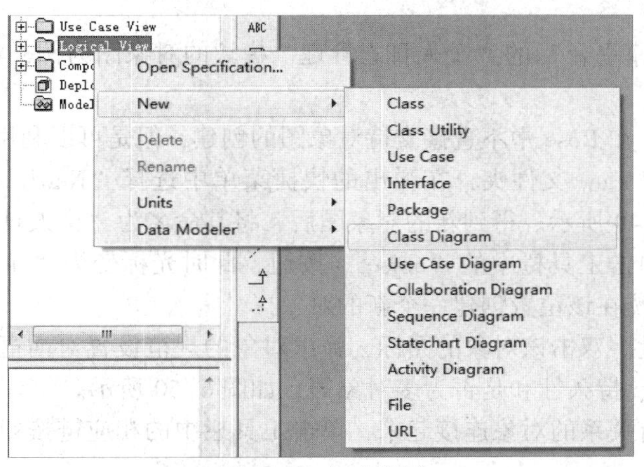

图 6-46　新建类图

6）绘制类图中的类。打开“个人日志管理”类图，分别选择用户类、日志类、日志评论类和访问记录类，并拖动到类图上。

7）绘制类图中的关系。单击工具栏中相应的关系图标，然后在编辑区相应的类之间画一条线。若关系为聚合关系，右击线的一边，在弹出的快捷菜单中选择“Navigable”命令，再次单击线的同一侧，选择“aggregate”选项。若关系为关联关系，依次单击线的两侧，依次选择“Multiplicity”和相应的数字。

根据本节所介绍的方法，可以利用 Rose 绘制“‘墨韵’书籍共享平台”其他模块的类图。

6.4.3 利用 Rose 绘制“‘墨韵’读书会书籍共享平台”的对象图

“书籍共享平台”的“个人日志管理”模块的对象图如图 6-47 所示。

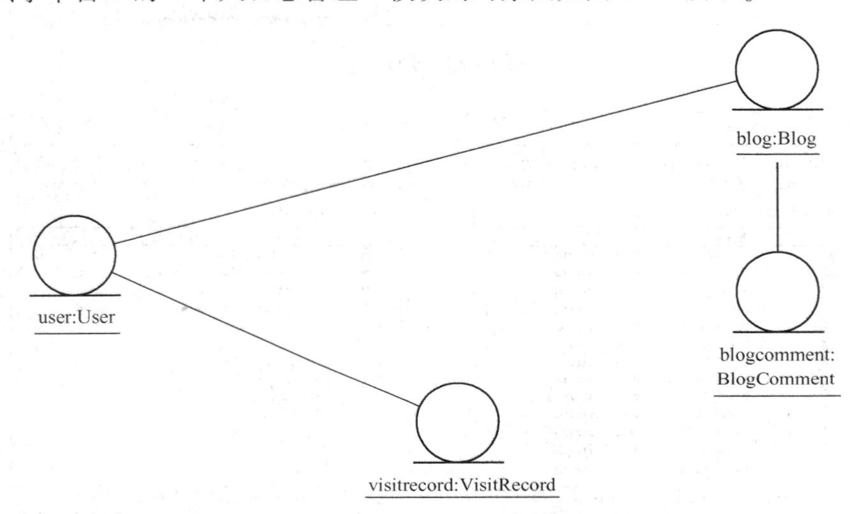

图 6-47 个人日志管理模块的对象图

通常，对象图包含对象和链。在图 6-47 中，包含用户类、日志类、日志评论类和访问记录类的实例对象，以及它们之间的关系。

可以利用 Rational Rose 2003 来绘制该对象图。在 Rose 中，对象的建模符号如图 6-48 所示。

下面以“书籍共享平台”的“个人日志管理”模块的对象图为例，具体介绍利用 Rose 绘制对象图的方法。

1）创建对象图。在 Rose 中不直接支持对象图的创建，但是可以利用协作图来创建。在浏览窗口中右击 Logical View 文件夹，在弹出的快捷菜单中选择“New”→“Collaboration Diagram”命令，如图 6-49 所示。得到新的对象图后，将其命名为“个人日志管理”。

2）创建对象。单击工具栏中的“object”按钮，此时光标变为“+”号。在对象图中单击任意一个位置，系统在该位置创建一个新的对象。

3）设置对象属性。双击该对象的图标，弹出对象的规范设置对话框，在其中可以设置对象的名称、类的名称、持久性和是否为多对象等，如图 6-50 所示。

4）添加链。将有关系的对象连接起来，单击工具栏中的相应链按钮，在两个有关系的对象之间画一条线。

根据本节所介绍的方法，可以利用 Rose 绘制“‘墨韵’书籍共享平台”其他模块的对象图。

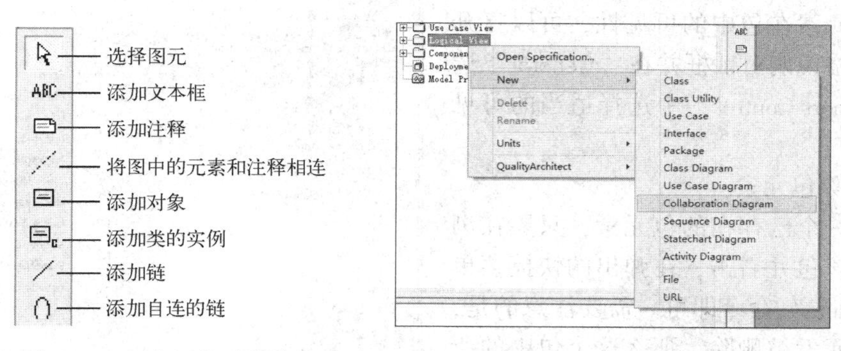

图 6-48　对象图的建模符号　　　　图 6-49　创建对象图

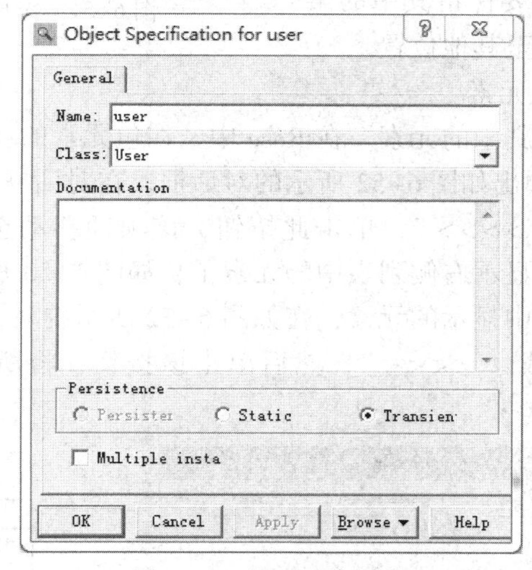

图 6-50　设置对象属性

6.4.4　利用 Rose 绘制“‘墨韵’读书会书籍共享平台”的包图

1. 包图的 Rose 操作

（1）Rose 中包与包图的相关说明

由于 UML 1.x 规范没有明确定义包图，因此 Rose 工具并没有为包图建立独立的空间，而是更多地将包作为一种组织结构显示在浏览器中。然而，包元素可以被创建在几乎所有种类的 UML 图中，因此建议在 Rose 中可以将包图表示在同样展现静态结构的类图中。

（2）创建包元素

要将包元素直接加入图中，可以直接单击工具栏中的包按钮，再在图中适当位置单击并输入包名即可。

要将包元素添加到浏览器中，可以在要创建的包的上层包中右击，在弹出的快捷菜单中选择“New”→“Package”命令，并输入包名，如图 6-51 所示。另外，还可以将浏览器中的包元素拖动到图中。

（3）向包中添加元素

要将已存在的元素移动到包中，只需要在浏览器中将该元素从目前的位置拖动到新的包元素的目录结点下即可。也可以通过在包的右键快捷菜单中选择“New”命令来新建元素。

要设置元素在包中的可见性，可以打开该元素的规格说明对话框并在“General”选项卡的“Export Control”中选择适当的可见性即可。

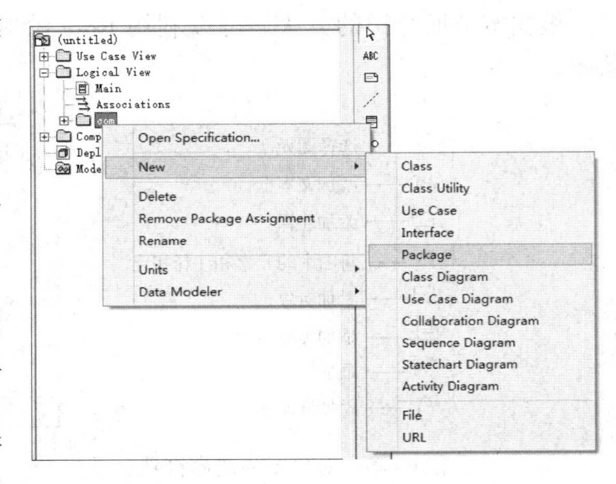

图 6-51　添加包元素到浏览器中

(4) 删除包元素

要删除一个已存在的包元素，只要在浏览器中选中该包并右击，在弹出的快捷菜单中选择“Delete”命令即可。需要注意的是，如果一个包元素被删除，那么这个包中的所有元素都会被删除，如果需要保留其中的某些元素，则在删除包前移动至其他位置。

(5) 在包中显示包含的元素

包可以在图形上显示出其中的元素。在 Rose 中，在包元素的右键快捷菜单中选择“Select Compartment Item”命令，弹出如图 6-52 所示的对话框。在对话框中，选中左侧列表中的元素后，最上方的按钮会变为“ >>>> ”，单击此按钮，该项即移动至右侧列表中。单击“OK”按钮，包图形的下部分就能显示右侧列表中的元素了，如图 6-53 所示。

类似地，要隐藏包图形中显示的元素，在如图 6-52 所示的对话框中选中右侧列表中的元素后，最上方的按钮会变成“ <<<< ”，然后单击该按钮，将所选项移动至左侧，再单击“OK”按钮即可。

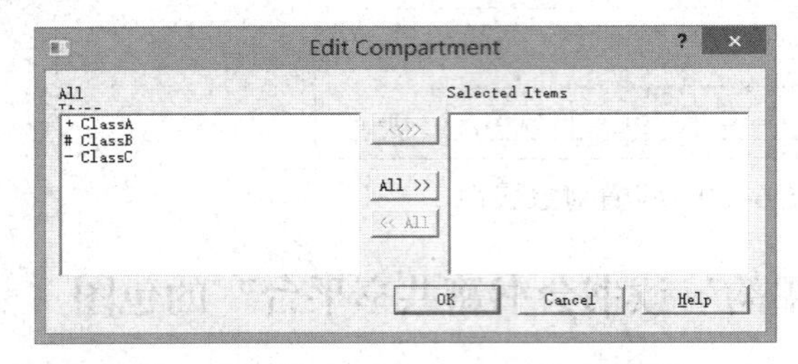

图 6-52　“Edit Compartment”对话框

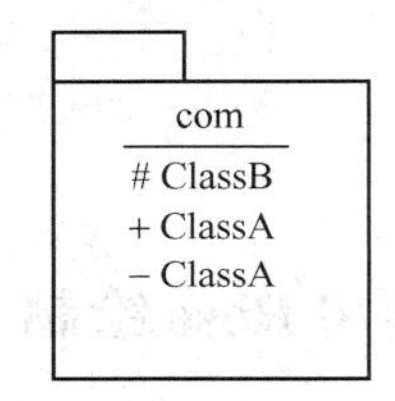

图 6-53　显示内容的包

(6) 包的规格说明对话框

包的规格说明对话框如图 6-54 所示。在包的规格说明对话框的“General”选项卡中可以设置包名与包的构造型；在“Detail”选项卡中可以查看或添加包中包含的 UML 图。

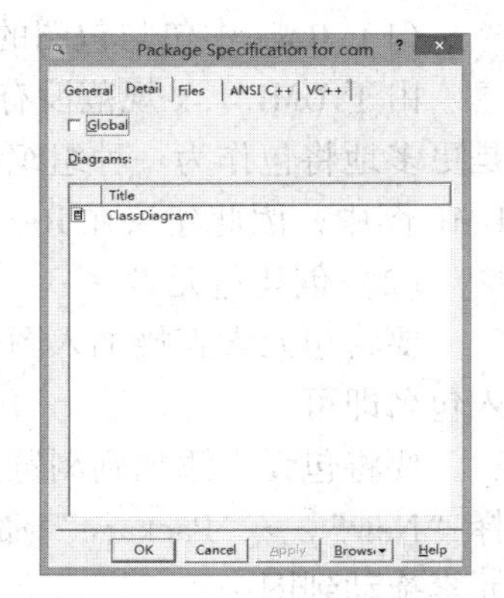

图 6-54　包的规格说明对话框

2. 使用包组织 UML 图中的元素

在 Rational Rose 中，可以使用包将各种模型元素进行分类组织，便于用户进行查找和浏览。

以构件图为例，可以将其中的元素分配到不同的包中进行管理。按照构件图中类所表示的内容，可以分为登录注册、个人主页、圈子管理、书库管理和网站维护 5 个包，如图 6-55 所示。

也可以创建一个包图来显式地显示出系统包含的包，如图 6-56 所示。

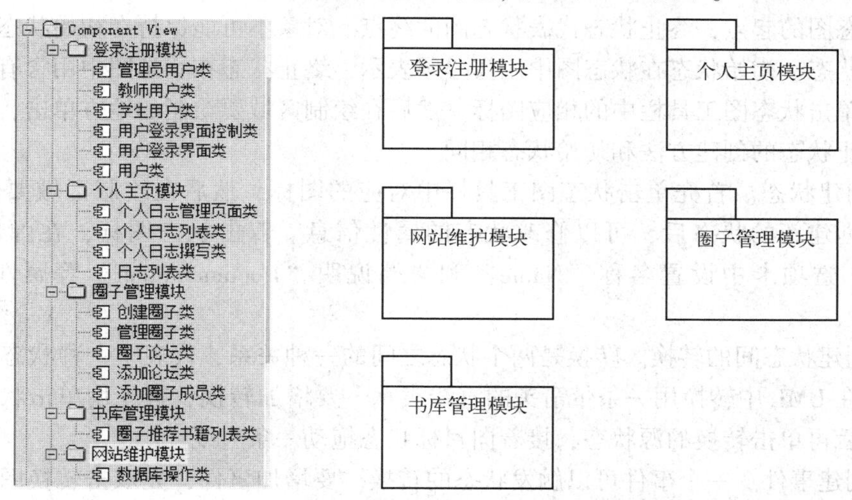

图 6-55　使用包组织类　　　图 6-56　组织构件图中类的包图

6.4.5　利用 Rose 绘制“‘墨韵’读书会书籍共享平台”的状态图

“书籍共享平台”的“用户登录”模块的状态图如图 6-57 所示。

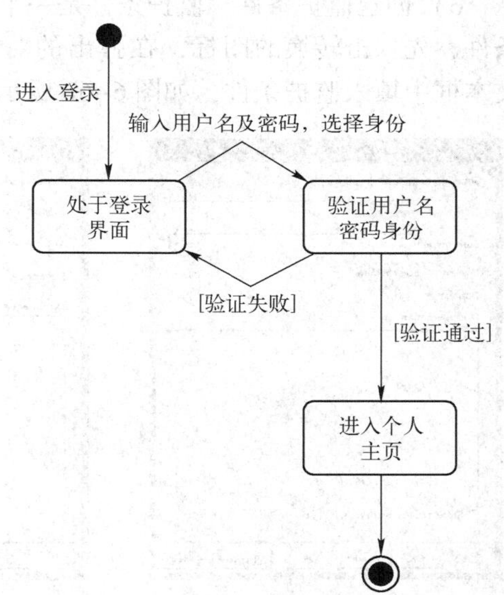

图 6-57　用户登录模块的状态图

通常，状态图中包含初始状态、终止状态、其他状态，以及状态之间的转换关系和转换的条件，在图 6-57中，包含初始状态、终止状态、处于登录界面、验证用户名密码身份和进入个人主页 5 个状态，以及它们之间的转换和转换的条件。

可以利用 Rational Rose 2003 绘制该状态图。在 Rose 中，状态图的建模符号如图 6-58 所示。

下面以“书籍共享平台”的“用户登录”模块的状态图为例，具体介绍利用 Rose 绘制状态图的方法。

1）创建状态图。在 Rose 中，可以为每个类创建一个或者多个状态图，类的转换和状态都可以在状态图中体现。首先，展开“Logic View”菜单项，然后在“Logic View”图标上右击，在弹出的快捷菜单中选择“New”→“Statechart Diagram”命令，建立新的状态图，如图 6-59 所示。

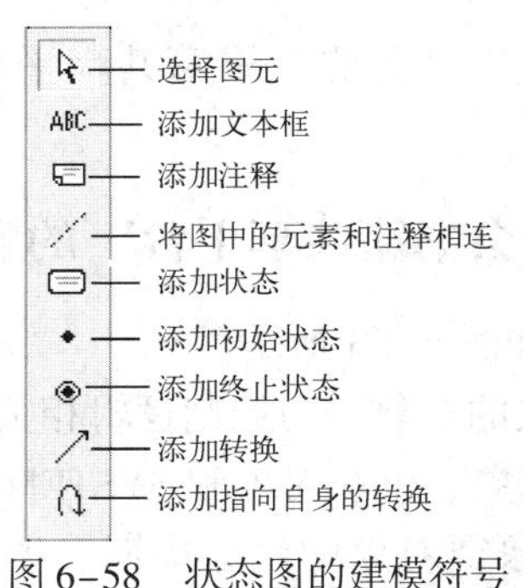

图 6-58　状态图的建模符号

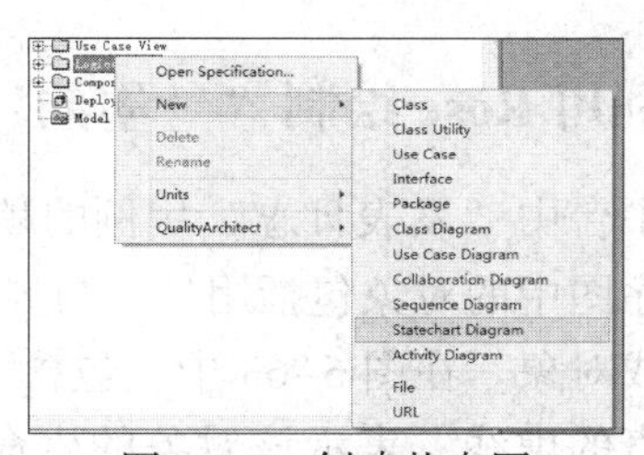

图 6-59　创建状态图

2）创建初始状态和终止状态。初始状态和终止状态是状态图中的两个特殊状态。初始状态代表状态图的起点，终止状态代表状态图的终点。对象不可能保持在初始状态，但是可以保持在终止状态。初始状态在状态图中用实心圆表示，终止状态在状态图中用含有实心圆的空心圆表示。单击状态图工具栏中的相应图标，然后在绘制区域要绘制的地方单击，即可创建初始状态。终止状态的创建方法和初始状态相同。

3）创建状态。首先单击状态图工具栏中对应的图标，然后在绘制区域要创建状态的地方单击。创建新的状态后，可以修改状态的属性信息。双击状态图标，在弹出的对话框的“General”选项卡中设置名称“Name”和文档说明“Documentation”等属性，如图6-60所示。

4）创建状态间的转换。转换是两个状态之间的一种关系，代表了一种状态到另一种状态的过渡，在UML中转换用一条带箭头的直线表示。要增加转换，首先用单击状态工具栏中的图标，然后再单击转换的源状态，接着向目标状态拖动一条直线。

5）创建事件。一个事件可以触发状态的转换。要增加事件，先双击转换图标，在弹出的对话框的“General”选项卡中增加事件，接下来，在“Event”中添加触发转换的事件，在“Argument”文本框中添加事件的参数，还可以在“Documentation”文本框中添加对事件的描述，如图6-61所示。

6）创建监护条件。监护条件是一个布尔表达式，它控制转换是否能够发生。要添加监护条件，先双击转换的图标，在弹出的对话框中选择“Detail”选项卡，在“Guard Condition”文本框中填入监护条件，如图6-62所示。可以参考添加动作的方法添加监护条件。

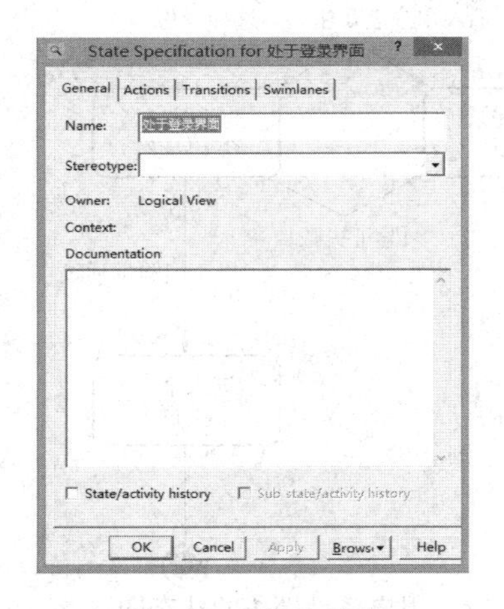

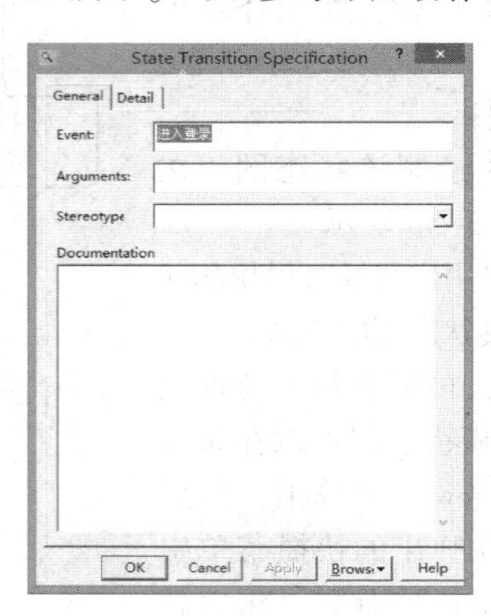

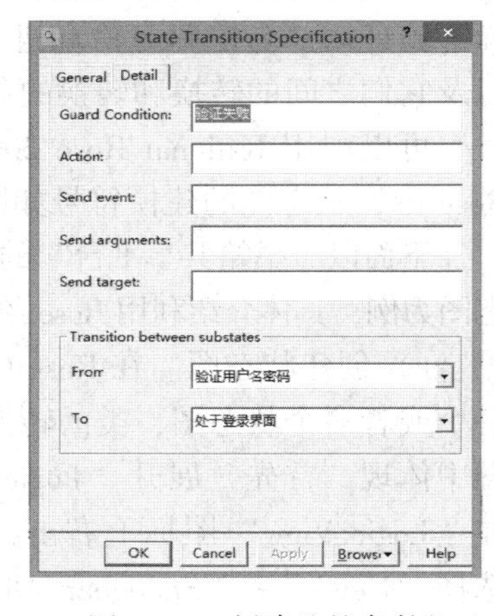

图6-60　修改状态　　图6-61　创建事件　　图6-62　创建监护条件

根据本节所介绍的方法，可以利用Rose绘制“‘墨韵’书籍共享平台”其他模块的状态图。

6.4.6　利用Rose绘制“‘墨韵’读书会书籍共享平台”的顺序图

书籍共享平台中“发表日志”用例的顺序图如图6-63所示。

通常，顺序图中的对象包括用户、与界面相关的对象、与控制逻辑相关的对象，以及与数据库相关的类或对象。在图6-63中，包含User对象、Blog对象和SYSTEM对象。每个对象下面都有一条竖直的虚线，表示该对象的生命线，象征对象的生命周期。生命线上有若干矩形

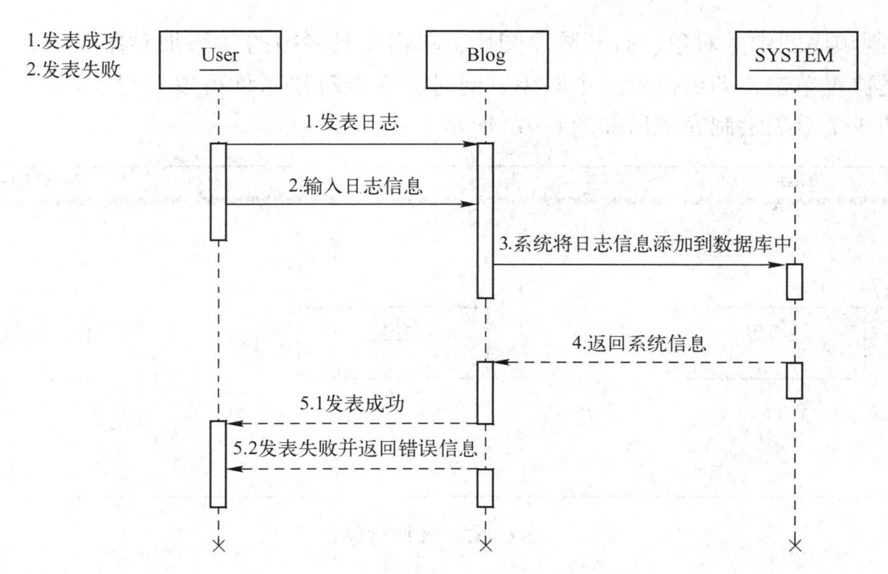

图 6-63　发表日志用例的顺序图

框，这些矩形框代表对象处在激活期，即正在执行某个动作。生命线末尾的叉形图标代表对象生命周期的结束。对象之间通过发送消息进行通信，比如“发表日志”“输入日志信息”和“将日志信息添加到数据库中”等。这些消息按照从上往下的时间顺序排列。

可以利用 Rational Rose 2003 绘制该顺序图。在 Rational Rose 2003 中，顺序图的建模符号如图 6-64 所示。

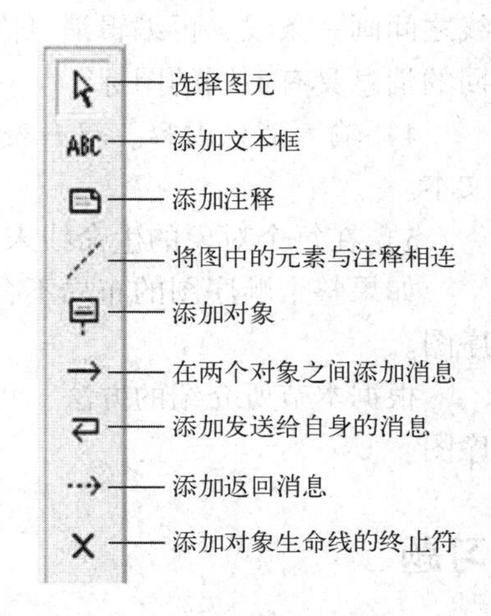

图 6-64　顺序图的建模符号

下面以书籍共享平台的“发表日志”用例的顺序图为例，具体介绍利用 Rational Rose 2003 绘制顺序图的方法。

1）创建一个新的顺序图。通常，顺序图根据用例图来组织，即顺序图反映用例内部的对象交互方式。在浏览窗口中，右击“发表日志”用例，在弹出的快捷菜单中选择“New”→“Sequence Diagram”命令，如图 6-65 所示。得到新的顺序图后，将其命名为“发表日志”，如图 6-66 所示。

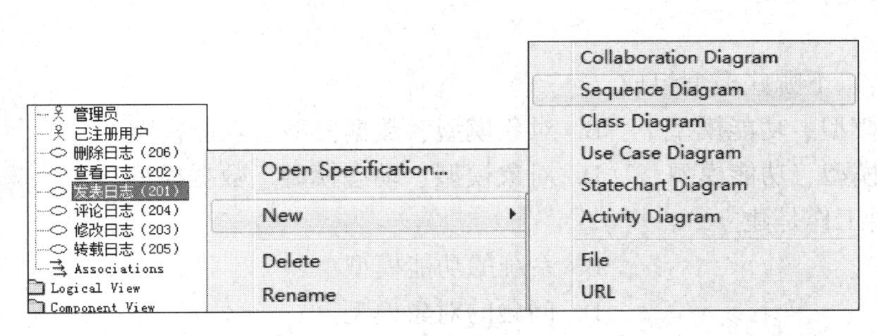

图 6-65　创建顺序图

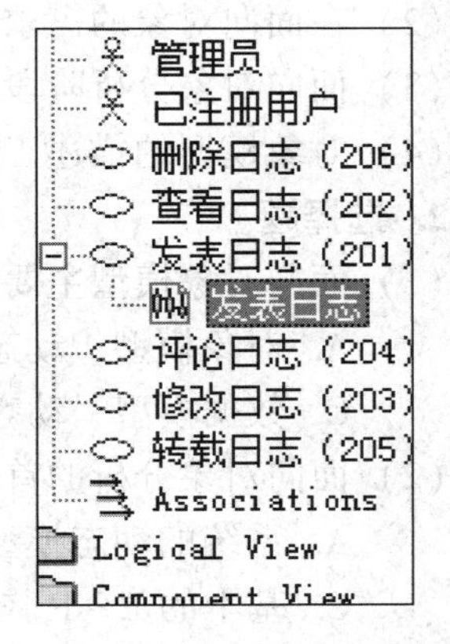

图 6-66　已创建成功的顺序图

2）绘制顺序图中的对象。打开顺序图后，单击工具栏中的“添加对象”按钮，然后在编辑区的合适位置单击，即可得到一个对象。同时，双击对象名称可以对对象的名称进行编辑，本顺序图的 3 个对象绘制完成后如图 6-67 所示。

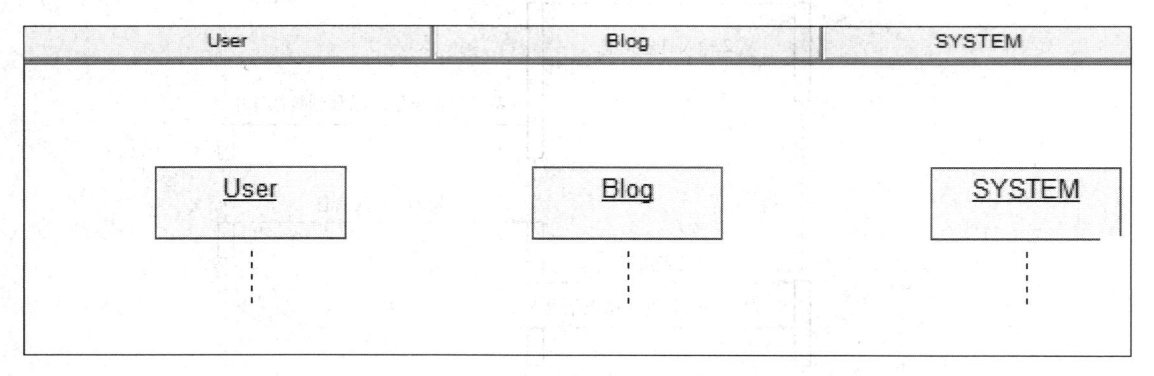

图 6-67　添加对象

3）在对象之间添加消息。单击工具栏中相应的消息图标，然后在编辑区相应对象的生命线之间画一条线，再编辑消息内容即可。注意，对象之间的消息、对象发送给自身的消息及返回的消息具有不同的图标。

4）输入消息内容。双击表示消息的箭头，在弹出的对话框的 Name 文本框输入要添加的文本。

5）在每个对象的生命线末端绘制生命线的终止符图标，表示该对象生命周期的结束。

如果整个顺序图的布局不合理，可以拖动各图符，使图形均匀。最后，便可得到完整的顺序图。

根据本节所介绍的方法，可以利用 Rose 绘制“‘墨韵’书籍共享平台”其他模块的顺序图。

习题

1. 判断题

（1）模型是对现实的简化，建模是为了更好地理解所开发的系统。（　　）

（2）在面向对象的需求分析方法中，建立动态模型是最主要的任务。（　　）

（3）面向对象分析阶段建立的 3 个模型中，核心模型是功能模型。（　　）

（4）对象模型的描述工具是状态图。（　　）

2. 选择题

（1）面向对象模型主要由以下哪些模型组成（　　）。

A. 对象模型、动态模型、功能模型　　B. 对象模型、数据模型、功能模型

C. 数据模型、动态模型、功能模型　　D. 对象模型、动态模型、数据模型

（2）面向对象分析的首要工作是建立（　　）。

A. 系统的动态模型　　B. 系统的功能模型

C. 基本的 E-R 图　　D. 问题的对象模型

（3）面向对象的分析方法主要是建立 3 类模型，即（　　）。

A. 系统模型、E－R 模型、应用模型　　B. 对象模型、动态模型、功能模型

C. E－R 模型、对象模型、功能模型　　D. 对象模型、动态模型、应用模型

（4）面向对象分析阶段建立的 3 个模型中，核心模型是（　　）模型。

A. 功能　　B. 动态

C. 对象　　D. 分析

（5）面向对象的动态模型中，每张状态图表示（　　）的动态行为。

A. 某一个类　　B. 有关联的若干个类

C. 一系列事件　　D. 一系列状态

（6）在考察系统的一些涉及时序和改变的状况时，要用动态模型来表示。动态模型着重于系统的控制逻辑，它包括两个图：一个是事件追踪图，另一个是（　　）。

A. 顺序图　　B. 状态图

C. 系统结构图　　D. 数据流图

（7）对象模型的描述工具是（　　）。

A. 状态图　　B. 数据流图

C. 结构图　　D. 类图

（8）功能模型中所有的（　　）往往形成一个层次结构，在这个层次结构中一个数据流图的过程可以由下一层数据流图做进一步的说明。

A. 事件追踪图　　B. 物理模型图

C. 状态迁移图　　D. 数据流图

3. 简答题

（1）请对比面向对象需求分析方法和结构化需求分析方法。

（2）类间的外部关系有几种类型？每种关系表达什么语义？

（3）请简述面向对象分析的原则。

（4）请简述面向对象分析的过程。

（5）什么是动态模型？

（6）什么是对象模型？

（7）什么是功能模型？

4. 应用题

（1）在温室管理系统中，有一个环境控制器，当没有种植作物时处于空闲状态。一旦种上作物，就要进行温度控制，定义气候，即在什么时期应达到什么温度。当处于夜晚时，由于温度下降，要调用调节温度过程，以便保持温度；当太阳出来时，进入白天状态，由于温度升高，要调用调节温度过程，保持要求的温度。当日落时，进入夜晚状态。当作物收获后，终止气候的控制，进入空闲状态。

请建立环境控制器的动态模型。

（2）一家图书馆藏有书、杂志、小册子、录像带、CD、录音图书和报纸等出版物供读者借阅。这些出版物有出版物名称、出版者、获得日期、目录编号、借出状态和借出限制等属性，并有借出、收回等服务。

请建立上述图书馆馆藏出版物的对象模型。

（3）王大夫在小镇上开了一家牙科诊所，他有一个牙科助手、一个牙科保健员和一个接待员。王大夫需要一个软件系统来管理预约。

当病人打电话预约时，接待员将查阅预约登记表，如果病人申请的就诊时间与已定下的预约时间冲突，则接待员建议一个就诊时间，以安排病人尽早得到诊治。如果病人同意建议的就诊时间，接待员将输入约定时间和病人的名字。系统将核实病人的名字并提供所记录的病人数据，数据包括病人的病历号等。在每次治疗或清洗后，助手或保健员需要标记相应的预约诊治已经完成，如果必要的话会安排病人下一次再来。

系统能够按病人姓名和日期进行查询，能够显示记录的病人数据和预约信息。接待员可以取消预约，可以打印出前两天预约尚未接诊的病人清单。系统可以从病人记录中获知病人的电话号码。接待员还可以打印出针对所有病人的每天和每周的工作安排。

请建立上述牙科诊所管理系统的功能模型。

第7章　软件设计

本章首先讲述软件设计的意义和目标；然后阐述软件设计的原则和分类；接着针对数据库结构设计和用户界面设计进行介绍；最后给出软件设计说明书编写指南。

本章目标

- ❑ 了解软件设计的意义和目标。
- ❑ 掌握软件设计的原则。
- ❑ 了解软件设计的分类。
- ❑ 熟悉数据库结构设计。
- ❑ 熟悉用户界面设计。
- ❑ 学习编写软件设计说明书。

7.1　软件设计的基本概念

完成了需求分析，回答了软件系统能“做什么”的问题后，软件的生命周期就进入了设计阶段。软件设计是软件开发过程中的重要阶段，在此阶段中，开发人员将集中研究如何把需求规格说明书中归纳的分析模型转换为可行的设计模型，并将解决方案记录到相关的设计文档中。实际上，软件设计的目标就是要回答“怎么做”才能实现软件系统的问题，也可以把设计阶段的任务理解为把软件系统能“做什么”的逻辑模型转换为“怎么做”的物理模型。软件设计在软件开发中处于核心地位。

7.1.1　软件设计的意义和目标

软件设计在软件开发过程中处于核心地位，它是保证质量的关键步骤。设计为人们提供了可以用于质量评估的软件表示，设计是人们能够将用户需求准确地转化为软件产品或系统的唯一方法。软件设计是所有软件工程活动和随后的软件支持活动的基础。

软件设计是一个迭代的过程，通过设计过程，需求被变换为用于构建软件的“蓝图”。McGlaughlin 提出了可以指导评价良好设计演化的 3 个特征。

1）设计必须实现所有包含在分析模型中的明确需求，而且必须满足用户期望的所有隐含需求。

2）对于程序员、测试人员和维护人员而言，设计必须是可读的、可理解的指南。

3）设计必须提供软件的全貌，从实现的角度说明数据域、功能域和行为域。

以上每一个特征实际上都是设计过程应该达到的目标。

7.1.2　软件设计的原则

为了提高软件开发的效率及软件产品的质量，人们在长期的软件开发实践中总结出一些软件设计的原则，其基本内容如下。

1. 模块化

模块是数据说明、可执行语句等程序对象的集合，是构成程序的基本构件，可以被单独命名并通过名称来访问。在面向过程的设计中，过程、函数、子程序和宏都可以作为模块；在面向对象的设计中，对象是模块，对象中的方法也是模块。模块的公共属性有以下几种。

- 每个模块都有输入/输出的接口，且输入/输出的接口都指向相同的调用者。
- 每个模块都具有特定的逻辑功能，完成一定的任务。
- 模块的逻辑功能由一段可运行的程序来实现。
- 模块还应有属于自己的内部数据。

模块化就是把系统或程序划分为独立命名并且可以独立访问的模块，每个模块完成一个特定的子功能。模块集成起来可以构成一个整体，完成特定的功能，进而满足用户的需求。

在模块化的过程中，需要注意以下几点。

1）模块的规模要适中。模块的规模可以用模块中所含语句的数量来衡量。如果模块的规模过小，那么模块的数目势必会较多，增大了模块之间相互调用关系的复杂度，同时也增大了花费在模块调用上的开销。如果模块的规模过大，那么模块内部的复杂度就会较大，也就加大了日后测试和维护工作的难度。如图 7-1 所示，每个程序都相应地有一个最适当的模块数目 M，使得系统的开发成本最小。虽然并没有统一的标准来规范模块的规模，但是一般认为，一个模块规模应当由它的功能和用途来决定，程序的行数在 50 ～ 100 范围内比较合适。

2）提高模块的独立性，降低模块间的耦合程度。模块的独立性是指软件系统中的每个模块只完成特定的、单一的功能，而与其他模块没有太多的联系。提高模块的独立性有助于系统维护及软件的复用。

模块的独立性与耦合密切相关。耦合是对各个模块之间互连程度的度量。耦合的强弱取决于接口的复杂性，即与信息传递的方式、接口参数的个数和接口参数的数据类型相关。不同模块之间互相依赖得越紧密，则耦合程度越高。

为了提高模块的独立性，应该尽量降低模块之间的耦合程度。原因如下。

- 模块之间的耦合程度越低，相互影响就越小，发生异常后产生连锁反应的概率就越低。
- 在修改一个模块时，低耦合的系统可以把修改范围尽量控制在最小的范围内。
- 对一个模块进行维护时，其他模块的内部程序的正常运行不会受到较大的影响。

为了降低模块间的耦合度，可行的措施有以下几种。

- 采用简单的数据传递方式。
- 尽量使用整型等基本数据类型作为接口参数的数据类型。
- 限制接口参数的个数等。

与耦合相关的 7 个等级的示意图如图 7-2 所示。

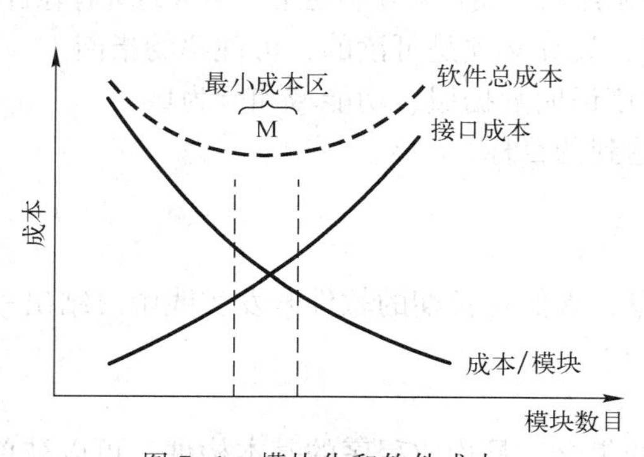

图 7-1　模块化和软件成本

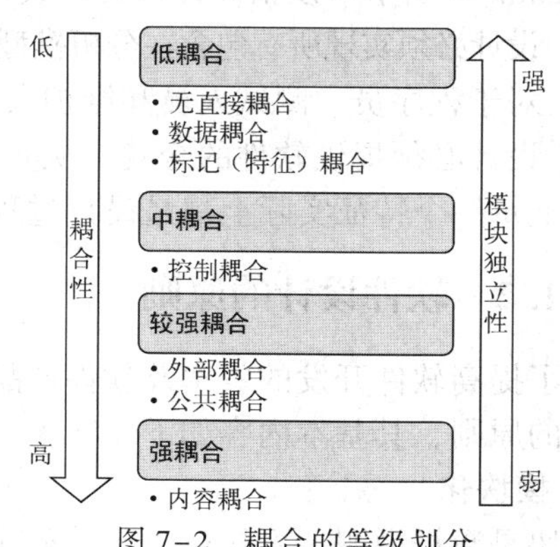

图 7-2　耦合的等级划分

无直接耦合、数据耦合和标记耦合属于低强度的耦合。无直接耦合是指调用模块和被调用模块之间不存在直接的数据联系。如若调用模块和被调用模块之间存在数据联系，对于简单变量这样的数据传递针对的是数据耦合，对于数组、过程和对象等复杂数据结构的数据传递针对的是标记耦合。当模块之间的联系不是数据信息而是控制信息时，这样的耦合是控制耦合。控制耦合是中强度的耦合。较强耦合包括外部耦合和公共耦合。外部耦合是指系统允许多个模块同时访问同一个全局变量。公共耦合是指允许多个模块同时访问一个全局性的数据结构。内容耦合是最高强度的耦合，它允许一个模块直接调用另一个模块中的数据。

在软件设计时，开发人员应该尽量使用数据耦合，较少使用控制耦合，限制公共耦合的使用范围，同时坚决避免使用内容耦合。

3）提高模块的内聚程度。模块的内聚是指模块内部各个元素之间彼此结合的紧密程度。内聚和耦合往往密切相关，模块的高内聚通常意味着低耦合。在软件设计时，应该尽量提高模块的内聚程度，使模块内部的各个组成成分都相互关联，使其为了完成一个特定的功能而结合在一起。与内聚相关的 7 个等级的示意图如图 7-3 所示。

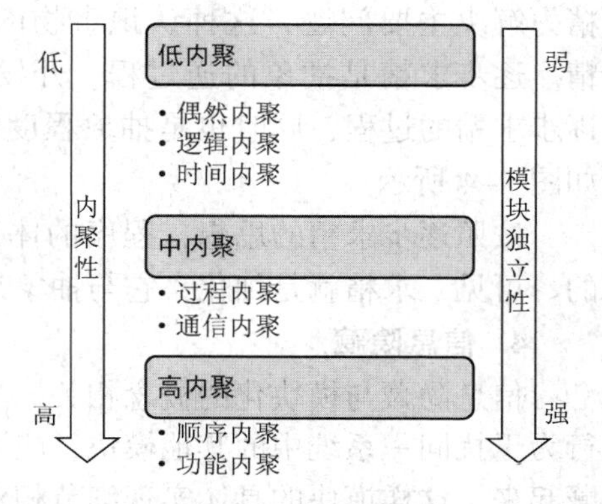

图 7-3　内聚的等级划分

偶然内聚、逻辑内聚和时间内聚属于低内聚。偶然内聚是指模块内各元素之间无实质性的联系，而只是偶然地组合在一起。逻辑内聚是指模块内部各组成成分的处理动作在逻辑上相似，但是功能却彼此不同。时间内聚是指将若干在同一时间段内进行的却彼此不相关的工作集中在一个模块中。中内聚包括过程内聚和通信内聚。过程内聚是指模块内部各个成分按照确定的顺序进行并无相关联系的工作。通信内聚是指模块内部各个成分的输入数据和输出数据都相同。顺序内聚和功能内聚属于高内聚。顺序内聚是指模块内的各个组成部分顺序执行，前一个成分的输出就是后一个成分的输入。功能内聚是指模块内的各个组成部分都为完成同一个功能而存在，在这里强调完成并且只完成单一的功能。

在软件系统中，要避免使用低内聚的模块，多使用高内聚尤其是功能内聚的模块。如果能做到一个模块完成一个功能，那么就达到了模块独立性的较高标准。

4）加强模块的保护性。保护性是指当一个模块内部出现异常时，它的负面影响应该尽量局限在该模块内部，从而保护其他模块不受影响，降低错误的影响范围。

2. 抽象

抽象是人们认识复杂的客观世界时所使用的一种思维工具。在客观世界中，一定的事物、现象、状态或过程之间总存在着一些相似性，如果能忽略它们之间非本质性的差异，而把其相似性进行概括或集中，那么这种求同存异的思维方式就可以看做抽象。比如，将一辆银色的女式自行车抽象为一辆交通工具，只保留一般交通工具的属性和行为；把小学生、中学生、大学生和研究生的共同本质抽象出来之后，形成一个概念“学生”，这个概念就是抽象的结果。抽象主要是为了降低问题的复杂度，以得到问题领域中较简单的概念，好让人们能够控制其过程或以宏观的角度来了解许多特定的事态。

抽象在软件开发过程中起着非常重要的作用。一个庞大、复杂的系统可以先用一些宏观的概念构造和理解，然后再逐层地用一些较微观的概念去解释上层的宏观概念，直到最底层的元素。

此外，在软件的生命周期中，从可行性研究到系统实现，每一步的进展也可以看做是一种抽象，这种抽象是对解决方案的抽象层次的一次精化。在可行性研究阶段，目标系统被看成是一个完整的元素。在需求分析阶段，人们通常用特定问题环境下的常用术语来描述目标系统不同方面、不同模块的需求。从概要设计（总体设计）到详细设计的过渡过程中，抽象化的程度也逐渐降低。而当编码完全实现后，就达到了抽象的最底层。

3. 逐步求精

在面对一个新问题时，开发人员可暂时忽略问题非本质的细节，而关注与本质相关的宏观概念，集中精力解决主要问题，这种认识事物的方法就是逐步求精。逐步求精是抽象的逆过程。开发人员认识问题是逐步求精的过程，同时也是抽象程度逐渐降低的过程，如图 7–4 所示。

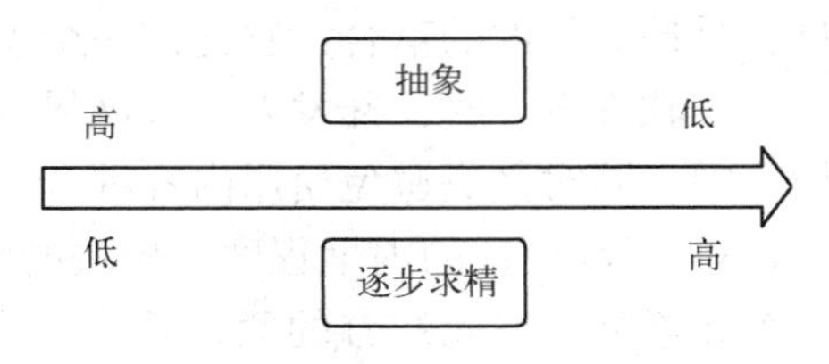

图 7–4 逐步求精与抽象的关系

按照逐步求精的思想，程序的体系结构是按照层次结构，逐步精化过程细节而开发出来的。可见，求精就是细化，它与抽象是互补的概念。

4. 信息隐藏

信息隐藏与模块化的概念相关。当一个系统被分解为若干个模块时，为了避免某个模块的行为干扰同一系统中的其他模块，应该让模块仅公开必须让外界知道的信息，而将其他信息隐藏起来，这样模块的具体实现细节相对于其他不相关的模块而言就是不可见的，这种机制就是信息隐藏。

信息隐藏提高了模块的独立性，加强了外部对模块内部信息进行访问的限制，它使得模块的局部错误尽量不影响其他模块。信息隐藏有利于软件的测试和维护工作。

通常，模块的信息隐藏可以通过接口来实现。模块通过接口与外部进行通信，而把模块的具体实现细节（如数据结构、算法等内部信息）隐藏起来。一般来说，一个模块具有有限个接口，外部模块通过调用相应的接口来实现对目标模块的操作。

5. 复用性设计

软件复用就是用已有的软件成分构造新的软件系统。可以被复用的软件成分一般称为可复用构件，无论对可复用构件原封不动地使用，还是进行适当的修改后再使用，只要是用来构造新软件，则都可称为复用。软件复用不仅仅是对程序的复用，它还包括对软件开发过程中任何活动所产生的制成品的复用，如软件开发计划、可行性研究报告、分析模型、设计模型、源程序和测试用例等。如果是在一个系统中多次使用一个相同的软件成分，则不称为复用，而称为共享；对一个软件进行修改，使它运行于新的软硬件平台也不称为复用，而称为软件。

复用设计结果比源程序的抽象级别更高，因此它的复用受实现环境的影响较少，从而使可复用构件被复用的机会更多，并且所需的修改更少。这种复用有 3 种途径，第一种途径是从现有系统的设计结果中提取一些可复用的设计构件，并把这些构件应用于新系统的设计；第二种途径是把一个现有系统的全部设计文档在新的软硬件平台上重新实现，也就是把一个设计运用于多个具体的实现；第三种途径是独立于任何具体的应用，有计划地开发一些可复用的设计构件。

6. 灵活性设计

灵活性设计，简而言之，就是软件在面对需求修改时的随机应变能力，可以体现在修改程序代码的工程量等方面。抽象是软件设计的关键因素。设计模式、软件架构等可以用来实现更高抽象层次的编程，以提高软件的灵活性。在设计（尤其是面向对象的设计）中引入灵活性的方法如下。

1）降低耦合并提高内聚：降低耦合提高内聚的主要目的之一，就是在修改一部分代码时尽可能避免牵一发而动全身，也就是提升软件的灵活性。

2）建立抽象：就是创建有多态操作的接口和父类，主要目的就是能继承的就继承，尽可能不要写冗余代码。由于重写这些冗余代码会增加修改软件程序时的工作量，因此节约了这部分的工作量，也就是提升了软件的灵活度。

3）不要将代码写死：就是消除代码中的常数。一些静态数据，比如定义了一组错误码约定，每一种错误对应一个错误码。然后在代码里每次判断或设置这个错误码时，都要用常量来判断。如果扩写软件，这样的判断就会出现成百上千。此时如果忽然要修改某个错误码的值，那么修改代码就会非常麻烦。

4）抛出异常：就是由操作的调用者处理异常。一旦出现异常，便由程序自行处理，那么异常处理的工作会被杂糅在整个软件程序的各个部分，这样修改起来很难找，容易出现疏漏，给修改软件带来了麻烦，所以一般要抛出异常。

5）使用并创建可复用的代码：如果一段可复用的代码在一个软件中重复出现多次，那么针对这段代码的修改将需要在每一个它出现的地方进行，而如果能够高度复用同一段代码，比如说只对它定义一次，其他的部分都是对这段代码的调用，那么修改时就只需要修改一次。

7.1.3 软件设计的分类

软件设计可以从活动任务观点和工程管理观点分别对其进行分类。

从活动任务来看，软件设计是对软件需求进行数据设计、体系结构设计、接口设计、构件设计和部署设计。

1）数据设计可创建基于高抽象级别上表示的数据模型和信息模型。然后，数据模型被精化为越来越多和实现相关的特定表示，即基于计算机的系统能够处理的表示。

2）体系结构设计为人们提供软件的整体视图，定义了软件系统各主要成分之间的关系。

3）接口设计告诉人们信息如何流入和流出系统，以及被定义为体系结构一部分的构件之间是如何通信的。接口设计有 3 个重要元素：用户界面，和其他系统、设备、网络或其他信息产生者或使用者的外部接口，以及各种设计构件之间的内部接口。

4）构件设计完整地描述了每个软件构件的内部细节，为所有本地数据对象定义数据结构，为所有在构件内发生的处理定义算法细节，并定义允许访问所有构件操作的接口。

5）部署设计指明软件功能和子系统如何在支持软件的物理计算环境内分布。

从工程管理角度来看，软件设计分为概要设计（总体设计）和详细设计。前期进行概要设计，得到软件系统的基本框架。后期进行详细设计，明确系统内部的实现细节。

1）概要设计用于确定软件的结构及各组成部分之间的相互关系。它以需求规格说明书为基础，概要地说明软件系统的实现方案，包括以下几点。

- 目标系统的总体架构。
- 每个模块的功能描述、数据接口描述及模块之间的调用关系。
- 数据库、数据定义和数据结构等。

其中，目标系统的总体架构为软件系统提供了一个结构、行为和属性的高级抽象，由构成系统的元素的描述、这些元素之间的相互作用、指导元素集成的模式，以及这些模式的约束组成。

2）详细设计用于确定模块内部的算法和数据结构，产生描述各模块程序过程的详细文档。它对每个模块的功能和架构进行细化，明确要完成相应模块的预定功能所需要的数据结构和算法，并将其用某种形式描述出来。详细设计的目标是得到实现系统的最详细的解决方案，明确对目标系统的精确描述，从而在编码阶段可以方便地把这个描述直接翻译为用某种程序设计语言书写的程序。在进行详细设计的过程中，设计人员的工作涉及的内容有过程、数据和接口等。

- 过程设计主要是指描述系统中每个模块的实现算法和细节。
- 数据设计是对各模块所用到的数据结构的进一步细化。
- 接口设计针对的是软件系统各模块之间的关系或通信方式，以及目标系统与外部系统之间的联系。

详细设计针对的对象与概要设计针对的对象具有共享性，但是二者在粒度上会有所差异。详细设计更具体，更关注细节，更注重最底层的实现方案。此外，详细设计要在逻辑上保证实现每个模块功能的解决方案的正确性，同时还要将实现细节表述得清晰、易懂，从而方便编程人员的后续编码工作。

7.2 数据库结构设计

数据库结构设计包括概念结构设计、逻辑结构设计和物理结构设计。

- 数据库的概念结构是系统中各种数据模型的共同基础，它描述了系统最基础的数据结构，独立于特定的数据库系统。
- 数据库的逻辑结构提供了比较接近数据库内部构造的逻辑描述，它能够为数据库物理结构的创建提供便利。
- 数据库的物理结构是指数据库的物理数据模型，它包括数据库服务器物理空间上的表、存储过程、字段、视图、触发器和索引等，与特定的数据库系统密切相关。

数据库结构设计的示意图如图 7-5 所示。

通常，数据库的概念结构用 E-R 图（参考 4.2.2 节）来表示。在一个学生选课系统中，“学生”与“课程”的 E-R 图如图 7-6 所示。

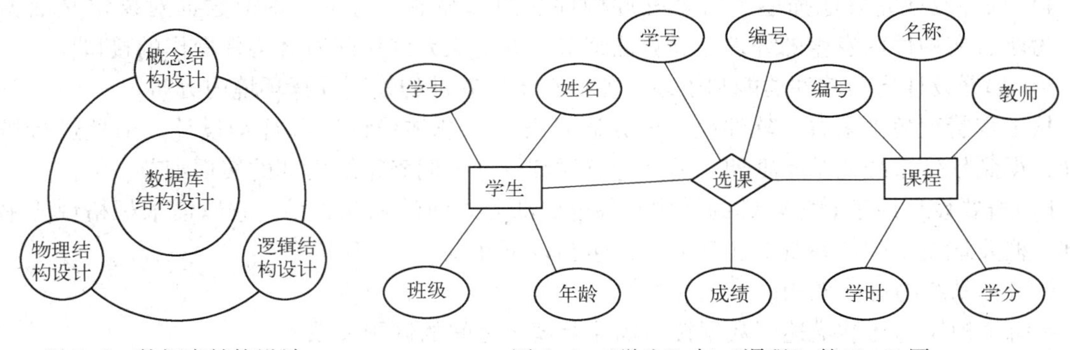

图 7-5　数据库结构设计　　图 7-6　“学生”与“课程”的 E-R 图

在设计数据库的逻辑结构的过程中，首先要将概念结构中的实体、属性和关系映射为数据表结构。在关系型数据库中，数据表是数据的存储单位。在映射的过程中，可以遵循以下规则。

1）将数据库概念结构中的“实体”映射为逻辑结构中的“数据表”，实体的属性可以用数据表中的字段来表示，实体的主关键字作为数据表的主键。

2）数据库概念结构中的1:1联系可以映射为一个独立的数据表，也可以与跟它相连的任意一端或两端的实体合并组成数据表。

3）数据库结构中的1:n关系可以映射为一个独立的数据表，也可以与跟它相连的n端实体合并组成数据表。

4）数据库结构中的m:n关系可以映射为一个独立的数据表，各实体的主关键字的组合形成数据表的主键。

根据以上规则，“学生”与“课程”的E-R图可以映射为以下数据表结构。

学生（学号，姓名，班级，年龄）

课程（编号，名称，教师，学时，学分）

选课（编号，学号，成绩）

形成初始的数据表后，要对其进行规范，在这里引入范式的概念。一个好的关系模式应当不会发生插入异常、更新异常和删除异常，数据冗余尽可能少，在设计关系数据库时应该考虑上述问题。各范式的定义如下。

1）第一范式：所有关系中的每一个分量都必须是不可分的数据项。第一范式是建立关系型数据表的最基本的要求。

2）第二范式：满足第一范式的条件，并且每个非键属性都由整个键决定。

3）第三范式：满足第二范式的条件，并且每个非键属性不依赖于其他非键属性值。

显然，数据表的范式级别越高，其规范性也就越强。对于小型软件开发项目而言，所设计的逻辑模式能满足第二范式的要求即可。但是，如果项目对数据库中数据的完整性要求较高，应保证所设计的关系模式满足第三范式甚至更高范式的要求。

设计好数据表后，若数据表之间存在关联关系，那么可以采用主键和外键的方法，这是数据表之间参照完整性规则的依据。此外，为了使数据具有更高的安全性，方便对数据的组织和操作，人们还会采用数据视图的方法来进一步完善数据库的逻辑结构设计。

得到数据库的逻辑结构之后，就可以将模型进一步表现为物理空间上的表、字段、索引、存储过程、触发器及相应的数据字典了。

由于篇幅有限，要想了解数据库结构设计更多方面的内容，读者可参看有关数据库原理方面的书籍，这里不再赘述。

7.3 用户界面设计

用户界面设计是接口设计的一个组成部分。对于交互式系统来说，用户界面设计和数据设计、体系结构设计、过程设计一样重要。近年来，用户界面在系统中所占的比例越来越大，在个别系统中，用户界面的设计工作量甚至占设计总量的一半以上。

用户界面的设计质量直接影响用户对软件产品的评价，从而影响软件产品的竞争力和寿命，因此，必须对用户界面设计给予足够重视。

设计活动是基于一定的目的与流程的，它明确了设计活动的最终方向，并保证设计活动的正确性和高效率。下面将介绍在软件工程过程中用户界面设计参与的环节，在这些环节中用户界面设计的工作环境如何，要做哪些工作，以及完成这些工作的方法。

7.3.1 设计驱动开发

当新用户开始使用一个应用程序时，他们通常是对其有所期待的，而这种期待往往来自他们以往使用类似的应用程序及操作系统的经验。用户会在潜意识中对应用程序每个按钮的作用、使用方式、工作逻辑及快捷键等做出一系列的猜测，并期待他们所使用的应用程序满足这些预期。一旦用户的期待得不到满足，就会大大影响用户的使用体验。

作为应用程序开发者，在设计应用程序的过程中必须遵循同类软件乃至其所运行的操作系统的使用习惯；只有这样才能避免过高的学习和适应成本，给用户带来“熟悉感”，从而让用户获得更好的使用体验。

软件界面设计的好坏通常不仅仅是美观与否的问题——一个精良的设计往往能让应用程序本身变得更加高效和易于使用，相反，一个糟糕的设计则完全可能让开发者在应用上的其他努力付诸东流。因此，在现代应用程序的开发过程中，用户界面设计的地位越来越重要。对于开发者来说，用户界面设计并不仅仅是“图像”或“美学”设计，而是应用一系列简单而实用的准则或策略来改善软件易用性的一个步骤。

7.3.2 目标用户群体

在对一个新的软件产品做需求分析和功能设计之前，必须要明确软件所针对的用户群体，以及用户群的具体特征，只有这样才能设计并开发出对用户有价值的功能。其实，在用户界面的设计中，“明确目标用户”同样也是非常重要的一环。用户本身的技能、个性、性别、年龄、所受教育及文化背景上的差异，用户的基础计算机操作水平，用户在相关领域的专业知识，都可能导致用户对界面的需求的不同。例如，一个专业的软件工程师和对计算机只有有限了解的普通用户，所能够接受的界面可能就完全不同。来自中国和法国的用户，对于同一种配色或图案的理解也可能大相径庭。用户界面作为应用程序和用户交互的核心途径，必须将不同用户对界面的不同需求考虑在其中，这样才能给用户提供最好的使用体验。否则，即使软件内部的功能十分强大，如果界面使用起来体验非常糟糕，用户也不会选择使用它。

7.3.3 简洁与清晰

早期的软件界面往往只是一系列功能和按钮的堆砌，功能复杂的软件往往伴随着无数的菜单项和按钮，让人望而生畏；而现在，越来越多的软件都在强调其“设计感”，软件的功能层次感越来越清晰，功能分区越来越合理，而这其中最直观的一点就是整体界面的设计越发显得简洁、清晰、美观。在不影响功能的前提下，很多不常用的按钮和菜单项被隐藏，用户的实际内容得到强调。

在界面设计中，应当仔细斟酌每个界面元素的作用、重要性和交互方式，将重要的界面元素放置在显著位置，不太重要的界面元素则降级到相对次要的位置，凸显界面元素之间的层次感和逻辑感，避免对空间进行罗列和堆叠。此外，对于展示实际用户内容的界面（如图片浏览应用、文档编辑应用等），不应使得软件工具栏和其他辅助控件过多地占用用户实际内容的屏幕空间，或干扰用户正常浏览应用所展示的内容。

7.3.4 实现模型与心智模型

从程序开发人员的角度出发，把开发一个应用程序所需要用到的技术解决方案，称为这个程序的“实现模型”。例如，开发一个在线的物品交易平台，使用 Python 作为后端语言，HTML、CSS 和 JavaScript 等作为前端语言，MySQL 作为数据库引擎，这些都属于实现模型。实现模型往往包含了复杂艰深的理论、技术和算法等内容，这些内容在开发过程中对开发者来说是至关重要的，但是却不会被大多数用户所了解。

与实现模型不同，软件的真实用户对该软件用法和运作方式的个人理解（或期望），则称为“心智模型”。这类心智模型有助于用户理解自己使用软件的过程，预测某个操作的结果，并应对出乎意料的情况。换句话说，心智模型能够帮助用户“自然地”使用一个程序。用户拥有什么样的心智模型取决于用户个人的生活经历和知识结构（如对计算机软件技术的理解）。

心智模型可能是精巧的，也可能是简陋的；可能是真实的，也可能是想象中的。不过通常来说，大部分用户的心智模型都是由一系列零碎的事实所构建起来的，因此心智模型所反映的通常是一种肤浅的、不完善的理解，但这并不会妨碍用户对软件的学习和掌握。例如，用户敲击键盘，屏幕上就会出现对应的文字。用户只需要明白“敲击键盘”和“输入字符”之间的对应关系即可正常打字，完全无须理解这一操作背后的原理。

7.3.5 设计的规范性

大多数主流操作系统都有一套专门的“设计规范”，以供开发者和程序设计人员参考。例如，对于 macOS 应用程序，苹果公司发布过官方的“人机界面指南”，其完整版本在苹果开发者网站即可找到。对于 Windows 应用程序，微软公司也发布过诸如“设计 Windows 桌面应用程序”和“通用 Windows 平台应用程序指南”等设计方面的指导性材料。应用程序的开发者和设计人员在设计一个应用程序时，应当通读、理解并严格遵守相关设计指南中的设计要求。

7.3.6 设计的可用性和易用性

在设计和开发中，“可用性”是衡量一个应用程序用户体验好坏的重要标准之一。具有良好的可用性，要求应用具有以下 3 个特性。

- 容易学习和掌握——第一次使用该应用程序时，用户是否可以轻易学会使用应用程序的基本功能？如果一个程序的界面看起来十分复杂，或用户需要花费很长时间才能掌握一个应用程序的主要用法，他们很可能会放弃使用该应用程序。
- 高效——用户掌握了应用程序的使用方式后，能否快速地利用该应用程序完成相应的任务？如果用户使用一个应用程序需要花费相当长的时间，他们很可能会放弃使用该应用程序。
- 令人愉悦——总体上来说，使用一个应用程序的体验是否愉快？如果用户在使用一个应用程序的过程中的体验不佳（例如，过小的文字、复杂的操作流程、不合理的交互方式或难看的用户界面或图标，都可以是用户抱怨的原因），他们很可能会放弃使用该应用程序。

没人喜欢使用复杂、难以掌握的应用程序。为获得良好的可用性，在设计和开发的每个步骤和每一轮迭代中，开发人员都应该将软件的目标用户作为核心，在实际使用环境中，以真实用户的需求、偏好和习惯为导向，对产品的设计进行不断优化。在这一过程中，应该重点关注以下几个问题。

- 软件的目标用户是怎样一个群体？
- 用户的实际需求有哪些？
- 用户在相关领域有哪些背景知识？
- 用户希望软件具有哪些功能？
- 为了使用软件完成某项任务，用户需要得到哪些信息？这些信息应该用什么方式呈现？
- 根据现有设计，用户认为的软件使用方式和其真实使用方式是否一致？
- 是否有特殊的用户群体/需求/运行环境需要额外考虑？

7.3.7 设计的一致性

在界面及交互设计中，追求一致性是非常重要的。它允许用户将先前已经建立的使用习惯和知识带入到一个全新的应用程序中。如果应用程序的界面和交互设计不满足一致性要求，用户可能会感到困惑，从而增加应用程序的学习成本，增加误操作的机会，最终影响用户的使用体验。根据一致性的范围，可将其大致分为两类——外部一致性和内部一致性。

每个操作系统都有其固有的操作模式及标准的用户界面元素，一个设计良好的应用程序应当遵循这些惯例。这就是“外部一致性”：一个软件应当和其他软件，乃至其所运行的操作系统保持一致。有时，某些设计决策在操作系统层面没有固定的规范或惯例可供遵循，但在一个应用程序内部却应该保持统一，不应产生歧义或自相矛盾。这就是“内部一致性”。

此外，在界面的样式设计上，一个应用程序也应当具有一个统一的风格，包括颜色搭配和使用、控件样式，字体、动画、阴影等各种设计元素的运用。例如，如果软件的一部分使用红色表达“错误”或“警告”的含义，那么一般来说就不应当同时在其他地方使用红色来表达“喜庆”的含义。

7.3.8 设计的容错性

良好的“容错性”允许用户大胆地探索一个应用程序的所有功能——因为绝大部分操作都是可逆的、非破坏性的。如果用户确信他们可以大胆地尝试每个按钮的用途而不用担心他们的操作系统或数据被损坏，应用程序的用户体验会大大提高。此外，良好的容错性也会让应用程序显得更加稳定、可靠。如果用户发现在一个应用程序中并不会因为无意中的操作就产生严重错误（如数据丢失或损毁），他们自然会更加信任这一应用程序。

7.4 软件设计说明书编写指南

对于大型软件项目，在设计阶段一般要完成概要设计说明书、详细设计说明书和数据库设计说明书。对于中、小型软件项目，上述3种说明书可以合并为软件设计说明书。

在实际完成设计阶段的相关文档时，可以不必拘泥于模板的内容和格式，而是应该根据项目的特点和实际情况对模板有所剪裁。

另外，将概要设计说明书、详细设计说明书和数据库设计说明书合并为一份软件设计说明书时，可以根据对待开发系统的设计程度、项目特点及开发人员的能力，恰当地选取概要设计说明书、详细设计说明书和数据库设计说明书模板中的内容，对其在最终的文档中进行描述，而不需要面面俱到，把 3 份文档机械地合在一起。

1. 引言

本章节对该文档的目的、功能范围、术语、相关文档、参考资料和版本更新进行说明。

1.1 编写目的

本文档的目的旨在推动软件工程的规范化，使设计人员遵循统一的设计书写规范，节省制作文档的时间，降低系统实现的风险，做到系统设计资料的规范性与全面性，以利于系统的实现、测试、维护和版本升级等。

1.2 命名规范

变量对象命名规则：申明全局变量和局部变量对象的命名规则。

数据库对象命名规则：申明数据库表名、字段名、索引名和视图名等对象的命名规则。

1.3 术语定义

列出本文档中用到的专门术语的定义和外文首字母缩号词的原词组。

1.4 参考资料

列出有关的参考文件，如下所示。

1）本项目的经核准的计划任务书或合同，以及上级机关的批文。

2）属于本项目的其他已发表的文件。

3）本文档中各处引用的文件、资料，包括所要用到的软件开发标准。

列出这些文件的标题、文件编号、发表日期和出版单位，说明能够得到这些文件资料的来源。

1.5 相关文档

1.6 版本更新记录

版本更新记录格式，如表 7-1 所示。

表 7-1 版本更新记录

版本号	创建者	创建日期	维护者	维护日期	维护纪要
V1.0	王林	2016/08/18	—	—	—
V1.0.1	—	—	李丽	2016/08/26	E-R 图维护

2. 总体设计

2.1 总体结构设计

用一览表及框图的形式说明本系统的系统元素（各层模块、子程序和公用程序等）的划分，扼要说明每个系统元素的标识符和功能，分层次地给出各元素之间的控制与被控制关系。

2.2 硬件运行环境设计

硬件平台如下。

- 服务器的最低配置要求。
- 工作站的最低配置要求。
- 外设的要求。

2.3 软件运行环境设计

软件平台如下。

- 服务器操作系统。
- 数据库管理系统。
- 中间件。
- 客户机的操作系统。
- 客户机的平台软件。

2.4　子系统清单

子系统清单如表 7-2 所示。

表 7-2　子系统清单

子系统编号	子系统名称	子系统功能简述	子系统之间的关系
SS1			
SS2			
SS3			

2.5　功能模块清单

功能模块清单如表 7-3 所示。

表 7-3　功能模块清单

模块编号	模块名称	模块功能简述	模块的接口简述
M1 -1			
M1 -2			
M2 -1			
M2 -2			

3. 模块功能分配

具有功能独立、能被调用的信息单元模块。模块是结构化设计中的概念，部件是面向对象设计中的概念。

模块功能分配的目的，就是为了将具有相同功能的模块合并，从中提取公用模块，形成公用部件，按照构件或中间件的方式加以实现，作为本系统的公用资源，甚至作为公司级组织的公用资源，从而充实公司级的构件库或中间件库，优化系统设计，加快开发速度，提高开发质量。

3.1　公用模块功能分配

公用模块功能分配如表 7-4 所示。

表 7-4　公用模块功能分配

公用模块编号	模块名称	模块详细功能分配	模块的接口标准
G -1			
G -2			
G -3			

3.2　专用模块功能分配

专用模块功能分配如表 7-5 所示。

表 7-5　专用模块功能分配

专用模块编号	模块名称	模块详细功能分配	模块的接口标准
Z1 - 1			
Z1 - 2			
Z2 - 1			
Z2 - 2			

4. 数据库设计

4.1　数据库表名列表

数据库表名列表格式如表 7-6 所示。

表 7-6　数据库表名列表

序　　号	中文表名	英文表名	表功能说明
1			
2			
3			

4.2　数据库表之间的关系说明

可以用 E - R 图表示，也可以用文字说明。

4.3　数据库表的详细清单

每个表的详细清单内容包括表名，中文字段名，英文字段名，数据类型、宽度、精度，主键/外键，是否允许为空，取值约束（默认值、最大值、最小值），以及索引否。同时要指出该表的索引：索引文件名、索引字段名和索引特性（主键索引、唯一索引、聚集索引）。用户可以根据实际情况进行裁减。详细清单可以用列表给出，如表 7-7 所示。

表 7-7　表名：XXXX

序号	英文字段名	中文字段名	数据类型、宽度、精度	取值约束	是否允许为空	主键/外键	索引否
1							
2							
3							

4.4　视图设计

视图设计中要给出视图的中文名、英文名，视图中的中文列名、英文列名、类型、宽度、精度，每一列的具体算法，以及对应的基本表名。

5. 其他设计

本章描述前面没有说明的设计，如接口设计、每个功能模块的详细设计、存储过程设计和角色授权设计等。

6. 系统出错处理设计

6.1　出错信息

说明每种可能的错误或故障情况出现时，系统输出信息的形式、含义及处理方法。

6.2　故障预防与补救

说明故障出现前的预防措施及出现后可能采取的变通措施。

6.3　系统维护设计

说明为了系统维护的方便而在程序内部设计中做出的安排，包括在程序中专门安排用于系统的检查与维护的检测点和专用模块。

7. 测试计划

说明对本程序进行单元测试、集成测试及系统测试的计划，包括对测试的技术要求、输入数据、预期结果、进度安排、人员职责、设备条件驱动程序及桩模块等的规定。

软件设计说明书编写的具体实例可参看附录 B。

习题

1. 判断题

（1）模块独立要求高耦合、低内聚。（　　）

（2）软件设计说明书是软件概要设计的主要成果。（　　）

（3）划分模块可以降低软件的复杂度和工作量，所以应该将模块分得越小越好。（　　）

（4）软件设计中设计复审和设计本身一样重要，其主要作用是避免后期付出高代价。（　　）

2. 选择题

（1）模块的独立性是由内聚性和耦合性来度量的，其中内聚性是（　　）。

A. 模块间的联系程度　　B. 信息的隐藏程度

C. 模块的功能强度　　D. 接口的复杂程度

（2）为了提高模块的独立性，模块之间最好是（　　）。

A. 公共环境耦合　　B. 控制耦合　　C. 数据耦合　　D. 特征耦合

（3）属于软件设计的基本原理是（　　）。

A. 数据流分析设计　　B. 变换流分析设计　　C. 事务流分析设计　　D. 模块化

（4）软件设计阶段一般又可分为（　　）。

A. 逻辑设计与功能设计　　B. 概要设计与详细设计

C. 概念设计与物理设计　　D. 模型设计与程序设计

（5）软件设计一般分为总体设计和详细设计，它们之间的关系是（　　）。

A. 全局和局部　　B. 抽象和具体　　C. 总体和层次　　D. 功能和结构

3. 简答题

（1）为什么说“高内聚、低耦合”的设计有利于提高系统的独立性？

（2）请简述软件设计与需求分析的关系。

（3）请简述软件设计的目标和任务。

（4）请简述在软件设计的过程中需要遵循的规则。

（5）软件设计如何分类，分别有哪些活动？

（6）什么是模块和模块化？软件设计为什么要模块化？

（7）请简述用户界面设计应该遵循的原则。

（8）比较概要设计和详细设计的目标，并分别阐述概要设计和详细设计的内容。

（9）如何理解抽象的概念？

第8章　软件体系结构与设计模式

本章首先介绍软件体系结构的概念，包括什么是软件体系结构、软件体系结构建模、软件体系结构的分层模型和软件体系结构的作用；然后讲述典型的软件体系结构风格，包括数据流风格、调用/返回风格、独立构件风格、虚拟机风格和仓库风格；接着讲述软件质量属性和分布式系统结构；还介绍体系结构框架，包括模型－视图－控制器、模型－视图－表示器、J2EE 体系结构框架、PCMEF 框架和 PCBMER 框架；最后，针对软件系统的设计模式进行简要阐述。

本章目标

- ❑ 了解软件体系结构的定义和建模方法。
- ❑ 熟悉常见的软件体系结构风格。
- ❑ 了解软件的质量属性。
- ❑ 了解分布式系统结构。
- ❑ 了解体系结构框架。
- ❑ 了解软件系统的设计模式。

8.1　软件体系结构的概念

8.1.1　什么是软件体系结构

体系结构是研究系统各部分组成及相互关系的技术学科。每一个建筑物都有体系结构，体系结构就相当于一个系统的整体框架的草图，描述系统组成的骨架。同样，软件系统也具有自己的体系结构。软件体系结构对于一个软件系统具有至关重要的作用，它的好坏直接决定软件系统是否能合理高效地运行。可以说，软件体系结构既决定系统的框架和主体结构，又决定系统的基本功能及某些细节特征。软件体系结构是构建计算机软件实践的基础。

具体来说，软件体系结构是系统的一个或多个结构，如图 8-1 所示，它包括下列几部分。

1）软件的组成元素（组件）。

2）这些（组件）元素的外部可见特性。

3）这些元素（组件）之间的相互关系。

软件体系结构不仅指定了系统的组织结构和拓扑结构，也显示了系统需求和构成系统的元素之间的对应关系，提供了一些设计决策的基本原理。

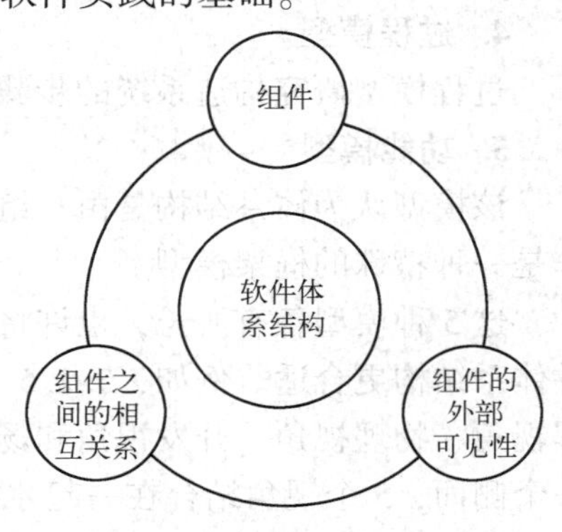

图 8-1　软件体系结构

在建筑学中，建筑师通常用不同种类的蓝图来描述目标建筑物。在软件设计中，开发人员也经常用各种视图来描述目标系统，如功能视图、逻辑视图、结构视图、过程视图、物理视图和部署视图等。目前，UML 已经提供了一套软件体系结构视图的标准。

软件体系结构描述的对象是直接构成系统的抽象组件。它由功能各异、相互作用的部件按照层次构成，包含了系统的基础构成单元、单元之间的相互作用关系、在构成系统时它们的合成方法，以及对合成约束的描述。

具体来说，部件包括客户端、服务器、数据库、程序包、过程和子程序等一切软件的组成部分。相互作用的关系可以是过程调用、消息传递、共享内存变量、客户端/服务器的访问协议和数据库的访问协议等。

8.1.2 软件体系结构建模

针对某一具体的软件系统研发项目，需要以某种可视化/形式化的形式将软件体系结构的设计结果显式地表达出来，进而支持以下几个方面。

1）用户、软件架构师和开发者等各方人员之间的交流。

2）分析和验证软件体系结构设计的优劣。

3）指导软件开发组进行系统研发。

4）为日后的软件维护提供基本文档。

根据建模的侧重点的不同，可以将软件体系结构的模型分为结构模型、框架模型、动态模型、过程模型和功能模型 5 种。

1. 结构模型

这是一个最直观、最普遍的建模方法。这种方法以体系结构的构件、连接件和其他概念来刻画结构，并力图通过结构来反映系统的重要语义内容，包括系统的配置、约束、隐含的假设条件、风格和性质。研究结构模型的核心是体系结构描述语言。

2. 框架模型

框架模型与结构模型类似，但它不太侧重描述结构的细节，而更侧重于整体的结构。

框架模型主要以一些特殊的问题为目标建立只针对和适应该问题的结构。

3. 动态模型

动态模型是对结构模型或框架模型的补充，研究系统的“大颗粒”的行为性质。例如，描述系统的重新配置或演化。动态可能指系统总体结构的配置、建立或拆除通信通道或计算的过程。这类系统通常是激励型的。

4. 过程模型

过程模型研究构造系统的步骤和过程，因此结构是遵循某些过程脚本的结果。

5. 功能模型

该模型认为体系结构是由一组功能构件按层次组成的，下层向上层提供服务。可以将其看作是一种特殊的框架模型。

这 5 种模型各有所长，也许将 5 种模型有机地统一在一起，形成一个完整的模型来刻画软件体系结构更合适。例如，5.2.5 节的 UML“4 + 1”视图从 5 个不同的视角（逻辑视角、过程视角、物理视角、开发视角和场景视角）来描述软件体系结构。每一个视角只关心系统的一个侧面，5 个视角结合在一起才能够反映系统的软件体系结构的全部内容。

软件体系结构建模可分为 4 个层次。

1）软件体系结构核心元模型：软件体系结构模型由哪些元素组成，这些组成元素之间按照何种原则组织。

2）软件体系结构模型的多视图表示：从不同的视角描述特定系统的体系结构，从而得到多个视图，并将这些视图组织起来以描述整体的软件体系结构模型。

3）软件体系结构描述语言：在软件体系结构基本概念的基础上，选取适当的形式化或半形式化的方法来描述一个特定的体系结构。

4）软件体系结构文档化：记录和整理上述3个层次的描述内容。

8.1.3　软件体系结构的分层模型

在介绍软件体系结构时，一定要介绍分层的概念。分层可以让人们从不同的角度、不同的层面来观察软件系统，方便对软件系统进行描述、分析、设计和使用。软件体系结构的分层模型如图8-2所示。

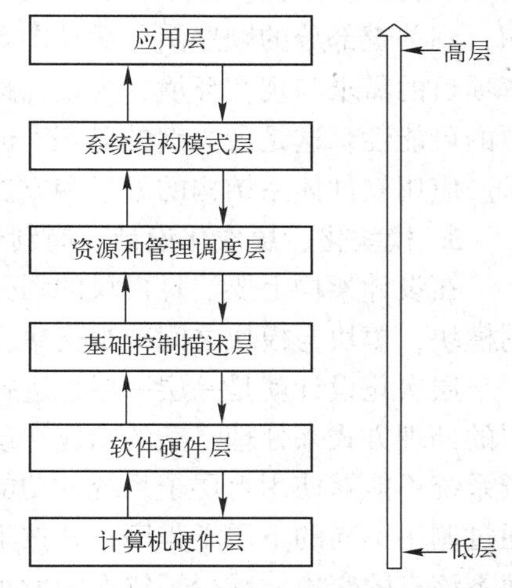

图8-2　软件体系结构的层次模型

- 计算机硬件层是软件实现的物质基础，如存储器、时钟和高速缓存等。
- 软件硬件层实现了软件与硬件的分离，既是对软件实现的最底层的描述，也是对硬件实现的操作和控制的描述。
- 基础控制描述层、资源和管理调度层是体系结构构件和连接的内在构成模型。基础控制描述层描述了高级语言支持的所有顺序、选择、循环、过程和函数等程序控制的概念和数组、队列、链表等数据描述概念。
- 资源和管理调度层描述了基于特定操作系统的进程管理、消息通信等机制，协调和控制一系列数据对象和操作。
- 系统结构模式层是软件的上层体系结构，它是最高层次的软件结构概念，其涉及的概念通常有客户端/服务器、解释器、编译器和框架等。
- 应用层是建立在软件概念之上的领域问题描述，它是基于纯粹的应用领域的。

客户端/服务器是属于系统结构模式层的概念，当它用于企业管理建立了某个特定的数据库时，就产生了应用领域的概念。可见，不同层次的描述反映了对软件系统不同方面和角度的认识。

8.1.4　软件体系结构的作用

设计软件的体系结构在设计阶段非常重要。软件体系结构就好比软件系统的骨骼，如果骨骼确定了，那么软件系统的框架就确定了。在设计软件体系结构的过程中，应当完成的工作至少包括以下几项。

1）定义软件系统的基本构件、构件的打包方式，以及相互作用的方式。

2）明确系统如何实现功能、性能、可靠性和安全性等各个方面的需求。

3）尽量使用已有的构件，提高软件的可复用性。

软件体系结构在软件开发过程中的作用如下。

1. 规范软件开发的基本架构

体系结构与需求是密切相关的。明确的需求可以制定明确的软件规格，越明确的规格设计出来的软件架构越清晰。需求的变更也必须要考虑，有明确的变更趋势也可以更早地在设计中体现出来。在制定软件规格时要考虑一些核心的技术是否可用。

几乎所有的软件开发都需要借鉴别人或组织中其他项目所拥有的经验。一个良好的软件体系结构可以给予开发者很多的帮助和参考。良好的体系结构可以规范软件开发过程，少走弯路，事半功倍。

2. 便于开发人员与用户的沟通

开发人员与系统设计人员、用户及其他有关人员之间进行有效的沟通和交流，可以达成对某些事物的一致性。如果有明确的需求和规格，那就应该进行详细的结构设计，从用例图到类图，到关键部分的顺序图、活动图等，越细越好。尽可能多地地进行交流，尽量让更多的人了解项目的需求与现实环境，为设计提出建议。结构设计注重体系的灵活性，更多地考虑各种变更的可能性，这是最关键的阶段。但这通常是理想状态，一般来说用户不会给出太明确的需求。应用软件体系结构的思想和方法可以较好地划分范围、确定时间、规划成本、保证质量。

3. 模块化、层次化设计，有利于减少返工，提高效率

在设计架构上要注意模块的划分，模块越独立越好。尽量把有明确需求的应用划分为独立的模块，模块与模块之间减少交集，一旦某个模块出现问题也不至于影响其他的模块。

层次化设计就是一层一层地进行分割，是一种一目了然的处理方式。层次体系结构利用分层的处理方式来处理复杂的功能。层次系统由于是上层子系统使用下层子系统的功能，而下层子系统不能够使用上层子系统的功能，下层每个程序接口执行当前的一个简单的功能，而上层通过调用不同的下层子程序，并按不同的顺序来执行这些下层程序，有效地杜绝了不同层次之间不该有的交集，减少了错误的发生，也便于检错。

4. 便于系统开发前、后期的筹备与服务

利用体系结构的思想开发产品不仅可以规范流程、节省时间，而且还能留下大量的开发文档、产品类型框架和软件开发标准流程等资料。为今后的售前咨询和售后服务提供参考和依据。

两种常用的软件体系结构如图 8-3 和图 8-4 所示。

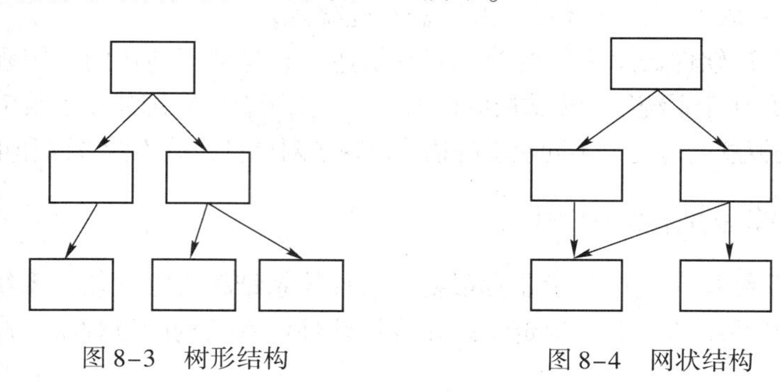

图 8-3　树形结构　　　图 8-4　网状结构

8.2　典型的软件体系结构风格

所谓软件体系结构风格，是描述某一特定应用领域中系统组织方式的惯用模式。

1）软件体系结构风格反映了领域中众多系统所共有的结构和语义特性，并指导如何将各个模块和子系统有效地组织成一个完整的系统。

2）软件体系结构风格定义了用于描述系统的术语表和一组指导构件系统的规则。

软件体系结构风格包含 4 个关键要素。

1）提供一个词汇表。

2）定义一套配置规则。

3）定义一套语义解释规则。

4）定义对基于这种风格的系统进行的分析。

根据以上 4 要素框架，Garlan 和 Shaw 对通用软件体系结构风格的进行如下分类，每种体系结构风格有各自的应用领域和优缺点。

8.2.1 数据流风格

数据流网格的特点是：数据到达即被激活处理工作，无数据时不工作。一般来说，数据的流向是有序的。在纯数据流系统中，处理之间除了数据交换，没有任何其他的交互。主要研究近似线性的数据流，或在限度内的循环数据流。其中包括批处理序列和管道/过滤器。数据流风格示意图如图 8-5 所示。

8.2.2 调用/返回风格

调用/返回风格的各个构件通过调用其他构件和获得返回参数来进行交互，配合完成功能。包括主程序/子程序、面向对象风格和层次结构。调用/返回风格示意图如 8-6 所示。

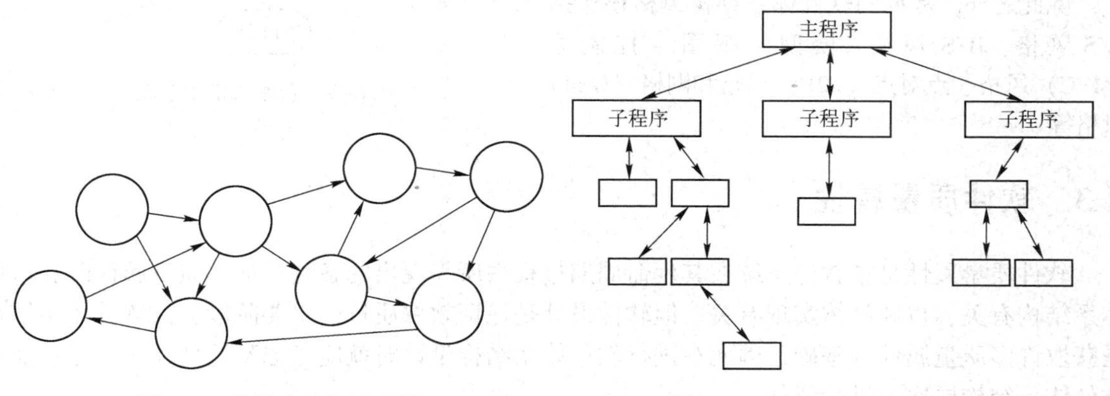

图 8-5　数据流风格示意图　　　图 8-6　调用/返回风格示意图

8.2.3 独立构件风格

独立构件风格的主要特点是：事件的触发者并不知道哪些构件会被这些事件影响，相互保持独立，这样不能假定构件的处理顺序，甚至不知道哪些过程会被调用；各个构件之间彼此无连接关系，各自独立存在，通过对事件的发布和注册实现关联，其中包括进程通信和事件系统。独立构件风格示意图如图 8-7 所示。

8.2.4 虚拟机风格

虚拟机风格创建了一种虚拟的环境，将用户与底层平台隔离开来，或者将高层抽象和底层实现隔离开来。其中包括解释器和基于规则的系统。虚拟机风格示意图如 8-8 所示。

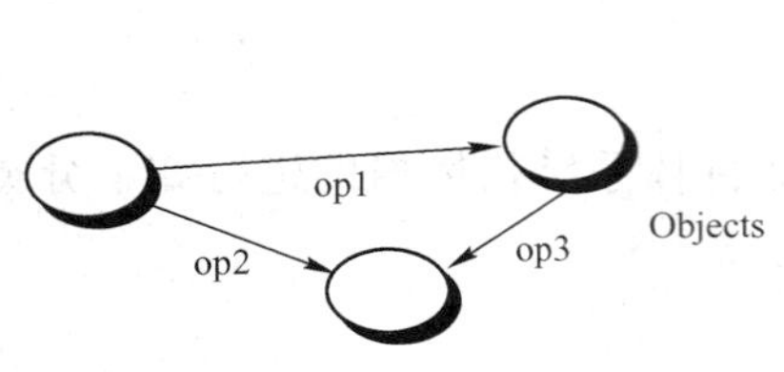
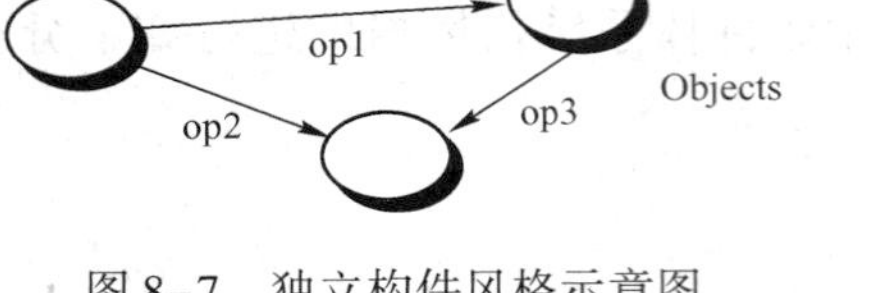

图 8-7　独立构件风格示意图

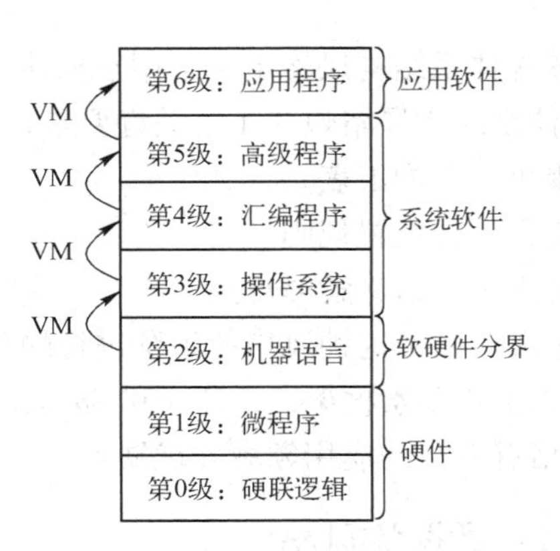

图 8-8　虚拟机风格示意图

8.2.5　仓库风格

仓库是存储和维护数据的中心场所。在仓库风格中存在两类构件，分别为表示当前数据的状态的中心数据结构和一组对中心数据进行操作的独立构件。其中包括数据库系统、超文本系统和黑板系统。仓库风格示意图如图 8-9 所示。

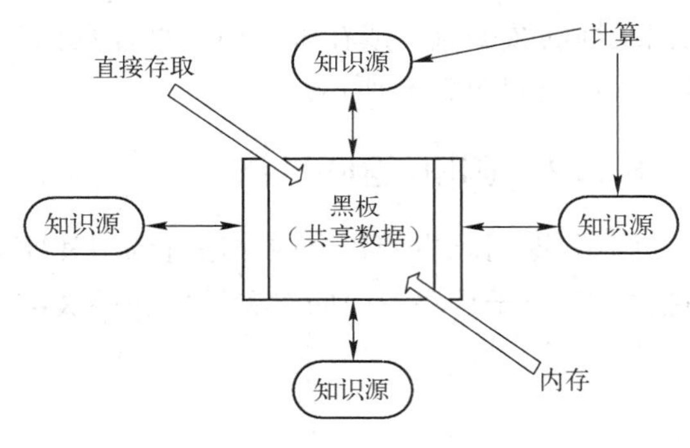

图 8-9　仓库风格示意图

除此之外，常见的软件体系结构风格还包括 C/S 风格、B/S 风格、模型 - 视图 - 控制器（MVC）风格、点对点（P2P）风格和网格（Grid）风格等。

8.3　软件质量属性

软件质量属性是指软件系统在其生命周期过程中所表现出的各种特征。质量属性既和软件体系结构有关，也和具体实现有关。但软件设计是保证软件质量的重要阶段，而软件体系结构是获取许多质量属性的基础，因此在进行软件体系结构设计时就应考虑到这些质量属性，并在软件体系结构层次上进行评估。

质量属性可以分为 3 类：系统属性、商业属性和构架属性，如图 8-10 所示。

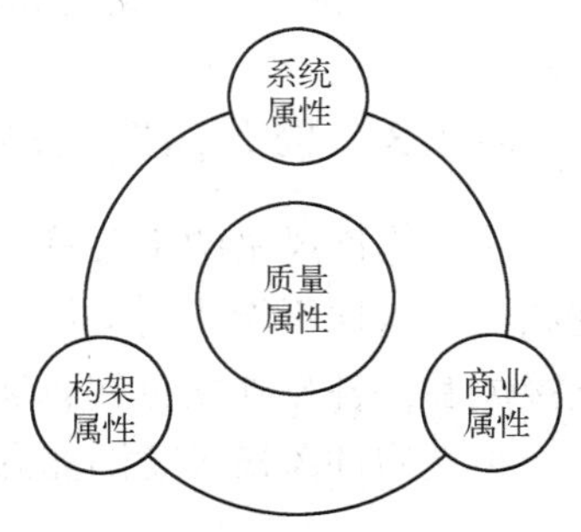

图 8-10　软件质量属性

系统属性按运行时是否可见又分为以下两类

1）运行时可观察到的：包括性能、安全性、可用性和易用性。

2）运行时不可观察的：包括可修改性、可移植性、可测试性、可集成性和可重用性。

商业属性包括投放市场时间、成本和预计的系统生命周期长短。

构架属性包括软件体系结构本身的概念完整性、正确性和可构建性。

在软件体系结构设计时除了要考虑系统所要实现的功能外，还应充分考虑系统所要求的各类质量属性。

8.4 分布式系统结构

在20世纪80年代之前，计算机主要采用集中式结构，主流应用基本都是使用大型机/小型机计算模型。这种计算模型是通过一台物理宿主机，连接多个非智能终端来完成应用程序。在多用户环境中，用户的交互、数据处理等全部由宿主机完成，终端只负责显示和输入。由于数据的爆炸性增长，对宿主机的要求越来越高，部署成本也随之升高，高昂的成本使得一般人根本无条件使用，严重阻碍了计算机的普及。

80年代之后，PC开始出现，其相对低廉的使用成本使其得到了迅猛的发展。随着网络技术的成熟，个人计算机和工作站的分布式组网结构永久地改变了大型机/小型机计算模型，从而产生了分布式计算模型。如今，只有在一些有密集数据处理要求、使用分布式系统不能胜任的地方，如数据中心、银行核心业务等，大型机/小型机计算模型仍旧占据牢固的统治地位。

目前，硬件技术的发展有两个主要趋势。

1）多处理器的计算机系统正在更广泛地进入小型办公场所，如基于x86/x64结构的Window NT、UNIX/Linux和Mac OS等，甚至是如今正在兴起的移动设备（如智能手机）都已经有多核产品在市场上流行。

2）这些设备通过网络互联在一起，形成无数的物理局域网或虚拟局域网（如VPN）。

分布式计算模型主要具有以下几个优点。

- 资源共享。分布式系统允许硬件、软件等资源共享使用。
- 经济型。分布式系统的使用成本要远低于大型机/小型机系统。
- 性能和可扩展性。通过越来越多的设备互联，以及高效的任务分配，分布式系统的性能正在接近甚至超越大型机/小型机系统的性能。而且，分布式系统天生的高可扩展性是大型机/小型机系统望尘莫及的。
- 固有分布性。有些应用是固有分布的，如遵循客户端/服务器模型的数据库应用程序，这类应用只能部署在分布式系统中。
- 健壮性。多数情况下，分布式系统中某些结点的崩溃并不会影响整个系统（但中心结点，如文件服务器等例外，但这类通常会采用热备份系统及时接管工作）。

8.4.1 多处理器体系结构

多处理器系统是分布式系统的最简单模型，系统同时运行许多进程，这些进程分布在不同的处理器上，可以极大地提高系统的性能。

由于大型实时系统对响应时间要求很高，多采用这种模型。大型实时系统需要实时采集信息，并利用采集到的信息进行决策，然后发送信号给执行机构。虽然，信息采集、决策和执行可以在一个处理器上统一调度完成，但多处理器的并行计算比单处理器的分时片计算能够极大地提高系统的性能，而且可靠度也相对较高。

8.4.2 客户端/服务器体系结构

客户端/服务器（Client/Server，简称C/S）体系结构是为了共享不对等的资源而提出来的，是20世纪90年代成熟起来的技术，C/S体系结构定义了客户端如何与服务器连接，以将数据和应用系统分部到多个处理机上。

C/S 体系结构有 3 个主要的组成部分。

- 服务器。负责给其子系统提供服务，如数据库服务器提供数据存储和管理服务，文件服务器提供文件管理服务，搜索服务器提供数据检索等。
- 客户端。通常是独立的子系统，通过向服务器请求约定的资源获取数据。一台服务器可以同时为许多客户端提供服务。
- 网络。连接服务器和客户端。有时客户端和服务器位于同一台物理主机上，但多数情况下它们分布在不同主机上。网络可以有各种形式，包括有线和无线等。

在 C/S 体系结构中，客户端可以通过远程调用获取服务器提供的服务，因此，客户端必须知道服务器的地址和它们提供的服务。

C/S 系统的设计必须考虑应用系统的逻辑结构。在逻辑上，通常将应用系统划分为 3 层，即数据管理层、应用逻辑层和表示层。数据管理层主要处理数据存储和管理操作，一般由成熟的关系型数据库来承担这部分工作。应用逻辑层处理与业务相关的逻辑。表示层处理用户界面及用户的交互。在集中式系统中，不需要将这些清楚地分离，但在分布式系统中，不同层常常被部署在不同的主机上，因此必须严格地分离不同层。

图 8-11 所示是典型的 C/S 分布式结构，各类客户端设备通过有线或无线的 Internet 或 Intranet连接到服务器，而服务器则通过以太网连接数据库、文件服务器及其他外设。

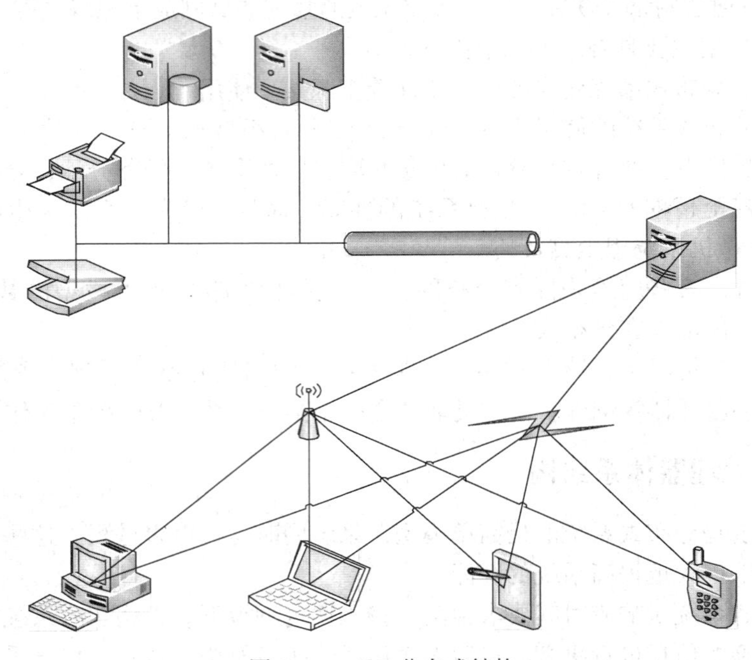

图 8-11　C/S 分布式结构

C/S 体系结构通常有两层或三层，也可根据需要划分为更多层。

两层 C/S 结构一般有两种形态。

1）瘦客端机模型。在瘦客户端模型中，数据管理和应用逻辑都在服务器端执行，客户端只负责表示部分。瘦客户端模型的好处是业务核心逻辑都在服务器端执行，安全性相对较高，但缺点是所有的负荷都放在了服务器端，无疑加重了服务器端的负担，而且也增大了通信的网络流量，不能发挥客户端的计算能力。最初的浏览器其实就是瘦客户端的变种（当然，JavaScript 等应用也正在将越来越多的计算处理转移到客户端部分）。

2）胖客户端模型。在这种模型中，服务器只负责对数据的管理。客户端上的软件实现应用逻辑，以及与系统的交互。胖客户端模型能够充分利用客户端的处理能力，在分布处理上比瘦客户端模型高效得多。但另一方面，随着企业应用规模的日益增大，软件的复杂度也在不断提高，胖客户端模型逐渐暴露出以下缺点。

① 开发成本高。C/S 体系结构对客户端的软硬件配置要求较高，尤其是软件的不断升级，对硬件处理能力要求不断提高，增加了整个系统的成本，同时使得客户端越来越臃肿。

② 用户界面风格不一，使用繁杂，不利于推广使用。

③ 软件移植困难。采用不同开发工具和平台开发的软件之间一般不兼容，所以难以移植到其他平台上运行。有时不得不因此而开发针对另一平台的版本。

④ 软件维护和升级困难。由于应用程序安装在客户端上，需要维护时，必须升级和维护所有的客户端。

两层 C/S 结构中，一个重要考虑的问题是将 3 个逻辑层（数据管理层、应用逻辑层和表示层）映射到两个系统。如果使用瘦客户端模型，则存在伸缩性和性能问题；如果使用胖客户端模型，则可能存在系统管理上的问题。

三层 C/S 结构就避免了这个问题，将数据管理层和应用逻辑层分别放在两个物理层或物理主机上，表示层仍然保留在客户端上。对于三层 C/S 结构，各层的功能或职责如下。

- 表示层。表示层是应用系统的用户界面部分，担负着用户与应用程序之间的对话功能。如检查用户的输入、显示应用的输出等，通常采用图形界面的方式呈现。
- 应用逻辑层。应用逻辑层为应用系统的主体，包含全部的业务逻辑。如数据处理、用户管理、与其他系统交互，以及记录系统日志等，通常是应用服务器。
- 数据层。数据层一般只负责数据的存取、管理和维护（如备份等），通常是关系型数据库服务器。

三层 C/S 结构的优点如下。

- 通过合理地划分三层结构，使其在逻辑上保持相对独立性，提高系统的可维护性和可扩展性。
- 能更灵活地选用相应的平台和应用系统，使其在处理负荷能力与处理特性上分别适应各层的要求，并且这些平台和组成部分可以具有良好的可升级性和开放性。
- 应用的各层可以独立地并行开发，每层可以根据自己的特点选用合适的开发语言。
- 安全性相对较高，因为应用层屏蔽了客户直接访问数据库的权利，使得未授权用户或黑客难以绕过应用层直接获取敏感数据，为数据的安全管理提供了系统结构级的支持。

但三层结构必须细心地设计通信模块（通信方法、通信频度和数据流量等），一旦通信成为瓶颈，那么应用服务器和数据服务器的性能再高也无法发挥出来。这和如何提高各层的独立性一样是三层结构设计的核心问题。

浏览器/服务器（Browser/Server，简称 B/S）结构是三层应用结构的一种实现，其具体结构为浏览器/Web 服务器/数据库服务器。B/S 结构利用不断成熟的 WWW 浏览器技术，结合多种脚本语言，用通用的浏览器就可以实现原来需要复杂的专用软件才能实现的强大功能，尤其是近年来流行的 JavaScript 及基于其上的 Ajax 等技术。而且，越来越多的浏览器开始支持 HTML 5 标准，B/S 结构能实现的功能越来越接近甚至可以跟 C/S 结构相媲美。

但 B/S 结构有一些 C/S 结构所无法企及的优势，列举如下。

- 基于 B/S 体系结构的软件，系统安装、修改和维护全部在服务器端进行。用户使用时，仅仅需要一个浏览器（而且浏览器如今已成为各类操作系统标配的一部分）即可使用全部功能，实现了“零客户端”，升级和维护十分容易。
- B/S 结构提供异种机、异种网、异种应用服务的联机、联网和统一服务的、最现实的开放性基础。

8.4.3 分布式对象体系结构

在客户端/服务器模型中，客户端和服务器的地位是不同的。客户端必须知道服务器的存在，以及其提供什么样的服务。而服务器无须知道客户端的存在（HTTP 协议本身就是一个无状态协议）。在设计系统时，设计者必须考虑服务在何处以何方式提供，而且系统的伸缩性必须考虑，尤其是当大量客户端同时访问系统时，如何平衡负载。

分布式系统设计的更一般方法是去掉客户端与服务器之间的差异，用分布式对象体系结构来设计系统。分布式对象的实质是在分布式异构环境下建立应用程序系统框架和对象构件，将应用服务分割成功能独立的构件，各个构件可以放在同一台或不同的多台服务器上运行。构件之间的通信最通常的设计方法是通过一个中间件通信，类似计算机中主板上的数据总线。中间件一般称为软件总线或对象请求代理，它的作用是在对象之间提供一个无缝接口，如图 8-12 所示。

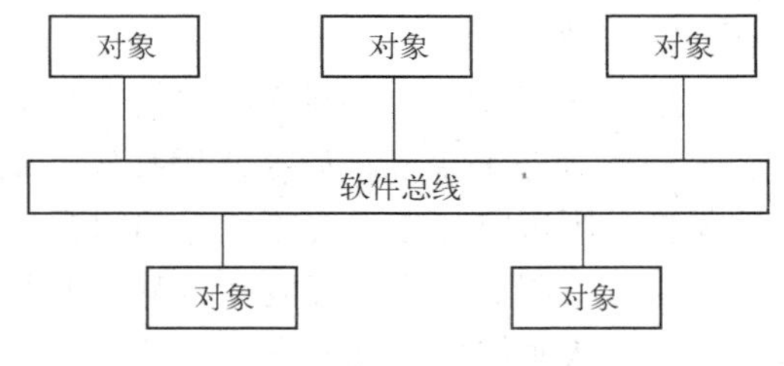

图 8-12　分布式对象体系结构

分布式对象技术的应用目的主要是为了降低服务器负荷，共享网络的资源，平衡分配计算任务到不同的主机，提高系统的协同处理能力。分布式对象技术的基础是构件，构件是独立的代码封装体，可以是一个简单的对象，也可以是对象的组合体。当前的主流分布式对象技术规范有 OMG 的 CORBA、Microsoft 的 . NET 和 Sun 公司的 J2EE。

8.4.4 对等端体系结构

对等端体系结构可以视为客户端/服务器体系结构和分布式对象体系结构的融合。它没有严格的客户端、服务器划分，所有分布的对等端根据需要既能充当服务器，又能充当客户端。但有些情况下，对等端体系结构仍然需要设计一个端结点服务器，用于存储端结点信息。在通信时，对等端首先连接到端结点服务器上，下载可用的对等端结点信息。之后的通信就是根据这些端结点信息连接到其他对等端请求信息，这时，该结点常常充当客户端，被请求的端充当服务器。

对等端体系结构常常用于数据共享类系统的设计。比如，多数下载软件使用的 P2P（peer - to - peer）模式，下载开始时，首先从服务器请求资源列表，然后连接到列表中的资源上请求数据分包。如果有很多结点拥有资源，就能同时从这些结点上请求分包，所以理论上 P2P 模式通信速度的上限就是请求结点网络速度的上限。P2P 模式还有一种变种，有时网络中不存在拥有资源的对等结点，或数量很少，这时端结点服务器也能充当对等端，这样的体系结构称为 P2SP 模式。

对等端体系结构也用于设计一些难以存在稳定服务器的特殊环境中使用的系统。比如，利用车载网络传输数据，所有车辆的位置都是无法提前精确预测的，此时的通信结点只能通过自组织的方式进行连接。

8.4.5 代理

代理可以用于构件包含隔离组件的软件系统，软件通过远程服务调用进行交互。代理者负责协调通信，如转发请求和传递结果、异常等。

OMG 基于面向对象技术，给出了以对象请求处理（ORB）为中心的分布式应用体系结构，如图 8-13 所示。

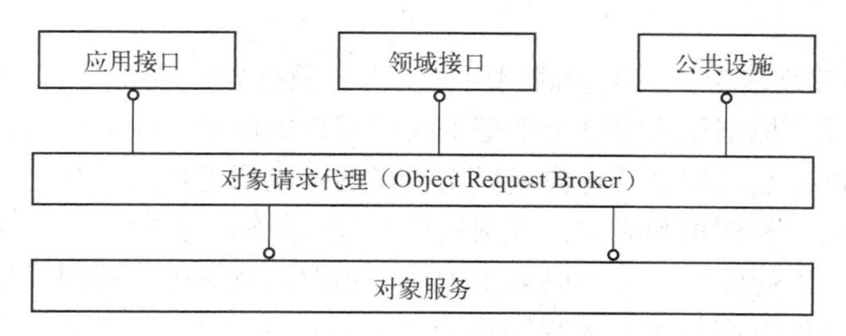

图 8-13　以 ORB 为中心的分布式应用体系结构

在 OMG 的对象管理结构中，ORB 是核心通信机制，以实时互操作性为主要目标，处理对象之间的消息交互。

在 ORB 上有下列 4 个对象接口。

- 对象服务。定义加入 ORB 的系统级服务，如安全性、命名和事务处理，与应用领域无关。
- 公共设施。定义应用程序级服务。
- 领域接口。面向特定领域接口。
- 应用接口。面向指定的外界应用，一般是供应商或用户借助 ORB、公共对象服务及公共设施而开发的特定产品。

8.5 体系结构框架

8.5.1 模型 - 视图 - 控制器

MVC（Model - View - Controller）模型由 Trygve Reenskaug 博士在 20 世纪 70 年代提出，并最早在面向对象编程语言 Smalltalk - 80 中实现。

MVC 强调将用户的输入、数据模型和数据表示方式分开设计，一个交互式应用系统由模型、视图和控制器 3 个部分组成，分别对应内部数据、数据表示和输入/输出控制部分，其结构图如图 8 - 14 所示。

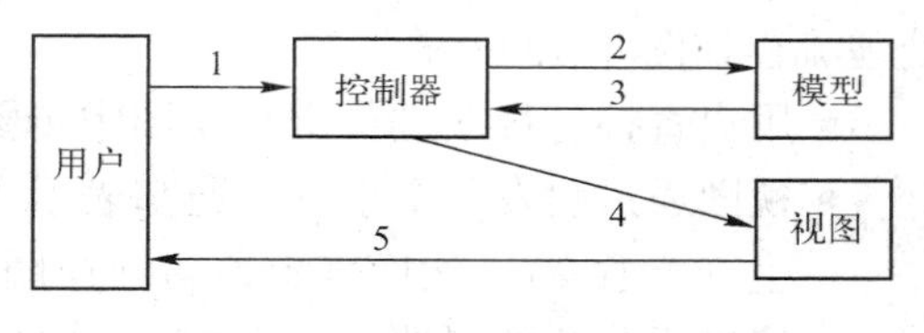

图 8-14　MVC 模型处理流程图

- 模型。模型对象代表应用领域中的业务实体和业务逻辑规则，是整个模型的核心，独立于外在的显示内容和显示形式。模型对象的变化通过事件通知视图和控制器对象。采用了发布者/订阅者方式，模型是发布者，视图和控制器是订阅者。对于模型而言，并不知道自己对应的视图控制器；但控制器可以通过模型提供的接口改变模型对象，接口内封装了业务数据和行为。

- 视图。视图对象代表 GUI 对象，用用户熟悉和需要的格式表现模型信息，是系统与外界的交互接口。视图订阅模型可以感知模型的数据变化，并更新自己的显示。视图对象也可以包含子视图，用于显示模型的不同部分。在多数的 MVC 实现技术中，视图和控制器常常是一一对应的。
- 控制器。控制器对象处理用户的输入，并给模型发送业务事件，再将业务事件解析为模型应执行的动作；同时，模型的更新与修改也将通过控制器来通知视图，保持视图与模型的一致。

MVC 的整个处理流程为：系统拦截到用户请求，根据相应规则（多数采用路由技术）将用户请求交给控制器，控制器决定哪个模型来处理用户的请求；模型根据业务逻辑处理完毕后将结果返回给控制器；然后控制器将数据提交给视图；视图把数据组装之后，呈现给用户。其中，模型处理所有的业务逻辑和规则，视图只负责显示数据，控制器负责用户的请求，这样将业务和表现层分离，以便业务代码可以被用于任何相似的业务中，视图代码也可以根据需要随意替换。相比于传统地将业务逻辑和视图混合在一起的实现方式，MVC 可以最大化地重用代码，且灵活性极高。

自 1978 年以后，MVC 模式逐渐发展成为计算机科学中最受欢迎的应用程序模式之一。这种减少复杂度及分割应用程序责任的能力极大地支持开发人员构建可维护性更高的应用程序——这正是希望通过 ASP. NET MVC 能够发展并构建的能力。

MVC 应用非常广泛，既可以应用于本地系统，也可以用于分布式系统，但 MVC 的最大用处是在当今的 Web 应用上。尤其是 2004 年美国人 David 使用 Ruby 语言构建使用 MVC 模式的 Rails 开发框架以来，越来越多的基于 MVC 的框架开始涌现。

如今，主流的 MVC 框架有基于 Ruby 的 Rails，基于 Python 的 Django，基于 Java 的 Structs、Spring 和 JSF，基于 PHP 的 Zend，基于 . NET 的 MonoRail，以及另一个被视为最具潜力的微软的架构 ASP. NET MVC。

8.5.2 模型 – 视图 – 表示器

模型 – 视图 – 表示器（Model – View – Presenter，简称 MVP）是近年来流行的一种体系结构。从名称上就可以看出，MVP 与 MVC 十分类似，事实也确实如此。甚至有程序员开玩笑说 MVP 不过是将 MVC 中的 C 换成了字母 P，这种说法在一定程度上确实有其道理。

MVP 与 MVC 的主要差异体现在“请求在何处访问系统”，以及“各部分如何联系在一起”。MVP 的处理流程如图 8-15 所示。

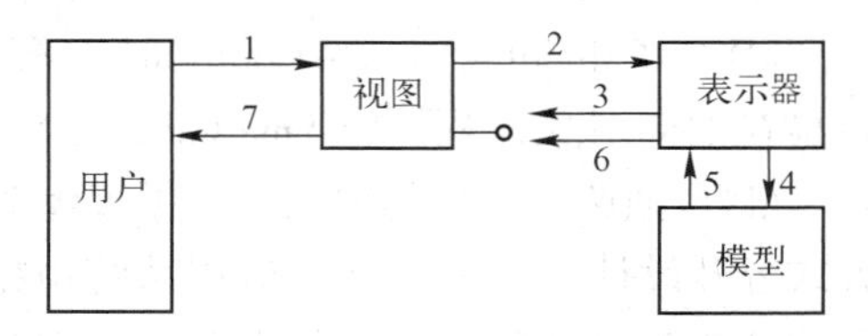

图 8-15　MVP 模型处理流程图

- 用户直接与视图进行交互（图中步骤 1）。
- 视图通过引发一个事件，通知表示器有事件发生（步骤 2），然后表示器访问视图以其 IView 接口所公开的属性（步骤 3）。这些属性是视图实际 UI 元素的包装器。
- 此后表示器调用模型（步骤 4），再返回结果（步骤 5）。
- 表示器转换数据，然后设置 UI 的值，该操作通过 IView 接口完成（步骤 6）。
- 视图将最终页面显示给用户。

MVP 中的视图比 MVC 中的视图更加“被动”，视图引发事件，但是由表示器读取并设置 UI 的值。事实上，MVP 模式设计的目的就是为了增强 MVC 模式，以尝试使视图更加被动，以便更容易更换视图。

但 MVP 模式存在的问题是，视图和表示器之间的联系比 MVC 模式中更加复杂，每个视图都有自己的接口，并且视图的接口特定于页面的内容，所以难以委托框架来创建视图，而必须由程序员手工完成创建。这也是微软等公司采用 MVC 实现框架，而不是 MVP 的原因。

8.5.3 J2EE 体系结构框架

MVC 是很多现代体系结构框架的基础，主要应用于企业和电子商务系统中。J2EE 的核心体系结构就是在 MVC 框架的基础上进行扩展得到的，如图 8-16 所示。J2EE 模型是分层结构，中间是 3 层（表示层、业务层和集成层）包含应用的构件，客户层和资源层处于应用的外围。

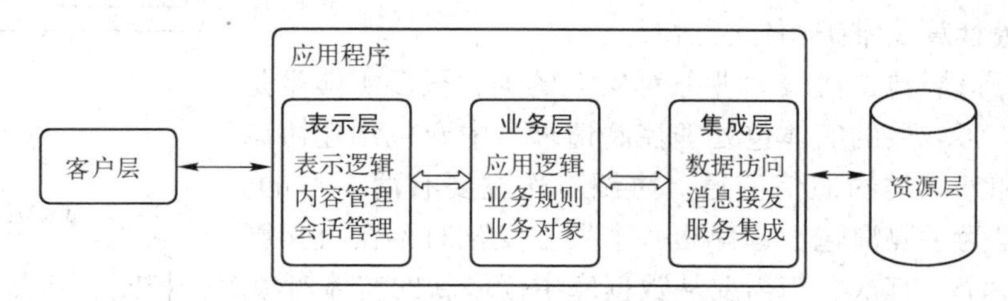

图 8-16　J2EE 的核心体系结构框架

- 客户层。用户与系统交互的入口。该层可以是各种类型的客户端，如 C/S 客户端、浏览器和移动设备等。
- 资源层。资源层可以是企业的数据库、电子商务解决方案中的外部系统或者 SOA 服务。数据可以采用分布式方式部署在多个服务器上。
- 表示层。也称为 Web 层或服务器端表示层，是用户和应用之间的桥梁。在基于 Web 的应用系统中，表示层由用户界面代码和运行在 Web 服务器或应用服务器上的应用程序组成。参考 MVC 框架，表示层包括视图和控制器部分。
- 业务层。包含业务逻辑和应用逻辑。负责确认和执行企业范围内的业务规则和事务，并管理从资源层加载到应用程序中的业务对象。参考 MVC 框架，业务层包括模型部分。
- 集成层。负责建立和维护与数据源的连接。例如，通过 JDBC 与数据库通信，利用 Java 消息服务（JMS）与外部系统联合等。

在企业与电子商务系统的开发和集成中，产生了多种经过较大调整、关注不同复杂度的 J2EE 技术。这些技术支持 MVC 的实现，如 Struts。有些技术还扩展了企业服务，如 Spring 框架技术和应用服务器（如 JBoss、Websphere 应用服务器）。在应用服务器中，与 JMS 实现集成则将应用领域扩展到了电子商务。

8.5.4 PCMEF 框架

表示 - 控制 - 中介 - 实体 - 基础（Presentation - Control - Mediator - Entity - Foundation，简称 PCMEF）是一个垂直层次的分层体系结构框架。每一层是可以包含子包的包。PCMEF 框架包含 4 层：表示层、控制层、领域层和基础层。领域层包含两个预定义的包：实体（Entity）和中介（Mediator）。参考 MVC 框架，表示层对应 MVC 中的视图，控制层对应 MVC 中的控制器，领域层的实体对应 MVC 中的模型。MVC 中没有与中介和基础层对应的部分，因为 MVC 本身只是上层框架，中介和基础层多使用底层框架实现。

PCMEF 框架中包的依赖性主要是向下依赖，如图 8-17 所示。表示层依赖于控制层，控制层依赖于领域层，中介层依赖于实体和基础层。

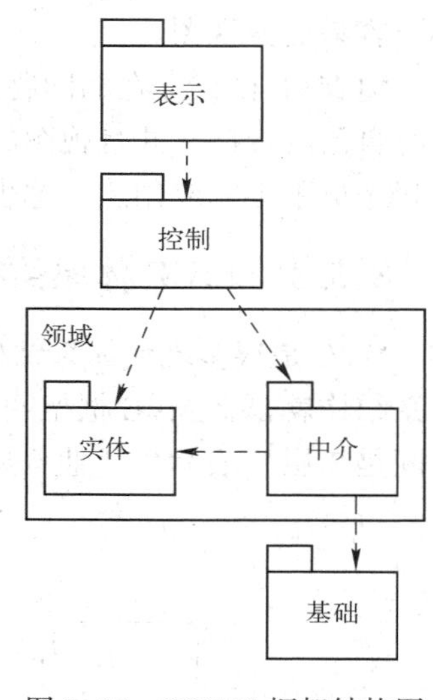

图 8-17　PCMEF 框架结构图

- 表示层。该层包含定义 GUI 对象的类。在微软操作系统中，很多表示类是 MFC（微软基础类）的子类。在 Java 环境中，表示类可以建立在 Java Swing 基础类库上。用户通过表层与系统通信。因此，包含主函数的类常常处于表示层中。
- 控制层。处理表示层的请求，负责大多数程序逻辑、算法、业务计算及维护用户会话等。
- 领域层。该层包含代表“业务对象”的类，很多实体类是容器类。领域层的实体包处理控制请求。中介包创建协调实体类和基础类的通信信道。协调工作主要有两个目的，一方面是为了隔离包，这样当一个发生变化时不会直接影响到另一个；其次，当需要从数据库中读取新的实体对象时，控制类不需要直接与基础类通信。
- 基础层。基础层负责 Web 服务与数据库的所有通信，管理应用程序所需要的所有数据。

8.5.5　PCBMER 框架

现在主流使用的是 PCMEF 框架的扩展，划分为 6 个层次，意思是表示 - 控制器 - Bean - 中介 - 实体 - 资源（Presentation - Controller - Bean - Mediator - Entity - Resource，简称 PCBMER），如图 8-18 所示。PEBMER 遵循了当前体系结构设计中广泛认可的发展趋势。

和 PCMEF 类似，在 PCBMER 体系中，各层也用包来表示并具有向下依赖关系。比如，表示层依赖于控制器层和 Bean 层，控制器层向下依赖于 Bean、中介和实体层等。但在 PCBMER 框架中，各层之间并不是严格线性依赖的，一个上层可以依赖多个相邻下层。

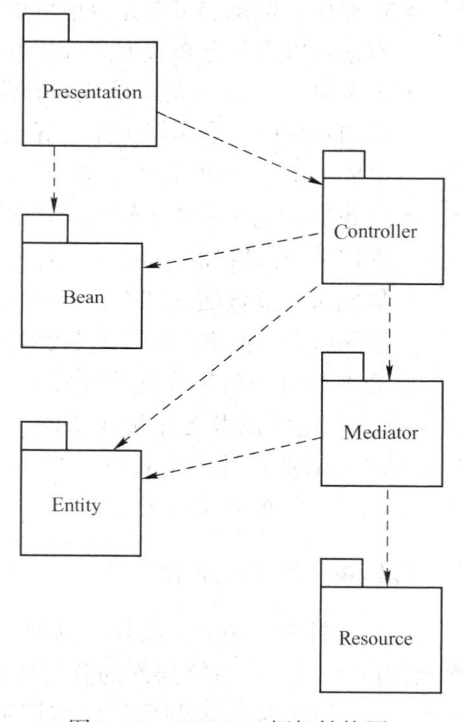

图 8-18　PCBMER 框架结构图

- 表示层。表示呈现给用户的 UI 对象。当 Bean 改变时，表示层负责维护表示层上的数据一致性，所以表示层依赖于 Bean 层。这种依赖可通过两种方式实现，可以使用拉模型直接调用方法（信息传递）来实现，也可使用推模型（或推拉模型）通过消息传递及事件处理来实现。
- Bean 层。表示那些预定呈现给用户界面的数据类和对象。除了用户输入外，Bean 数据由实体对象（实体层）创建。由于 Bean 层不依赖于其他层，所以 PCBMER 框架并没有指定或核准对 Bean 对象的访问是通过消息传递还是事件处理。

- 控制器层。表示应用逻辑，控制器响应来自表示层的 UI 请求，UI 请求可以是菜单的选择、按钮的按下或者 HTTP 请求的 get 或 post。
- 中介层。该层用于建立实体类和资源类媒介的通信管道，管理业务处理，强化业务规则，实例化实体层的业务对象。中介的用途主要有两个，一个是隔离了实体层和资源层，这样当二者中的一个发生改变时，不会直接影响到另一个；其次是当控制器发出数据请求但不确定数据已经加载还是尚未读取时，中介在控制器层和实体/资源层之间充当媒介。中介还常常用于管理应用程序的高速缓冲存储器。
- 实体层。响应控制器和中介层。由描述"业务对象"的类组成，在程序的空间中存储从数据库取回的对象数据，或者为了存入数据库而创建对象，多用容器类实现。
- 资源层。负责所有与外部持久数据资源的通信，如建立数据库连接和 SOA 服务，创建持久数据查询，以及启动数据库事务等。

现在很多大型商务平台的开发使用这种框架，比如基于 .NET 平台的系统中，常常使用 ASP. NET MVC 构建上层应用，中间使用领域驱动技术设计业务层，底层则使用 LinqToSQL 技术和 EntityFramework 构建，甚至进一步将整个系统封装在 IoC（Inversion of Control，控制反转）容器中，以实现低耦合。

8.6 软件系统的设计模式

所谓模式，就是指解决某一类相似问题的方法论。某个模式描述了一个在日常生活中不断出现的问题，然后描述了该问题的解决方案的核心。人们可以使用已有的解决方案来解决新出现的问题。模式可应用在不同的领域中，在软件系统的设计领域中，也出现了很多设计模式。

每种设计模式都包含 4 个要素，如图 8-19 所示。

- 模式名称相当于模式的助记符。
- 问题描述了模式的使用场景，即模式可以解决的某种设计问题。
- 解决方案描述了针对特定的设计问题可以采用怎样的设计方法，包括设计的组成成分、各成分的职责和协作方式，以及各成分之间的相互关系。
- 效果描述了特定模式的应用对系统灵活性、扩展性和可移植性等各种特性的影响，它对评价设计选择和模式的理解非常有益。

目前，比较常用的是由 Erich Gamma、Richard Helm、Ralph Johnson 和 John Vlissides 所提出的23种设计模式，它们分为 3 种类型，即创建型模式、结构型模式和行为型模式，如图 8-20 所示。

创建型模式通过创建对象而不直接实例化对象的过程，使得程序在判定给定的情况下更加灵活地创建对象。很多时候，创建对象的本意随程序需求的不同而不同，如果将创建过程抽象成一个专门的"创造器"类，那么程序的灵活性和通用性将有很大提高。下面以描述工厂模式为例，对创建型模式做进一步的介绍。

8.6.1 工厂模式

模式名称：工厂模式。

问题：在软件系统中，由于需求的变化，一些对象的实现可能会发生变化。为了应对这种“易变对象”的变化，人们提出了工厂模式。

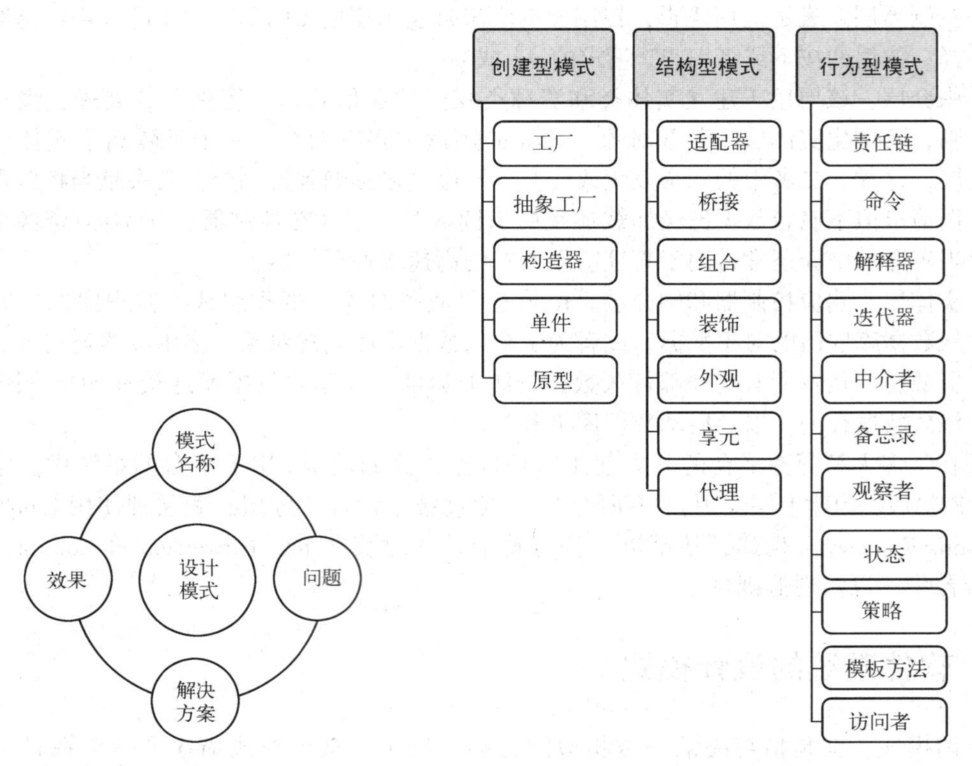

图 8-19　设计模式的要素

图 8-20　设计模式的分类

解决方案：为对象的创建提供接口，使子类决定实例化哪一个类。如图 8-21 所示，Produce方法使类的创建延迟到子类中。

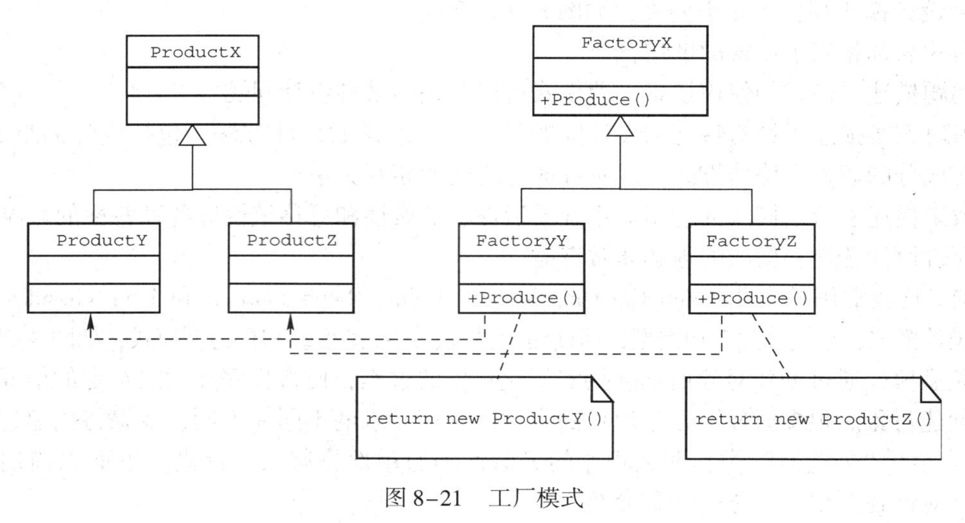

图 8-21　工厂模式

效果：使用工厂方法在类的内部创建对象通常比直接创建对象更加灵活。而且，可以将对象的创建工作延迟到子类中，这对于客户不清楚对象的类型的情况非常有益。

结构型模式提供了不同类或对象之间的各异的静态结构，它描述了如何组合类或对象以获得更大的结构，如复杂的用户界面或报表数据。下面以描述桥接模式为例，对结构型模式做进一步的介绍。

8.6.2 桥接模式

模式名称：桥接模式。

问题：在软件系统中，有些类型可能存在多个维度的变化。为了降低变化的发生对系统的影响，可以使用桥接模式。

解决方案：将不变的内容框架用抽象类定义，将变化的内容用具体的子类分别实现。并且，将类的抽象与实现分离，从而使两端都可以独立变化。实际上，一个普通的控制多个电器设备的开关就是桥接的实例，如图 8-22 所示。开关可以是简单的拉链开关，也可以是调光开关。开关的实现根据其控制的设备的不同也有不同。由开关实例的桥接类图可以进一步抽象出表示桥接模式的示意图，如图 8-23 所示。Abstraction 相当于对某一概念的高级抽象，它包含有对 Implementor 的引用。Implementor 是对上述概念实现方式的抽象。RefinedAbstraction 和 ConcrecteImplementor 分别代表了具体的概念及其实现方式。

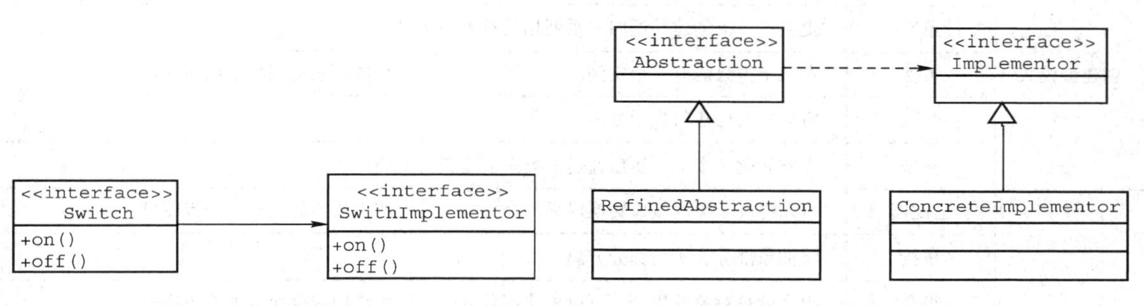

图 8-22　开关的实例　　　　图 8-23　桥接模式

效果：桥接模式最大的优点在于使抽象和实现可以独立变化。如果软件系统需要在构件的抽象角色和实现角色之间增加更多的灵活性，那么可以使用该模式。

行为型模式定义了系统内对象间的通信，以及复杂程序中的流程控制。下面以描述策略模式为例，对行为型模式做进一步的介绍。

8.6.3 策略模式

模式名称：策略模式。

问题：在软件系统中，多个算法之间通常具有相似性。它们的单独实现将增加代码的冗余度，增大系统的开销。

解决方案：把一系列的算法封装为具有共同接口的类，将算法的使用和算法本身分离，如图 8-24 所示。Context 表示算法使用的上下文环境，它含有对算法 Strategy 的引用。Strategy 抽象了所有具体策略，形成了一个共同的接口。ConcreteStrategyX 和 ConcreteStrategyY 代表具体的算法实现。

效果：策略模式降低了代码的耦合度，当系统的业务策略改变时，仅需要少量的修改即可。

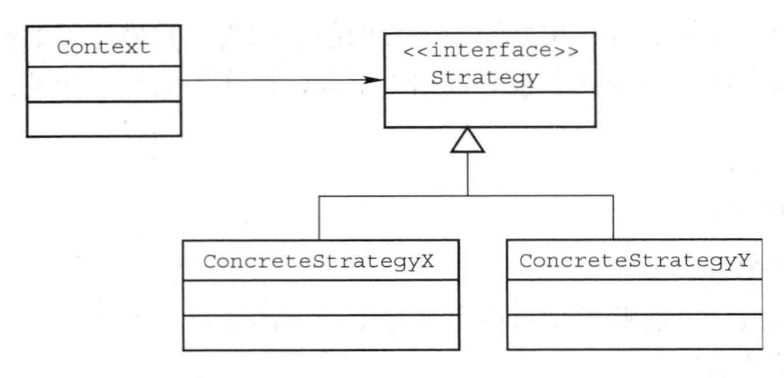

图 8-24 策略模式

8.6.4 其他模式

若想熟悉其他模式，请参见表 8-1，并且还可阅读有关软件设计模式的书籍。

表 8-1 设计模式的定义

分 类	模式名称	定 义
创建型模式	工厂	提供了一个简单的决策层，能够根据提供的数据返回一个抽象基类的多个子类中的一个
	抽象工厂	提供了一个创建并返回一系列相关对象的接口
	单件	在某个类只能有一个实例的前提下，提供了一个访问该实例的全局访问点
	构造器	将对象的构建与表示分离
	原型	先实例化一个类，然后通过该类来创建新的实例
结构型模式	适配器	可以将一个类的接口转换成另一个接口，从而使不相关的类在一个程序里一起工作
	桥接	将抽象部分和实现部分分离
	组合	组合就是对象的集合，可以构建部分-整体层次结构或构建数据的树形表示
	装饰	可以在不需要创建派生类的情况下改变单个对象的行为
	外观	可以将一系列复杂的类包装成一个简单的封闭接口，从而降低程序的复杂性
	享元	用于共享对象，其中的每个实例都不包含自己的状态，而是将状态存储在外部
	代理	通常用一个简单的对象代替一个比较复杂的、稍后会被调用的对象
行为型模式	职责链	把请求从链中的一个对象传递到下一个对象，直到请求被响应
	命令	用简单的对象表示软件命令的执行
	解释器	提供了一个把语言元素包含在程序中的定义
	迭代器	提供了一个顺序访问一个类中的一系列数据的方式
	中介者	定义了一个简化对象之间通信的对象
	备忘录	定义了保存一个类的实例的内容，以便日后能恢复它的方式
	观察者	可以把一种改动通知给多个对象
	状态	允许一个对象在其内部状态改变时修改它的行为
	策略	将算法封装到类里
	模板方法	提供了算法的抽象定义
	访问者	在不改变类的前提下，为一个类添加多种操作

习题

1. 判断题

（1）系统体系结构的最佳表现形式是一个可执行的软件原型。（　　）

（2）软件体系结构的描述是不同项目相关人员之间进行沟通的实现手段。（　　）

（3）良好的分层体系结构有利于系统的扩展和维护。（　　）

（4）设计模式是从大量或成功实践中总结出来并且被广泛公认的实践和知识。（　　）

2. 选择题

（1）程序编译器的体系结构适合使用（　　）。

A. 仓库体系结构　　B. 模型 - 视图 - 控制器结构

C. 客户端/服务器结构　　D. 以上都不是

（2）网站系统是一个典型的（　　）。

A. 仓库体系结构　　B. 胖客户端/服务器结构

C. 瘦客户端/服务器结构　　D. 以上都不是

（3）在分层体系结构中，（　　）用于实现与实体对象相关的业务逻辑。

A. 表示层　　B. 持久层

C. 实体层　　D. 控制层

（4）（　　）可以帮助人们简单方便地复用已经成功的设计或体系结构设计。

A. 商业构件　　B. 设计模式

C. 遗留系统　　D. 需求规格说明

（5）（　　）用于封装具体的平台，从而使应用程序可以在不同的平台上运行。

A. 抽象工厂模式　　B. 外观模式

C. 观察者模式　　D. 以上都不是

3. 简答题

（1）什么是软件体系结构？

（2）软件体系结构的作用体现在哪些方面？

（3）典型的体系结构风格有哪些？它们各自有什么特点？

（4）什么是软件质量属性？

（5）客户端/服务器体系结构有什么特点？

（6）MVC 模型有什么特点？

（7）什么是设计模式？常用的设计模式有哪些？

（8）良好的软件体系结构设计有什么好处？

第9章　结构化设计

本章首先概述结构化设计；然后引出结构化设计与结构化分析的关系；接着介绍体系结构设计，包括表示软件结构的图形工具（层次图和HIPO图、结构图），以及面向数据流的设计方法和面向数据结构的设计方法；之后对接口设计和数据设计进行阐述；最后讲述过程设计，包括程序流程图、N－S图、PAD图和结构化语言。

本章目标

- ❑ 了解结构化设计与结构化分析的关系。
- ❑ 掌握面向数据流的设计方法。
- ❑ 熟悉面向数据结构的设计方法。
- ❑ 熟悉接口设计和数据设计。
- ❑ 掌握过程设计的工具和方法。
- ❑ 掌握利用Visio绘制结构图的方法。

9.1　结构化软件设计概述

结构化软件设计的任务是从软件需求规格说明书出发，设计软件系统的整体结构，确定每个模块的实现算法，形成软件的具体设计方案，解决“怎么做”的问题。

在结构化设计中，概要设计（总体设计）阶段将软件需求转化为数据结构和软件的系统结构。概要设计阶段要完成体系结构设计、数据设计及接口设计。详细设计阶段要完成过程设计，因此详细设计一般也称为过程设计，它详细地设计每个模块，确定完成每个模块功能所需要的算法和数据结构。

在软件设计期间所做出的决策，将最终决定软件开发能否成功，更重要的是，这些设计决策将决定软件维护的难易程度。软件设计之所以如此重要，是因为设计是软件开发过程中决定软件产品质量的关键阶段。

9.2　结构化设计与结构化分析的关系

要进行结构化的设计，必须依据结构化分析的结果，结构化设计与结构化分析的关系如图9-1所示。图的左边是用结构化分析方法所建立的模型，图的右边是用结构化设计方法所建立的设计模型。

由数据模型、功能模型和行为模型表示的软件需求被传送给软件设计者，软件设计者使用适当的设计方法完成数据设计、体系结构设计、接口设计和过程设计。

结构化软件设计的具体步骤如下。

1）从需求分析阶段的数据流图出发，制定几个方案，从中选择合理的方案。

2）采用某种设计方法，将一个复杂的系统按功能划分成模块的层次结构。

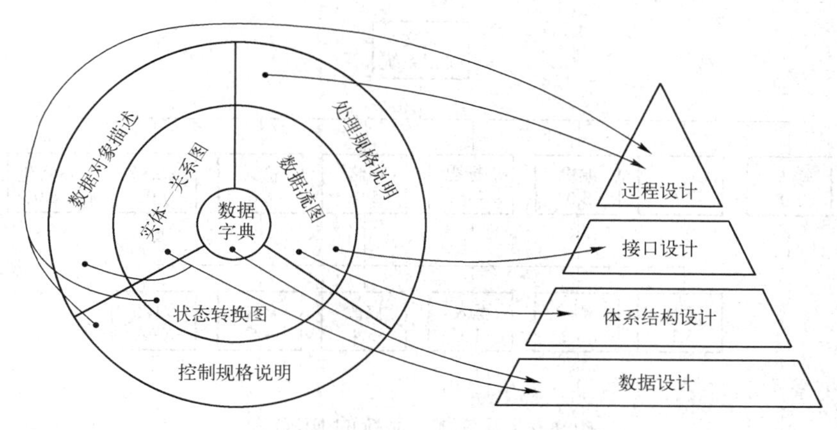

图 9-1　结构化设计与结构化分析的关系

3）确定每个模块的功能及模块间的调用关系，建立与已确定的软件需求的对应关系。

4）系统接口设计，确定模块间的接口信息。

5）数据结构及数据库设计，确定实现软件的数据结构和数据库模式。

6）基于以上，并依据分析模型中的处理（加工）规格说明、状态转换图及控制规格说明进行过程设计。

7）制订测试计划。

8）撰写软件设计文档。

9.3　体系结构设计

相对于面向对象的方法而言，结构化软件工程方法更关注系统的功能，采用自顶向下、逐步求精的设计过程，以模块为中心来解决问题。采用结构化软件工程方法开发出来的软件系统可以看成是一组函数或过程的集合。结构化软件设计从系统的功能入手，按照工程标准和严格的规范将目标系统划分为若干功能模块。

结构化设计方法可以划分为面向数据流的设计方法和面向数据结构的设计方法。

9.3.1　表示软件结构的图形工具

1. 层次图和 HIPO 图

通常使用层次图描绘软件的层次结构。在层次图中，一个矩形框代表一个模块，框间的连线表示调用关系（位于上方的矩形框所代表的模块调用位于下方的矩形框所代表的模块）。每个方框可以带编号，像这样带编号的层次图称为 HIPO（Hierarchy Input - Process - Output）图，如图 9-2 所示。

2. 结构图

结构图是进行软件结构设计的另一个有力工具。结构图和层次图类似，也是描绘软件结构的图形工具，图中的一个方框代表一个模块，框内注明模块的名称或主要功能；方框之间的箭头（或直线）表示模块的调用关系。因为按照惯例总是图中位于上方的方框代表的模块调用下方的模块，即使不用箭头也不会产生二义性。为了简单起见，可以只用直线而不用箭头表示模块间的调用关系。

在结构图中通常还用带注释的箭头表示模块调用过程中来回传递的信息。如果希望进一步

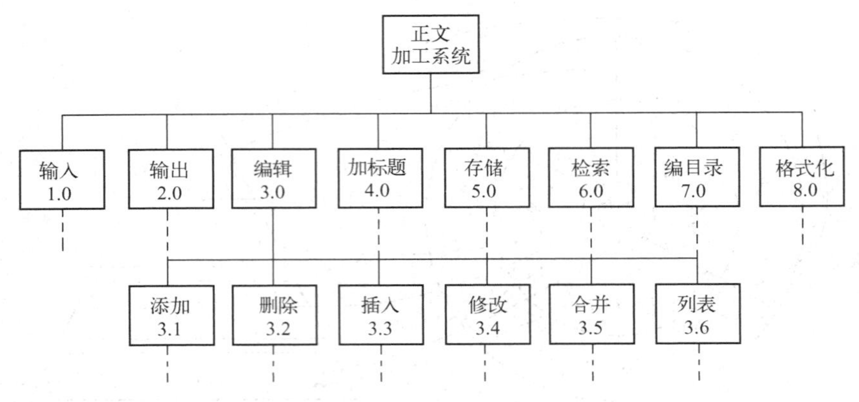

图 9-2　正文加工系统的 HIPO 图

标明传递的信息是数据还是控制信息，则可以利用注释箭头尾部的形状来区分：尾部是空心圆表示传递的是数据，尾部是实心圆表示传递的是控制信息。图 9-3 所示为结构图的一个实例。

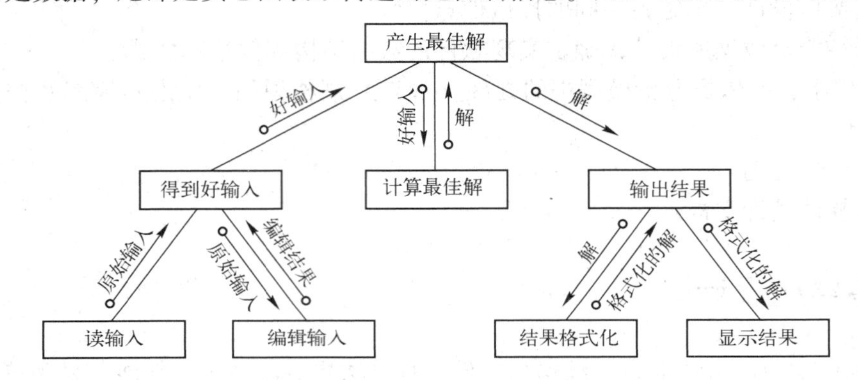

图 9-3　产生最佳解的结构图

以上介绍的是结构图的基本符号，也就是最经常使用的符号。此外，还有一些附加的符号，可以表示模块的选择调用或循环调用。图 9-4 所示为当模块 M 中某个判定为真时调用模块 A，为假时调用模块 B。图 9-5 所示为模块 M 循环调用模块 A、B 和 C。

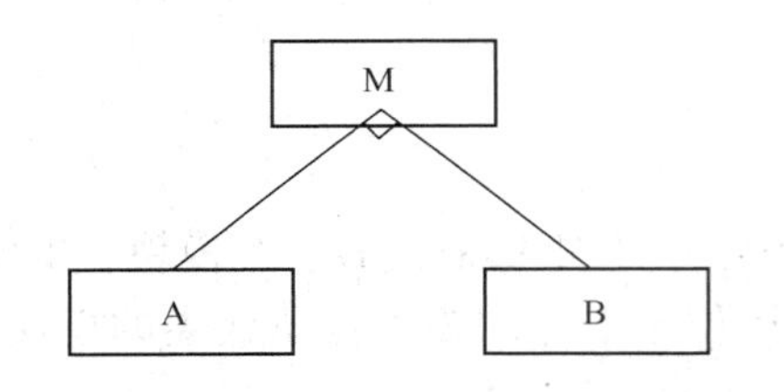

图 9-4　判定为真时调用 A，为假时调用 B

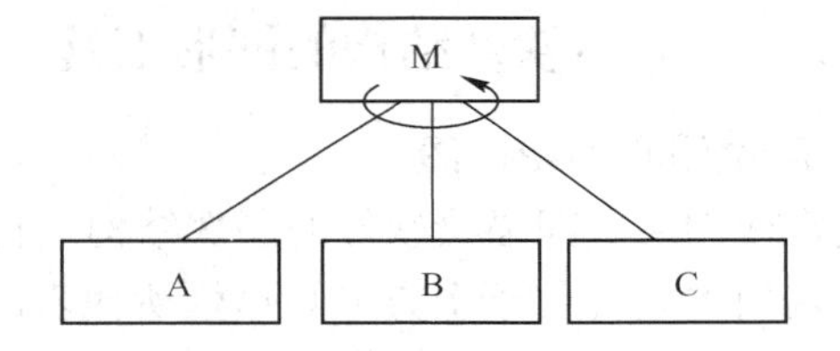

图 9-5　模块 M 循环调用模块 A、B、C

9.3.2　面向数据流的设计方法

面向数据流的设计方法是常用的结构化设计方法，多在概要设计阶段使用。它主要是指依据一定的映射规则，将需求分析阶段得到的数据描述从系统的输入端到输出端所经历的一系列变换或处理的数据流图转换为目标系统的结构描述。

在数据流图中，数据流分为变换型数据流和事务型数据流两种。所谓变换，是指把输入的数据处理后转变成另外的输出数据。信息沿输入路径流入系统，在系统中经过加工处理后又离开系统，当信息流具备这种特征时就是变换流。

所谓事务，是指非数据变换的处理，它将输入的数据流分散成许多数据流，形成若干个加工，然后选择其中一个路径来执行。比如，对于一个邮件分发中心，把收进的邮件根据地址进行分发，有的用飞机邮送，有的用汽车邮送。信息沿输入路径流入系统，到达一个事务中心，这个事务中心根据输入数据的特征和类型在若干个动作序列中选择一个执行方式，这种情况下的数据流称为事务流，它是以事务为中心的。变换型数据流和事务型数据流的示意图分别如图 9–6和图 9–7 所示。

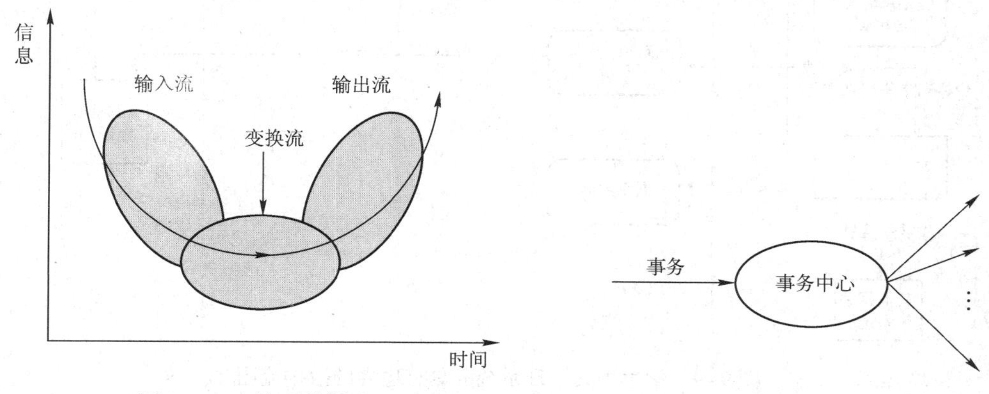

图 9–6　变换型数据流　　图 9–7　事务型数据流

通常，在一个大型系统中，可能同时存在变换型数据流和事务型数据流。对于变换型数据流，设计人员应该重点区分其输入和输出分支，通过变换分析将数据流图映射为变换结构，从而构造出目标系统的结构图。针对变换型数据流的设计可以分为以下几个步骤。

1）区分变换型数据流中的输入数据、变换中心和输出数据，并在数据流图上用虚线标明分界线。

2）分析得到系统的初始结构图。

3）对系统结构图进行优化。

下面以某个“学生档案管理系统”为例，对其进行面向数据流的系统设计。已知该系统的数据流图如图 9–8 所示。

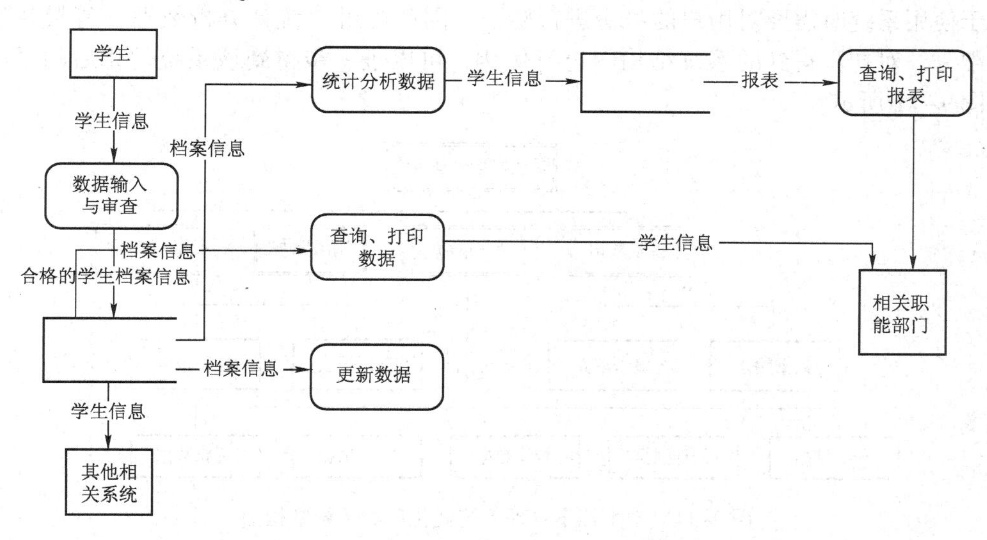

图 9–8　学生档案管理系统的数据流图

学生档案管理系统的数据流都属于变换型数据流，其数据流图中并不存在事务中心。区分数据流图中的输入流、变换流和输出流，得到该系统具有边界的数据流图，如图 9–9 所示。

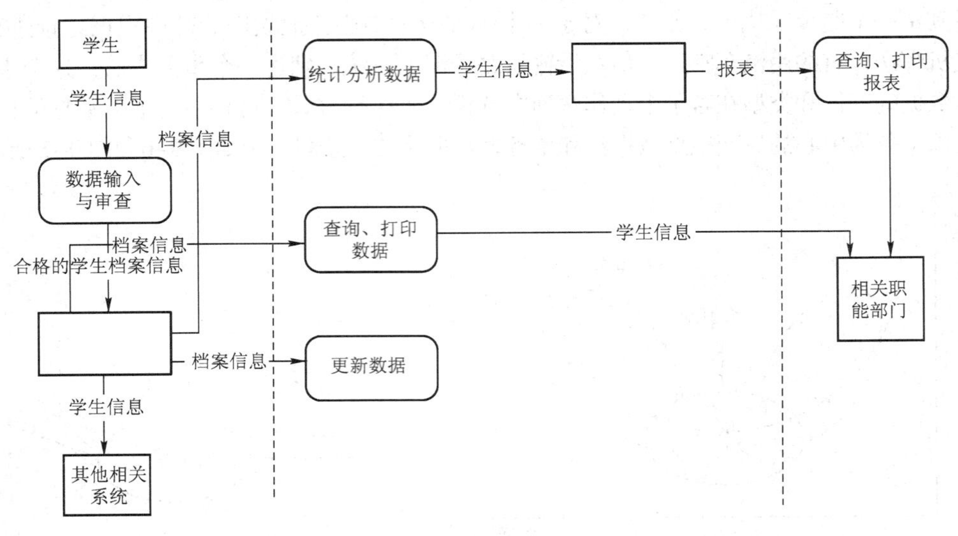

图 9–9　学生档案管理系统的具有边界的数据流图

经分析，得到学生档案管理系统的系统结构图，如图 9–10 所示。

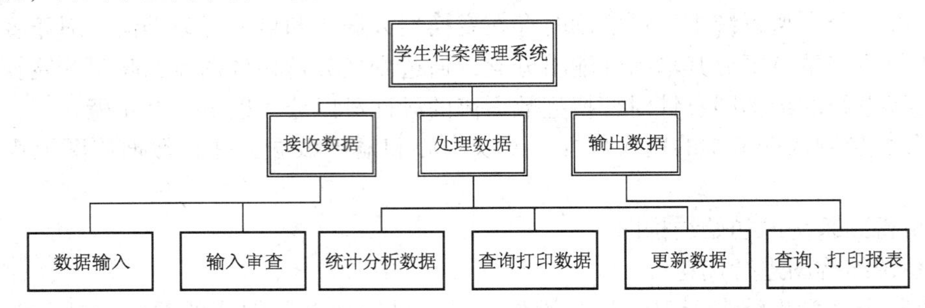

图 9–10　学生档案管理系统的系统结构图

由于使用系统时需要对用户的身份进行验证，因此可对“统计分析数据”等模块进行进一步的细分。对初步得到的系统结构图进行优化，可以进一步得到该系统优化后的系统结构图，如图 9–11 所示。

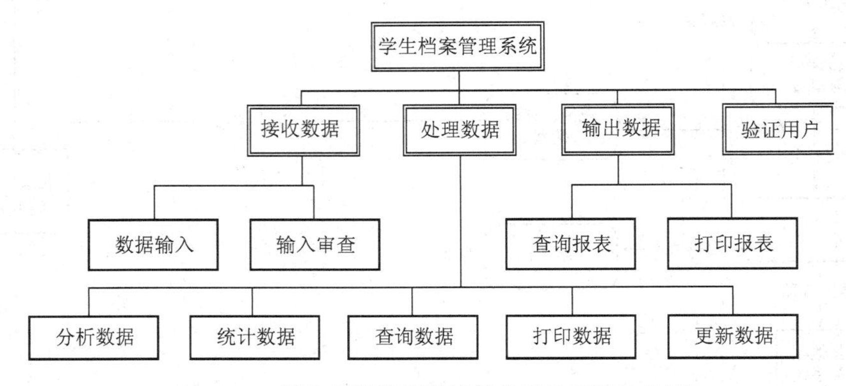

图 9–11　学生档案管理系统优化后的系统结构图

对于事务型数据流，设计人员应该重点区分事务中心和数据接收通路，通过事务分析将数据流图映射为事务结构。针对事务型数据流的设计可以分为以下几个步骤。

1）确定以事务为中心的结构，找出事务中心、接收数据和处理路径这 3 个部分。

2）将数据流图转换为初始的系统结构图。

3）分解和细化接收分支和处理分支。

例如，对于一个“产品管理系统”，其数据流的示意图如图 9-12 所示。

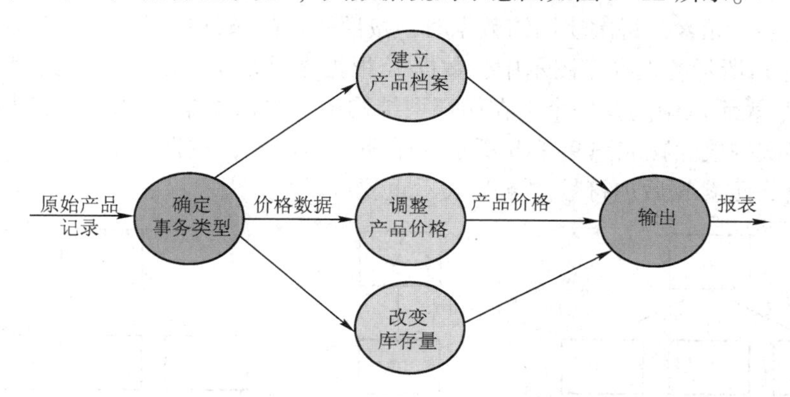

图 9-12　产品管理系统的数据流示意图

该系统的数据流中以事务型数据流为中心，加工“确定事务类型”是它的事务中心。经分析可以得到该系统的结构图，如图 9-13 所示。

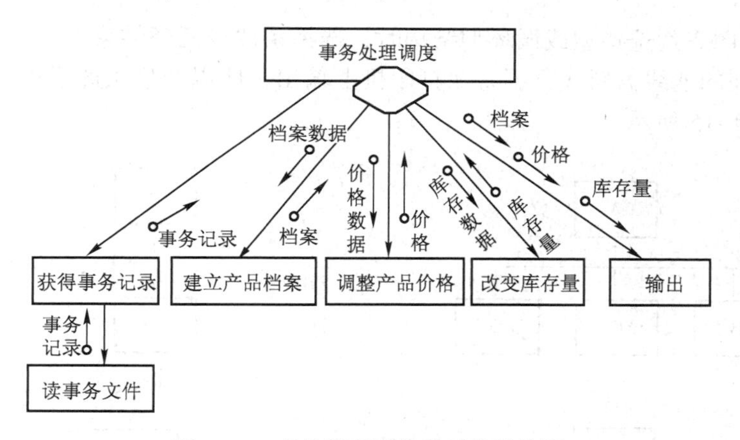

图 9-13　产品管理系统的系统结构图

9.3.3　面向数据结构的设计方法

面向数据结构的设计方法，顾名思义，就是根据数据结构设计程序处理过程的方法。具体地说，面向数据结构的设计方法按输入、输出及计算机内部存储信息的数据结构进行软件结构设计，从而把对数据结构的描述转换为对软件结构的描述。使用面向数据结构的设计方法时，分析目标系统的数据结构是关键。

面向数据结构的设计方法通常在详细设计阶段使用。比较流行的面向数据结构的设计方法包括 Jackson 方法和 Warnier 方法。这里主要介绍 Jackson 方法。

Jackson 方法把数据结构分为 3 种基本类型：顺序型结构、选择型结构和循环型结构。

它的基本思想是：在充分理解问题的基础上，找出输入数据和输出数据的层次结构的对应关系，将数据结构的层次关系映射为软件控制层次结构，然后对问题的细节进行过程性描述。Jackson 图是 Jackson 方法的描述工具，Jackson 方法的基本逻辑结构如图 9-14 所示。

在顺序型结构中，数据由一个或多个元素组成，每个元素按照确定的次序出现一次。在如图 9-14a 所示的顺序型图示中，数据 A 由 B、C 和 D 共 3 个元素顺序组成。在选择型结构中，数据包含两个或多个元素，每次使用该数据时，按照一定的条件从罗列的多个数据元素中选择一个。在如图 9-14所示的选择型图示中，数据 A 根据条件从 B、C 或 D 中选择一个，元素右上方的符号“°”表示从中选择一个。在循环型结构中，数据根据使用时的条件由一个数据元素出现零次或多次构成。在如图 9-14b 所示的循环型图示中，数据 A 根据条件由元素 B 出现零次或多次组成。元素 B 后加符号“ * ”表示重复。

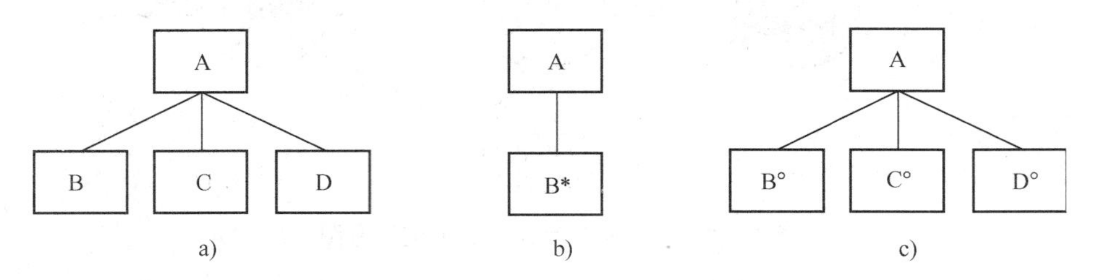

图 9-14　Jackson 图的基本逻辑符号

a）顺序型　b）循环型　c）选择型

运用 Jackson 图表达选择型或循环型结构时，选择条件或循环结束条件不能在图上直接表现出来，并且框间的连线为斜线，不易在打印机上输出，所以产生了改进的 Jackson 图，其基本逻辑符号如图 9-15 所示。

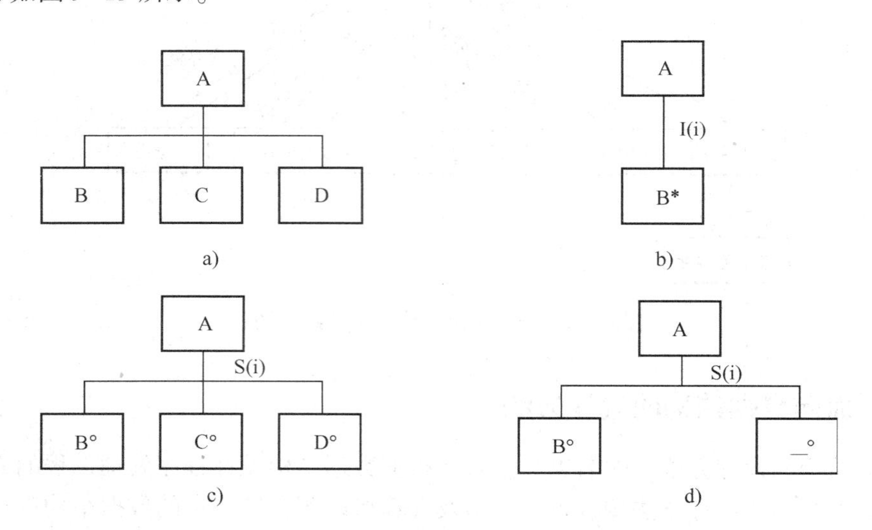

图 9-15　改进的 Jackson 图的基本逻辑符号

a）顺序型　b）循环型　c）选择型　d）可选型

选择型结构图上 S 右边括号中的 i 代表分支条件的编号。在可选型结构中，A 或者是元素 B，或者不出现。在循环型结构图中，i 代表循环结束条件的编号。

运用 Jackson 图进行程序设计的优点如下。

- 可以清晰地表示层次结构，易于对自顶向下的结构进行描述。
- 结构易懂、易用，并且比较直观、形象。
- 不仅可以表示数据结构，也可以表示程序结构。

运用 Jackson 方法进行程序设计的步骤可以归纳为以下几点。

1）分析并确定输入数据和输出数据的逻辑结构，并用 Jackson 结构来表示这些数据结构。

2）找出输入数据结构和输出数据结构中有对应关系的数据单元。

3）按照一定的规则，从描绘数据结构的 Jackson 图导出描绘程序结构的 Jackson 图。

4）列出基本操作与条件，并把它们分配到程序结构图的适当位置。

5）用伪代码表示程序。

下面举一个用 Jackson 方法解决问题的实例。

零件库房管理中有“零件表”，用于记录零件信息，如零件编号、名称和规格，其中的零件编号是零件的唯一标识；有“零件进库表”，用于记录零件进库信息，如零件编号和数量。现需要按零件编号对零件进库情况进行汇总，要求使用 Jackson 方法设计该问题算法。

利用 Jackson 方法设计该问题算法的步骤如下。

1）分析并确定输入数据和输出数据的逻辑结构，并用 Jackson 结构来表示这些数据结构。

① 输入数据：根据问题陈述，有若干通过编号来区分的不同零件，每种零件的信息由两张表来决定，把同一种零件的表放在一起组成一组，所有的组按照零件编号排序。所以输入数据是由许多零件组组成的文件，每个零件组有多个表，每个表记录着本零件的基本信息和进库信息。因此输入数据结构的 Jackson 图如图 9-16 的左侧部分所示。

② 输出数据：根据问题陈述，输出数据是一张如图 9-17 所示的汇总表，它由表头和表体两部分组成，表体中有许多行，一个零件的基本信息占一行，其输出数据结构的 Jackson 图如图 9-16 的右侧部分所示。

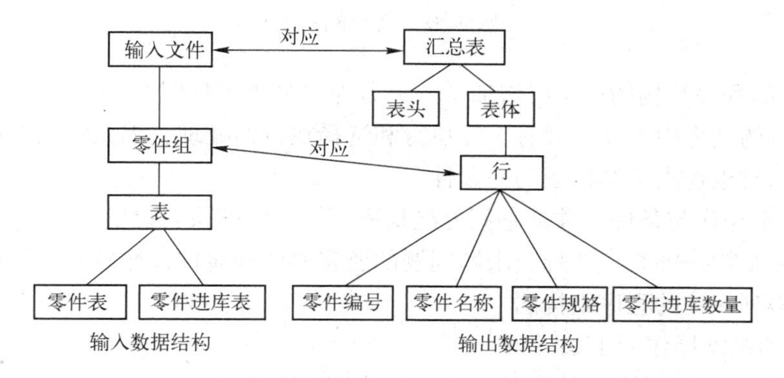

图 9-16　零件库房管理的输入数据结构和输出数据结构

进库汇总表			
零件编号	零件名称	零件规格	零件进库数量
P1	螺丝	xxx	300
P2	钉子	yyy	150
……	……	……	……

图 9-17　输出汇总表

2）找出输入、输出数据结构中有对应关系的数据单元。

汇总表由输入文件产生，有直接的因果关系，因此顶层的数据单元是对应的。表体的每一行数据由输入文件的每一个“零件组”计算而来，行数与组数相同，且行的排列次序与组的排列次序一致，都按零件号排序。因此，“零件组”与“行”两个单元对应，以下再无对应的单元。如图 9-16 所示。

3）按照一定的规则，从描绘数据结构的 Jackson 图导出描绘程序结构的 Jackson 图。

找出对应关系后，根据以下规则导出程序结构：对于输入数据结构与输出数据结构中的数据单元，每对有对应关系的数据按照它们所在的层次，在程序结构图适当位置画一个处理框，无对应关系的数据单元各画一个处理框。

按照以上规则，画出的程序结构图如图 9-18 所示。

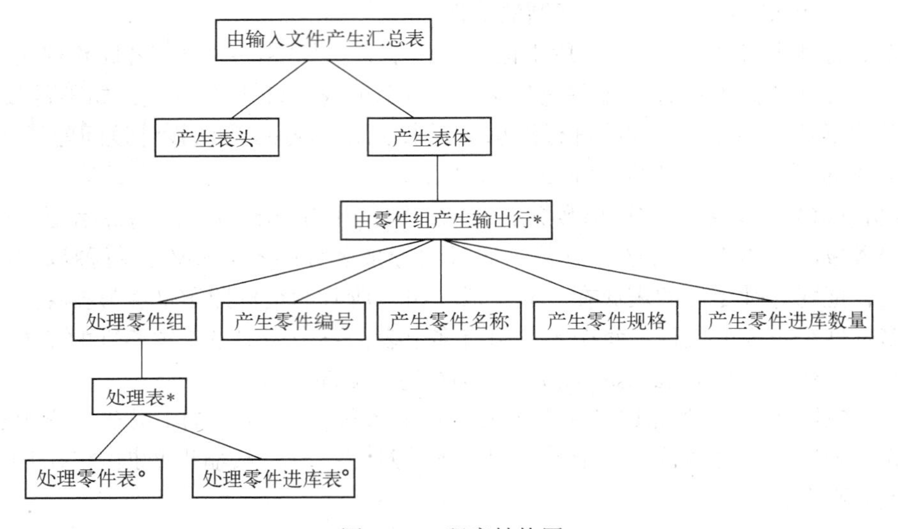

图 9-18　程序结构图

在图 9-18 的程序结构的第 4 层增加了一个名为“处理零件组”的框，因为改进的 Jackson 图规定顺序执行的处理中不允许混有重复执行和选择执行的处理，因此增加了这样一个框，既符合该规定，同时也提高了结构图的易读性。

4）列出基本操作与条件，并把它们分配到程序结构图的适当位置。

为了对程序结构作补充，要列出求解问题的所有操作和条件，然后分配到程序结构图的适当位置，就可得到完整的程序结构图。

① 本问题的基本操作列出如下。

A. 终止　B. 打开文件　C. 关闭文件　D. 打印字符行　E. 读一张表　F. 产生行结束符　G. 列出信息　H. 置零件组开始标志

② 列出条件如下。

I（1）：输入条件未结束　I（2）：零件组未结束

将操作与条件分配到适当位置的程序结构图如图 9-19 所示。

在分配操作时注意：为了能获得重复和选择的条件，Jackson 建议至少超前读一个记录，以便使得程序不论在什么时候判定，总有数据已经读入，并做好使用准备。因此在图 9-19 中，将操作 E（读一张表）放在打开文件之后，同时在处理完一张表后再读一次。

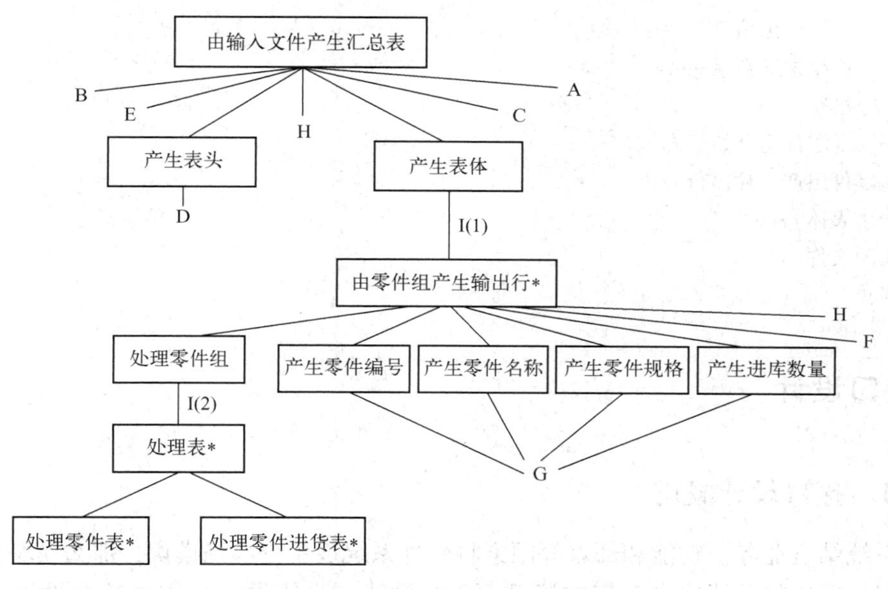

图 9-19　分配操作后的程序结构图

5）用伪代码表示程序。

```
打开文件
读一张表
产生表头 seq
    打印字符行
产生表头 end
置零件组开始标志
产生表体 iter while 输入文件未结束
由零件组产生输出行 seq
    处理零件组 iter while 零件组未结束
        处理表 sel
        处理零件表
        处理零件进货表
        处理表 end
        读一张表
    处理零件组 end
    产生零件编号 seq
        列出信息
    产生零件编号 end
    产生零件名称 seq
        列出信息
    产生零件名称 end
    产生零件规格 seq
        列出信息
    产生零件规格 end
    产生进库数量 seq
```

列出信息

产生进库数量 end

换行

置零件组开始标志

由零件组产生输出行 end

产生表体 end

关闭文件

终止

9.4 接口设计

9.4.1 接口设计概述

软件系统结合业务、功能和部署等因素将软件系统逐步分解到模块，那么模块与模块之间就必须根据各模块的功能定义对应的接口。概要设计（总体设计）中的接口设计主要用于子系统/模块之间或内部系统与外部系统进行各种交互。接口设计的内容应包括功能描述、接口的输入/输出定义和错误处理等。软件系统接口的种类及规范很多，有 API、服务接口、文件和数据库等，所以设计的方法也有很大的差异。但是总体来说，接口设计的内容应包括通信方法、协议、接口调用方法、功能内容、输入/输出参数和错误/例外机制等。从成果上来看，接口一览表及详细设计资料是必需的资料。

接口设计一般包括 3 个方面：①用户接口——用来说明将向用户提供的命令和它们的语法结构，以及软件回答信息；②外部接口——用来说明本系统同外界的所有接口的安排包括软件与硬件之间的接口、本系统与各支持软件之间的接口关系；③内部接口——用来说明本系统之内的各个系统元素之间的接口的安排。

9.4.2 界面设计

界面设计是接口设计中的重要组成部分。用户界面的设计要求在研究技术问题的同时对人加以研究。Theo Mandel 在其关于界面设计的著作中提出了 3 条“黄金原则”。

1）置用户于控制之下：以不强迫用户进入不必要的或不希望的动作的方式来定义交互模式；提供灵活的交互；允许用户交互可以被中断和撤销；当技能级别增长时可以使交互流水化并允许定制交互；使用户隔离内部技术细节；设计应允许用户和出现在屏幕上的对象直接交互。

2）减少用户的记忆负担：减少对短期记忆的要求；建立有意义的默认设置；定义直觉性的捷径；界面的视觉布局应该基于真实世界的隐喻；以不断进展的方式揭示信息。

3）保持界面一致：允许用户将当前任务放入有意义的语境；在应用系列内保持一致性；如果过去的交互模式已经建立起了用户期望，不要改变它，除非有不得已的理由。

这些黄金原则实际上构成了指导用户界面设计活动的基本原则。

界面设计是一个迭代的过程，其核心活动包括以下几种。

1）创建系统功能的外部模型。

2）确定为完成此系统功能人和计算机应分别完成的任务。

3）考虑界面设计中的典型问题。

4）借助 CASE 工具构造界面原型。

5）实现设计模型。

6）评估界面质量。

在界面的设计过程中先后涉及 4 个模型。

1）由软件工程师创建的设计模型（design model）。

2）由人机工程师（或软件工程师）创建的用户模型（user model）。

3）终端用户对未来系统的假想（system perception 或 user's model）。

4）系统实现后得到的系统映象（system image）。

一般来说，这 4 个模型之间差别很大，界面设计时要充分平衡它们之间的差异，从而设计出协调一致的界面。

在界面设计中，应该考虑 4 个问题。

1）系统响应时间：指当用户执行了某个控制动作后（如单击等），系统做出反应的时间（指输出信息或执行对应的动作）。系统响应时间过长或不同命令在响应时间上的差别过于悬殊，用户将难以接受。

2）用户求助机制：用户都希望得到联机帮助，联机帮助系统有两类——集成式和叠加式，此外，还要考虑诸如帮助范围（仅考虑部分还是全部功能）、用户求助的途径、帮助信息的显示、用户如何返回正常交互工作及帮助信息本身如何组织等一系列问题。

3）出错信息：应选用用户明了、含义准确的术语描述，同时还应尽可能地提供一些有关错误恢复的建议。此外，显示出错信息时，若辅以听觉（如铃声）或视觉（专用颜色）刺激，则效果更佳。

4）命令方式：键盘命令曾经一度是用户与软件系统之间最通用的交互方式，随着面向窗口的点选界面的出现，键盘命令虽不再是唯一的交互形式，但许多有经验的熟练的软件人员仍喜爱使用这一方式进行操作，更多的情形是菜单与键盘命令并存，供用户自由选用。

9.5 数据设计

数据设计就是将需求分析阶段定义的数据对象（E－R 图、数据字典）转换为设计阶段的数据结构和数据库，包括两个方面。

1）程序级的数据结构设计：采用（伪）代码的方式定义数据结构（数据的组成、类型和默认值等信息）。

2）应用级的数据库设计：采用物理级的 E－R 图表示。

数据库是存储在一起的相关数据的集合，这些数据是结构化的，无有害的或不必要的冗余，并为多种应用程序服务；数据的存储独立于使用它的程序；对数据库插入新数据，以及修改和检索原有数据均能按一种公用的、可控制的方式进行。

数据库的主要特点包括以下几个。

1）实现数据共享。

2）减少数据的冗余度。

3）数据的独立性。

4）数据实现集中控制。

5）数据的一致性和可维护性，以确保数据的安全性和可靠性。

6）故障恢复。

数据库的基本结构分为3个层次，反映了观察数据库的3种不同角度，如图9-20所示。

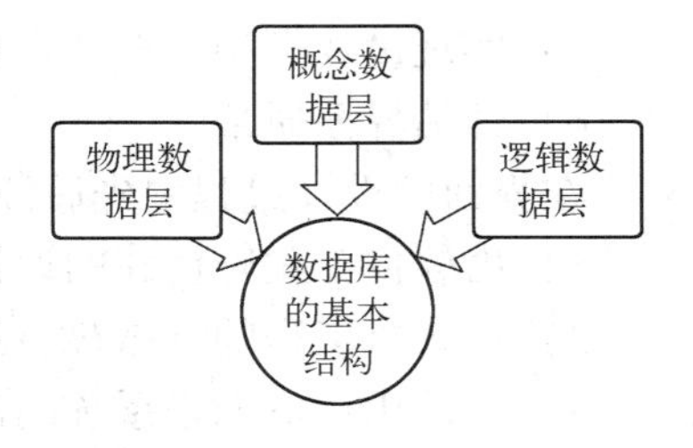

图9-20 数据库的基本结构

1）物理数据层：它是数据库的最内层，是物理存储设备上实际存储的数据的集合。这些数据是原始数据，是用户加工的对象，由内部模式描述的指令操作处理的位串、字符和字组成。

2）概念数据层：它是数据库的中间一层，是数据库的整体逻辑表示。指出了每个数据的逻辑定义及数据间的逻辑联系，是存储记录的集合。它所涉及的是数据库所有对象的逻辑关系，而不是它们的物理情况，是数据库管理员概念下的数据库。

3）逻辑数据层：它是用户所看到和使用的数据库，表示了一个或一些特定用户使用的数据集合，即逻辑记录的集合。

数据库不同层次之间的联系是通过映射进行转换的。

数据库设计是指根据用户的需求，在某一具体的数据库管理系统上，设计数据库的结构和建立数据库的过程。数据库的设计过程大致可分为5个步骤。

1）需求分析。调查和分析用户的业务活动和数据的使用情况，弄清所用数据的种类、范围、数量，以及它们在业务活动中交流的情况，确定用户对数据库系统的使用要求和各种约束条件等，形成用户需求规约。

2）概念设计。对用户要求描述的现实世界（可能是一个工厂、一个商场或者一个学校等），通过对其中信息的分类、聚集和概括，建立抽象的概念数据模型。这个概念模型应反映现实世界各部门的信息结构、信息流动情况、信息间的互相制约关系，以及各部门对信息储存、查询和加工的要求等。所建立的模型应避开数据库在计算机上的具体实现细节，用一种抽象的形式表示出来。以扩充的实体－关系模型（E－R模型）方法为例，首先明确现实世界各部门所含的各种实体及其属性、实体间的关系，以及对信息的制约条件等，从而给出各部门内所用信息的局部描述（在数据库中称为用户的局部视图）；然后再将前面得到的多个用户的局部视图集成为一个全局视图，即用户要描述的现实世界的概念数据模型。

3）逻辑设计。主要工作是将现实世界的概念数据模型设计成数据库的一种逻辑模式，即适应于某种特定数据库管理系统所支持的逻辑数据模式。与此同时，可能还需为各种数据处理应用领域产生相应的逻辑子模式。这一步设计的结果就是所谓的“逻辑数据库”。

4）物理设计。根据特定数据库管理系统所提供的多种存储结构和存取方法等依赖于具体计算机结构的各项物理设计措施，对具体的应用任务选定最合适的物理存储结构（包括文件类型、索引结构，以及数据的存放次序与位逻辑等）、存取方法和存取路径等。这一步设计的结果就是所谓的“物理数据库”。

5）验证设计。在上述设计的基础上，收集数据并具体建立一个数据库，运行一些典型的应用任务来验证数据库设计的正确性和合理性。一般情况下，一个大型数据库的设计过程往往需要经过多次循环反复。当设计的某步发现问题时，可能就需要返回到前面去进行修改。因此，在进行上述数据库设计时就应考虑到今后修改设计的可能性和方便性。

在进行概念设计时，经常使用的建模工具是之前介绍的E－R图。通过对需求分析中数据部分的分析，为数据实体、属性和关系之间建立模型。因此，数据库设计的前两个部分经常在需求分析阶段完成，得到的 E－R 图既是需求分析阶段的重要模型，也是在设计过程中数据库设计的基础。

在逻辑设计中，需要把 E－R 模型转换成逻辑模型，经常使用到的逻辑模型是关系模型。关系模型于 1970 年由美国 IBM 公司 San Jose 研究室的研究员 E. F. Codd 提出，是目前主要采用的数据模型。

从用户的角度来看，关系模型中数据的逻辑结构是一张二维表，它由行和列组成。它包含下列一些基本概念。

- 关系：一个关系对应通常所说的一张表。
- 元组：表中的一行即为一个元组，也称为记录。
- 属性：表中的一列即为一个属性，给每一个属性起一个名称即为属性名。
- 主键：表中的某个属性组，它可以唯一确定一个元组。
- 域：属性的类型和取值范围。
- 分量：元组中的一个属性值。
- 关系模式：对关系的描述。

E－R 模型向关系模型的转换，实际上就是把 E－R 图转换成关系模式的集合，需要用到两条规则。

规则 1（实体类型的转换）：将每个实体类型转换成一个关系模式，实体的属性即为关系模式的属性，实体标识符即为关系模式的键。

规则 2（二元关系类型的转换）如下。

- 若实体间的联系是 1∶1：隐含在实体对应的关系中。
- 若实体间的联系是 1∶N：隐含在实体对应的关系中。
- 若实体间的联系是 M∶N：直接用关系表示。

下面以如图 9－21 所示的 E－R 模型为例进行讲解。

根据规则 1，建立“学生”关系，属性分别为“学号”“姓名”“年龄”和“性别”，其中标识符“学号”为键。

根据规则 1，建立“课程”关系，属性分别为“课程号”“课程名”和“教师名”，其中标识符“课程号”为键；

根据规则 2，“学生”和“课程”为多对多关系，建立“选课”关系，属性为“学号”“课程号”和“成绩”，其中“学号”和“课程号”共同作为键，分别对应“学生”关系和“课程”关系。

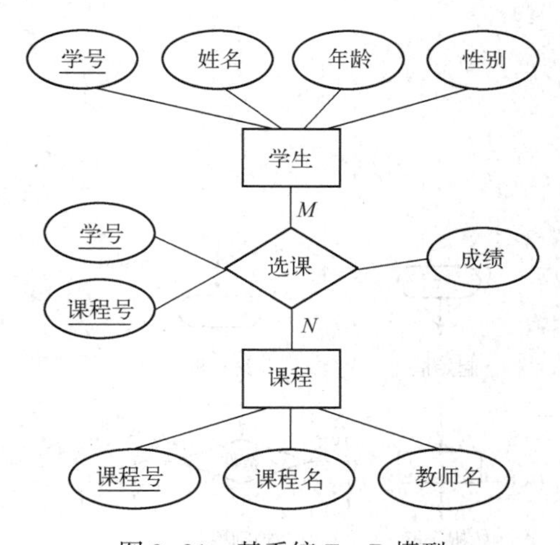

图 9－21　某系统 E－R 模型

为一个给定的逻辑数据模型选取一个最适合应用环境的物理结构的过程，就是数据库的物理设计。包括设计关系表、日志等数据库文件的物理存储结构、为关系模式选择存取方法等。

数据库常用的存取方法包括以下几种。

- 索引方法。
- 聚簇索引方法。
- HASH 方法。

在物理设计过程中，要熟悉应用环境，了解所设计的应用系统中各部分的重要程度、处理频率，以及对响应时间的要求，并把它们作为物理设计过程中平衡时间和空间效率时的依据；要了解外存设备的特性，如分块原则、块因子大小的规定和设备的I/O特性等；要考虑存取时间、空间效率和维护代价间的平衡。

9.6 过程设计

9.6.1 程序流程图

流程图是对过程、算法和流程的一种图形表示，它针对某个问题的定义、分析或解法进行描述，用定义完善的符号来表示操作、数据和流向等概念。

根据国家标准GB/T 1526—1989的规定，流程图分为数据流程图、程序流程图、系统流程图、程序网络图和系统资源图5种。这里主要介绍程序流程图。

程序流程图也称为程序框图，是一种比较直观、形象地描述过程的控制流程的图形工具。它包含5种基本的控制结构：顺序型、选择型、先判定型循环（WHILE－DO）、后判定型循环（DO－WHILE）和多分支选择型。

程序流程图中使用的基本符号如图9-22所示。程序流程图的5种基本控制结构的图符如图9-23所示。

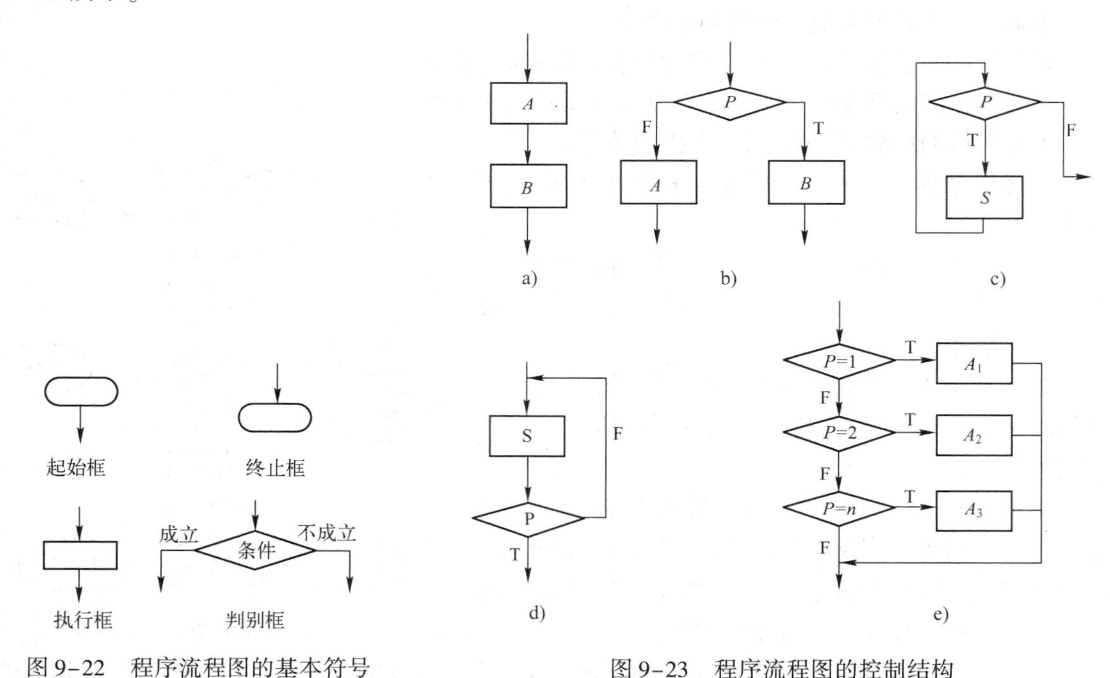

图9-22　程序流程图的基本符号

图9-23　程序流程图的控制结构

a）顺序型　b）选择型　c）先判定型循环

d）后判定型循环　e）多分支选择型

利用基本符号和控制结构图符，就可以画出简单的程序流程图了。某程序片段的程序流程图如图9-24所示。

程序流程图的主要优点如下。

- 采用简单规范的符号，画法简单。
- 结构清晰，逻辑性强。
- 便于描述，容易理解。

程序流程图的主要缺点如下。

- 不利于逐步求精的设计。
- 图中可用箭头随意地对控制进行转移，与结构化程序设计的精神相悖。
- 不易于表示系统中所含的数据结构。
- 当目标系统比较复杂时，流程图会变得很繁杂、不清晰。

9.6.2 N-S图

N-S图是由Nassi和Shneiderman提出的，又称为盒图，是一种符合结构化程序设计原则的图形工具。N-S图的基本符号如图9-25所示。

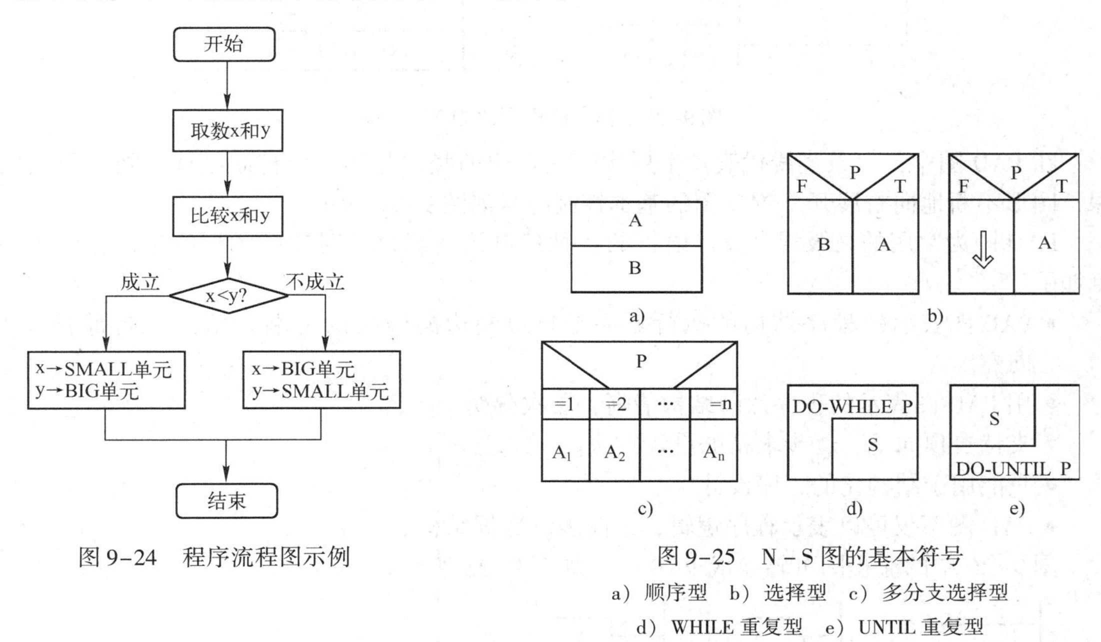

图9-24 程序流程图示例

图9-25 N-S图的基本符号

a）顺序型 b）选择型 c）多分支选择型

d）WHILE重复型 e）UNTIL重复型

可见，N-S图用类似盒子的矩形及矩形之间的嵌套来表示语句或语句序列。N-S图内部没有箭头，因此，它所表示的控制流程不能随便进行转移。N-S图的主要特点可以归纳为以下几个。

- 不允许随意地控制转移，有利于严格的结构化程序设计。
- 可以很方便地确定一个特定控制结构的作用域，以及局部数据和全局数据的作用域。
- 可以很方便地表示嵌套关系及模块之间的层次关系。

用N-S图表示算法，思路清晰，结构良好，容易设计，因而可有效地提高程序设计的质量和效率。例如，求一组数组中的最大数，数组表示为A(n)，n=1，2…n的自然数，其算法用程序流程图转换为N-S图的示例如图9-26所示。

9.6.3 PAD图

PAD图（Problem Analysis Diagram）也称问题分析图，它是由日本日立公司于1973年发明的。PAD图基于结构化程序设计思想，用二维树形结构的图来表示程序的控制流及逻辑结构。

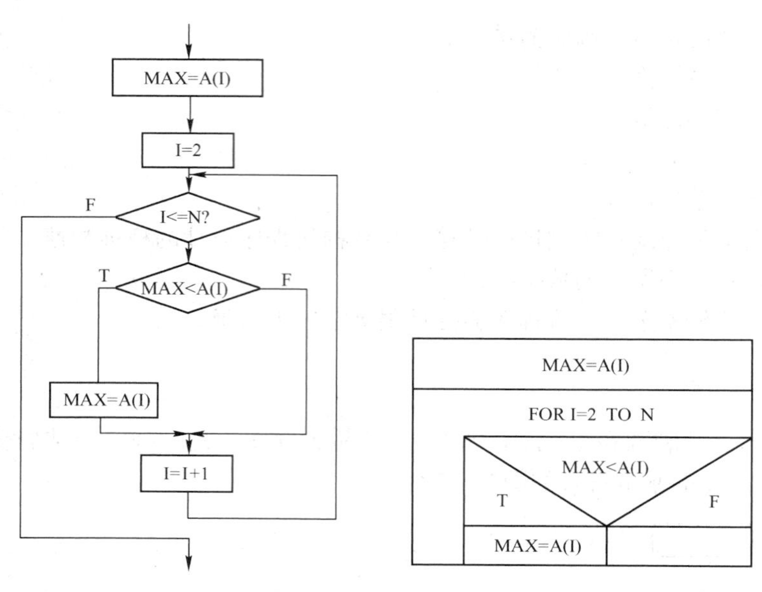

图 9-26　程序流程图改为 N－S 图

在 PAD 图中，一条竖线代表一个层次，最左边的竖线是第一层控制结构，随着层次的加深，图形不断地向右展开。PAD 图的基本控制符号如图 9-27 所示。

PAD 图为常用的高级程序设计语言的各种控制语句提供了对应的图形符号，它的主要特点如下。

- PAD 图表示的程序结构的执行顺序是自最左边的竖线的上端开始，自上而下，自左向右。
- 用 PAD 图表示的程序片断结构清晰，层次分明。
- 支持自顶向下、逐步求精的设计方法。
- 只能用于结构化的程序设计。
- PAD 图不仅可以表示程序逻辑，还能表示数据结构。

图 9-26 中的流程图可转换成 PAD 图，如图 9-28 所示。

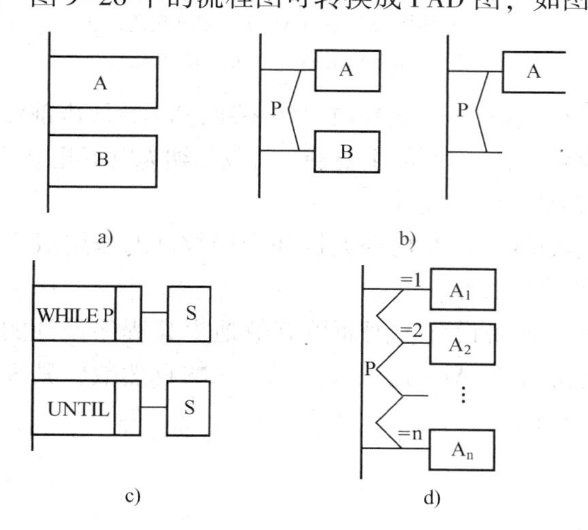

图 9-27　PAD 图的基本控制符号

a）顺序型　b）选择型　c）重复型　d）多分支选择型

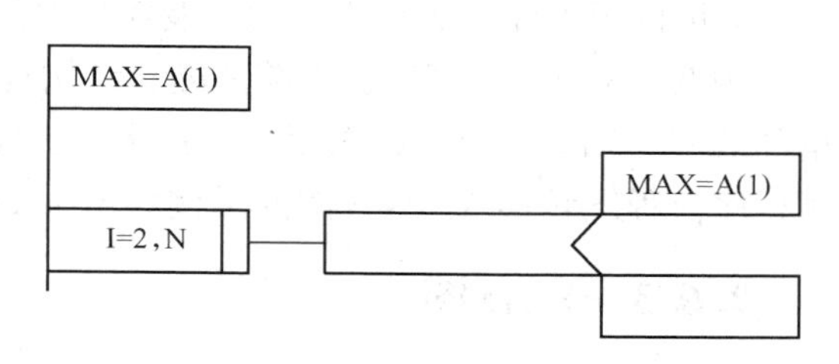

图 9-28　将图 9-26 中的流程图转换成 PAD 图

9.6.4 结构化语言

结构化语言又称为程序设计语言（Program Design Language，PDL），也称为伪代码，是一个笼统的名称，它是用正文形式表示数据和处理过程的设计工具。

PDL具有严格的关键字外部语法，用于定义控制结构和数据结构；另一方面，PDL表示实际操作和条件的内部语法通常又是灵活自由的，以便可以适应各种工程项目的需要。因此，一般说来，PDL是一种“混杂”语言，它使用一种语言（通常是某种自然语言）的词汇，同时却使用另一种语言（某种结构化的程序设计语言）的语法。

PDL应该具有下列几个特点。

1）关键字的固定语法，它提供了结构化控制结构、数据说明和模块化的特点。为了使结构清晰、可读性好，通常在所有可能嵌套使用的控制结构的头和尾都有关键字，如if…fi（或endif）等。

2）自然语言的自由语法，它描述处理特点。

3）数据说明的手段。应该既包括简单的数据结构（如纯量和数组），又包括复杂的数据结构（如链表或层次的数据结构）。

4）模块定义和调用的技术，应该提供各种接口描述模式。

PDL作为一种设计工具具有以下一些优点。

1）可以作为注释直接插在源程序中间。这样做能促使维护人员在修改程序代码的同时也相应地修改PDL注释，因此，有助于保持文档和程序的一致性，提高了文档的质量。

2）可以使用普通的正文编辑程序或文字处理系统，很方便地完成PDL的书写和编辑工作。

3）已经有自动处理程序存在，而且可以自动由PDL生成程序代码。

PDL的缺点是不如图形工具形象直观，在描述复杂的条件组合与动作间的对应关系时，不如判定表清晰简单。

下面的实例使用PDL语言描述了在数组A(1)～A(10)中找最大数的算法。

```
N = 1
WHILE N <= 10 DO
IF A(N) <= A(N + 1) MAX  = A(N + 1);
ELSE MAX  = A(N) ENDIF;
N = N + 1;
ENDWHILE;
```

9.7 结构化设计实例

【例9-1】 图9-29所示是学生学籍管理系统的一部分，其中方案一和方案二是同一模块的两种设计方案，你认为哪种好？请说明理由。

【解析】

方案二好。原因如下。

1）可维护性比较好。用分支结构的好处是，如果一个分支出现错误，不必修改整个代码。

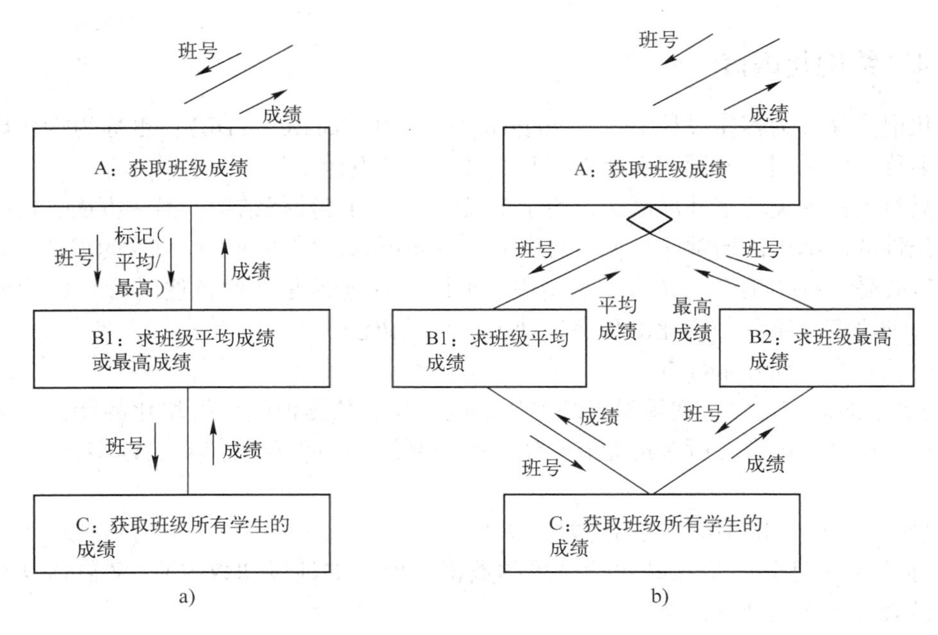

图 9-29　学生学籍管理系统

a）方案一　b）方案二

2）稳定性好。因为软件分析方法基于功能分析和功能分解。当软件功能发生变化时，很容易引起软件结构的改变，分支结构可以使得功能分开，减少改动规模。

【例 9-2】 研究下面给出的伪码程序，要求如下。

1）画出它的程序流程图。

2）它是结构化的还是非结构化的？请说明理由。

3）若它是非结构化的，则：

① 把它改造成仅用 3 种控制结构的结构化程序。

② 写出这个结构化设计的伪代码。

4）找出并改正程序逻辑中的错误。

```
COMMENT:PROGRAM SEARCHES FOR FIRST N REFERENCES
        TO A TOPIC IN AN INFORMATION RETRIEVAL
        SYSTEM WITH T TOTAL ENTRIES
        INPUT N
        INPUT KEYWORD(S) FOR TOPIC
        I = 0
        MATCH = 0
        DO WHILE I <= T
            I = I + 1
            IF WORD = KEYWORD
            THEN MATCH = MATCH + 1
            STORE IN BUFFER
            END
            IF MATCH = N
            THEN GOTO OUTPUT
```

```
END
END
IF N = 0
THEN PRINT "NO MATCH"
OUTPUT: ELSE CALL SUBROUTINE TO PRINT BUFFER
INFORMATION
END
```

【解析】

根据伪代码可以看出本程序的主要目的是在与话题相关的文件中搜索与关键字匹配的次数，如果达到 N 次，那么结束。之后判断 MACTH 的大小，等于 0 说明无匹配，如果位于 0 ~ N 之间，打印即可。了解了程序的功能之后，即可依次完成下列各小题。

1）程序流程图如图 9-30 所示。

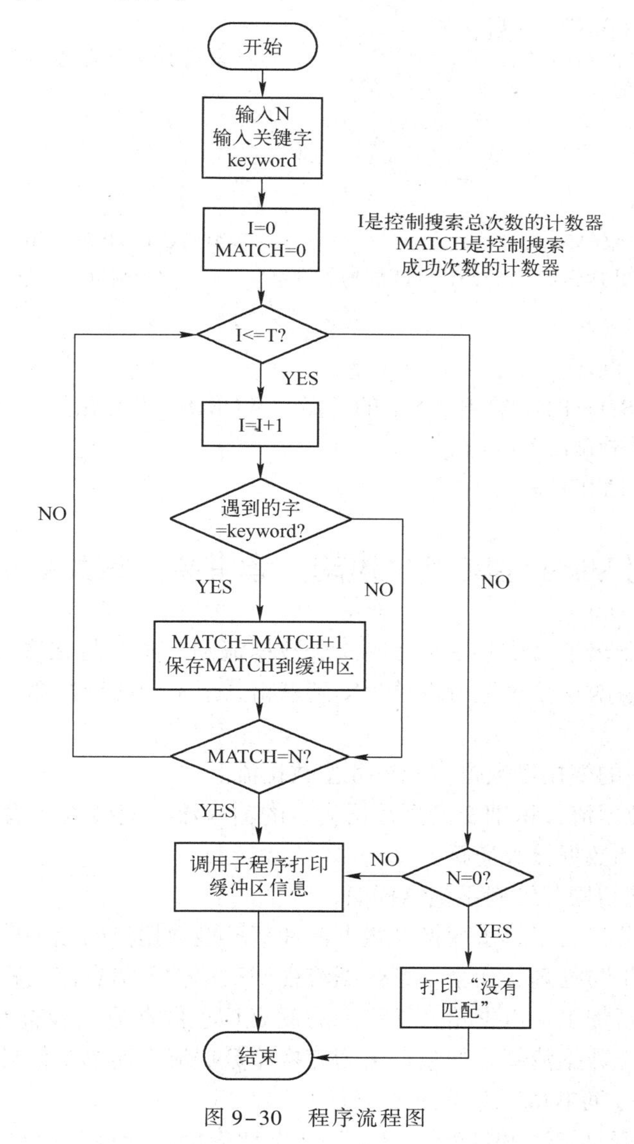

图 9-30　程序流程图

2）此程序是非结构化的，它有一条 GOTO 语句，并且是从一个循环体内转到循环体外的一条件语句内部。

3）改造后的结构化的程序如下。

```
  INPUT N,T //输入 N
INPUT KEYWORD(S) FOR TOPIC                //输入有关话题的关键字
OPEN FILE                                 //打开文件
I =0
MATCH =0
DO WHILE I≤T                              //循环,最多可做 T+1 次
I =I+1
READ A WORD OF FILE TO WORD               //从文件里读一个字到变量 WORD
IF WORD =KEYWORD
THEN MATCH =MATCH +1
IF MATCH =N THEN EXIT                     //搜索到了 N 个关键字,就跳出循环
END IF
END IF
END DO
IF MATCH  =0
THEN PRINT "NO MATCH"                     //若 MATCH  =0 就打印"没有匹配"
ELSE PRINT "共搜索到 MATCH  个匹配的关键字"      //否则打印信息
END IF
```

4）改正程序的错误

① 语句“IF WORD =KEYWORD”里的变量“WORD”没有预先赋值。

② 程序中没有预先输入 T 的值。

③ N =0 应该是 MATCH =0。

9.8 实验：利用 Visio 绘制“‘墨韵’读书会书籍共享平台”的结构图

在 4.5 节中，绘制出了书籍共享平台的 3 层数据流图，本节将在底层数据流图的基础上，运用面向数据流的方法对该系统进行设计，得到书籍共享平台的结构图。设计的过程可以分为以下 3 步。

1）区分数据流中的变换型数据流和事务型数据流。

2）对于变换型数据流，识别变换型数据流中的输入流、变换流和输出流；对于事物型数据流，识别事务中心和数据接收通路。

3）设计软件系统结构，绘制系统结构图。

在本章的理论部分，已了解了变换型数据流和事务型数据流的相关概念。变换型数据流强调对输入信息流的加工与处理，而事务型数据流强调根据输入信息流的特征，在若干处理方式中选择一个合适的进行加工。以书籍共享平台的发表日志数据流图和查看图书数据流图为例，可以分辨出，发表日志数据流图中的数据流为变换型数据流，而书籍信息查看中的数据流为事务型数据流，其中“查询书籍”为其事务中心。

下面分别以“发表日志”和“查看图书”的设计为例，介绍利用数据流图绘制系统结构

图的方法。

对于变换型数据流，要重点识别变换型数据流中的输入流、变换流和输出流。输入流对应的输入控制模块完成数据输入及与数据输入相关的操作。变换流对应的中心控制模块包括所有对数据的核心操作。输出流对应的输出控制模块协调输出信息的产生过程。经分析，“发表日志”有边界的数据流图如图 9-31 所示。

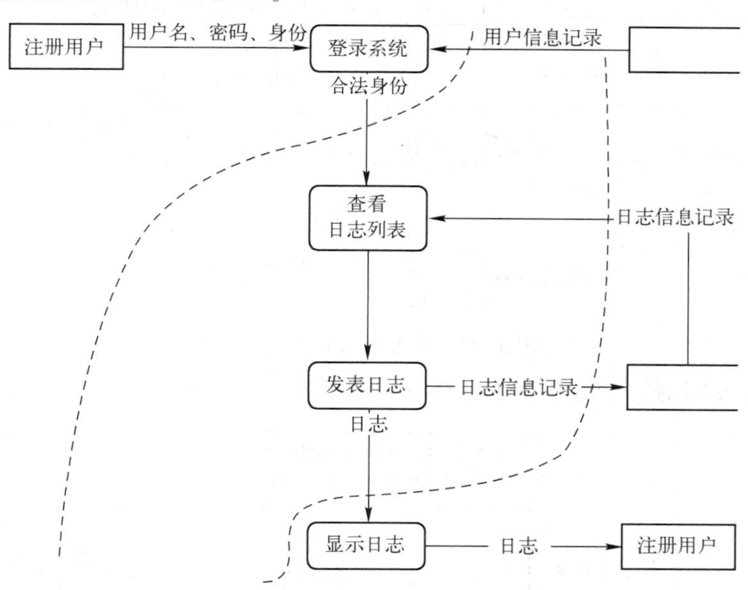

图 9-31　发表日志具有边界的数据流图

图 9-31 中用虚线标识了 3 个区域。自左向右，这 3 个区域分别为输入部分、数据处理部分和输出部分。可见，“登录系统”流程属于输入部分。模块内部对数据的变换处理包括“查看日志列表”和“发表日志”。“显示日志”为输出部分。

根据“发表日志”具有边界的数据流图，可以将其映射为结构图，如图 9-32 所示。

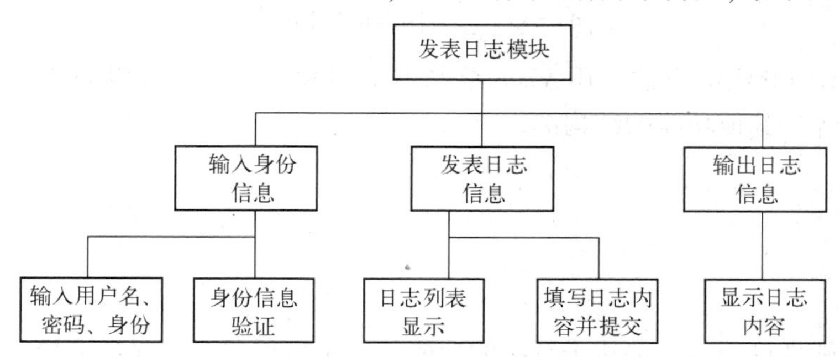

图 9-32　发表日志的结构图

对于事务型数据流图，可以通过事务分析得到对应的结构图。在事务分析的过程中，重点在于对事务中心的识别。在“查看图书”的数据流图中，“查询书籍”为其事务中心，如图 9-33 所示。

对于每一个事务中心，外界必须输入相应的信息来帮助系统判断选择何种事务处理方式。例如，在“查看图书”中，必须输入有关查询类型选择的信息，来使系统判断在 3 种查询方式（按书名查询、按 ISBN 查询和按类别查询）中选择哪一种。这样，输入部分不仅包括与登录信息相关的数据，还包括查询类型信息。

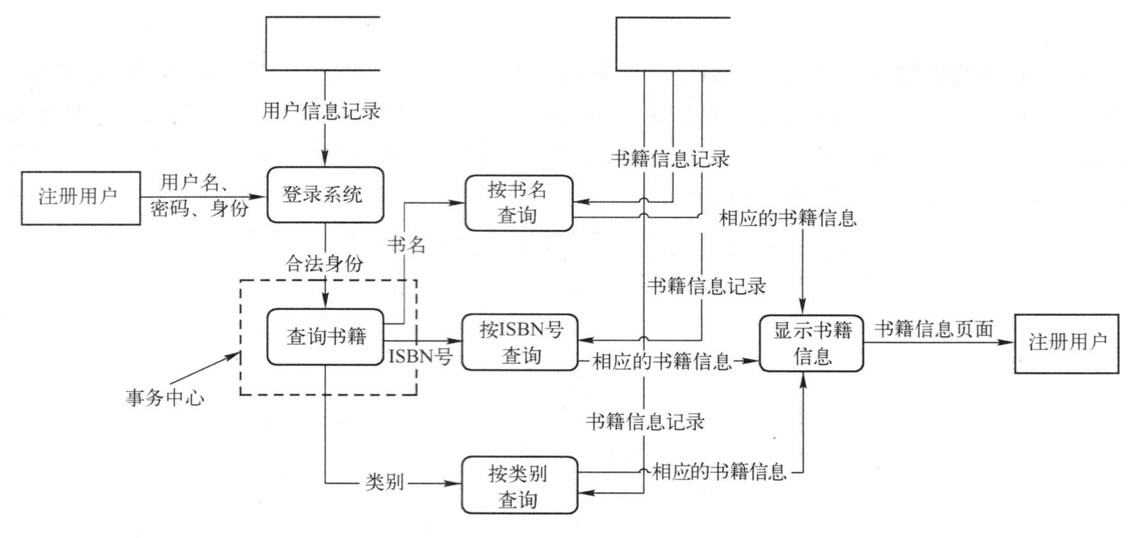

图 9-33　查看图书的事务中心

经分析，"查看图书"的结构图如图 9-34 所示。

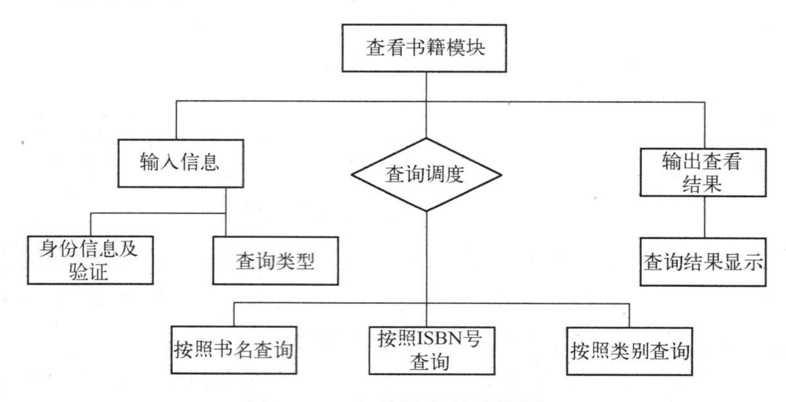

图 9-34　查看图书的结构图

可参照 4.5 节所介绍的方法，用 Visio 绘制本节实验的图。也可以利用 Visio 绘制"'墨韵'书籍共享平台"其他功能的结构图。

习题

1. 判断题

（1）结构化软件设计方法关注于系统的功能，采用自顶向下、逐步求精的设计过程。（　　）

（2）SD 法是一种面向数据结构的设计方法，强调程序结构与问题结构相对应。（　　）

（3）HIPO 法既是需求分析方法，又是软件设计方法。（　　）

（4）面向数据结构设计方法一般包括下列任务：确定数据结构特征；用顺序、选择和重复 3 种基本形式表示数据等步骤。（　　）

2. 选择题

（1）面向数据流的软件设计方法可将（　　）映射成软件结构。

A. 控制结构　　B. 模块
C. 数据流　　D. 事物流

（2）Jackson 方法根据（　　）来导出程序结构。

A. 数据流图　　B. 数据间的控制结构
C. 数据结构　　D. IPO 图

（3）在面向数据流的软件设计方法中，一般将信息流分为（　　）。

A. 数据流和控制流　　B. 变换流和控制流
C. 事务流和控制流　　D. 变换流和事务流

（4）在软件详细设计过程中不采用的描述工具是（　　）。

A. 判定表　　B. 流程图
C. PAD 图　　D. DFD 图

3. 简答题

（1）改进的 Jackson 图与传统的 Jackson 图相比有哪些优点？

（2）请简述面向数据流的设计方法。

（3）请简述面向数据结构的设计方法。

（4）结构化的软件设计的工具有哪些？各有什么特点？

（5）结构化设计与结构化分析有何关系？

4. 应用题

（1）请将图 9-35 所示的数据流图（具有边界的数据流图）映射成结构图。

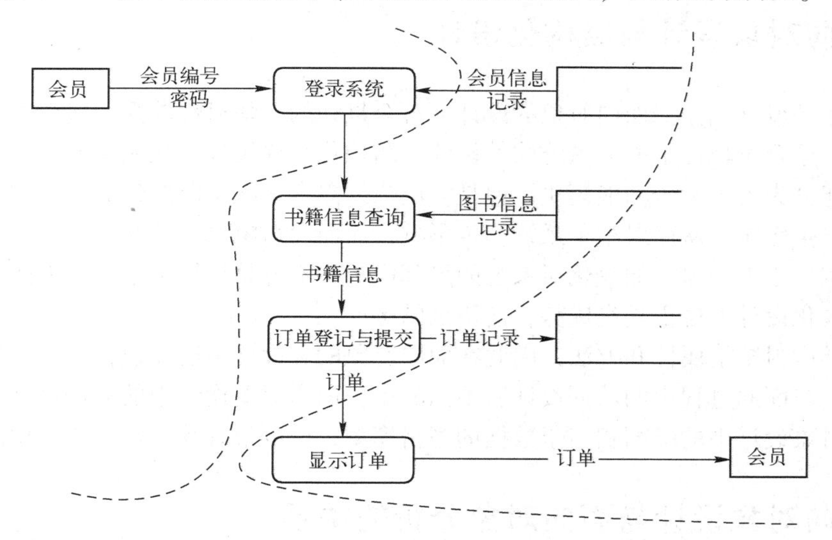

图 9-35　“订购图书”具有边界的数据流图

（2）请将如图 9-36 所示的二维表格用 Jackson 图来表示。

（3）如果要求两个正整数的最小公倍数，请用程序流程图、N－S 图和 PAD 图分别表示出求解该问题的算法。

表头

表体

学生名册

姓名	性别	年龄	学号
……	……	……	……

图 9-36　二维表格

第10章　面向对象设计

本章首先介绍面向对象设计与结构化设计的不同点，以及面向对象设计与面向对象分析的关系；然后介绍面向对象设计的过程、原则和启发规则；接着讲述系统设计，包括系统分解，以及对问题域子系统、人机交互子系统、任务管理子系统和数据管理子系统的设计；最后，对对象设计进行较为详细的阐述，包括设计类中的服务、设计类的关联和对象设计优化。

本章目标

- ❑ 了解面向对象设计与结构化设计的不同。
- ❑ 理解面向对象设计与面向对象分析的关系。
- ❑ 理解面向对象设计的过程、原则和启发规则。
- ❑ 熟悉面向对象系统分解方法。
- ❑ 熟悉面向对象问题域、人机交互、任务管理和数据管理各子系统的设计方法。
- ❑ 掌握对象设计的方法。
- ❑ 熟悉利用 Rose 绘制活动图、协作图、构件图和部署图的方法。

10.1　面向对象设计与结构化设计

与结构化的设计相比，面向对象的设计更符合复杂的、随机性较强，适合并发性的系统软件设计，而不适合逻辑性很强的系统软件设计。结构化软件设计一般从系统功能入手，按照需求将系统功能分为若干个子功能模块。但是，用户的需求是在不断变化的。需求的改变往往会对功能模块产生影响，从而对整个系统产生影响，而面向对象的设计基于类、对象、封装和继承等概念，相比之下，需求的变化对系统的局部影响并不容易扩展到全局。因此，面向对象设计方法比结构化设计方法更具有优势，使用范围更广。

由于在类中封装了属性和方法，因此在面向对象的类设计中已经包含了面向过程中的过程设计。此外，与面向过程中的数据设计所不同的是，面向对象设计中的数据设计并不是独立进行的，面向对象设计中的类图相当于数据的逻辑模型，可以很容易地转换成数据的物理模型。

10.2　面向对象设计与面向对象分析的关系

设计阶段的任务是及时把分析阶段得到的需求转变成符合各项要求的系统实现方案。与传统的软件工程方法不同的是，面向对象的方法不强调需求分析和软件设计的严格区分。实际上，面向对象的需求分析和面向对象的设计活动是一个反复迭代的过程，从分析到设计的过渡是一个逐渐扩充、细化和完善分析阶段所得到的各种模型的过程。严格意义上来讲，从面向对象分析到面向对象设计不存在转换问题，而是同一种表示方法在不同范围的运用。面向对象设计也不仅仅是对面向对象分析模型进行细化。

面向对象分析到面向对象设计是一个平滑的过渡，即没有间断，没有明确的分界线。面向对象分析建立系统的问题域的对象模型，而面向对象设计建立求解域的对象模型。虽然都是建模，但两者性质不同，分析建模可以与系统的具体实现无关，设计建模则要考虑系统的具体实现环境的约束，如要考虑系统准备使用的编程语言，可用的软件构件库（主要是类库）及程序员的编程经验等约束问题。

10.3　面向对象设计的过程与原则

10.3.1　面向对象设计的过程

面向对象的设计过程一般分为以下几个步骤。

1. 建立软件体系结构环境图

在软件体系结构设计开始时，设计应该定义与软件进行交互的外部实体（其他系统、设备和人员等）及交互的特性。一般在分析建模阶段可以获得这些信息，并使用软件体系结构环境图对环境进行建模，描述系统的出入信息流、用户界面和相关的支持处理。一旦建立了软件体系结构的环境图，描述出所有的外部软件接口，软件架构师就可以通过定义和求精实现软件体系结构的构件来描述系统的结构。这个过程可一直迭代，直到获得一个完善的软件体系结构。在设计的初始阶段，软件架构师用软件体系结构环境图对软件与外部实体交互的方式进行建模。图 10–1 所示为软件体系结构环境图的结构。

如图 10–1 所示，与目标系统（即开发软件体系结构的系统）交互的系统可以表示为以下几个。

- 上级系统：将目标系统作为某些高层处理方案的一部分。
- 下级系统：被目标系统所使用，并且为完成目标系统的功能提供必要的数据和处理。
- 同级系统：在对等的基础上相互作用（例如，信息要么由目标系统和同级系统产生，要么被目标系统和同级系统使用）。
- 参与者：指通过产生和使用所需的信息，实现与目标系统交互的实体（人、设备）。每个外部实体都通过某一接口（带阴影的小矩形）与目标系统进行通信。

图 10–2 所示为一个工资支付系统的体系结构环境图。

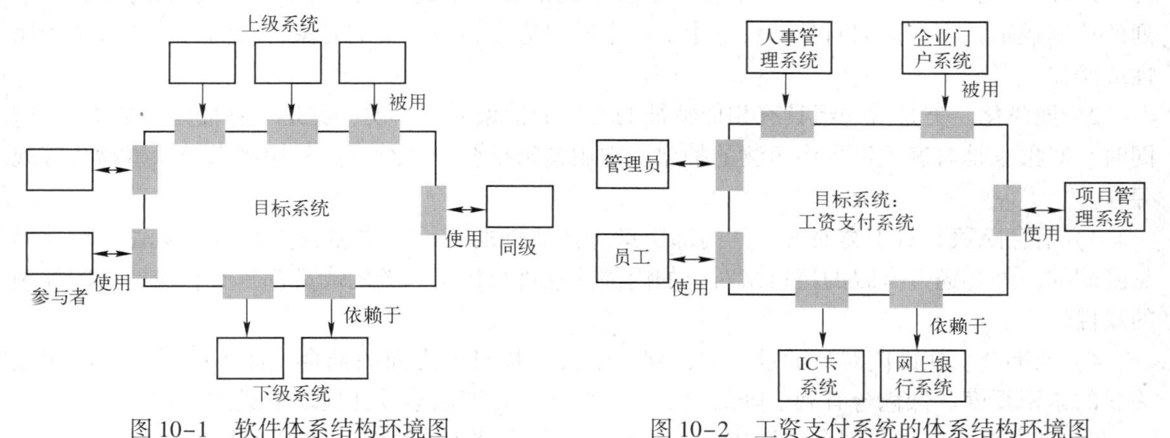

图 10–1　软件体系结构环境图　　图 10–2　工资支付系统的体系结构环境图

2. 软件体系结构设计

软件体系结构环境图建立之后，并且对所有的外部软件接口进行了描述之后，就可以进行软件体系结构设计了。软件体系结构设计可以自底向上进行，先为系统中最底层的细节设计，然后逐步在更高层累计细节直至最终满足系统需求，如将关系紧密的对象组织成子系统或层；也可以自顶向下进行，通过分解功能来解决问题，尤其是使用设计模式或遗留系统时，会从子系统的划分入手；还可以自中向上下进行，先开始做系统中看来容易做的，再向相应的高层或底层扩展。至于选择哪一种方式，需要根据具体的情况来确定。当没有类似的软件体系结构作为参考时，常常使用自底向上的方式进行软件体系结构设计。多数情况下，使用自顶向下的方式进行软件体系结构设计。

在采用自顶向下这种方式时，首先要根据客户的需求选择软件体系结构风格，然后对可选的软件体系结构风格或模式进行分析，以建立最适合客户需求和质量属性的结构。

需要强调的是，软件体系结构设计这个过程可以一直迭代，直到获得一个完善的软件体系结构。有经验的软件设计人员应能按照项目所需的策略进行软件体系结构设计。

3. 对各个子系统进行设计

大多数系统的面向对象设计模型，在逻辑上都由四大部分组成。这四大部分对应于组成目标系统的 4 个子系统，分别是问题域子系统、人机交互子系统、任务管理子系统和数据管理子系统。当然，在不同的软件系统中，这 4 个子系统的重要程度和规模可能相差很大，规模过大的在设计过程中应该进一步划分成更小的子系统，规模过小的可合并在其他子系统中。某些领域的应用系统在逻辑上可能仅由 3 个（甚至少于 3 个）子系统组成。

4. 对象设计及优化

对象设计是细化原有的分析对象，确定一些新的对象，对每一个子系统接口和类进行准确详细的说明。系统的各项质量指标并不是同等重要的，设计人员必须确定各项质量指标的相对重要性（即确定优先级），以便在优化对象设计时制定折中方案。常见的对象优化设计方法有采用提高效率的技术和建立良好的继承结构。

10.3.2 面向对象设计的原则

面向对象的设计原则基本遵循传统软件设计应该遵循的基本原理，同时还要考虑面向对象的特点。设计原则具体如下。

1）模块化。在结构化的设计中，一个模块通常为一个过程或一个函数，它们封装了一系列的控制逻辑；而在面向对象的设计中，一个模块通常为一个类或对象，它们封装了事物的属性或操作。

2）抽象化。类是对一组具有相似特征的对象的抽象。可以说，类是一种抽象的数据类型。同时，对象也是对客观世界中事物的抽象。它用紧密结合的一组属性和操作来表示事物的客观存在。

3）信息隐藏。对于类而言，其内部信息（如属性的表示方法和操作的实现算法）对外界是隐藏的。外界通过有限的接口来对类的内部信息进行访问。类的成员都具有相应的访问控制的属性。

4）低耦合。在面向对象的设计中，耦合主要是指对象之间的耦合，即不同对象之间相互关联的紧密程度。低耦合有利于降低由于一个模块的改变而对其他模块造成的影响。

5）高内聚。内聚与耦合密切相关，低耦合往往意味着高内聚。提高模块的内聚性有利于提高系统的独立性。

6）复用性。构造新类时，需要考虑该类将来被重复利用的可能。提高类的复用性可以节约资源，精简系统结构。

10.4 面向对象设计的启发规则

面向对象设计的启发规则是人们在长期的基于面向对象思想的软件开发实践中总结出来的经验，有利于提高开发人员进行软件设计的质量。启发规则具体如下。

1）设计结果应该清晰易懂。设计结果清晰易懂，可以为后续的软件开发提供便利，同时还能够提高软件的可维护性。要做到这一点，首先应该注意对类、属性或操作的命名。如果名称能与所代表的事物或代表的含义一致，那么开发人员就能很方便地理解特定类、属性或操作的用途。要尽量避免模糊的定义。其次，如果开发团队内已经为软件开发设立了协议，那么开发人员在设计新类时应该尽量遵循已有的协议，从而与整个系统设计保持一致。此外，如果已定义了标准的消息模式，开发人员也应该尽量遵守这些消息模式，尽量减少消息模式的数量。

2）类的等级深度应该适当。虽然类的继承与派生有诸多优点，但是不能随意创建派生类。应该使类等级中包含的层次数适当。对于中等规模的系统，类的等级层次数应该保持在5～9之间。

3）要尽量设计简单的类。简单的类便于开发和管理。如果一个类过于庞大，势必会造成维护困难、不灵活等问题。为了保持类的简洁，要尽量简化对象之间的合作关系，为每个类分配的任务应该尽量简单。此外，要控制类中包含的属性及提供的操作。

4）使用简单的协议。减少消息的参数个数是减少类间耦合程度的有效手段。一般来说，消息的参数最好控制在3个以内，而且要尽量使用简单的数据类型。

5）使用简单的操作。控制操作中的源程序语句的行数或语句的嵌套层数，可以简化操作。

6）把设计的变动减至最小。虽然设计的变动是正常情况，但是由于设计的变动会造成资源或时间上的消耗，开发人员应该尽量把设计的变动概率降至最低。一般来说，设计的质量越高，出现设计被修改情况的概率就越低，即使需要修改设计，修改的范围也会比较小。

10.5 系统设计

系统设计关注于确定实现系统的策略和目标系统的高层结构。开发人员将问题分解为若干个子系统，子系统和子系统之间通过接口进行联系。一般来说，常用的系统设计的步骤如图10-3所示。

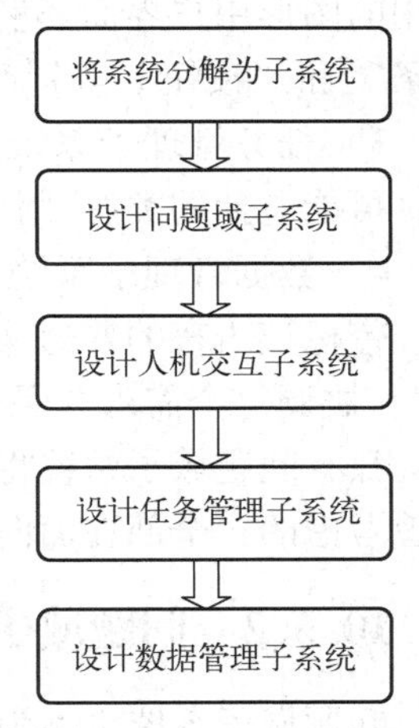

图10-3 系统设计的步骤

将系统分解为若干子系统要按照一定的拓扑关系，如树形、星形等。问题域是指与应用问题直接相关的类或对象。对问题域子系统的设计，即定义这些类或对象的细节。虽然在面向对象的需求分析过程中，已经标识和定义了系统的类与对象，以及它们之间的各种关系，但是，随着对需求理解的加深和对系统认识程度的逐步提高，在面向对象的设计阶段，开发人员还应该对需求分析阶段得到的目标系统的分析模型进行修正和完善。在7.3节中，已经描述了用户界面设计，在这里也适用。设计任务管理子系统，包括确定各类任务并把任务分配给适当的硬件或软件去执行。设计者在决定到底采用软件还是硬件时，必须综合权衡一致性、成本和性能等多种因素，还要考虑未来的可扩充性和可修改性。设计数据管理子系统，既需要设计数据格式，又需要设计相应的服务。设计数据格式的方法与所使用的数据存储管理模式密切相关，使用不同的数据存储管理模式时，属性和服务的设计方法是不同的。

10.5.1 系统分解

把系统分解成若干个比较小的部分，然后再分别设计每个部分，这样做有利于降低设计的难度，有利于软件开发人员的分工协作，也有利于维护人员对系统的理解和维护。系统的主要组成部分称为子系统，通常根据所提供的功能来划分子系统。

各个子系统之间应该具有尽可能简单、明确的接口。接口确定了交互形式和通过子系统边界的信息流，但是无须规定子系统内部的实现算法。因此，可以相对独立地设计各个子系统。

在划分和设计子系统时，应该尽量减少子系统彼此间的依赖性。采用面向对象方法设计软件系统时，面向对象设计模型（即求解域的对象模型）针对与实现有关的因素而开展面向对象分析模型（即问题域的对象模型）的5个活动（主题、类与对象、结构、属性和服务），它包括问题域、人机交互、任务管理和数据管理等4个部分的设计，即针对这四大部分对应于组成目标系统的4个子系统——问题域子系统、人机交互子系统、任务管理子系统和数据管理子系统进行设计。如图10-4所示，面向对象设计模型从横向看是上述4个部分，从纵向看每个部分仍然是5个层次。

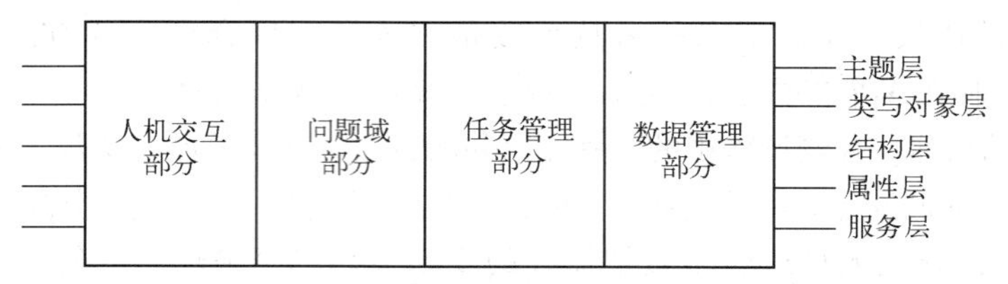

图10-4 典型的面向对象设计模型

1）问题域子系统把面向对象分析模型直接拿来，针对实现的要求进行必要的增补和调整，例如，需要对类、结构、属性及服务进行分解和重组。这种分解是根据一定的过程标准来做的，标准包括可重用的设计与编码类，把问题域专用类组合在一起，通过增加一般类来创立约定，提供一个继承性的支撑层次改善界面，提供存储管理，以及增加低层细节等。

2）人机交互子系统包括有效的人机交互所需的显示和输入，这些类在很大程度上依赖于所用的图形用户界面环境，如Windows、Delphi和C++，而且可能包括“窗口”“菜单”“滚动条”和“按钮”等针对项目的特殊类。

3）任务管理子系统包括任务的定义、通信和协调，以及硬件分配、外部系统及设备约定，可能包括的类有“任务”类和“任务协调”类。

4）数据管理子系统包括永久数据的存取，它隔离了物理的数据管理方法，包括普通文件、带标记语言的普通文件、关系型数据库和面向对象数据库等。可能包括的类有“存储服务”，协调每个需永久保存的对象的存储。

只有问题域子系统将面向对象分析模型直接拿来，其他3个子系统则是面向对象分析阶段未曾考虑的，全部在面向对象设计阶段建立。

10.5.2 问题域子系统的设计

问题域子系统也称为问题域部分。面向对象方法中的一个主要目标是保持问题域组织框架的完整性和稳定性，这样可以提高分析、设计到实现的追踪性。因为系统的总体框架都是建立在问题域基础上的，所以，在设计与实现过程中细节无论做怎样的修改，如增加具体类、属性或服务等，都不会影响开发结果的稳定性。稳定性是在类似系统中重用分析、设计和编程结果的关键因素。为更好地支持系统的扩充，也同样需要稳定性。

问题域子系统可以直接引用面向对象分析所得出的问题域精确对象模型，该模型提供了完整的框架，为设计问题域子系统奠定了良好的基础，面向对象设计就应该保持该框架结构。

只要可能，就应该保持面向对象分析所建立的问题域结构。通常，面向对象设计在分析模型的基础上，从实现角度对问题域模型做一些补充或修改，修改包括增添、合并或分解类和对象、属性及服务、调整继承关系等。如果问题域子系统相当复杂庞大，则应把它进一步分解成若干更小的子系统。

1. 为什么要对问题域子系统进行设计

1）对描述系统时遇到的变动因素和稳定因素进行分析，这是面向对象分析方法的基础。系统需求最容易变动的就是加工（处理）和子加工（子处理），即最易变动的就是服务。

2）与外界的接口（人机交互、任务管理）也是容易变动的。

3）描述问题空间中的实体所用的数据属性（数据管理）有时也在发生变化，而且一些变动往往作用于一种对象。因此，要对变动所产生的影响进行鉴别、定界、追踪和评估。

4）系统中最稳定的方面，更准确地说，最不容易对变动发生敏感的方面，就是问题空间被当做整体看待的对象。基于问题域总体结构框架是可以长时间保持稳定的，要使系统从容地适应变化的需求，保持总体结构的稳定性就显得格外重要，这种稳定性是一个问题域的分析、设计及编程结果可以重用的关键。也是保证一个成功系统的可扩充性（即增加和减少其他功能）所需要的。如图 10-5 所示的机动车管理系统，每辆车的稳定信息是车辆项、销售项和车主项这几个类。

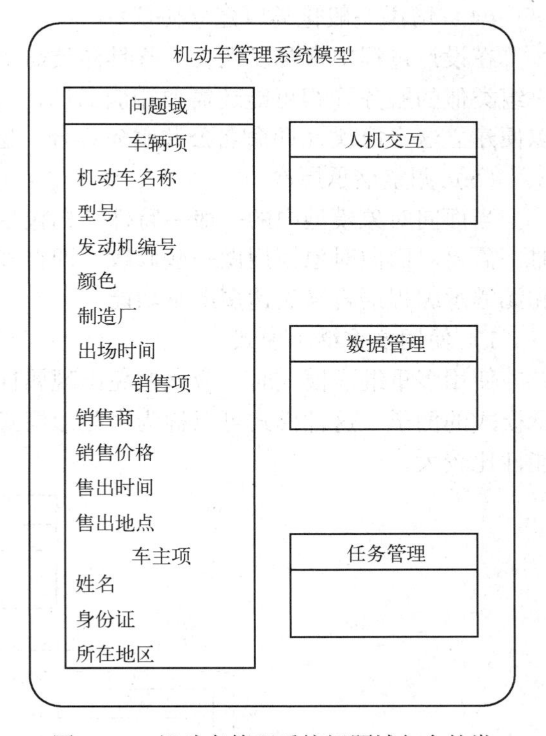

图 10-5　机动车管理系统问题域包含的类

面向对象分析和面向对象设计结果的稳定性是系统评估的基础，所以，在问题域子系统进行的修改必须经过仔细的检查和验证。

2. 如何对问题域子系统进行设计

在面向对象设计过程中，可能对面向对象分析所得出的问题域模型做的补充或修改如下。

（1）调整需求

当用户需求或外部环境发生了变化，或者分析员对问题域理解不透彻或缺乏领域专家帮助，以致建立了不能完整、准确地反映用户真实需求的面向对象分析模型时，需要对面向对象分析所确定的系统需求进行修改。

通常，首先对面向对象分析模型进行简单的修改，然后再将修改后的模型引用到问题域子系统中。

(2) 复用已有的类

设计时应该在面向对象分析结果的基础上实现现有类的复用，现有类是指面向对象程序设计语言所提供的类库中的类。因此，在设计阶段就要开始考虑复用，为代码复用奠定基础。如果确实需要创建新的类，则在设计新类时必须考虑它的可复用性。

复用已有类的过程如下。

- 选择有可能被复用的已有类，标出这些候选类中对本问题无用的属性和服务，尽量复用那些能使无用的属性和服务降到最低程度的类。
- 在被复用的已有类和问题域类之间添加归纳关系（即从被复用的已有类派生出问题域类）。
- 标出问题域类中从已有类继承来的属性和服务，现在已经无须在问题域类内定义它们了。
- 修改与问题域类相关的关联，必要时改为与被重用的已有类相关的关联。

(3) 把问题域类组合在一起

在面向对象设计过程中，设计者往往通过引入一个根类而把问题域类组合在一起。事实上，这是在没有更先进的组合机制可用时才采用的一种组合方法。此外，这样的根类还可以用来建立协议。

(4) 增添一般化类以建立协议

在设计过程中常常发现，一些具体类需要有一个公共的协议，也就是说，它们都需要定义一组类似的服务（很可能还需要相应的属性）。在这种情况下可以引入一个附加类（如根类），以便建立这个协议（即命名公共服务集合，这些服务在具体类中仔细定义）。

(5) 调整继承层次

当面向对象模型中的一般—特殊结构包括多继承，而使用只有单继承和无继承的编程语言时，需要对面向对象模型做一些修改。即将多继承化为单继承，单继承化为无继承，用单继承和无继承编程语言来表达多继承功能。

1) 使用多重继承模式。

使用多重继承模式时，应该避免出现属性及服务的命名冲突。图 10-6 所示是一种多重继承模式的例子，这种模式可以称为窄菱形模式。使用这种模式时出现属性及服务命名冲突的可能性比较大。

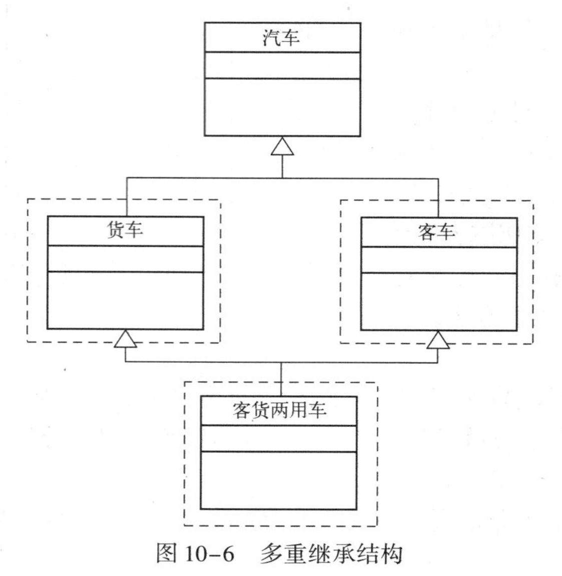

图 10-6 多重继承结构

第二种多继承模式可称为广义菱形。在这里，菱形开始于最高的一般类，即通常称为“根”类的地方。这里，属性和服务命名的冲突比较少，但它需要更多的类来表示设计。图 10–7所示为车辆菱形模式。

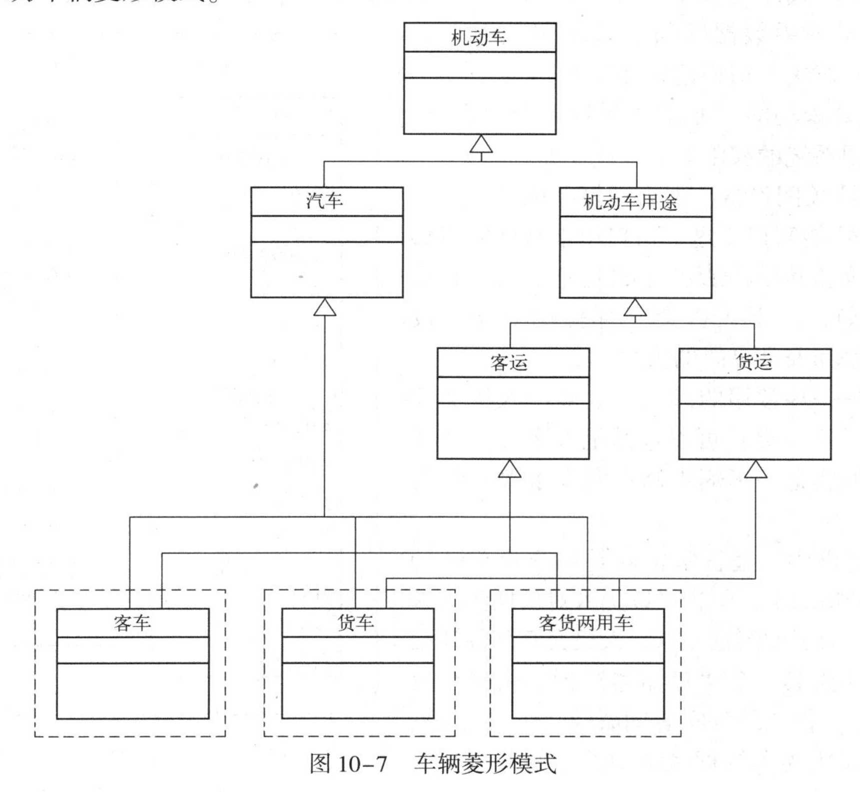

图 10–7　车辆菱形模式

2）使用单继承模式。

对单继承语言，可用两种方法从多继承结构转换为单继承结构。

① 分解多继承，使用它们之间的映射。这种方法把多继承模式分为两个层次结构，使它们之间映射，即用一个整体/部分结构或者一个实例连接。

② 展开为单继承。这种方法把多继承的层次结构展平而成为一个单继承的层次结构，这意味着，有一个或多个一般/特殊结构在设计中就不再那么清晰了。同时也意味着，有些属性和服务在特殊类中重复出现，造成冗余。

10.5.3　人机交互子系统的设计

1. 为什么要对人机交互子系统进行设计

人机交互子系统强调人如何命令系统，以及系统如何向用户提交信息，人们在使用计算机的过程中的感受直接影响其对系统的接受程度。随着计算机的普及，越来越多的非计算机专业人员开始使用计算机，人机交互子系统的友好性直接关系到一个软件系统的成败。虽然设计良好的人机交互子系统不可能挽救一个功能很差的软件，但性能很差的人机交互子系统将会使一个功能很强的产品变得不可接受。

2. 如何对人机交互子系统进行设计

在现在的大型软件系统中，人机交互对象（类）通常是窗口或报告。软件设计者至少要考虑以下 3 种窗口。

1）安全/登录窗口。这种窗口是用户访问系统的必经之路。

2）设置窗口。这种窗口具有以下功能。

① 创建或初始化系统运行必需的对象。例如用来创建、维护和删除持久对象的窗口。持久对象类似于关系数据库信息系统中的数据记录，如车辆、车主、销售记录和事务。

② 系统管理功能，如添加和删除授权用户，修改用户使用系统的权限等。

③ 启动或关闭设备，如启动打印机等。

3）业务功能窗口。这种窗口用来帮助完成那些由信息系统和其用户所进行的业务交互所必要的功能。例如，用于人机交互部件的登记、设置、车辆维修和安全事故的窗口。

报告是另一种常用的形式，也属于人机交互部件。报告对象（类）可以包括绝大多数用户需要的信息，如登记、车辆维修、安全事故和缴费的报告。

在用户需求中，报告常常就是用户对系统的需求。在这种情况下，报告可以加入对象模型的人机交互部件。为了做到这一点，人机交互部件开始产生表格并且类似一个“存储器”桶，用来存放必要的需求，但它们不是问题域的一部分。图 10–8所示是机动车管理系统中的一些人机交互窗口和报告。

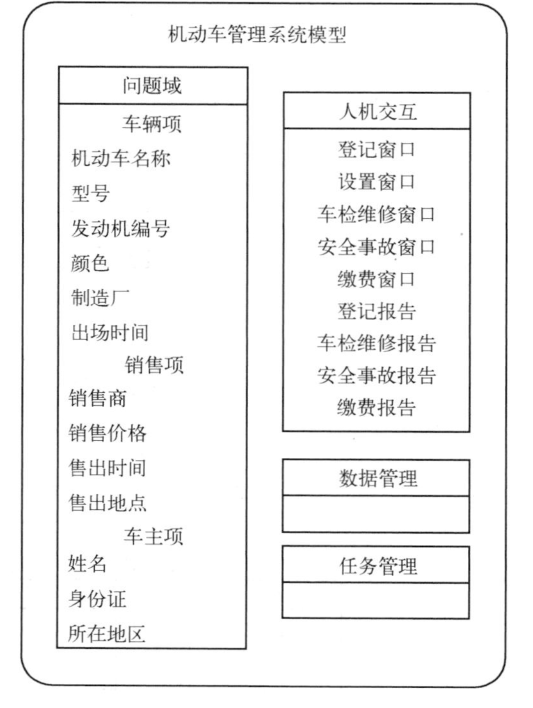

图 10–8　机动车管理系统问题域和人机交互部件的类

就像问题域的类那样，可能作为人机交互部件的每个对象（类）都需要进行扩展，确定每个类都必需的属性与服务，如图 10–9 所示。

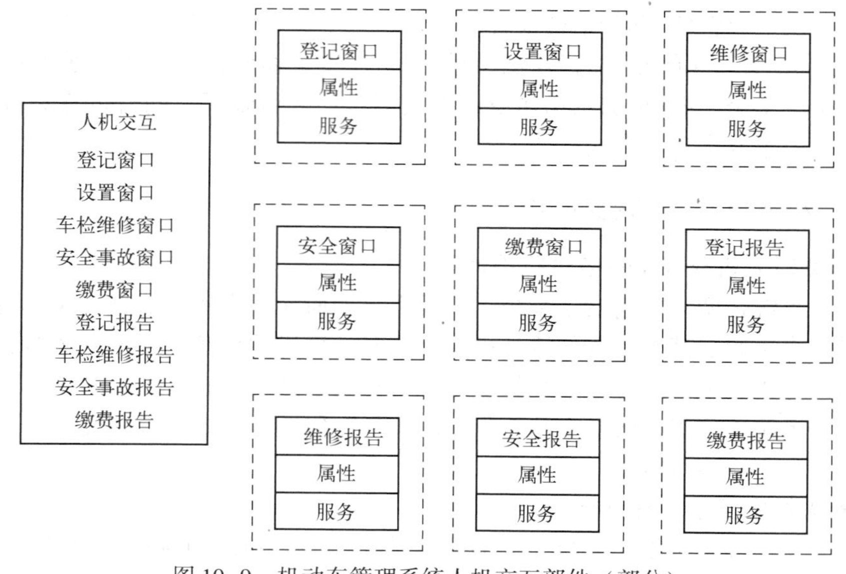

图 10–9　机动车管理系统人机交互部件（部分）

人机交互中起主导作用的是人，为了考察其软件产品的用户友好性，有些大的软件公司在新产品上市之前，需要组织一些实际的用户进行产品试用，并通过详细考察和记录被试验者的使用感受，从而确定产品是否能够使用户感到满意。

以用户为中心的启发式评价具有一定的代表性。启发式评价提供了一个初级的方法，用于确定潜在的可用性问题，可以使用多种启发式评价列表。Nielsen 于 1993 年提出了比较流行的一种启发式评价列表。

1）系统状态的可见性。系统应该使用户通过合适的和及时的反馈得到继续做什么的通知。

2）系统和真实世界之间的匹配。系统应该使用用户所熟悉的词组、短语和概念来表达用户的想法，而不是面向系统的词汇。遵循真实世界的约定，使信息以自然的、符合逻辑的状态显示。

3）用户的控制权和自主权。用户控制任务和系统流。然而，用户常常误选系统功能，所以将会需要一个清楚标记的紧急出口以离开误进入的状态，而无须通过那些扩展的对话框。支持恢复和重做。

4）一致性和标准。用户无须猜想不同的单词、情形、形象、交互技术、对象或操作是否有相同的含义。遵循平台的约定。

5）预防错误。比一个好的错误消息更好的是仔细设计以防止错误发生。

6）识别而不是回忆。使对象、操作和选项可视化。不应该让用户记住一个对话框的部分消息再输入到另一个。使用系统的指令应该是可视的或在任何合适的时候易于获取的。

7）使用的灵活性和效率。向新用户屏蔽的快捷键可以加速专家用户和系统的交互，以至于系统能够适合无经验的用户和有经验的用户。允许用户定制频繁的操作。

8）美学设计和最低要求设计。对话框不应该包含不相关的或很少需要的信息，因为它们和相关的信息单元进行竞争，从而减少了相关信息的相对可用性。

9）错误恢复。帮助用户辨识、诊断和从错误恢复。错误信息应该用简单的语言（非编码的方式）表达，准确指示问题，建设性地建议一种解决方案。

10）帮助和文档。虽然一个系统没有文档也能使用，这样看似更好，但是提供一个帮助和文档可能也是必需的。这些信息应该易于查找、集中于用户任务、列出具体步骤，并且大小易于管理。

10.5.4 任务管理子系统的设计

通过面向对象分析建立起来的动态模型，是分析并发性的主要依据。如果两个对象彼此间不存在交互，或者它们同时接受事件，则这两个对象在本质上是并发的。通过检查各个对象的状态图及它们之间交换的事件，能够把若干个非并发的对象归并到一条控制线中。所谓控制线，是一条遍及状态图集合的路径，在这条路径上每次只有一个对象是活动的。在计算机系统中用任务实现控制线，一般认为任务是进程的别名。通常把多个任务的并发执行称为多任务。

1. 为什么要对任务管理子系统进行设计

对于某些应用系统来说，通过划分任务，可以简化系统的设计及编码工作。不同的任务标识了必须同时发生的不同行为。这种并发行为既可以在不同的处理器上实现，也可以在单个处理器上利用多任务操作系统仿真实现（通常采用时间分片策略仿真多处理器环境）。

尽管从概念上说，不同对象可以并发地工作，但是，在实际系统中，许多对象之间往往存在相互依赖关系。此外，在实际使用的硬件中，可能仅由一个处理器支持多个对象。因此，设计工作的一项重要内容，就是确定哪些是必须同时动作的对象，哪些是相互排斥的对象。然后进一步设计任务管理子系统。

2. 如何对任务管理子系统进行设计

常见的任务有事件驱动型任务、时钟驱动型任务、优先任务、关键任务和协调任务等。设计任务管理子系统，包括确定各类任务并把任务分配给适当的硬件或软件去执行。

1）确定事件驱动型任务。这类任务可能主要完成通信工作，如与设备、屏幕窗口、其他任务、子系统、另一个处理器或其他系统通信。例如，专门提供数据到达信号的任务，数据可能来自于终端，也可能来自于缓冲区。

2）确定时钟驱动型任务。某些任务每隔一定时间间隔就被触发以执行某些处理。例如，某些设备需要周期性地获得数据；某些人机接口、子系统、任务、处理器或其他系统也可能需要周期性的通信。

3）确定优先任务。优先任务可以满足高优先级或低优先级的处理需求。

4）确定关键任务。关键任务是有关系统成功或失败的关键处理，这类处理通常都有严格的可靠性要求。

5）确定协调任务。当系统中存在 3 个以上任务时，就应该增加一个任务，用它作为协调任务。

6）审查每个任务。对任务的性质进行仔细审查，去掉人为的、不必要的任务，使系统中包含的任务数保持到最少。

7）确定资源需求。设计者在决定到底采用软件还是硬件时，必须综合权衡一致性、成本和性能等多种因素，还要考虑未来的可扩充性和可修改性。

8）定义任务。说明任务的名称，描述任务的功能和优先级，包含此任务的服务、任务与其他任务的协同方式，以及任务的通信方式。

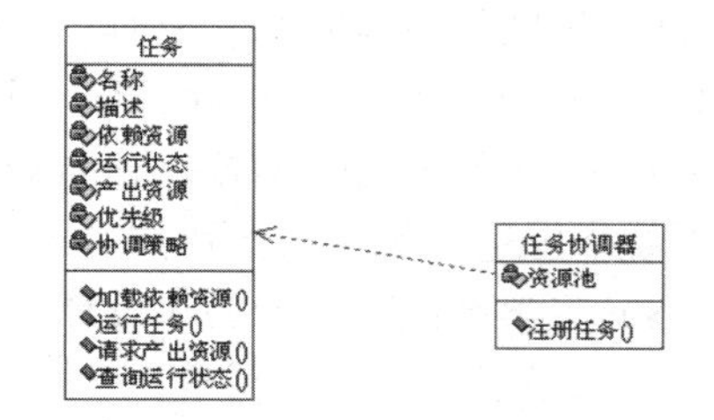

图 10-10 机动车管理系统的任务管理的类图

图 10-10 是机动车管理系统的任务管理的类图，机动车管理系统的任务描述如表 10-1 所示。

表 10-1 机动车管理系统的任务描述（部分）

任务 1 名称：人员调度申请 描述：向人力资源申请人员参与车辆预检、车辆维修等环节 依赖资源：外部人力资源调配余量 运行状态：默认为“未加载资源” 产出资源：对应人力资源的对应时间申请证明 优先级：低 协调策略：立即执行
任务 2 名称：数据库读取 描述：读取数据库中所需信息 依赖资源：数据库连接、一个计算内核独占 运行状态：默认为“未加载资源” 产出资源：数据库中的信息 优先级：中 协调策略：立即执行

（续）

任务 3 名称：车辆预检 描述：安排人员进行车辆预检 依赖资源：预检人力资源的对应时间申请证明 运行状态：默认为“未加载资源” 产出资源：车辆预检报告 优先级：中 协调策略：立即执行
任务 4 名称：报价评估 描述：根据车辆受损情况及车辆本身价值，进行车辆维修的报价 依赖资源：车辆销售信息、车辆预检报告、一个计算内核独占 运行状态：默认为“未加载资源” 产出资源：车辆维修报价 优先级：低 协调策略：立即执行

针对图 10-10 这个类图，有以下几点说明。

1）任务主要分为人员调度申请、数据库读取、车辆预检、报价评估等。

2）任务的运行状态分为以下几种：未加载资源，已加载资源（可运行），运行中，已完成，资源已取得，已中断。

3）任务的优先级是指，多个任务请求同一资源时，优先级高的任务先获得资源。

4）任务的协调策略分以下几种：立即执行，延迟一段时间后执行，在指定时间执行。

5）资源池负责维护所有与任务相关联的资源，并解决资源依赖问题。资源池具有一些初始资源；资源池调配同一任务的多个依赖资源时，会按照全局统一顺序加载（以避免死锁）；资源池同时会向外界通知它内部某个资源的状态（不存在，正在获取，资源可用，资源失效）。

6）任务协调器可以用注册任务来添加新任务。任务完成之后的资源会被添加到资源池中（从而加载其他任务依赖的资源）。当任务进入可运行状态时，将根据任务的协调策略执行任务。

10.5.5 数据管理子系统的设计

数据管理子系统是系统存储或检索对象的基本设施，它建立在某种数据存储管理系统之上，并且隔离了数据存储管理模式（文件、关系数据库或面向对象数据库）的影响，但实现细节集中在数据管理子系统中。这样既有利于软件的扩充、移植和维护，又简化了软件设计、编码和测试的过程。

设计数据管理子系统，既需要设计数据格式，又需要设计相应的服务。

1. 设计数据格式

设计数据格式的方法与所使用的数据存储管理模式密切相关。下面分别介绍每种管理模式的数据格式设计方法。

1）文件系统。文件系统设计数据格式由以下几个步骤组成。

- 定义第一范式表：列出每个类的属性表；把属性表规范成第一范式，从而得到第一范式表的定义。
- 为每个第一范式表定义一个文件。

- 测量性能和需要的存储容量。
- 修改原设计的第一范式，以满足性能和存储需求。必要时把归纳结构的属性压缩在单个文件中，以减少文件数量。必要时把某些属性组合在一起，并用某种编码值表示这些属性，而不再分别使用独立的域表示每个属性。这样做可以减少所需要的存储空间，但是会增加处理时间。

2）关系数据库管理系统。关系数据库管理系统设计数据格式由以下几个步骤组成。

- 定义第三范式表：列出每个类的属性表；把属性表规范成第三范式，从而得出第三范式表的定义。
- 为每个第三范式表定义一个数据库表。
- 测量性能和需要的存储容量。
- 修改先前设计的第三范式，以满足性能和存储需求。

3）面向对象数据库管理系统。面向对象数据库管理系统设计数据格式由以下几个步骤组成。

- 扩展的关系数据库途径：使用与关系数据库管理系统相同的方法。
- 扩展的面向对象程序设计语言途径：不需要规范化属性的步骤，因为数据库管理系统本身具有把对象值映射成存储值的功能。

2. 设计相应的服务

如果某个类的对象需要存储起来，则在这个类中增加一个属性和服务，用于完成存储对象自身的工作。应该把为此目的增加的属性和服务作为“隐含”的属性和服务，即无须在面向对象设计模型的属性和服务层中显式地表示它们，仅需在关于类与对象的文档中描述它们。

这样设计之后，对象将知道怎样存储自己。用于“存储自己”的属性和服务，在问题域子系统和数据管理子系统之间构成一座必要的桥梁。利用多重继承机制，可以在某个适当的基类中定义这样的属性和服务，然后，如果某个类的对象需要长期存储，该类就从基类中继承这样的属性和服务。

数据存放设计是按照文件、关系数据库或面向对象数据库来设计数据的存放的。

（1）采用文件进行数据管理

被存储的对象需要知道打开哪个（些）文件，怎样把文件定位到正确的记录上，怎样检索出旧值（如果有的话），以及怎样用现有值更新它们。

此外，还应该定义一个Object Server（对象服务器）类，并创建它的实例。该类提供下列服务。

- 通知对象保存自身。
- 检索已存储的对象（查找、读值、创建并初始化对象），以便把这些对象提供给其他子系统使用。

（2）采用关系数据库进行数据管理

被存储的对象应该知道访问哪些数据库表，怎样访问所需要的行，怎样检索出旧值（如果有的话），以及怎样用现有值更新它们。

此外，还应该定义一个Object Server类，并声明它的对象。该类提供下列服务。

- 通知对象保存自身。
- 检索已存储的对象（查找、读值、创建并初始化对象），以便由其他子系统使用这些对象。

（3）采用面向对象数据库进行数据管理

这是一种扩充的方法，与采用关系数据库进行数据管理所介绍的方法相同。

对象模型的数据管理部件需要实现以下目标。

1）存储问题域的持久对象（类）。也就是说，对于那些在信息系统中两次调用之间需要保存的对象，数据管理部件提供了与操作平台的数据管理存储系统之间的接口，有文件的、关系的、索引的、面向对象的或其他类型的。这样做使得数据管理部件将信息系统中的数据存储、恢复和更新与其他部分分离开来，提高了可移植性和可维护性。

2）数据管理部件为问题域中所有的持久对象封装了查找和存储机制。

当使用对象模型的表示法时，每个问题域的持久类都和数据管理部件的一个类关联，它们的名称也相似，如图 10-11 所示。

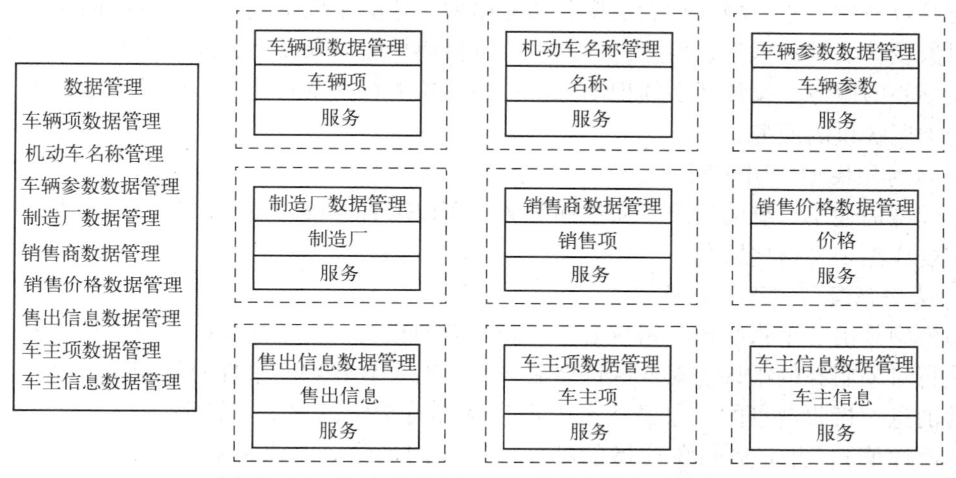

图 10-11　机动车管理系统数据管理部件（部分）

这样看来，数据管理部件的类似乎和问题域中对应的类相同，但是，需要数据管理部件的主要原因是针对对象模型在多种硬件、软件和数据管理平台上的可维护性。从理论上来说，对象模型的运行方式就像“即插即用”方式。

对象模型的 4 个部件“分别考虑”信息系统的不同方面，这种概念使得跨多个硬件、软件和数据管理平台的互操作性得到最大限度的实现。需要考虑的是问题域、人机交互、任务管理和数据管理之一。在需要时，这些部件中的一个或几个都可以用兼容的“即插即用”的部件代替。

10.6　对象设计

对象设计以问题域的对象设计为核心，其结果是一个详细的对象模型。经过多次反复的分析和系统设计之后，设计者通常会发现有些内容没有考虑到。这些没有考虑到的内容，会在对象设计的过程中被发现。这个设计过程包括标识新的解决方案对象、调整购买到的商业化构件、对每个子系统接口的精确说明和类的详细说明。

面向对象分析得出的对象模型通常并不详细描述类中的服务。面向对象设计则是扩充、完善和细化面向对象分析模型的过程，设计类中的服务并实现服务的算法是面向对象设计的重要任务，还要设计类的关联、接口形式及设计的优化。对象设计的内容包括以下几项。

- 对象中对属性和操作的详细描述。
- 对象之间发送消息的协议。
- 类之间的各种关系的定义。
- 对象之间的动态交互行为等。

10.6.1 设计类中的服务

面向对象分析得出的对象模型通常并不详细描述类中的服务。面向对象设计则是扩充、完善和细化面向对象分析模型的过程，所以，详细描述类中的服务是面向对象设计的重要任务。

1. 确定类中应有的服务

需要综合考虑对象模型、动态模型和功能模型，才能正确确定类中应有的服务。对象模型是进行对象设计的基本框架。但是，面向对象分析得出的对象模型，通常只在每个类中列出很少几个最核心的服务。设计者必须把动态模型中对象的行为及功能模型中的数据处理，转换成由适当的类所提供的服务。

（1）从对象模型中引入服务

对象模型描述了系统的对象、属性和服务，所以可将这些对象及对象的服务直接引入到设计中，需要详细定义这些服务。

（2）从动态模型中确定服务

动态模型是由若干张状态图组成的。一张状态图描绘了一个对象的生命周期，图中的状态转换是执行对象服务的结果。对象的许多服务都与对象接收到的事件密切相关，事实上，事件就表现为消息，接收消息的对象必然有由消息选择符指定的服务，该服务改变对象状态（修改相应的属性值），并完成对象应做的动作。对象的动作既与事件有关，也与对象的状态有关，因此，完成服务的算法自然也和对象的状态有关。如果一个对象在不同状态可以接受同样事件，而且在不同状态接收到同样事件时其行为不同，则实现服务的算法中需要有一个依赖于状态的多分支型控制结构。

（3）从功能模型中确定服务

功能模型由一组数据流图组成，功能模型指明了系统必须提供的服务。状态图中状态转换所触发的动作，在功能模型中有时可能扩展成一张数据流图。数据流图中的某些处理可能与对象提供的服务相对应，先确定目标的操作对象，然后在该对象所属的类中定义这些服务。定义对象所属类中的服务时，必须为服务选择合适的算法，有了好的算法才能设计出快速高效的服务。此外，如果某个服务特别复杂且很难实现，则可将复杂的服务分解成简单的服务，这样实现起来比较容易。算法和分解是实现优化的重要手段。

2. 设计实现服务的方法

在面向对象设计过程中还应该进一步设计实现服务的方法，主要完成以下几项工作。

（1）设计实现服务的算法

设计实现服务的算法时，应该考虑下列几个因素。

1）算法复杂度。通常选用复杂度较低（即效率较高）的算法，但也不要过分追求高效率，应以能满足用户需求为准。

2）容易理解与容易实现。容易理解与容易实现的要求往往与高效率有矛盾，设计者应该对这两个因素适当折中。

3）易修改。应该尽可能预测将来可能做的修改，并在设计时预先做些准备。

（2）选择数据结构

在分析阶段，仅需考虑系统中需要的信息的逻辑结构，在面向对象设计过程中，则需要选择能够方便、有效地实现算法的物理数据结构。

（3）定义内部类和内部操作

在面向对象设计过程中，可能需要增添一些在需求陈述中没有提到的类，这些新增加的类主要用来存放在执行算法过程中所得出的某些中间结果。此外，复杂操作往往可以用简单对象上的更低层操作来定义，因此，在分解高层操作时常常引入新的低层操作。在面向对象设计过程中应该定义这些新增加的低层操作。

10.6.2 设计类的关联

在对象模型中，关联是连接不同对象的纽带，它指定了对象相互间的访问路径。在面向对象设计过程中，设计人员必须确定实现关联的具体策略。既可以选定一个全局性的策略统一实现所有关联，也可以分别为每个关联选择具体的实现策略，以与它在应用系统中的使用方式相适应。

为了更好地设计实现关联的途径，首先应该分析使用关联的方式。

1. 关联的遍历

在应用系统中，使用关联有两种可能的方式：单向遍历和双向遍历。在应用系统中，某些关联只需要单向遍历，这种单向关联实现起来比较简单。另外一些关联可能需要双向遍历，双向关联实现起来稍微麻烦一些。

2. 实现单向关联

用指针可以方便地实现单向关联。如果关联的重数是一元的，如图 10-12 所示，则实现关联的指针是一个简单指针；如果重数是多元的，则需要用一个指针集合实现关联，如图 10-13 所示。

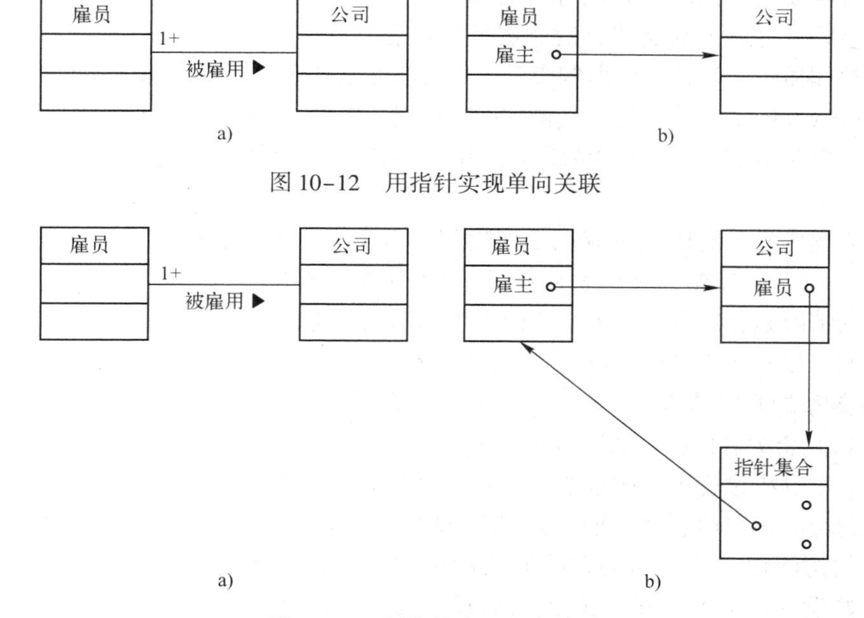

图 10-12 用指针实现单向关联

图 10-13 用指针实现双向关联

3. 实现双向关联

许多关联都需要双向遍历，当然，两个方向遍历的频度往往并不相同。实现双向关联有下列 3 种方法。

1）只用属性实现一个方向的关联，当需要反向遍历时就执行一次正向查找。如果两个方向遍历的频度相差很大，而且需要尽量减少存储开销和修改时的开销，那么这是一种很有效的实现双向关联的方法。

2）双向的关联都用属性实现。这种方法能实现快速访问，但是，如果修改了一个属性，则相关的属性也必须随之修改，才能保持该关联链的一致性。当访问次数远远多于修改次数时，这种实现方法很有效。

3）用独立的关联对象实现双向关联。关联对象不属于相互关联的任何一个类，关联对象是一个相关对象的集合，它是独立的关联类的实例，如图 10-14 所示。

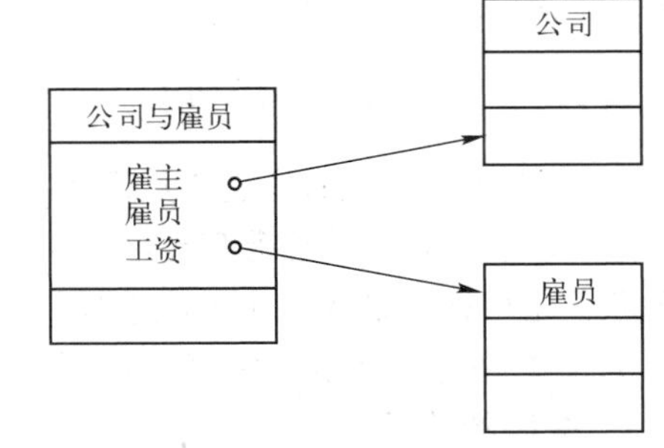

图 10-14　用关联对象实现关联

4. 关联对象的实现方法

如果某个关联包含链属性，则根据关联的重数不同，实现它的方法也不同。如果是一对一关联，链属性可作为其中一个对象的属性并存储在该对象中。如果是一对多关联，链属性可作为“多”端对象的一个属性。如果是多对多关联，则链属性与多个关联对象有关，通常使用一个独立的类来实现链属性，该类的每个实例表示一条具体的关联链及该链的属性（见图 10-14）。

10.6.3　对象设计优化

1. 确定优先级

系统的各项质量指标并不是同等重要的，设计人员必须确定各项质量指标的相对重要性（即确定优先级），以便在优化设计时制定折中方案。

系统的整体质量与设计人员所制定的折中方案密切相关。最终产品成功与否，在很大程度上取决于是否选择好了系统目标。最糟糕的情况是，没有站在全局高度正确地确定各项质量指标的优先级，以致系统中各个子系统按照相互对立的目标做了优化，导致系统资源的严重浪费。

在折中方案中设置的优先级应该是模糊的。事实上，不可能指定精确的优先级数值（如速度为 48%，内存为 25%，费用为 8%，可修改性为 19%）。

最常见的情况是在效率和清晰性之间寻求适当的折中方案。下面分别讲述在优化设计时提高效率的技术，以及建立良好的继承结构的方法。

2. 提高效率的几项技术

（1）增加冗余关联以提高访问效率

在面向对象分析过程中，应该避免在对象模型中存在冗余的关联，因为冗余关联不仅没有增添关于问题域的任何信息，反而会降低模型的清晰程度。但是，在面向对象设计过程中，当考虑用户的访问模式及不同类型访问之间彼此的依赖关系时，就会发现，分析阶段确定的关联可能并没有构成效率最高的访问路径。为了提高访问效率，需要适当增加一些冗余关联。

下面通过设计公司雇员技能数据库的实例来说明分析访问路径及提高访问效率的方法。

图 10-15 所示为从面向对象分析模型中摘取的一部分。公司类中的服务 find_skill 返回具有指定技能的雇员集合。例如，用户可能询问公司中会讲法语的雇员有哪些人。

假设某公司共有 4000 名雇员，平均每名雇员会 10 种技能，则简单的嵌套查询将遍历雇员对象 4000 次，针对每名雇员平均再遍历技能对象 10 次。如果全公司仅有 10 名雇员精通法语，则查询命中率仅有 1/4000。

提高访问效率的一种方法是使用哈希（HASH）表："具有技能"这个关联不再利用无序表实现，而是改用哈希表实现。只要"会讲法语"是用唯一一个技能对象表示，这样改进后就会使查询次数由 40000 次减少到 4000 次。

但是，当只有极少数对象满足查询条件时，查询命中率仍然很低。这时，提高查询效率更有效的方法是给那些需要经常查询的对象建立索引。例如，针对上述实例，可以增加一个额外的限定关联"精通语言"，用来联系公司与雇员这两类对象，如图 10-16 所示。利用适当的冗余关联，可以立即查到精通某种具体语言的雇员，而无须多余的访问。当然，索引也必然带来开销：占用内存空间，而且每当修改基关联时也必须相应地修改索引。因此，应该只给那些经常执行并且开销大、命中率低的查询建立索引。

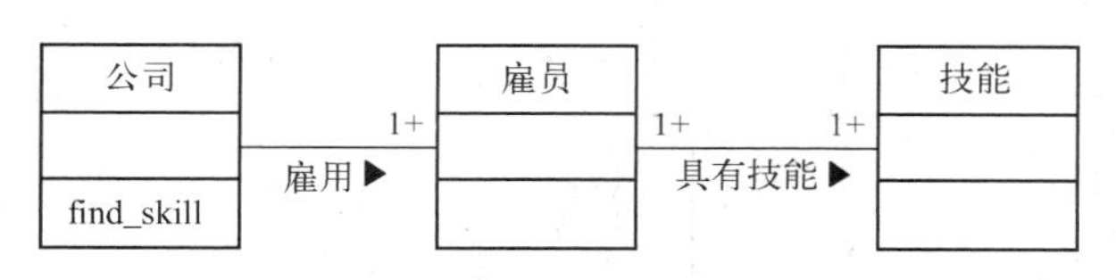

图 10-15　公司、雇员及技能之间的关联链

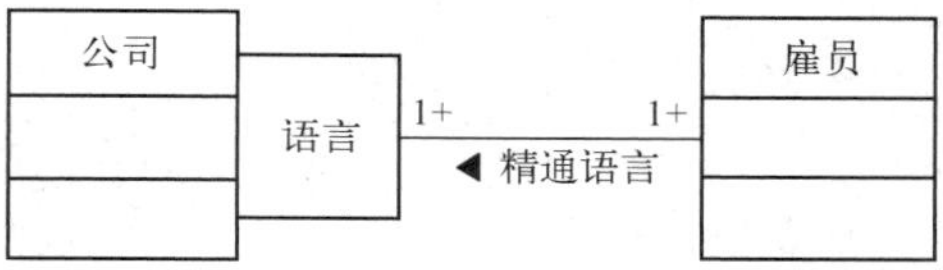

图 10-16　为雇员技能数据库建立索引

（2）调整查询次序

改进了对象模型的结构，从而优化了常用的遍历之后，接下来就应该优化算法了。优化算法的一个途径是尽量缩小查找范围。例如，假设用户在使用上述雇员技能数据库的过程中，希望找出既会讲法语又会讲西班牙语的所有雇员。如果某公司只有 10 位雇员会讲法语，会讲西班牙语的雇员却有 20 人，则应该先查找会讲法语的雇员，然后再从这些会讲法语的雇员中查找同时又会讲西班牙语的人。

（3）保留派生属性

通过某种运算而从其他数据派生出来的数据，是一种冗余数据。通常把这类数据"存储"（或称为"隐藏"）在计算它的表达式中。如果希望避免重复计算复杂表达式所带来的开销，可以把这类冗余数据作为派生属性保存起来。

派生属性既可以在原有类中定义，也可以定义新类，并用新类的对象保存它们。每当修改了基本对象之后，所有依赖于它的、保存派生属性的对象也必须相应地修改。

3. 调整继承关系

在面向对象设计过程中，建立良好的继承关系是优化设计的一项重要内容。继承关系能够为一个类族定义一个协议，并能在类之间实现代码共享以减少冗余。一个基类和它的子孙类在一起称为一个类继承。在面向对象设计中，建立良好的类继承是非常重要的。利用类继承能够把若干个类组织成一个逻辑结构。下面讨论与建立类继承有关的问题。

（1）抽象与具体

在设计类继承时，很少使用纯粹自顶向下的方法。通常的做法是，首先创建一些满足具体用途的类，然后对它们进行归纳，一旦归纳出一些通用的类以后，往往可以根据需要再派生出具体类。在进行了一些具体化（即专门化）的工作之后，就应该再次进行归纳。对于某些类继承来说，这是一个持续不断的演化过程。

下面的实例表述了设计类继承的从具体到抽象，再到具体的过程，如图 10-17 所示。

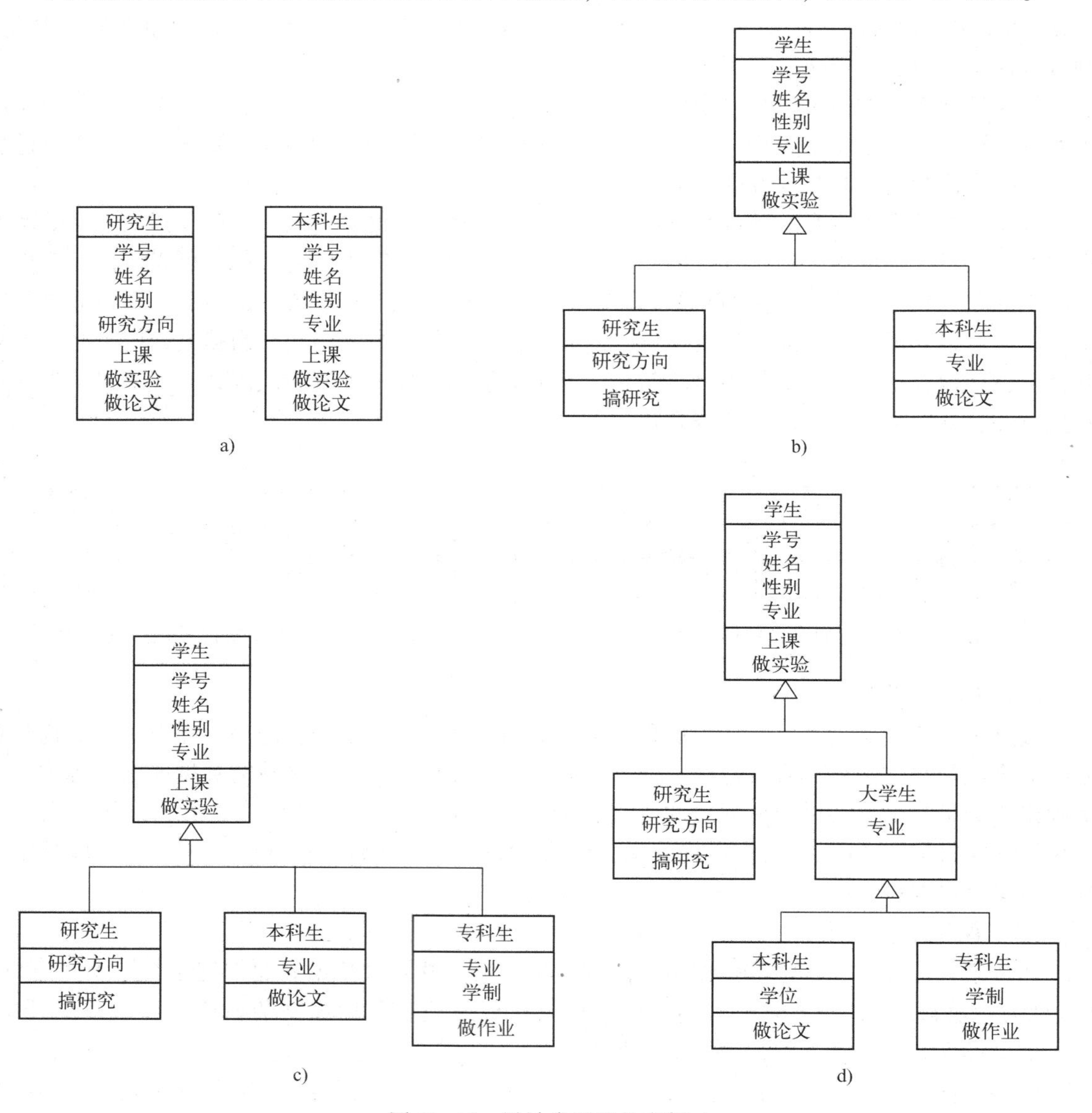

图 10-17　设计类继承的实例

a）学生类的继承实例中创建一些具体类　b）学生类的继承实例中归纳出具体类

c）学生类的继承实例的进一步具体化　d）学生类的继承实例的再进行归纳

（2）为提高继承程度而修改类定义

在面向对象设计中，在利用继承关系时，有时需要类归纳来提高继承程度。如果在一组相似的类中存在公共的属性和公共的行为，则可以把这些公共的属性和行为抽取出来放在一个共同的祖先类中，供其子类继承，如图 10-17a 和图 10-17b 所示。在对现有类进行归纳时，需要注意以下两点。

1）不能违背领域知识和常识。

2）应该确保现有类的协议（即同外部世界的接口）不变。

更常见的情况是，各个现有类中的属性和行为（操作）虽然相似却并不完全相同。在这种情况下需要对类的定义稍加修改，才能定义一个基类供其子类从中继承需要的属性或行为。有时抽象出一个基类之后，在系统中暂时只有一个子类能从它继承属性和行为，显然，在当前情况下抽象出这个基类并没有获得共享的好处。但是，这样做通常仍然是值得的，因为将来可能重用这个基类。

（3）利用委托实现行为共享

仅当存在真实的一般/特殊关系（即子类确实是父类的一种特殊形式）时，利用继承机制实现行为共享才是合理的。

有时程序员只想用继承作为实现操作共享的一种手段，并不打算确保基类和派生类具有相同的行为。在这种情况下，如果从基类继承的操作中包含了子类不应有的行为，则可能引起麻烦。例如，假设程序员正在实现一个 Stack（后进先出栈）类，类库中已经有一个 List（表）类。如果程序员从 List 类派生出 Stack 类，则如图 10-18a 所示：把一个元素压入栈，相当于在表尾加入一个元素；把一个元素弹出栈，相当于从表尾移走一个元素。但是，与此同时，也继承了一些不需要的表操作。例如，从表头移走一个元素或在表头增加一个元素。万一用户错误地使用了这类操作，Stack 类将不能正常工作。

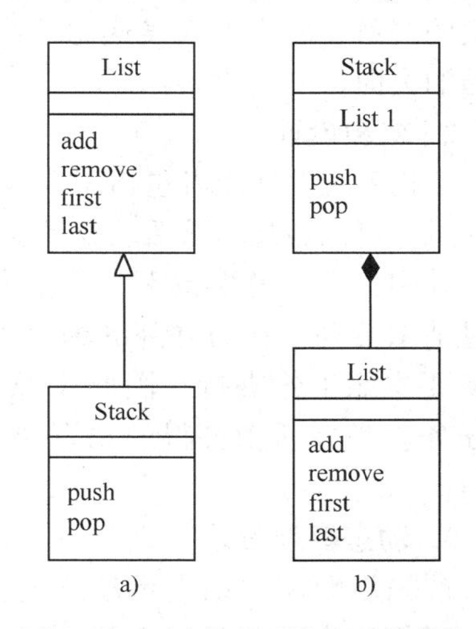

图 10-18　用表实现栈的两种方法

如果只想把继承作为实现操作共享的一种手段，则利用委托（即把一类对象作为另一类对象的属性，从而在两类对象间建立组合关系）也可以达到同样目的，而且这种方法更安全。使用委托机制时，只有有意义的操作才委托另一类对象实现，因此，不会发生不慎继承了无意义（甚至有害）操作的问题。

图 10-18b 所示描绘了委托 List 类实现 Stack 类操作的方法。Stack 类的每个实例都包含一个私有的 List 类实例（或指向 List 类实例的指针）。Stack 对象的操作 push（压栈），委托 List 类对象通过调用 last（定位到表尾）和 add（加入一个元素）操作实现，而 pop（出栈）操作则通过 List 的 last 和 remove（移走一个元素）操作实现。

10.7　面向对象设计实例

【例 10-1】 在 6.3 节的【例 6-2】中，用面向对象方法分析了“募捐系统”。

下面用面向对象方法设计“募捐系统”。

【解析】

1. 系统设计

系统主要可以分为 4 个子系统：志愿者管理子系统、募捐需求子系统、募捐活动子系统和资金物品管理子系统，如图 10-19 所示。

1）志愿者管理子系统：主要功能为志愿者管理，按照题目的描述，系统向志愿者发送加入邀请，如果志愿者拒绝，继续向其他志愿者发送邀请。志愿者加入后，系统向志愿者提供邀请跟进和分配工作任务，管理志愿者提供的邀请响应和志愿者信息，在活动结束后，记录志愿者的工作时长和工作结果。

2）募捐需求子系统：主要功能为创建并更新管理需求，由起始状态开始，确定募捐需求，提出活动请求和捐赠请求，将请求发送给场馆，确定场馆的可用性，将募捐活动信息发送给捐赠人和志愿者，确定捐赠人信息和捐赠物品，确定加入任务的志愿者。

3）募捐活动子系统：主要功能集中在募捐活动开展，根据活动时间和地点推广募捐活动，从募捐机构获取资金并向其发放赠品等。

4）资金物品管理子系统：主要功能为捐赠资金和物品的处理，根据捐赠请求，提供所募集的捐赠。向捐赠人发送感谢函，并告知捐赠品的去向。

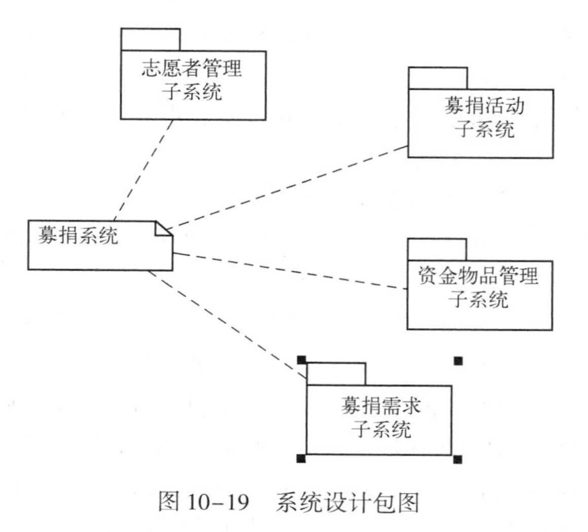

图 10-19　系统设计包图

2. 对象设计

募捐系统的使用者包括用户与机构，其中用户分为募捐者与志愿者。募捐者发起一个募捐需求后，可以通过请求活动及请求捐赠的方式来满足需求。

其中，通过募捐请求，募捐者向募捐机构直接募得物资，将其添加到所募捐赠中；再通过请求活动，在与外部的场馆等进行时间地点的协调后，宣传并举办募捐活动。募捐活动需要志愿工作支持，因此志愿工作通过邀请的方法，邀请志愿者参加，跟进邀请并分配任务。举办活动募得的物资可以添加到所募捐赠里。详细的对象设计类图如图 10-20 所示。

3. 动态模型设计

首先用顺序图来表示动态模型。根据描述，需设计 3 个功能的顺序图：志愿者管理、确定募捐需求和收集所募捐赠、组织募捐活动。这 3 张顺序图均按照描述中所给的流程绘制。

1）志愿者管理过程分析：首先志愿者联络人向志愿者发出邀请，若志愿者接受邀请，则提供相应的志愿者信息。此时志愿者联络人可以邀请跟进，进而分配工作任务。最后任务完成后，统计志愿者工作时长，再记录工作结果。由此志愿者管理的顺序图绘制完毕。动态模型如图 10-21 所示。

2）确定募捐需求和收集所募捐赠过程分析：首先募捐物资联络人获得募捐需求，进行分析后发布募捐任务，再提出活动请求，提出捐赠请求，最终获得所募得的资金和物品。由此确定募捐需求和收集所募捐赠的顺序图绘制完毕。动态模型如图 10-22 所示。

3）组织募捐活动过程分析：首先活动组织者提出活动请求，请求通过后先确定活动时间范围。根据活动时间，搜索可用场馆。联系好之后，确定活动时间和地点，由此确定相应的活动信息。再推广募捐活动，从而获取募捐。最后成功举办活动，并处理所募得的捐赠。由此组织募捐活动的顺序图绘制完毕。动态模型如图 10-23 所示。

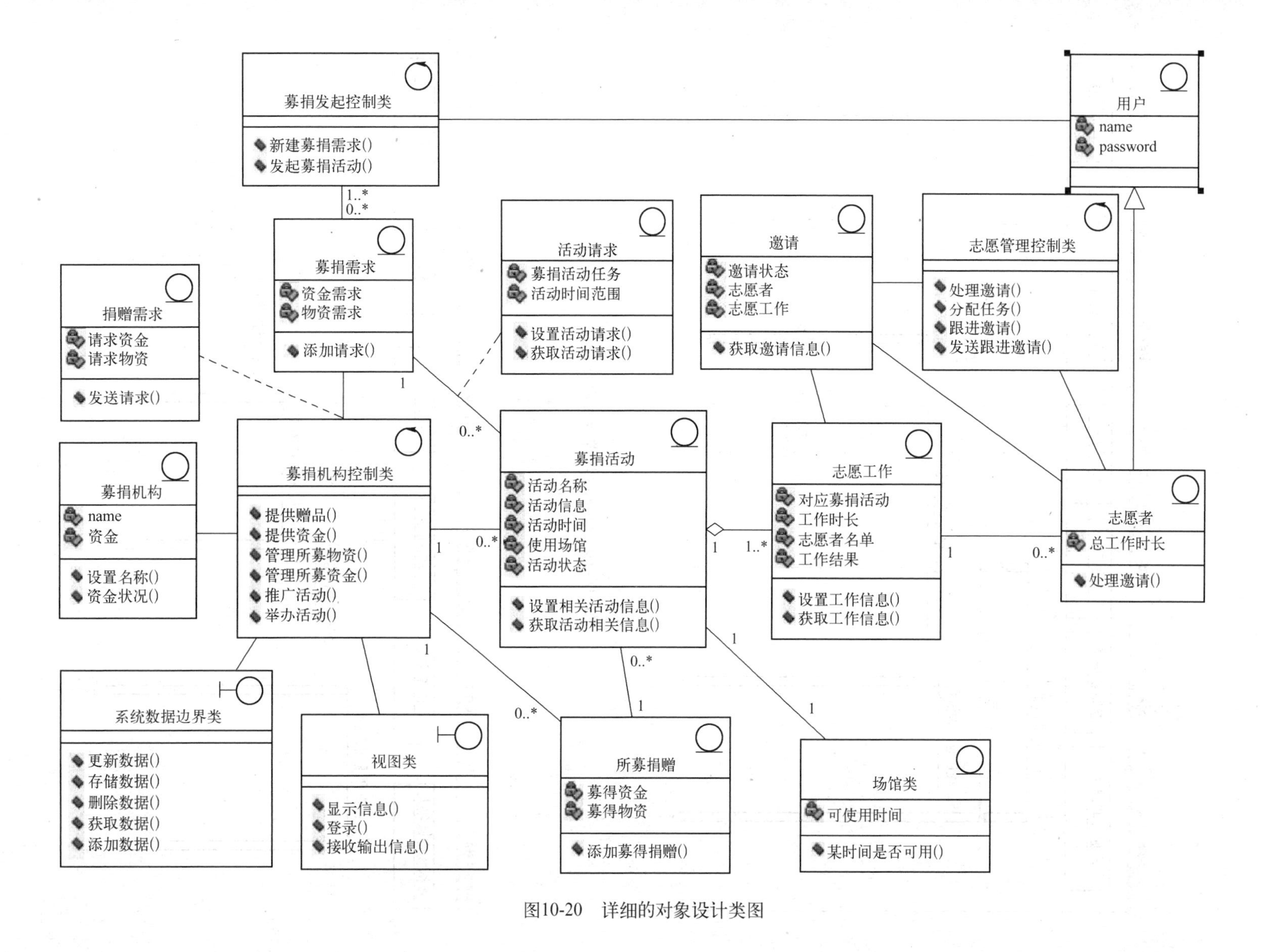

图10-20 详细的对象设计类图

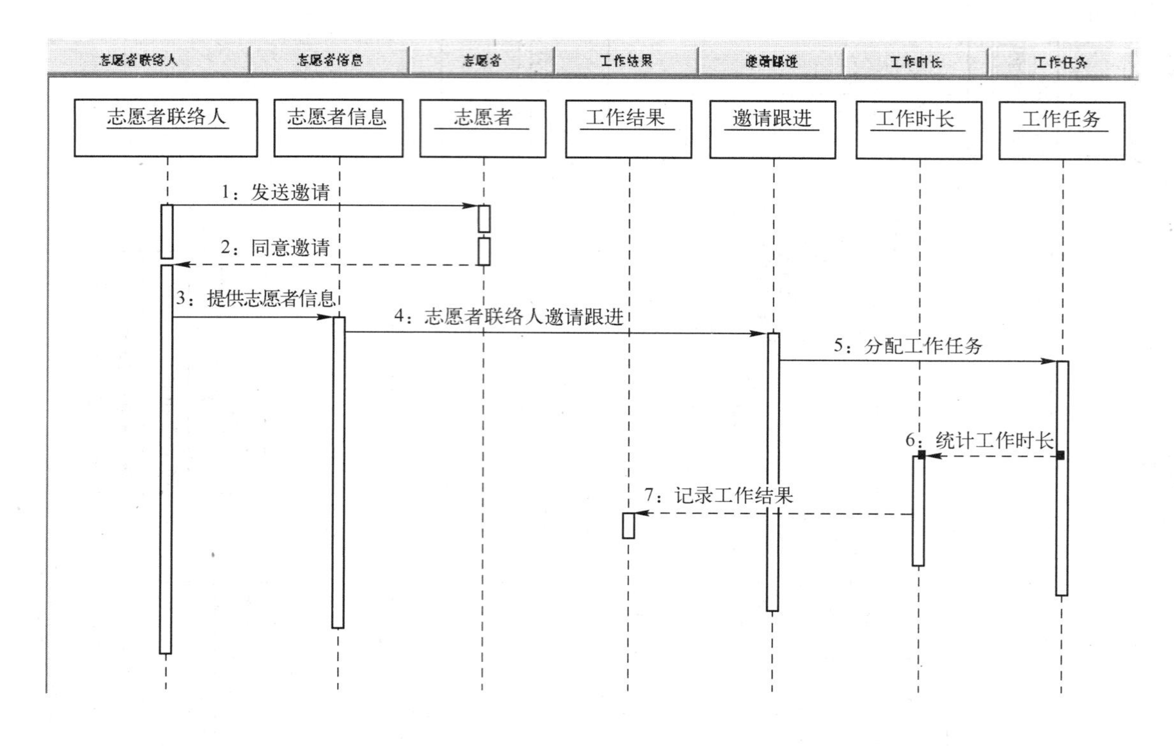

图 10-21　志愿者管理设计顺序图

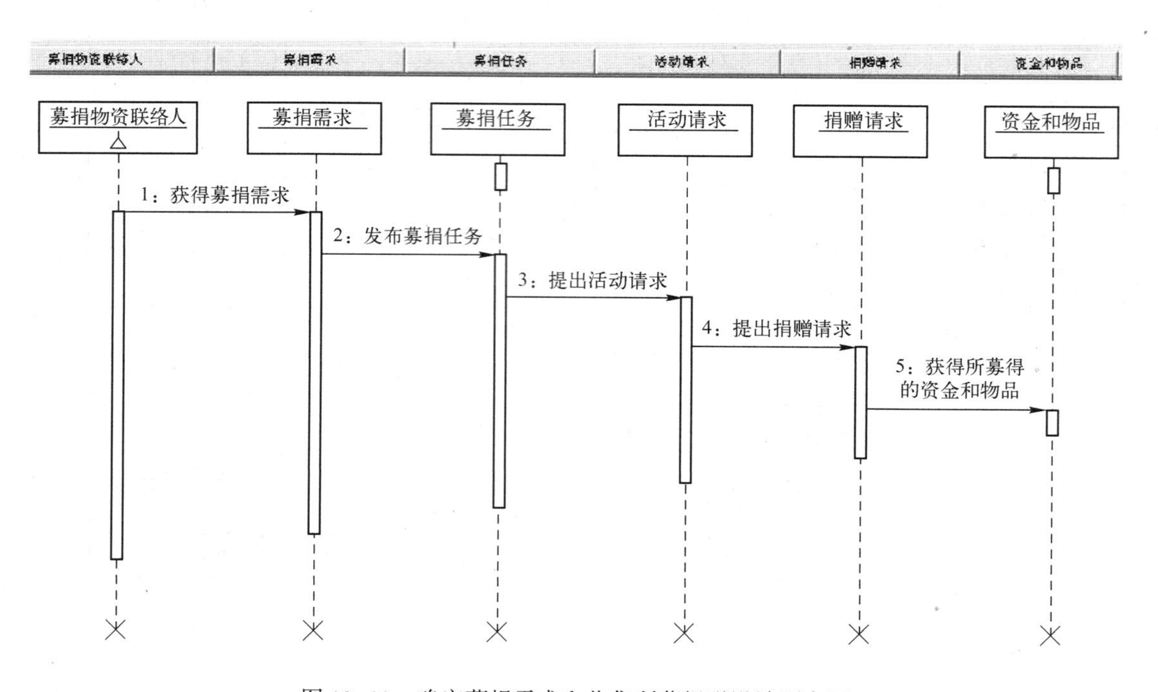

图 10-22　确定募捐需求和收集所募捐赠设计顺序图

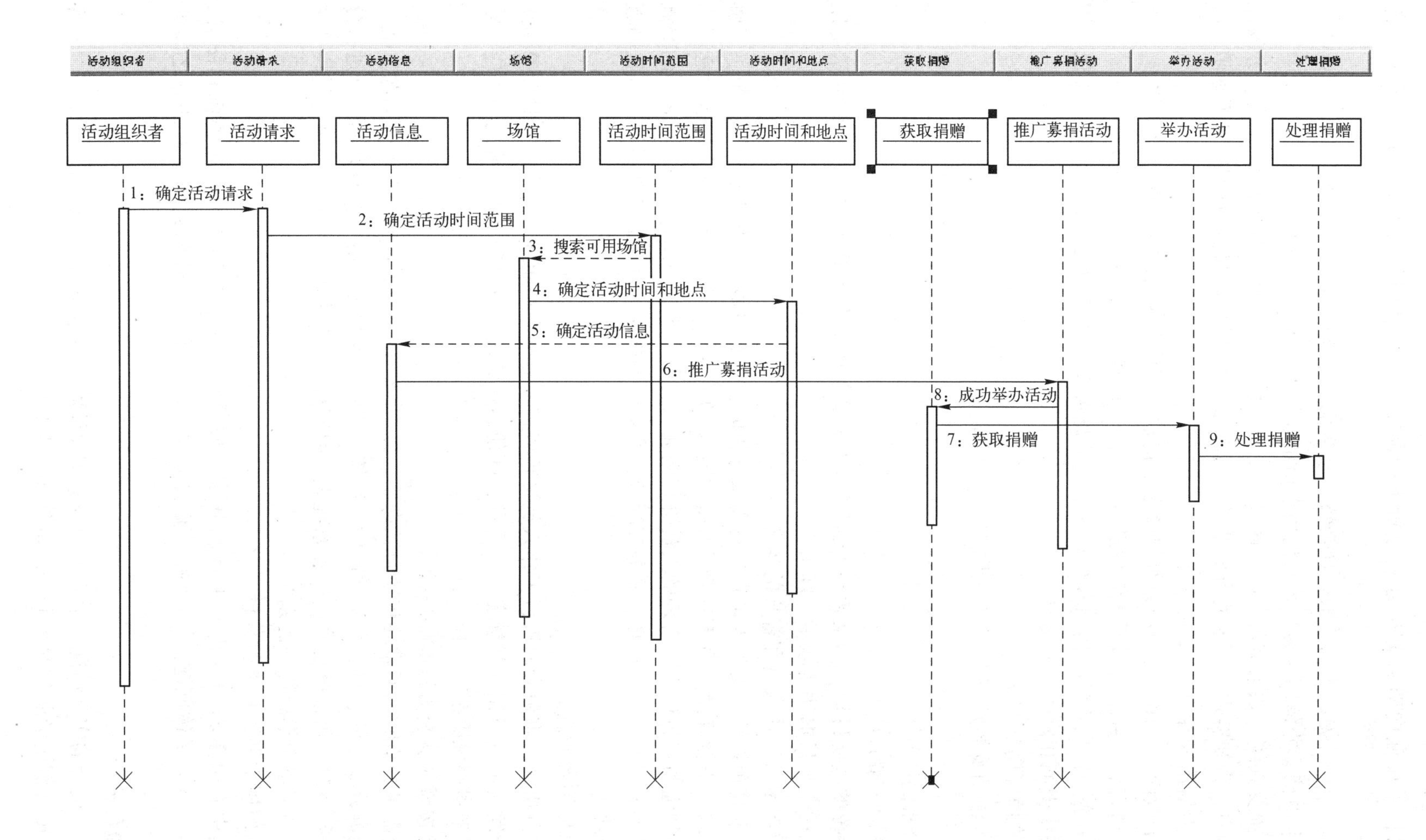

图10-23　组织募捐活动设计顺序图

【例 10-2】采用面向对象分析方法分析下列需求，并且利用分析的结果进行面向对象设计。

现准备为某银行开发一个信用卡管理系统，该系统的部分功能如下。

1）信用卡申请。非信用卡客户填写信用卡申请表，说明所要申请的信用卡类型及申请者的基本信息，提交系统。如果信用卡申请被银行接受，系统将记录该客户的基本信息，并发送确认函给该客户，告知客户信用卡的有效期及信贷限额；否则该客户将会收到一封拒绝函。收到确认函后成为信用卡客户。

2）信用卡激活。信用卡客户向系统提交激活请求，用信用卡号和密码激活该信用卡。

激活操作结束后，系统将激活通知发送给客户，告知客户其信用卡是否被成功激活。

3）信用卡客户信息管理。信用卡客户的个人信息可以在系统中进行在线管理。每位信用卡客户可以在线查询和修改个人信息。

4）账单管理（附加需求）。

5）信用卡注销及异常管理（附加需求）。

【解析】

1. 需求分析的原则

（1）要全面了解系统的使用客户群体

开发本系统的主要目标：为某银行开发一套能满足信用卡业务管理的系统，做到量身定做，不求功能最全，只求功能够用、好用。

（2）注重与银行工作人员和客户的沟通

从事信用卡管理系统开发的人员在进行需求分析时，需要与银行工作人员调研了解，了解用户的真实需求。毕竟开发人员不一定了解信用卡管理业务，单凭自己调查分析是远远不够的，这时必须加强与银行信用卡管理的人员进行沟通和交流。系统开发者只有在与客户的交流过程中才能真正了解该行业的规则、业务流程等，在后续的软件设计中，才能设计出真正贴近需求的功能模块。

（3）尊重使用者的意见

进行需求分析时，难免会向银行工作人员进行咨询，对某个功能展开讨论，有时会遇到意见不一致，开发人员应当充分尊重客户的意见，即使客户的理论或看法是不正确的，也应该找到充足的依据来耐心说服银行工作人员。

（4）必须按系统分析方法有序进行

进行系统需求分析时，通常要依照自顶向下、依次分解的分析方法来对待具体问题。把一个整体的系统拆分成小的、具有独立功能的小系统或模块，这样可以将一个复杂的问题进行分解，再逐个进行解决，可以降低难度。在系统设计时同样要采取模块化设计，各个分模块依次进行设计，再进行整合形成统一的系统。

（5）可以使用辅助工具进行分析

软件工程中有很多辅助分析的工具和方法，如逻辑视图、数据流图和业务流程图等，可以使用这些工具对具体问题进行分析，可以更加直观地了解系统的结构和各部分之间的关系。

2. 主要流程分析

根据该商业银行的实际情况，信用卡业务的主要流程包括卡申请、卡激活、卡使用、卡管理和卡注销。银行信用卡业务的基本流程如图 10-24 所示。

3. 建立用例模型

（1）按照角色的用例分析

用例图是被称为参与者的外部用户所能观察到的系统功能的模型图，其中呈现了相关的参与者和一些实例，根据彼此关系，对相关系统或类进行建模。通过使用可视化的用例图，以这种形式来体现用例之间的有机联系；用例图可以让开发人员对基于某银行信用卡管理系统的设计与实现系统或类的行为了解更为深透，为开发人员提供详细的设计素材。从题中描述可以提取出主要的事件参与者客户、银行工作人员和系统管理员。

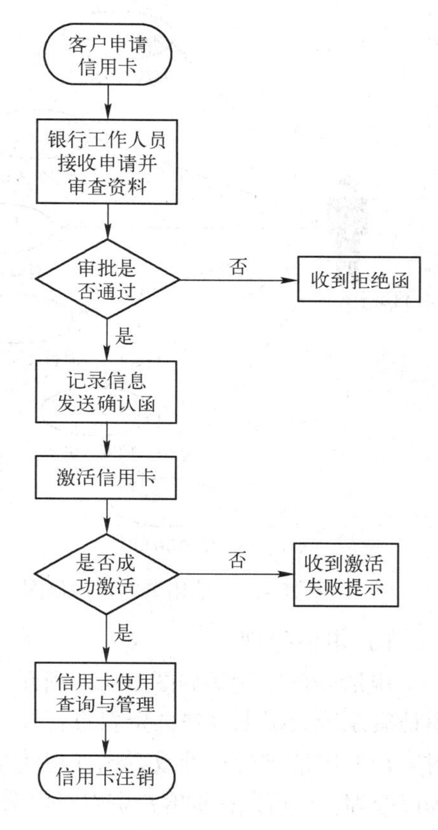

图 10–24 业务基本流程

信用卡申请是否由客户直接与系统发生交互取决于具体的需求和银行的业务，柜台办理则不需要，在线申请则需要。本例的用例分析认为客户需要和系统直接交互。

1）非信用卡客户用例。

图 10–25 所为非信用卡客户用例图。对“信用卡申请”用例的描述如下。

用例编号：1。

前置条件：客户有申请信用卡的条件、成年人和固定收入等。

后置条件：客户完成申请。

活动步骤如下。

1. 提交申请资料。

2. 等待审核通过。

扩展点：无。

异常处理：该用户在信用黑名单上，无法申请。

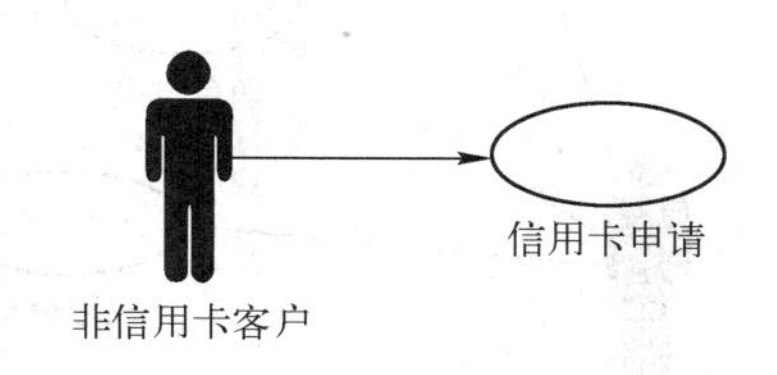

图 10–25 非信用卡客户用例图

按照这一方法可对其他的用例添加文字性描述。

2）信用卡客户用例。

信用卡客户用例图如图 10–26 所示。

3）银行工作人员用例图。

每个管理用例只是代表可能的管理方向，细节则需要根据具体的需求来定。工作人员用例图如图 10–27 所示。

4）系统管理员用例图。

系统管理员代表运维团队，用例表示可能的工作方向。系统管理员用例图如图 10–28 所示。

（2）按照功能的用例分析

根据以上信用卡业务流程分析可知，信用卡管理信息系统需要实现的功能主要有申请处理、账户管理、卡资料管理、授权管理、信函管理、交易管理和异常处理。每项功能下也会包含相应的子业务操作。

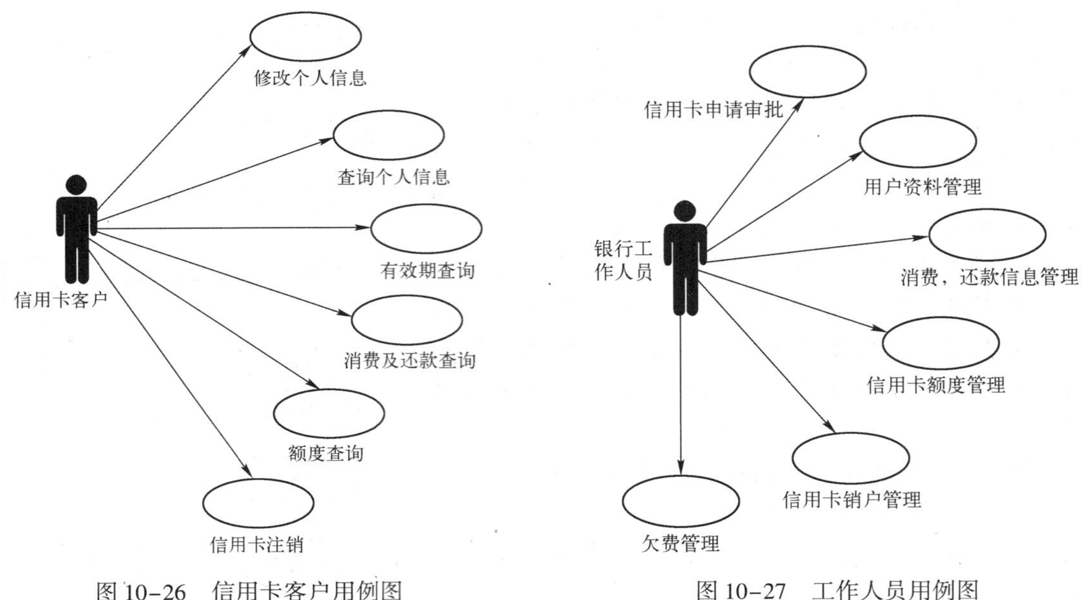

图 10–26　信用卡客户用例图　　　　图 10–27　工作人员用例图

1）申请处理。

申请处理用例图如图 10–29 所示，申请处理主要用来处理新客户对信用卡的申请。客户提出申请后系统会根据客户的资料进行核实、验证并判断其信用等级，根据系统设定的标准和策略来对客户的申请进行批准或者选择拒绝申请。在该模块中根据银行对信用卡申请的标准对客户申请加以处理，还可以根据客户资料对申请进行分类。本题的用例分析认为客户需要和系统直接交互。

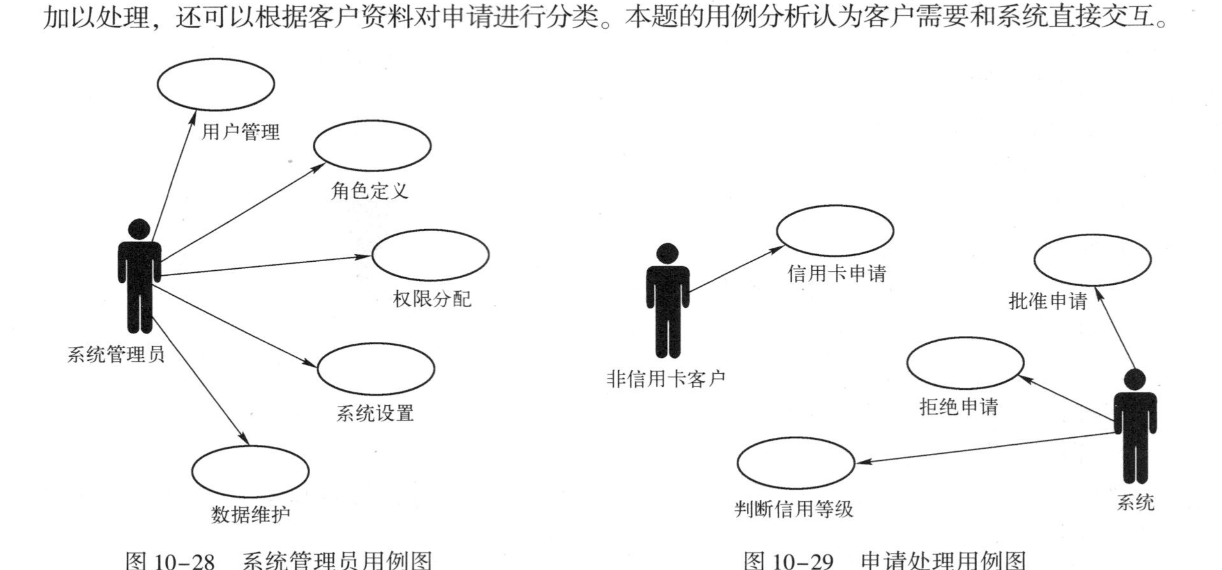

图 10–28　系统管理员用例图　　　　图 10–29　申请处理用例图

2）账户管理。

账户管理用例图如图 10–30 所示，账户管理是用卡管理信息系统的重要功能模块。所有持卡客户的个人信息、信息变更记录、开户账户信息、账单和交易记录，积分的累计和调整记录，以及额度信息和额度变更信息等均被保存在账户管理系统中。同时，该模块还包含客户账户利息、费用记账和回算、开户账户的存取款、转账功能的开设服务等其他账户信息，以及客户自定义参数和其他个性化服务的功能。

3）卡资料管理。

卡资料管理用例图如图 10–31 所示，卡资料管理主要是对各种信用卡资料情况及相应的账户信息进行管理。信用卡资料分为顶层账户、清算账户和入账账户 3 层结构。顶层账户主要负责控制客户总账户的授信管理，清算账户主要负责单张信用卡的授信管理，入账账户主要按卡记录授权信息。顶层账户下可增设多个清算层，清算层下最多可增设 3 个入账账户。

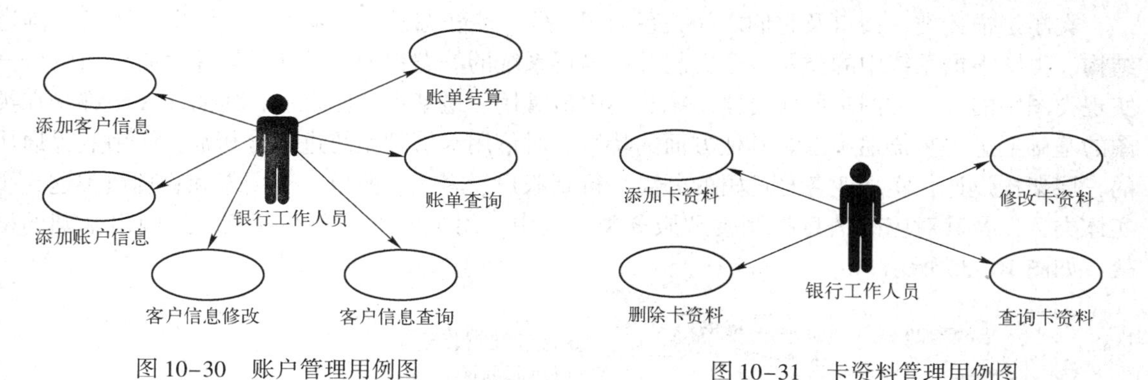

图 10–30　账户管理用例图

图 10–31　卡资料管理用例图

该模块主要根据银行及客户的发卡要求，按卡对账户信息进行管理。

4）授权管理。

授权管理用例图如图 10–32 所示。授权管理在时间上不间断，随时都可以处理授权事务。如果客户输入的参数合理，授权结果是可批准授权，反之，会拒绝授权。如果无法判断，则会递交给主管决定是否进行授权。另外，如果出现意外情况，授权管理功能模块还可对授权进行取消，信用卡卡片也可能会被列入黑名单，黑名单会定期进行更新或延期通知。

5）信函管理。

信函管理负责生成信函与发布信函，其用例图如图 10–33 所示。

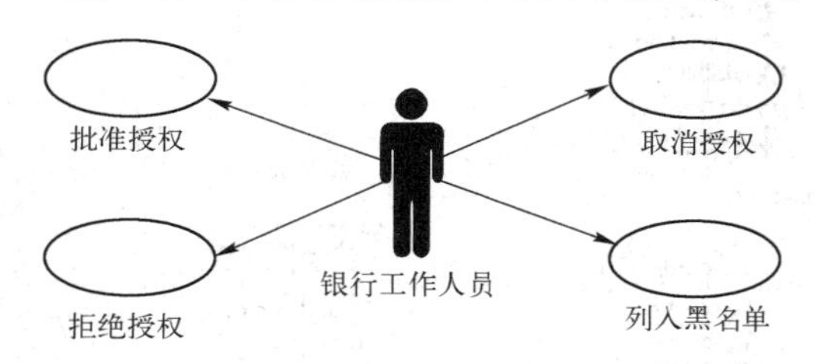

图 10–32　授权管理用例图

图 10–33　信函管理用例图

6）交易管理。

交易管理用例图如图 10–34 所示，交易管理主要用来进行前端处理，该系统能够处理各种类型的交易，在处理完毕后将处理结果发送到其他一些模块中。因而，通过统一的输入界面，系统将把各种类型的交易活动统一起来，该系统可以实现的功能包括信用卡业务的跟踪、业务结算、资料存储及暂挂处理等，均代表一类业务，在本题中不再展开详述。

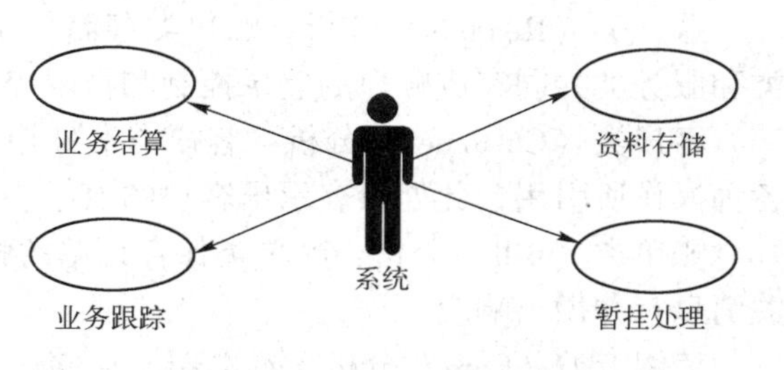

图 10–34　交易管理用例图

7）异常处理系统。

对于过期账户及一些不确定是否需要处理的账户，该系统可以对这些需特别对待的账户进行相应的处理或分类。这些特殊情况包括被偷窃的信用卡、过期账户及破产情况等。本系统为预测性设计，故不进行具体的用例分析。

4. 建立对象模型

类图是描述类、接口及它们之间关系的图，是一种静态模型，显示了系统中各个类的静态结构。类图根据系统中的类及各个类的关系描述系统的静态视图，可以用某种面向对象的语言实现类图中的类。类图是面向对象系统建模中最常用、最基本的图之一，其他许多图都是在类图的基础上进一步描述了系统其他方面的特性。对信用卡管理系统进行分析后，使用业界通用的三层架构设计，实现业务与逻辑的分离，得到账户、客户、账单、信用卡和管理员类这5个实体类，以及其对应的消息控制类和服务类，其中，用类图表示静态模型，只画出基础的框架，如图10-35所示。

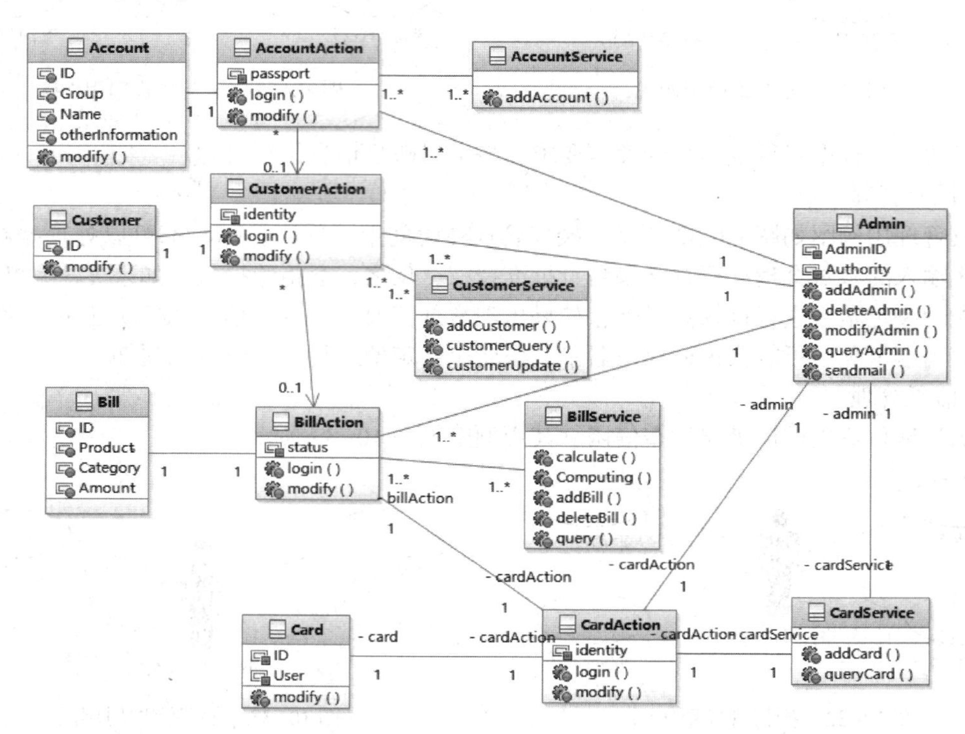

图10-35　类模型

账户类（Readers）分析：账户类存储与账户相关的信息，如编号和姓名，并与消息控制类和服务类共同完成账户的登录控制和权限控制。

客户类（Customer）分析：客户类本身并不进行操作，它的属性会被对应的消息控制类的各种操作所引用。此处只表示出客户的ID，其余信息在设计中进一步细化。

账单类（Bill）分析：账单类保存订单的相关信息，与消息控制类协同工作接收订单等相关消息，并做出响应。

信用卡类（Card）分析：本类用于存储信用卡的相关信息，并通过服务类与永久数据进行更新。

管理类（Admin）分析：供银行工作人员使用，管理所有事务，在实际设计时应当细分。

消息控制类（Action）分析：管理业务调度和管理跳转，监听随时传来的操作消息，进行动态的权限控制，存储一部分权限控制信息。

服务类（Service）：本类用于完成对应实体的高级功能。

附加说明：各实体类互相独立，不产生关系，由各自的 Action 类负责。DAO 层（数据库操作层）负责对数据向数据库增删改查的操作，它不是一个类，而是数据库访问接口，故在此处不画。

5. 建立动态模型

此处选用活动图来表示动态模型。

（1）账户申请

由起始状态开始，非信用卡客户填写信用卡申请表，说明所要申请的信用卡类型及申请者的基本信息，提交给系统。如果信用卡申请被银行接受，系统将记录该客户的基本信息，并发送确认函给该客户，告知客户信用卡的有效期及信贷限额；否则该客户将会收到一封拒绝函。客户收到确认函后即成为信用卡客户，如图 10-36 所示。

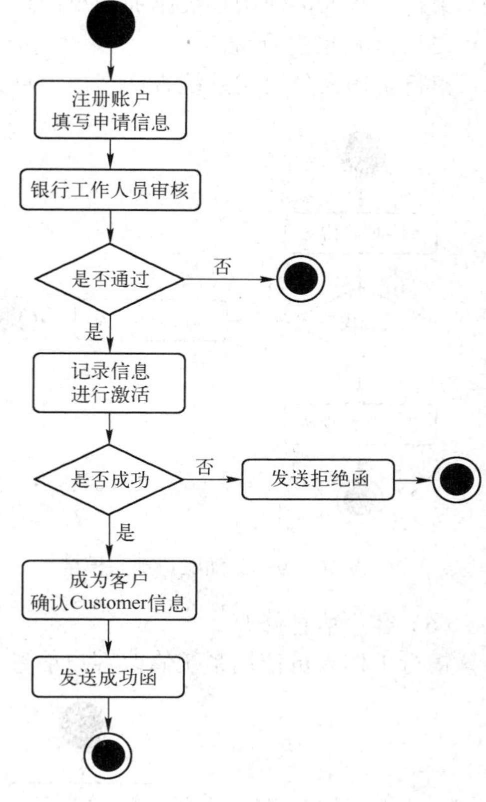

图 10-36　账户申请动态模型

（2）进行消费

用户发起消费申请，然后进行身份认证，并确定消费金额仍在限额内，然后进行消费并记录，如图 10-37 所示。

（3）添加客户信息

银行工作人员使用系统添加客户信息，根据是否成功返回对应信息，如图 10-38 所示。

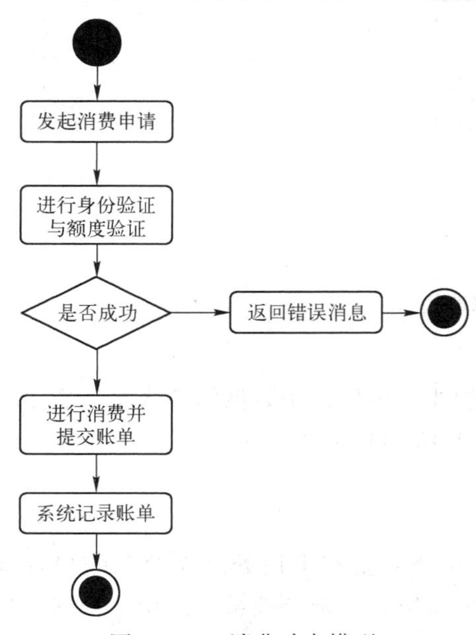

图 10-37　消费动态模型

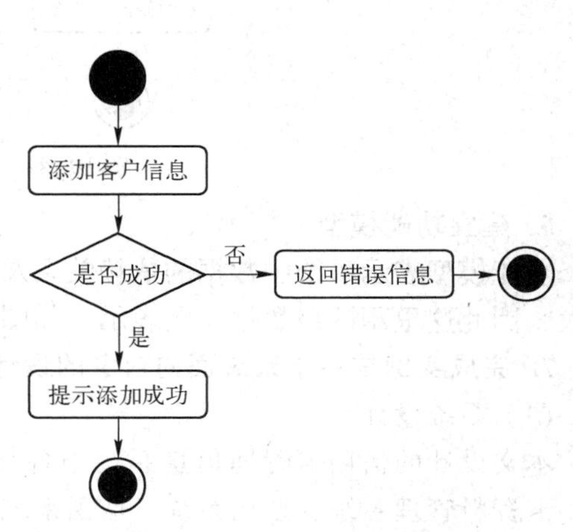

图 10-38　添加客户动态模型

(4) 添加账户信息

银行工作人员使用系统添加账户信息，根据是否成功返回对应信息，如图 10-39 所示。

(5) 客户信息查询

银行工作人员使用系统查询客户信息，系统返回客户信息，如图 10-40 所示。

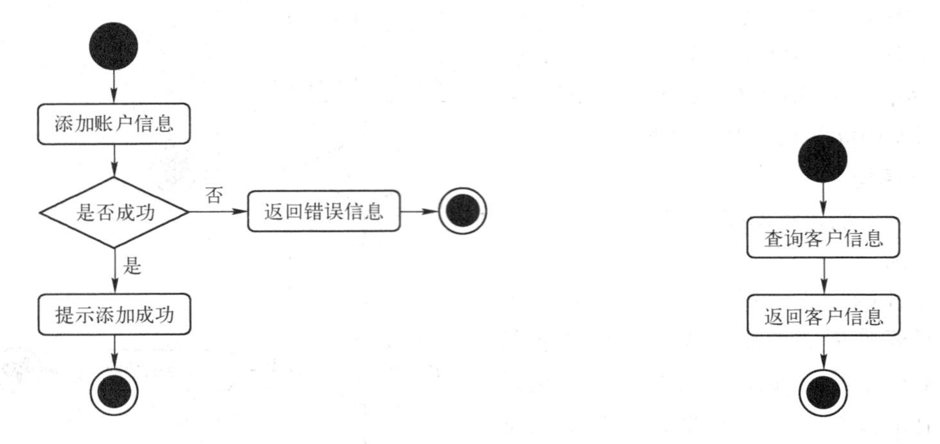

图 10-39　添加账户动态模型　　图 10-40　客户信息查询动态模型

(6) 客户信息修改

银行工作人员使用系统修改客户信息，根据是否成功返回对应信息，如图 10-41 所示。

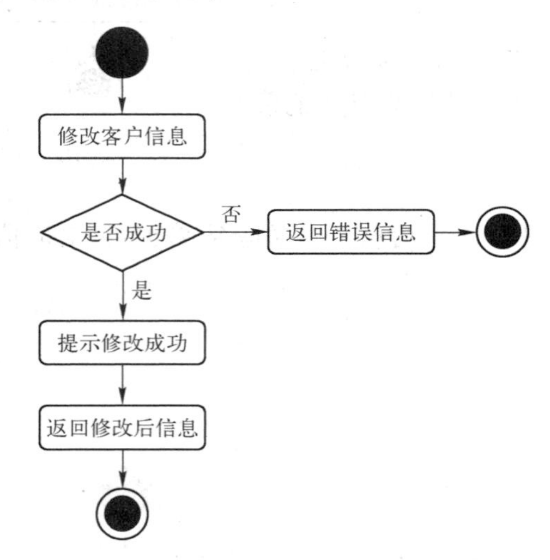

图 10-41　客户模型修改模型

6. 建立功能模型

功能模型表示系统中数据的依赖关系及数据处理的相关过程，用数据流图表示。由于系统较大，因此这里用两级数据流图表示，如图 10-42 ～图 10-44 所示。

7. 完成实例信用卡系统面向对象的设计过程

(1) 系统设计

本文设计的信用卡管理信息系统中各功能模块子系统主要有申请处理系统、账户管理系统、卡资料管理系统、授权系统、信函系统、交易管理系统和异常处理系统。用结构图描述系统的分解，如图 10-45 所示。

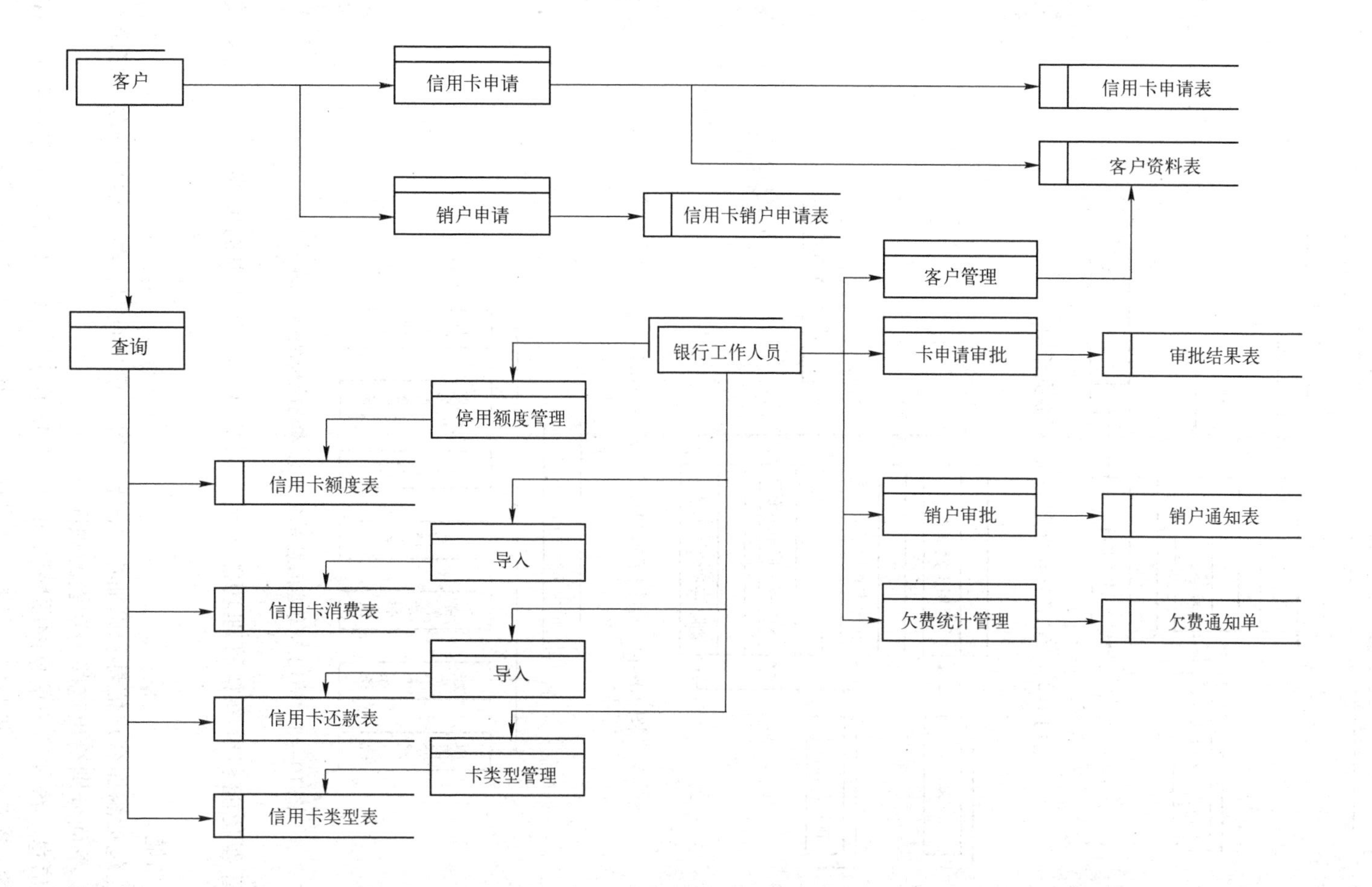

图10-42　第一层数据流图

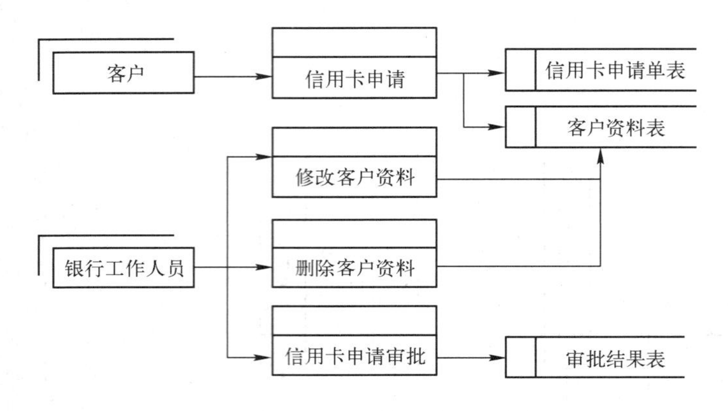

图 10-43　信用卡申请管理第二层数据流图

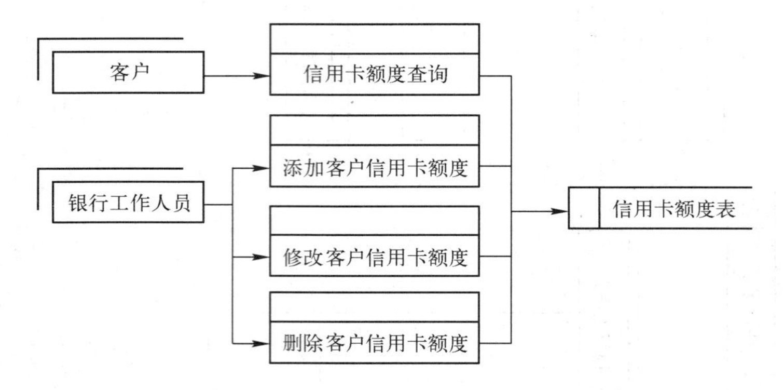

图 10-44　信用卡额度第二层数据流图

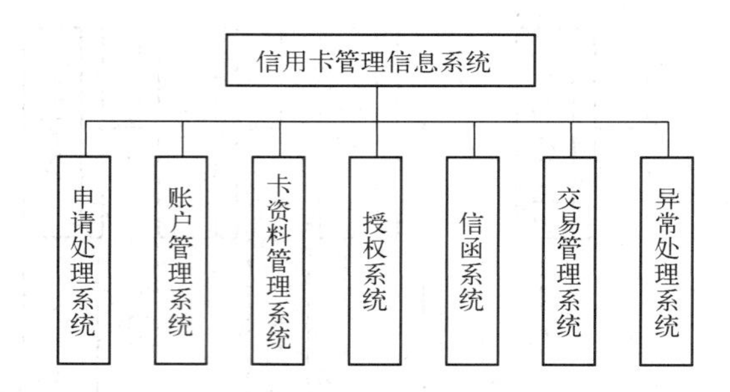

图 10-45　信用卡管理信息系统的总体功能模块结构图

下面以账户管理功能和卡资料管理功能为例，采用 UML 组件中的顺序图来描述系统功能。

1）账户管理功能。

账户管理功能包括添加客户信息、添加账户信息、客户信息查询、客户信息修改、账单查询和账单结算等。下面分别给出这些子功能的顺序图。

① 添加客户信息。添加客户信息的顺序图如图 10-46 所示。银行职工首先登录系统，在添加客户窗体中输入客户信息并保存，如果信息保存成功，则显示添加成功。

② 添加账户信息。添加账户信息的顺序图如图 10-47 所示。银行职工首先登录系统，在添加账户窗体中输入客户的账户信息并保存，如果信息保存成功，则显示添加成功。

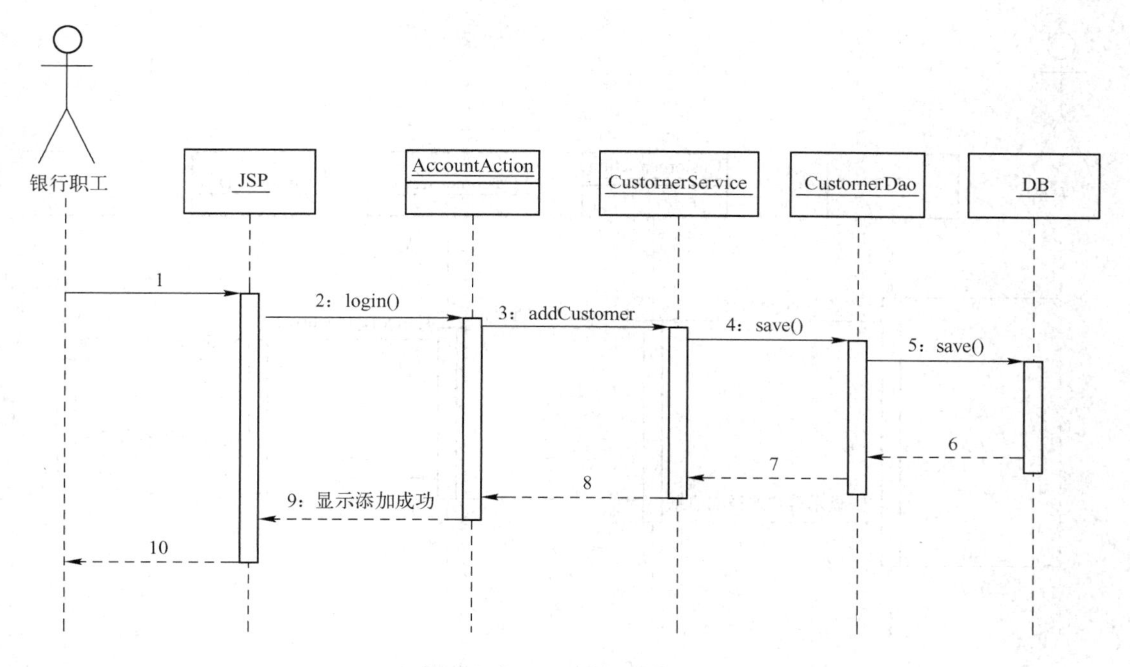

图 10-46　添加客户信息顺序图

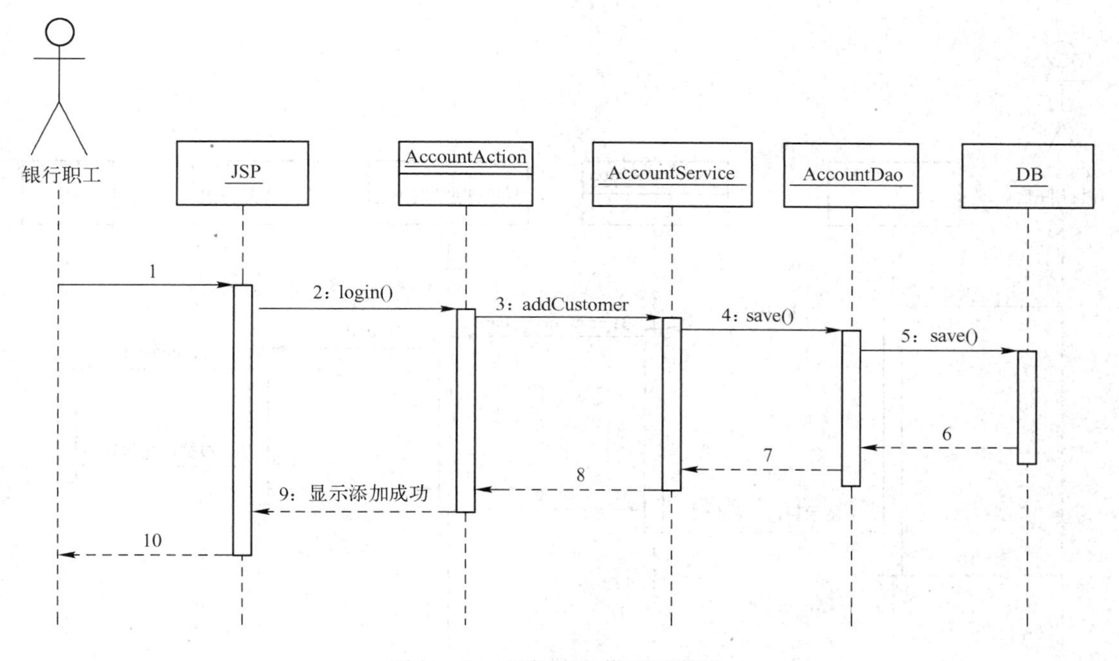

图 10-47　添加账户信息顺序图

③ 客户信息查询。客户信息查询的顺序图如图 10-48 所示。银行职工首先需要从客户那里得知客户的身份证号，根据客户的身份证号在数据库中进行查询，查到相应信息，然后显示客户的详细信息。

④ 客户信息修改。客户信息修改的顺序图如图 10-49 所示。银行职工从客户那里得知需要修改的信息后进行客户信息的修改，如果修改成功的话，则会显示修改成功信息。

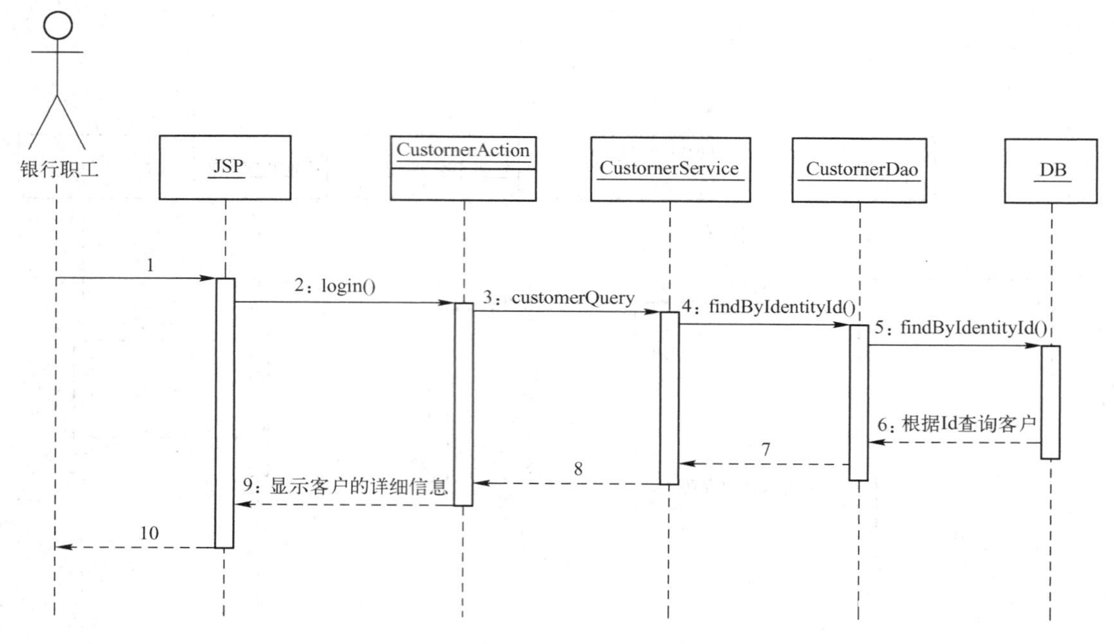

图 10-48　客户信息查询顺序图

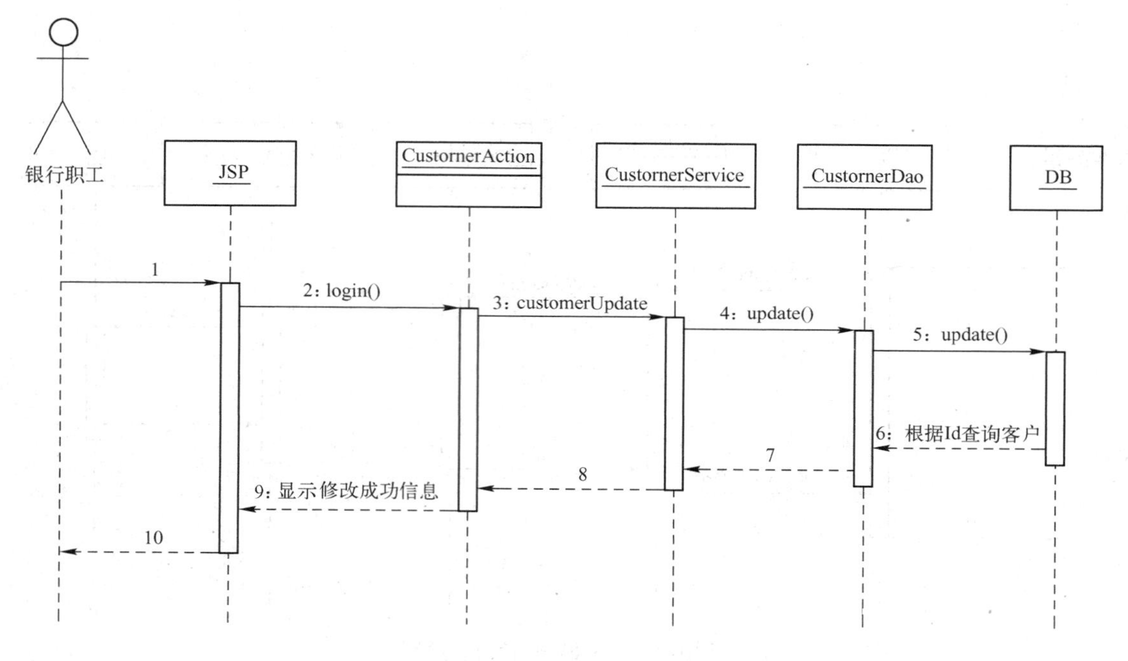

图 10-49　客户信息修改顺序图

⑤ 账单查询。账单查询的顺序图如图 10-50 所示。银行职工首先登录系统，然后根据客户的身份证号查询客户的账单信息，查找到以后显示客户账单的详细信息。

⑥ 账单结算。账单结算的顺序图如图 10-51 所示。银行职工首先登录系统，然后根据结算时间对客户的账单信息进行结算，最后将结算后的信息显示出来。

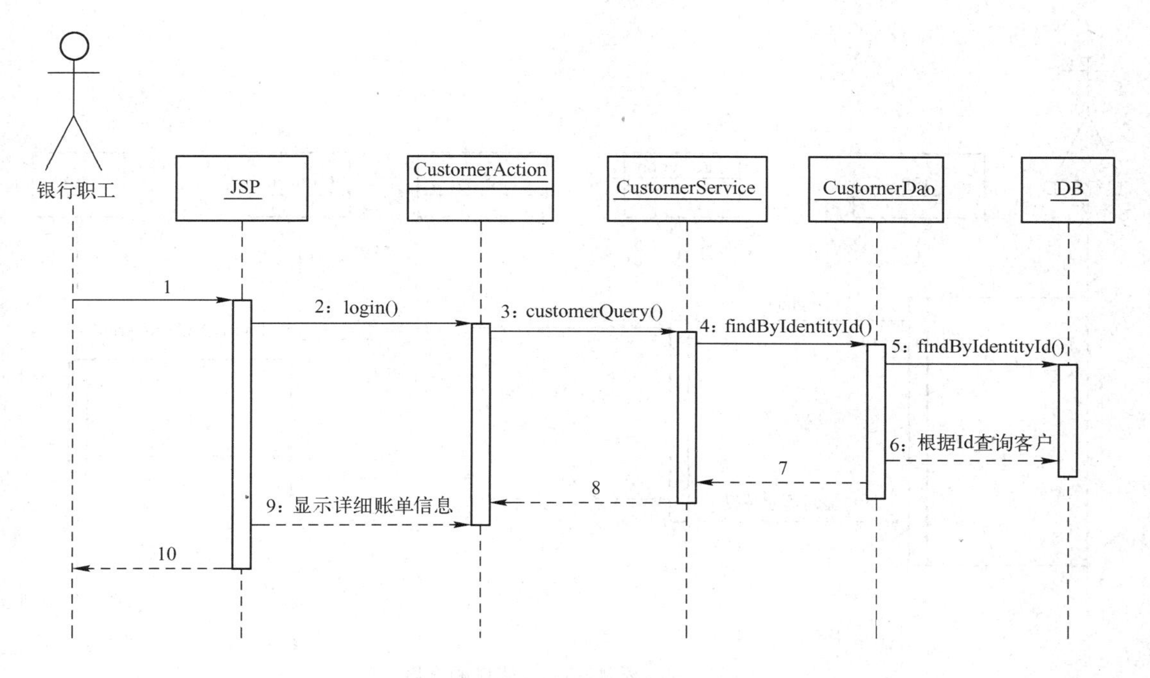

图 10-50　账单查询顺序图

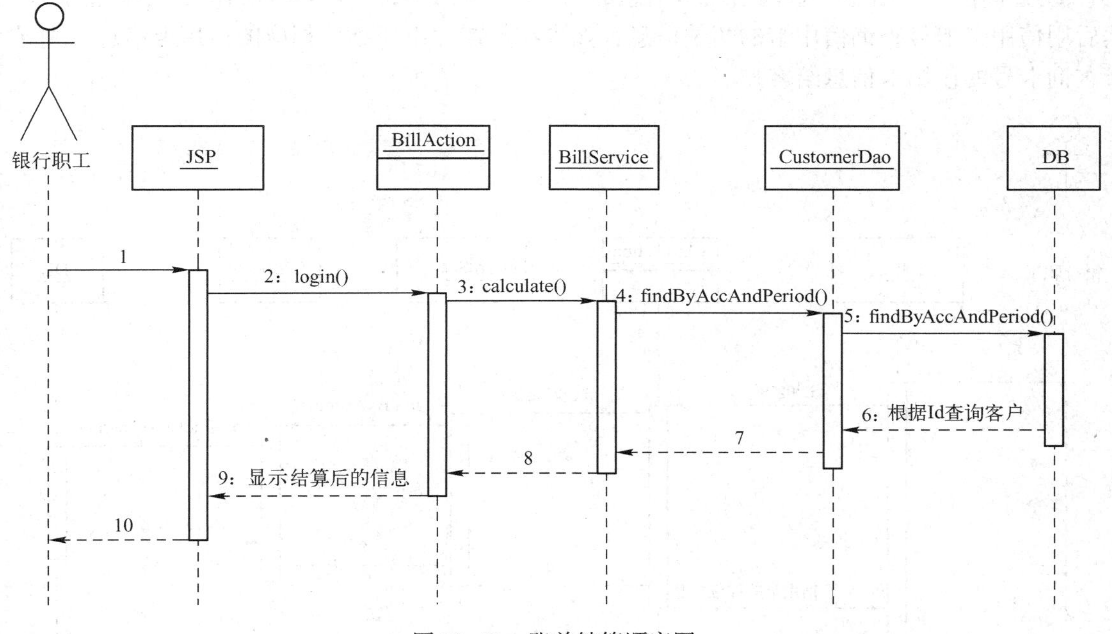

图 10-51　账单结算顺序图

2）卡资料管理功能。

卡资料管理功能包括添加信用卡信息和查询信用卡信息。下面分别给出这些子功能的顺序图。

① 添加信用卡信息。添加信用卡信息的顺序图如图 10-52 所示。银行职工首先登录系统，将信用卡的信息输入到系统中然后保存，如果保存成功，则显示添加卡号成功的信息。

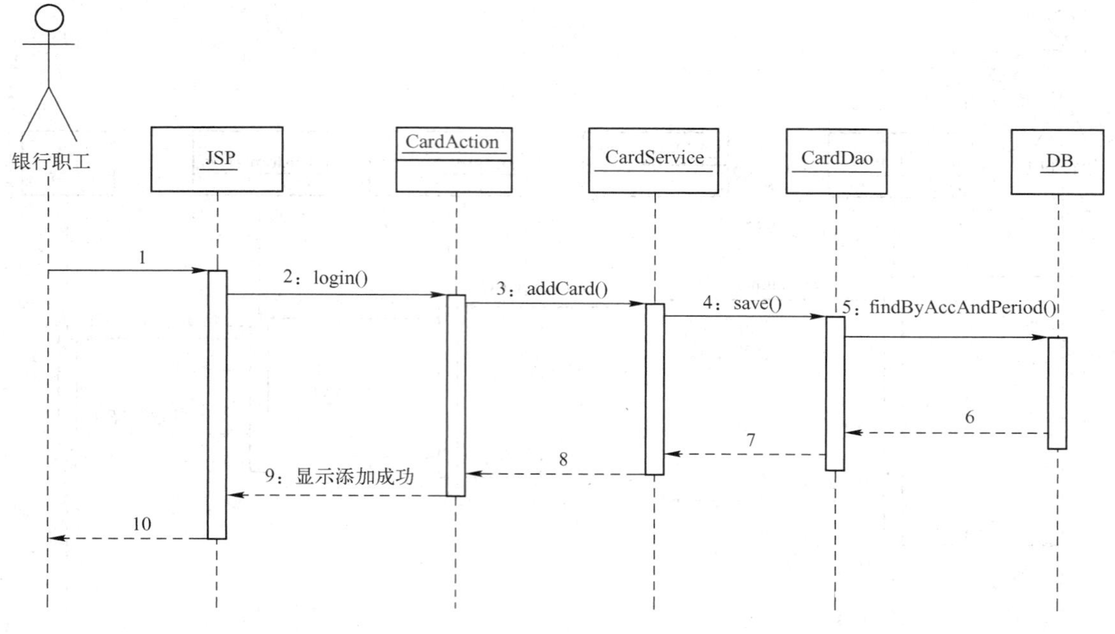

图 10-52　添加信用卡信息顺序图

② 查询信用卡信息。查询信用卡信息的顺序图如图 10-53 所示。银行职工首先登录系统，然后用信用卡卡号查询信用卡的相关信息，如果在数据库中找到了相应的信用卡信息，则显示所查询卡号的信用卡信息给客户。

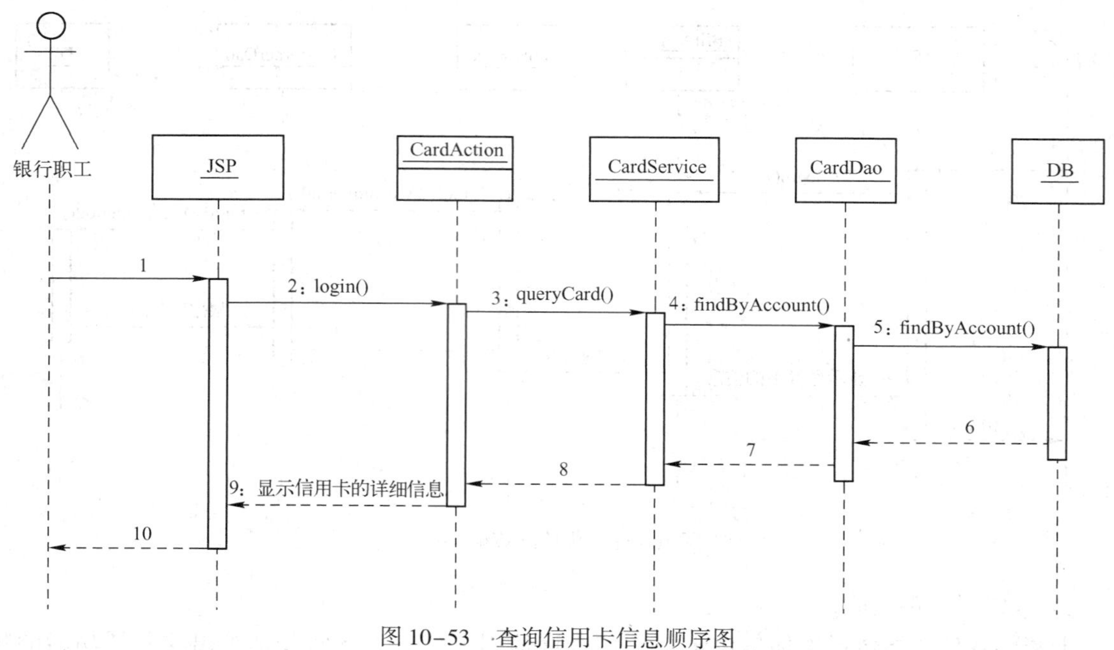

图 10-53　查询信用卡信息顺序图

（2）对象设计

在系统的面向对象分析基础上，对类进行优化。从数据管理方面，添加一个“数据分析”类作为平台进行数据分析的工具，由于此题属于展望性设计，暂不定义具体的属性与方法，使用 data 代表统计数据，使用 analyze( ) 代表分析的方法。原有的类进一步细化了属性和相关的操作，添加了 Admin 的具体关联。对于一些具体功能仍然隐藏了实现细节。优化后的系统类图如图 10-54 所示。

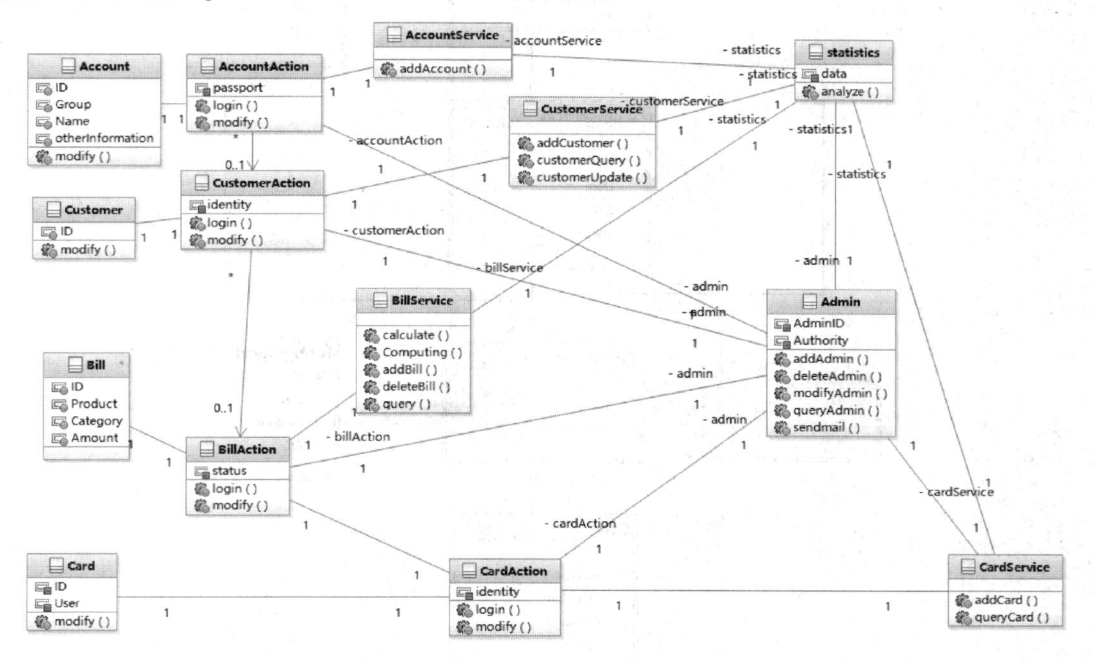

图 10-54　优化后的类图

（3）数据库设计

数据库是系统重要的数据存储单元，一个好的数据库设计可以降低系统开发的时间开销，提高系统运行速度。基于信用卡管理系统的数据库设计思路是，先从需求分析中提取实体集，并根据实体之间的关系建立实体 - 关系图，简称模型。然后对模型进行范式处理，得到关系模型，也就是最终使用的数据表。模型是由实体和实体之间的关系建立起来的用于描述数据结构的图形表示。实体是系统中具有相同特征和性质的事物的集合。属性是指实体共有的特质。每一个实体都有属性。关系是指实体内部或实体与实体之间存在的联系。信用卡的实体如图 10-55 所示。信用卡系统的 E - R 模型如图 10-56 所示。

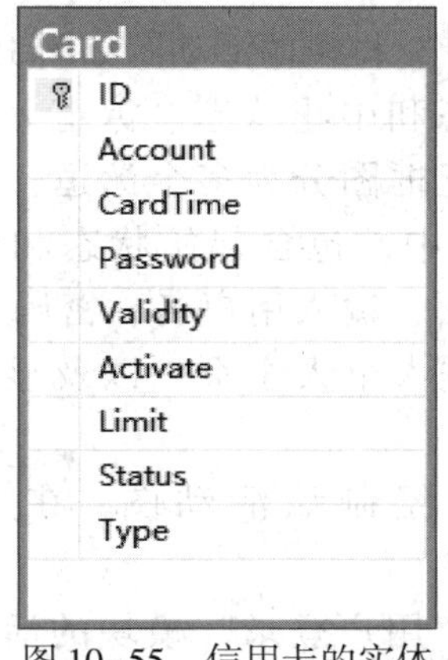

图 10-55　信用卡的实体

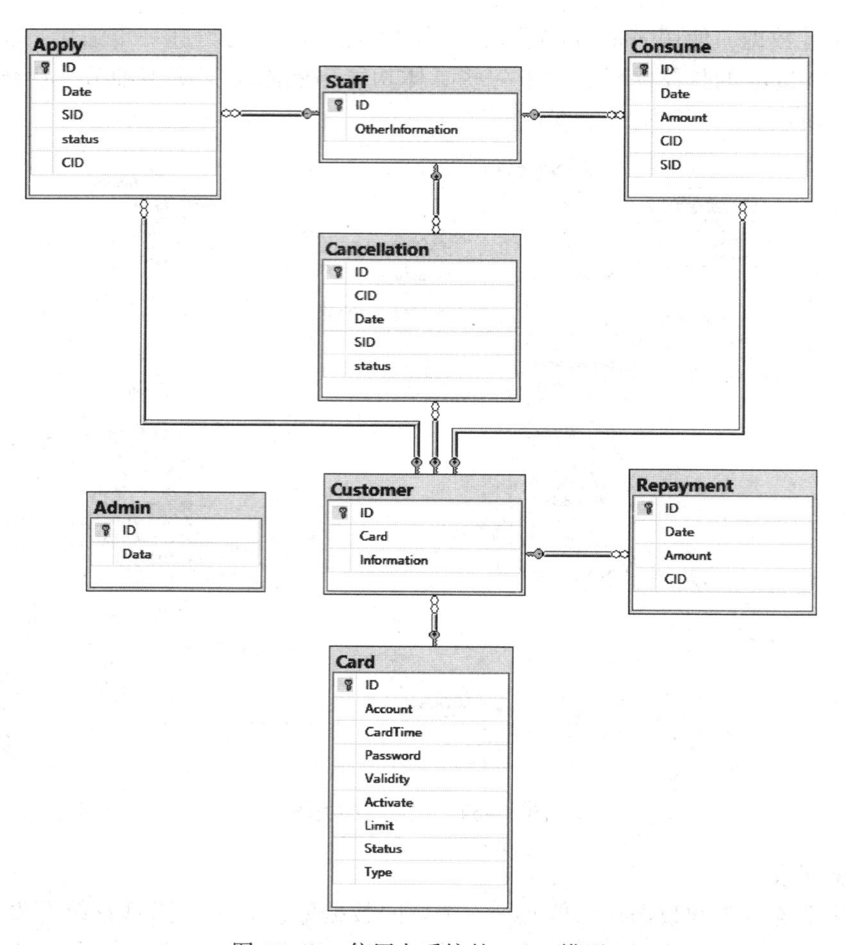

图 10-56　信用卡系统的 E-R 模型

10.8　实验

10.8.1　利用 Rose 绘制“‘墨韵’读书会书籍共享平台”的活动图

“书籍共享平台”的“用户登录”模块的活动图如图 10-57 所示。

通常，活动图中包含起始状态和中止状态、泳道（指框图里的竖段，包含特定人员或组织要进行的所有活动。可以把框图分为多个泳道，每个泳道对应一个人员或组织）、活动及活动的顺序。在图 10-57 中，包含起始状态和中止状态、用户和“书籍共享平台”两个泳道，以及进入登录界面、输入用户名、密码、验证码并选择身份、单击登录、验证用户名、密码及身份、跳转进入个人主页，以及显示提示信息 7 个活动，另外还有一个决策点。

可以利用 Rational Rose 2003 绘制该活动图。在 Rose 中，活动图的建模符号如图 10-58 所示。

下面以“书籍共享平台”的“用户登录”模块的活动图为例，具体介绍利用 Rational Rose 2003 绘制活动图的方法。

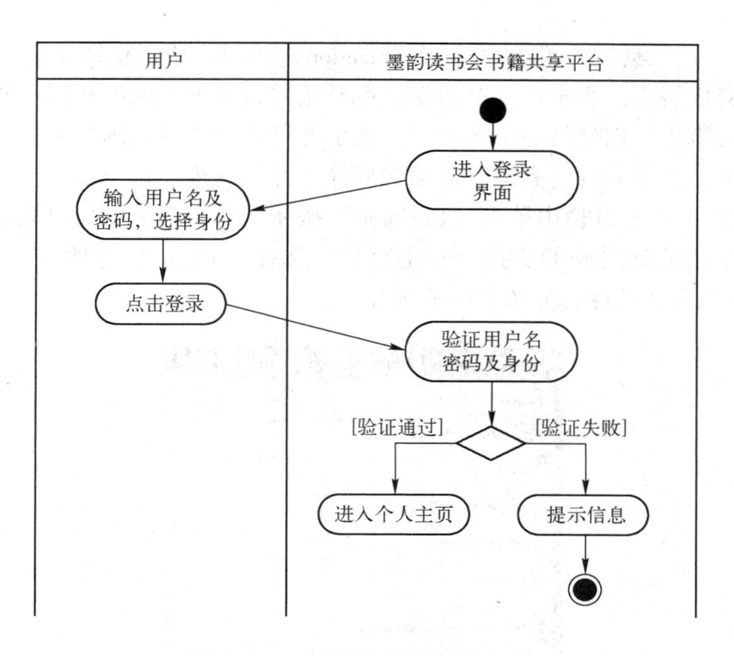

图 10-57　用户登录模块的活动图

1）创建一个新的活动图。在浏览器中选中用户登录用例，然后右击这个用例，在弹出的快捷菜单中选择“New”→“Activity Diagram”命令，如图 10-59 所示，并命名为用户登录。

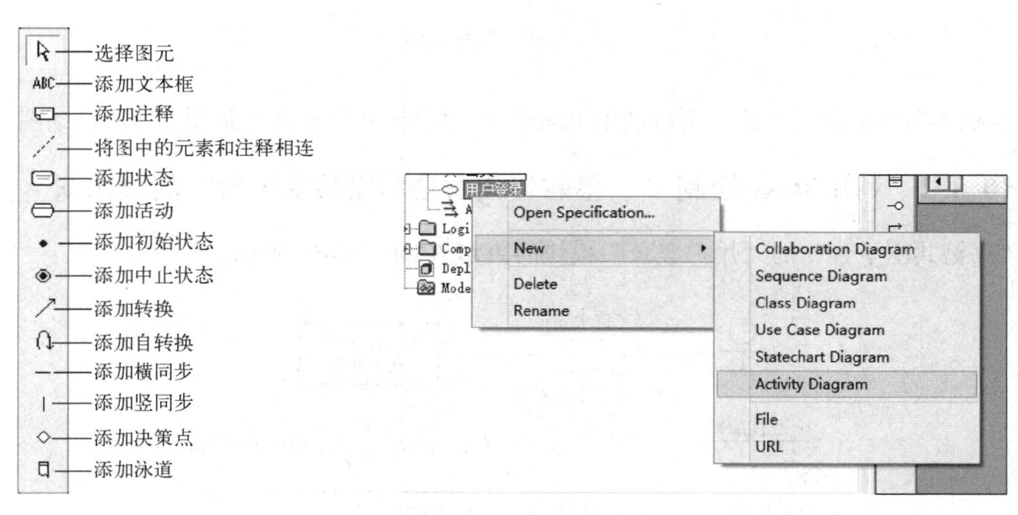

图 10-58　活动图的建模符号　　　　图 10-59　创建活动图

2）增加泳道。在工具栏中单击“Swimlane”按钮，然后单击框图增加泳道，最后给泳道命名。同理增加“书籍共享平台”泳道。

3）增加活动。在工具栏中单击“Activity”按钮，单击活动图增加活动，命名活动。

4）设置活动的顺序。在工具栏中单击“Transition”按钮，把箭头从一个活动拖向另一个活动。

5）增加同步。在工具栏中单击“Synchronization”按钮，单击框图来增加同步棒。画出从活动到同步棒的交接箭头，表示在这个活动之后开始并行处理。画出从同步棒到可以并行发生的活动之间的交接箭头。创建另一个同步棒，表示并行处理结束。画出从同步活动到最后同步棒之间的交接箭头，表示完成所有这些活动之后停止并行处理。

6）增加决策点。在工具栏中单击“Decision”按钮，单击框图增加决策点。拖动从决策到决策之后可能发生的活动之间的交接，双击交接，选择“Detail”选项卡，在“Guard Condition”文本框中输入保证条件，如图 10-60 所示。

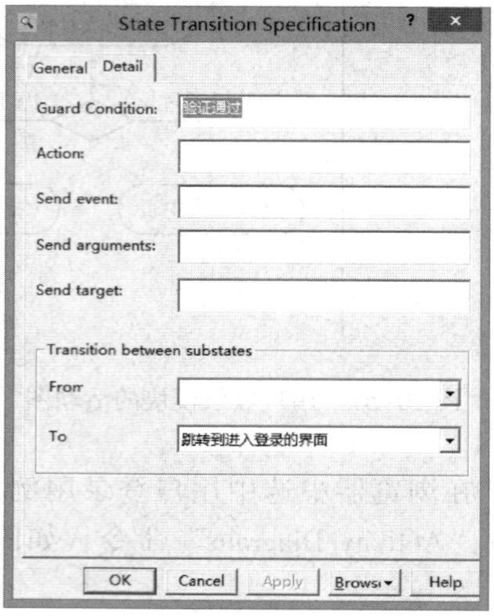

图 10-60　增加决策点

根据本节所介绍的方法，可以利用 Rose 绘制“书籍共享平台”其他模块的活动图。

10.8.2　利用 Rose 绘制“‘墨韵’读书会书籍共享平台”的协作图

“书籍共享平台”的“用户登录”模块的协作图如图 10-61 所示。

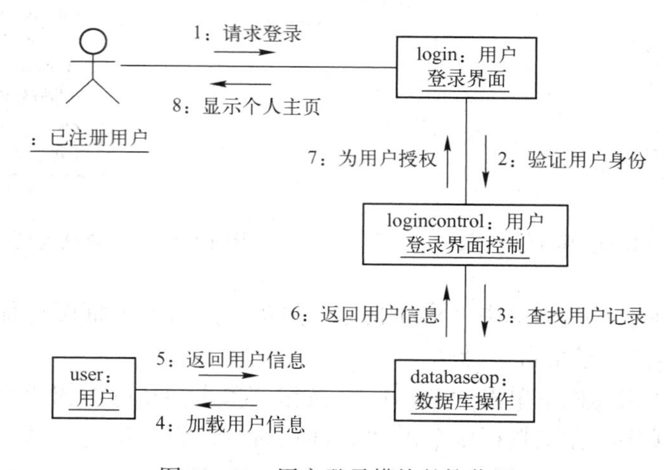

图 10-61　用户登录模块的协作图

通常，协作图中的类或对象包括用户、与界面相关的类或对象、与控制逻辑相关的类或对象，以及与数据库中的关系表相关的类或对象。在图 10-61 中，包含已注册用户、用户登录界面类的对象、用户登录界面控制类的对象和系统用户实体类的对象，以及数据库操作类的对象。对象之间由带消息的链相连接，表示两个对象之间有消息传递，这些消息按照一定的顺序进行传递。

可以利用 Rational Rose 2003 绘制该协作图。在 Rose 中，协作图的建模符号如图 10-62 所示。

下面以“书籍共享平台”的“用户登录”模块的协作图为例，具体介绍利用 Rose 绘制协作图的方法。

1）创建一个新的协作图。通常，协作图根据用例图来组织，即协作图反映用例内部的对象的交互方式，一个协作图对应着一个用例图。在浏览窗口中，右击“用户登录”用例，在弹出的快捷菜单中选择“New”→“Collaboration Diagram”命令，如图 10-63 所示。得到新的协作图后，将其命名为“用户登录”。

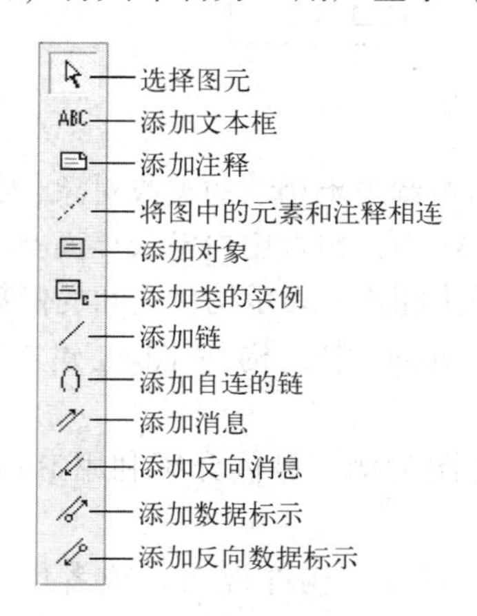

图 10-62　协作图的建模符号

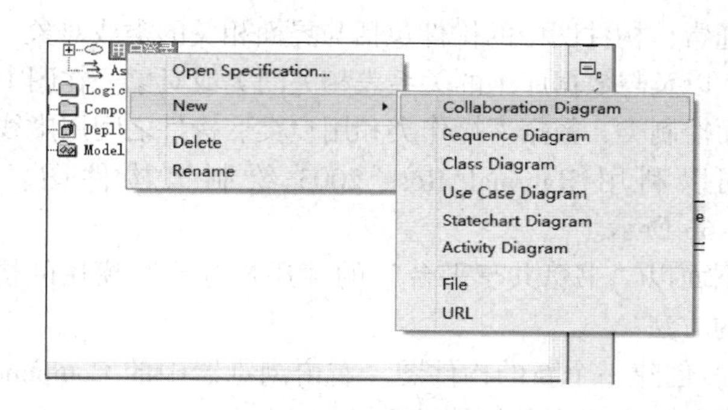

图 10-63　创建协作图

2）添加对象。在菜单栏中选择“Tools”（浏览）→“Create”（创建）“Object”（对象）命令，此时光标变为“+”号。在协作图中单击选择任意一个位置，系统将在该位置创建一个新的对象。在对象的名称栏中，输入对象的名称。这时对象的名称也会在对象上端的栏中显示，如图 10-64 所示。

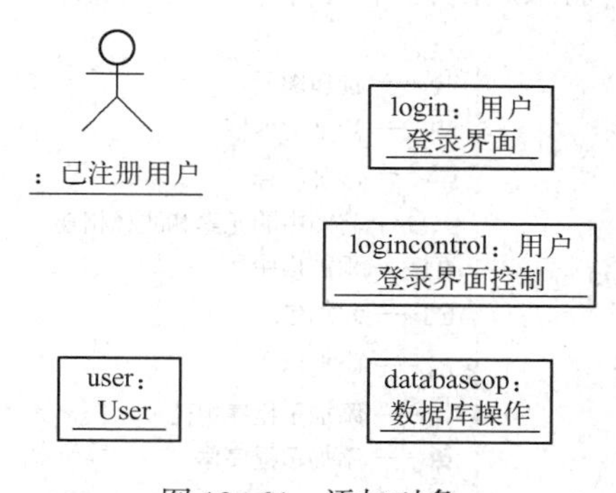

图 10-64　添加对象

3）创建链。选择工具栏中的协作图图形编辑工具栏中的图标，或者在菜单栏中选择“Tools”（工具）→“Create”（新建）→“Object Link”命令，此时的光标变为“↑”符号。单击需要链接的对象。将链的线段拖动到要与其链接的对象中。双击链的线段，弹出设置链规范的对话框。在弹出的对话框的“General”选项卡中设置链的名称、关联、角色及可见性等。

4）创建消息。选择协作图的图形编辑工具栏中的图标，或者在菜单栏中选择“Tools”（工具）→“Create”（新建）→“Message”命令，此时的光标变为“+”符号。单击连接对象之间的链。此时在链上出现一个从发送者到接收者的带箭头的线段。在消息线段上输入消息的文本内容即可。

根据本节所介绍的方法，可以利用 Rose 绘制“书籍共享平台”其他模块的协作图。

10.8.3 利用 Rose 绘制“‘墨韵’读书会书籍共享平台系统”的构件图

“书籍共享平台”中“用户登录”模块的构件图如图 10-65 所示。

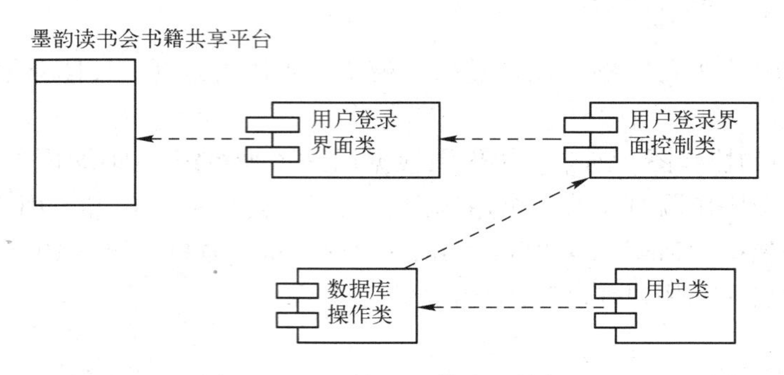

图 10-65 用户登录模块的构件图

通常，构件图中的构件包括与界面相关的类或对象、与控制逻辑相关的类或对象、数据库操作类，以及与数据库中的关系表相关的类或对象。在图 10-65 中，包含用户登录界面类、用户登录界面控制类、数据库操作类和用户类。构件之间用虚线箭头相连，表示构件之间的依赖关系。

可以利用 Rational Rose 2003 绘制该构件图。在 Rose 中，构件图的建模符号如图 10-66 所示。

下面以“书籍共享平台”的“用户登录”模块的构件图为例，具体介绍利用 Rose 绘制构件图的方法。

1）创建一个新的构件图。右击浏览器中的 Component View（构件视图）或者位于构件视图下的包，在弹出的快捷菜单中选择“New”→“Component Diagram”命令，如图 10-67 所示。输入新的构件图名称“用户登录”。双击打开浏览器中的构件图。

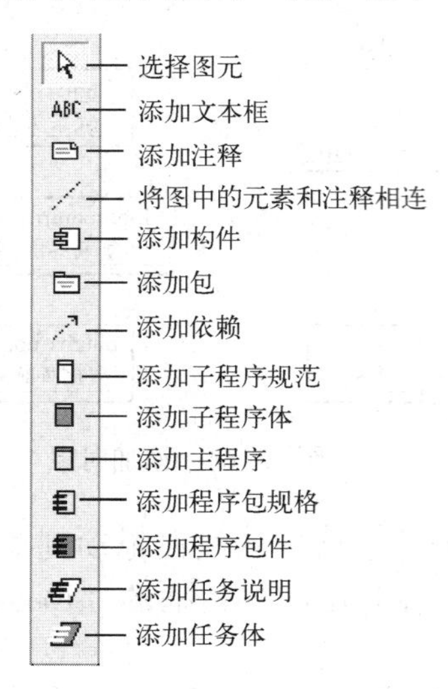

图 10-66 构件图的建模符号

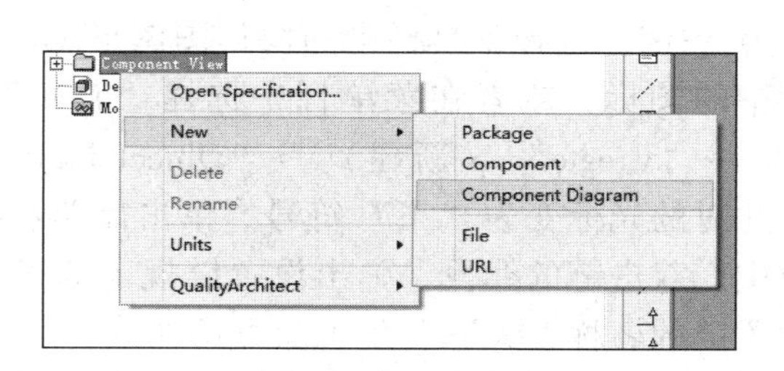

图 10-67 创建构件图

2）创建构件。在构件图的图形编辑工具栏中，选择添加构件的相应按钮，此时光标变为“+”号。在构件图图形编辑区内选择任意一个位置，然后单击，系统将在该位置创建一个新的构件。在构件的名称栏中输入构件的名称，如图 10-68 所示。

3）创建主程序。在构件图的图形编辑工具栏中，选择添加主程序的相应按钮，此时光标变为“+”号。在构件图图形编辑区内选择任意一个位置，然后单击，系统在该位置创建一个新的主程序，命名为“墨韵读书会书籍共享平台”，如图 10-69 所示。

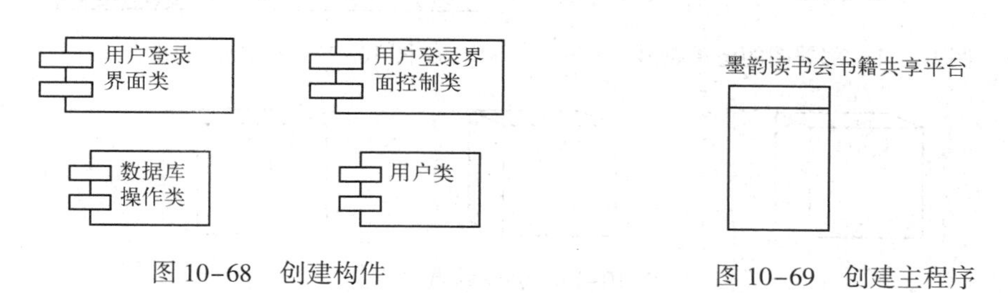

图 10-68　创建构件　　　　图 10-69　创建主程序

4）创建依赖。在构件图的图形编辑工具栏中，选择添加依赖的相应按钮，在有依赖关系的两个构件之间画一条线。

根据本节所介绍的方法，可以利用 Rose 绘制“书籍共享平台”其他模块的构件图。

10.8.4　利用 Rose 绘制“‘墨韵’读书会书籍共享平台”的部署图

“书籍共享平台”的部署图如图 10-70 所示。

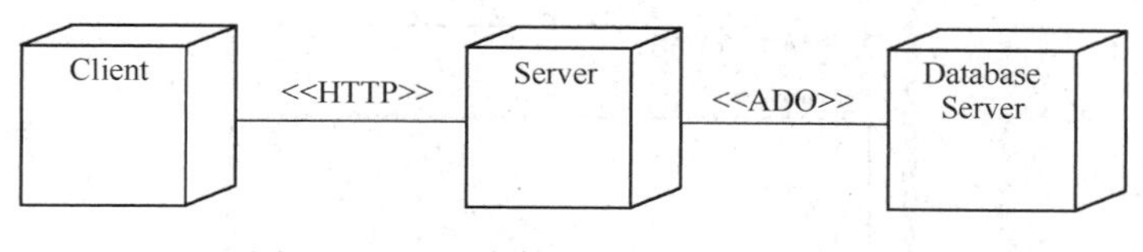

图 10-70　“书籍共享平台”的部署图

通常，部署图包括系统运行时的硬件结点，以及在这些结点上运行的软件构件将在何处运行，以及它们将如何彼此通信。在图 10-70 中，包含的结点有 Client、Server 和 Database Server，Client 和 Server 之间通过 HTTP 协议通信，Server 和 Database Server 之间通过 ADO 进行通信。

可以利用 Rational Rose 2003 绘制该部署图。在 Rose 中，部署图的建模符号如图 10-71 所示。

下面以“书籍共享平台”的部署图为例，具体介绍利用 Rational Rose 2003 绘制部署图的方法。

1）在每一个系统模型中只存在一个部署图。在使用 Rose 创建系统模型时，就已经创建完毕，即为 Deployment View（部署视图）。如果要访问部署图，在浏览器中双击该部署视图即可，如图 10-72 所示。

2）创建结点。单击工具栏中的处理器图标，然后在编辑区的合适位置单击，即可得到一个处理器。同时，对处理器的名称进行编辑，如图 10-73 所示。

3）创建连接。根据结点之间的物理连接，单击工具栏中相应的连接图标，然后在编辑区相应的处理器之间画一条线。

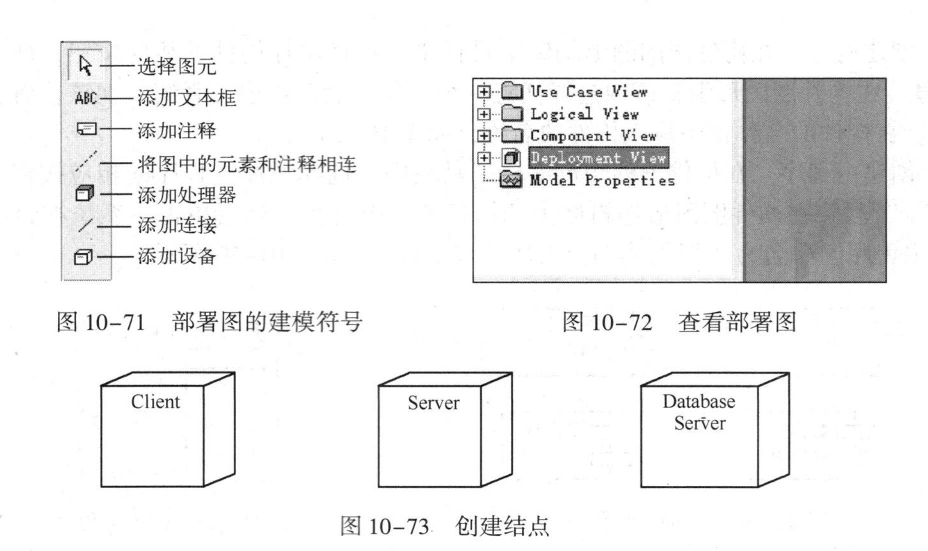

图 10-71　部署图的建模符号

图 10-72　查看部署图

图 10-73　创建结点

4）添加连接内容。双击连接，可以在弹出的对话框中设置“Name”和“Stereotype”等选项，在“Name”文本框中输入连接的名字，在“Stereotype”文本框中输入连接的方式，如连接通过的协议等，如图 10-74 所示。

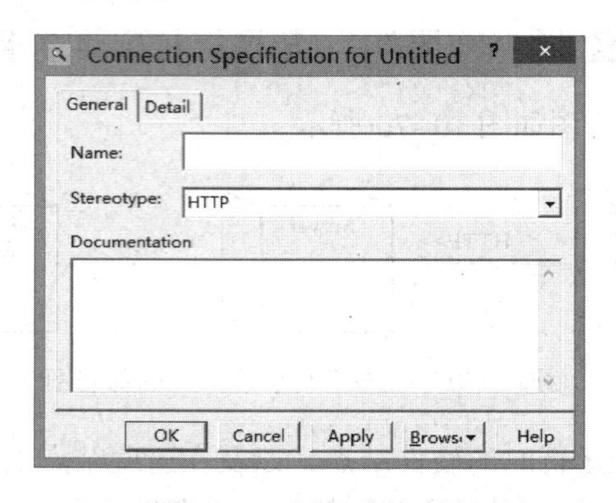

图 10-74　添加连接内容

根据本节所介绍的方法，可以利用 Rose 绘制其他系统的部署图。

习题

1. 判断题

（1）在面向对象的设计中，应遵循的设计准则除了模块化、抽象、低耦合和高内聚外，还有信息隐藏。（　）

（2）面向对象分析和设计活动是一个多次反复迭代的过程。（　）

（3）关系数据库可以完全支持面向对象的概念，面向对象设计中的类可以直接对应到关系数据库中的表。（　）

（4）面向对象设计是在分析模型的基础上，运用面向对象技术生成软件实现环境下的设计模型。（　）

2. 选择题

（1）面向对象设计阶段的主要任务是系统设计和（　　）。

A. 结构化设计　　　　B. 数据设计

C. 面向对象程序设计　　　　D. 对象设计

（2）只有类的共有界面的成员才能成为使用类的操作，这是软件设计的（　　）原则。

A. 过程抽象　　　　B. 信息隐藏

C. 功能抽象　　　　D. 共享性

（3）（　　）是表达系统类及其相互联系的图示，它是面向对象设计的核心，是建立状态图、协作图和其他图的基础。

A. 部署图　　　　B. 类图

C. 组件图　　　　D. 配置图

（4）下面所列的性质中，（　　）不属于面向对象设计的特性。

A. 继承性　　　　B. 重用性

C. 封装性　　　　D. 可视化

（5）下列是面向对象设计方法中有关对象的叙述，其中（　　）是正确的。

A. 对象在内存中没有它的存储区　　　　B. 对象的属性集合是它的特征表示

C. 对象的定义与程序中类型的概念相当　　　　D. 对象之间不能相互通信

（6）面向对象设计中，基于父类创建的子类具有父类的所有特性（属性和方法），这一特点称为类的（　　）。

A. 多态性　　　　B. 封装性

C. 继承性　　　　D. 重用性

3. 简答题

（1）请比较结构化软件设计方法和面向对象软件设计方法。

（2）请简述面向对象设计的启发规则。

（3）请简述面向对象的设计原则

（4）请简述系统设计和对象设计。

4. 应用题

（1）在一个习题库下，各科教师可以在系统中编写习题及标准答案，并将编写的习题和答案加入题库中，或者从题库中选取一组习题组成向学生布置的作业，并在适当的时间公布答案。学生可以在系统中完成作业，也可以从题库中选择更多的习题练习。教师可以通过系统检查学生的作业，学生可以在教师公布答案后对自己的回答进行核对。阅读这一情境，分析出该系统所包括的实体类并适当添加属性，绘制出类图。

（2）利用面向对象的设计方法设计某网上书店系统。这里可以做一些假设。

第11章　软件编程

本章首先介绍编程语言的发展与分类；然后讲述选择编程语言需要考虑的因素；接着针对编程风格进行阐述；最后对面向对象实现进行简述。

本章目标

- ❑ 了解编程语言的发展与分类。
- ❑ 了解选择编程语言时所需考虑的因素。
- ❑ 掌握良好的编程风格。。
- ❑ 掌握使用 Visual Studio 进行开发的方法。

11.1　编程语言

在软件设计阶段，得到了实现目标系统的解决方案，并用模型图、伪代码等设计语言表述出来。编码的过程就是把软件设计阶段得到的解决方案转化为可以在计算机上运行的软件产品的过程。

选择合适的编程语言是编码过程的关键。可以说，编程语言是人与计算机交互的基本工具，它定义了一组计算机的语法规则，通过这些语法规则可以把人的意图、思想等转化为计算机可以理解的指令，进而让计算机帮助人类完成某些任务。软件开发人员通过使用编程语言来实现目标系统的功能。

11.1.1　编程语言的发展与分类

编程语言是人与计算机交流的重要工具。对于软件开发人员而言，编程语言是除了计算机本身之外的所有工具中最重要的。从计算机问世至今，人们一直在努力研制更优秀的编程语言。目前，编程语言的种类已有成千上万种，但是能得到广泛认可的语言却屈指可数。

1. 机器语言

最早的编程语言是机器语言，它是计算机可以识别和执行的指令代码。机器语言采用“0”和“1”为指令代码来编写程序，它可以直接被计算机的 CPU 识别，从而操纵计算机硬件的运行。由于机器语言直接操纵计算机硬件，所以语言必须基于机器的实现细节，也就是说，不同型号的计算机其机器语言是不同的。用一种计算机的机器指令编写的程序不能在另一种计算机上执行。因为机器语言直接操纵底层硬件，所以其执行速度较快，但是程序员必须熟悉计算机的全部指令代码和代码的含义。用机器语言编写程序对程序员的要求较高，花费的时间往往较长，直观性差，容易出错。由于机器语言具有“面向机器”的特点，它不能直接在不同体系结构的计算机间移植。

2. 汇编语言

像机器语言一样，汇编语言也是一种“面向机器”的低级语言。它通常为特定的计算机或系列计算机专门设计，可高效地访问和控制计算机的各种硬件设备。汇编语言采用一组助记符来代替机器语言中晦涩、难懂的二进制代码，用地址符号或标号来代替地址码，使得代码比较直观，容易被程序员理解。由于机器不能直接识别汇编语言，所以在执行时，汇编语言必须由特定的翻译程序转化为相应的机器语言才能由计算机执行。把汇编语言转换为机器语言的过程称为汇编，相应的翻译程序就是汇编程序。

汇编语言保持了机器语言简捷、快速的特点，比机器语言容易编写、理解。常用的汇编语言有 Z-80 机上的 Z-80 汇编语言、PC 上使用的 8080A、8086（8088）汇编语言等。

3. 高级语言

因为汇编语言中大量的助记符难以记忆，而且汇编语言对硬件体系有较强的依赖性，人们又发明了高级语言。高级语言采用类似英文的语句来表示语义，更加方便了软件开发人员的理解和使用。此外，高级语言不再依赖于特定的计算机硬件，所以移植性较强，同种高级语言可以用在多种型号的计算机上。

一些高级语言是面向过程的，如 FORTRAN、COBOL、ALGOL 和 BASIC，这些语言基于结构化的思想，它们使用结构化的数据结构、控制结构和过程抽象等概念体现客观事物的结构和逻辑含义。FORTRAN 语言常用于大规模的科学计算；COBOL 是广泛用于商业领域中的数据处理方面的语言，能有效地支持与商业处理有关的过程技术；ALGOL 语言并没有被广泛应用，但是它包含的丰富的过程和数据结构值得其他语言借鉴；BASIC 语言是一种解释或编译执行的会话语言，广泛地应用在微型计算机系统中。

还有一些高级语言是面向对象的，以 C++ 语言为典型代表，这类语言与面向过程的高级语言有着本质的区别。它们将客观事物看成具有属性和行为的对象，并通过抽象把一组具有相似属性和行为的对象抽象为类。不同的类之间还可以通过继承、多态等机制实现代码的复用。面向对象的高级语言可以更直观地描述客观世界中存在的事物及它们之间的相互关系。

毋庸置疑，高级语言的出现是计算机编程语言发展的一个飞跃。

4. 超高级语言

第四代语言是超高级语言，它是对数据处理和过程描述的更高级的抽象，一般由特定的知识库和方法库支持，比如，与数据库应用相关的查询语言、描述数据结构和处理过程的图形语言等，它们的目的在于直接实现各种应用系统。

Tiobe 排行榜是编程语言活跃度的一个比较有代表的统计排行，每月更新一次，统计数据来源于世界范围内的资深软件工程师和第三方提供商，以及各大搜索引擎（如 Google）的关键字搜索等，其结果经常作为业内程序开发语言的流行使用程度的有效指标。而且排行榜也反映了编程语言的发展趋势，也可以用来查看程序员自身的知识技能是否与主流趋势相符，具有一定的借鉴意义。但必须注意的是，排行榜代表的仅仅是语言的关注度、活跃度和流行情况等，并不代表语言的好坏，因为每种语言都有自己的长处和缺点。而就一般的编程任务而言，基本各种语言都能胜任，开发效率也和使用者的熟练程度及开发平台密切相关。所以，Tiobe 排行榜从长期的趋势分析，则更有参考价值。

图 11-1 显示了 2017 年 5 月的 Tiobe 排行。从中可以看出，Java、C 和 C++ 占据前三的地位。排行比较能反映实际的技术发展状况。比如，近年来移动智能设备的开发逐渐升温，尤其是苹果公司的 iPad、iPhone 等，导致 Objective-C 和用于为其进行游戏编程的 Lua 语言活跃度大幅上升；而 Web 和 Native 开发当前仍旧无法取代彼此，所以，Java、C 和 C++ 仍然将在较长的时间里稳居前几名（当然，微软公司的 C#或将有朝一日与 Java 抗衡）。纵观编程语言近 10 年来的消长，虽然 Java、C 和 C++ 的地位一直比较稳定，但总的份额却在下降；处于主导

地位的编程语言，其地位正在被新兴的语言侵蚀。从语言分类来看，总体上，以 PHP、JavaScript 等为代表的动态语言前景比较好，尤其是在正在飞速发展的 Web 和云计算领域上的应用；而函数式编程（如 F#等）也正越来越受到重视，但过程式语言，尤其是面向对象语言仍将在未来相当长的一段时间内不可取代。越来越多的语言在向多泛型的方向发展，而且在不断地相互融合，互补长短，如静态和动态的融合（比如 C#从 4.0 开始引入动态语言特征），函数式编程和面向对象的融合（比如 F#对面向对象的支持也非常出色）等。任何一种编程语言都有优劣，不同的编程语言在不同的领域有其独特乃至不可取代之处。所以编程语言不存在哪个更好，而是要根据具体的项目特点，选择合适的编程语言。

May 2017	May 2016	Change	Programming Language	Ratings	Change
1	1		Java	14.639%	-6.32%
2	2		C	7.002%	-6.22%
3	3		C++	4.751%	-1.95%
4	5	^	Python	3.548%	-0.24%
5	4	˅	C#	3.457%	-1.02%
6	10	⌃⌃	Visual Basic .NET	3.391%	+1.07%
7	7		JavaScript	3.071%	+0.73%
8	12	⌃⌃	Assembly language	2.859%	+0.98%
9	6	˅	PHP	2.693%	-0.30%
10	9	˅	Perl	2.602%	+0.28%
11	8	˅	Ruby	2.429%	+0.09%
12	13	^	Visual Basic	2.347%	+0.52%
13	15	^	Swift	2.274%	+0.68%
14	16	^	R	2.192%	+0.86%
15	14	˅	Objective-C	2.101%	+0.50%
16	42	⌃⌃	Go	2.080%	+1.83%
17	18	^	MATLAB	2.063%	+0.78%
18	11	˅˅	Delphi/Object Pascal	2.038%	+0.03%
19	19		PL/SQL	1.676%	+0.47%
20	22	^	Scratch	1.668%	+0.74%

图 11-1　2017 年 5 月 Tiobe 语言排行榜

下面对比较流行的几种编程语言进行简单介绍。

- Java 语言最初由 Sun Microsystems 公司于 1995 年推出，广泛用于个人 PC、数据中心、移动设备和互联网产品的设计，具有极好的跨平台特性，拥有目前全球最大的开发者社群。Java 语言是一个纯面向对象的编程语言，它继承了 C/C++风格，但舍弃了 C++中难以掌握且非常容易出错的指针（改为引用取代）、运算符重载和多重继承（以接口取代）等特性；但增加了垃圾自动回收等功能，使程序员在设计程序的同时，不用再小心翼翼地关注内存管理的问题。编译时，Java 编译器首先将源代码编译为虚拟机中间代码（字节码），然后字节码可以在具体的应用平台的虚拟机上执行，这正是 Java 跨平台特性的原因所在。
- C 语言是一种面向过程的计算机程序语言，既有高级语言的特点，又具有汇编语言的特征。因此，常用于系统级别的程序设计，如操作系统和驱动程序等。由于 C 语言相比其他高级语言更接近底层，因此其执行效率非常高。

- C ++语言出现于20世纪80年代的美国AT&T贝尔实验室，最初作为C语言的增强版，即增加了面向对象和一些新特性。后来逐渐加入虚函数、运算符重载、多重继承、模板、异常、RTTI和命名空间等特性。由于C ++是C的扩展，因此既具有接近C一样的执行效率，又具有高级语言的面向对象特征，如今仍然是Native应用程序开发的首选语言。虽然开发成本相对于Java、C#等语言高出很多，但其部署方便、执行效率高和更接近底层的特性却是它们所无法取代的。比如，一些对性能要求极高的图形程序或3D游戏的开发，就必须使用C/C ++实现核心代码（事实上，为了实现更高的性能和执行效率，一些核心代码甚至采用汇编语言来实现）。
- C#语言是微软公司为推行.NET战略，为.NET平台量身定制的、纯面向对象的编程语言，也是.NET平台开发的首选语言。C#汲取了C/C ++和Java的特性，具有Java语言的简单易用性，以及C/C ++的强大特性。不过C#不像Java一样彻底地摒弃了指针，而是不推荐使用指针，这个特性在一些应用中非常有效，毕竟指针在解决某些应用时是最高效的方式。C#自4.0开始，引入了动态语言特性，这使得C#可以采用类似JavaScript、Python或Ruby的方式编程，动态特性可以解决一些静态语言无法解决的事情，因此，这极大地提升了C#的功能。在Web开发方面，C#也是微软的主推语言，尤其是基于C#的ASP.NET，是在Windows/IIS平台上的首选。微软仍然在快速地扩展C#的功能，越来越多的语言优点被融合到C#中。
- Python是一种面向对象、解释型计算机程序设计语言，由Guido van Rossum于1989年发明，第一个公开发行版发行于1991年。Python是纯粹的自由软件，其源代码和解释器CPython遵循GPL协议。Python语法简洁清晰，其特色之一是强制用空白符作为语句缩进。Python具有丰富和强大的库，它常被昵称为“胶水语言”，能够把用其他语言制作的各种模块（尤其是C/C ++）很轻松地联结在一起。常见的一种应用情形是，使用Python快速生成程序的原型（有时甚至是程序的最终界面），然后对其中有特别要求的部分用更合适的语言改写，比如3D游戏中的图形渲染模块性能要求特别高，就可以用C/C ++重写，而后封装为Python可以调用的扩展类库。需要注意的是，在使用扩展类库时可能需要考虑平台问题，某些可能不提供跨平台的实现。
- PHP语言是一种嵌入在HTML内部的在服务器端执行的脚本语言，融合了C、Java和Perl等的语法特性。由于其程序内嵌在HTML中，所以执行效率比完全生成HTML标记的CGI高出许多；PHP也可以执行编译后的代码，以达到加密和优化的作用。PHP支持几乎所有的主流数据库及操作系统，而且还可以使用C/C ++进行扩展。由于其语法简单、容易上手、开发快捷、跨平台性强（可以运行在多种服务器操作系统上）、效率高及面向对象等特性，使得PHP成为目前学习Web编程的首选语言。而且PHP是开源的，所有的源代码都可以找到，给学习PHP带来了极大的便利，在开源大行其道的今天，PHP也已成为中流砥柱之一。
- JavaScript语言是Netscape公司开发的面向对象的、动态类型的、区分大小写的客户端脚本语言，主要用来解决服务器端语言的速度问题。JavaScript常用于给HTML页面添加动态脚本，如各种客户端数据验证。近年来流行的Ajax也是基于JavaScript的后台通信机制，用于实现浏览器无刷新响应，当前几乎所有浏览器都支持JavaScript。如今，多数动态页面都采用JavaScript实现，是事实上的动态Web开发的行业标准技术。不过，JavaScript有一些不可克服的弱点，比如，调试困难和天生的不安全性，对恶意攻击及数据窃取非常脆弱等。

随着计算机科学的发展和应用领域的扩大，编程思想也在不断发展，编程语言也在不断演化。每个时期都有一些主流编程语言，也都有一些语言出现或消亡。每种语言都有其自身的优点和缺点，适合于不同的应用领域，也都不可避免地具有一定的局限性。

11.1.2 选择编程语言需要考虑的因素

进行软件开发时，应该根据待开发软件的特征及开发团队的情况考虑使用合适的编程语言。因为不同的编程语言有其各自不同的特点，有些时候，软件开发人员在选择时经常感到很矛盾。此时软件开发人员应该从主要问题入手，对各个因素进行平衡。

在选择编程语言时，通常需考虑以下几个因素。

1）待开发系统的应用领域，即项目的应用范围。不同的应用领域一般需要不同的语言。对于大规模的科学计算，可选用 FORTRAN 语言或者 C 语言，因为它们有大量的标准库函数，可用于处理复杂的数值计算；对于一般商业软件的开发，可选用 C++、C#和 Java，它们是面向对象语言，相对于面向过程语言而言，它们更具灵活性；在人工智能领域，则多使用 LISP、Prolog 和 OPSS；对于与数据处理和数据库应用相关的应用，可使用 SQL 数据库语言、Oracle 数据库语言或 4GL（第四代语言），当然，还要考虑数据库的类型；实时处理软件对系统的性能要求较高，选择汇编语言或 ADA 语言比较合适。

2）用户的要求。如果用户熟悉软件所使用的语言，那么会对软件的使用及日后的维护工作带来很多方便。软件开发人员应该尽量满足用户的要求，使用他们熟悉的语言。

3）将使用何种工具进行软件开发。软件开发工具可以提高软件开发的效率。特定的软件开发工具只支持部分编程语言，所以应该根据将要使用的开发工具确定采用哪种语言。

4）软件开发人员的喜好和能力。采用开发人员熟悉的语言进行软件开发，可以节省开发人员进行学习和培训的资源，加快软件开发的速度。

5）软件的可移植性要求。可移植性好的语言可以使软件方便地在不同的计算机系统上运行。如果软件要适用于多种计算机系统，那么编程语言的可移植性是非常重要的。

6）算法和数据结构的复杂性。有些编程语言可以完成算法和数据结构复杂性较高的计算，如 C 和 FORTRAN。但是，有些语言则不适宜完成复杂性较高的计算，如 Lisp、Prolog 等。所以在选择语言时，还应根据语言的特点，选取能够适应项目算法和数据结构复杂性的语言。一般来说，科学计算、实时处理和人工智能领域中解决问题的算法比较复杂，数据处理、数据库应用和系统软件开发领域内的问题的数据结构也比较复杂。

7）平台支持。某些编程语言只在指定的部分平台上才能使用。比如为 iPad 和 iPhone 开发，则只能选用 Objective-C 等；为 Android 开发，则只能使用 Java、Ruby 和 Python 等。这种情况下，软件开发人员在选择语言时，必须考虑具体的平台支持特性。

11.2 编程风格

编程风格是指源程序的书写习惯，如变量的命名规则、代码的注释方法和缩进等。具有良好编程风格的源程序具有较强的可读性和可维护性，同时还能提高团队开发的效率。良好的个人编程风格是一个优秀程序员素质的一部分，项目内部相对统一的编程风格也使得该项目的版本管理、代码评审等软件工程相关工作更容易实现。在大型软件开发项目中，为了控制软件开发的质量，保证软件开发的一致性，遵循一定的编程风格尤为重要。

要做到按照良好的编程风格进行编程，可以从以下几点入手。

1. 版权和版本声明

应该在每个代码文件的开头对代码的版权和版本进行声明，主要内容如下。

1）版权信息。

2）文件名称，标识符，摘要。

3）当前版本号，作者/修改者，完成日期。

4）版本历史信息。

版权和版本声明是对代码文件的一个简要介绍，包括文件的主要功能、编写者、完成和修改时间等信息。添加版权和版本声明使得代码更加容易阅读和管理。一个典型的版权和版本声明如下所示。

```
/*
* Copyright (c) 2016, BUAA
* All rights reserved.
*
* 文件名称：filename. h
* 文件标识：见配置管理计划书
* 摘　　要：简要描述本文件的内容
*
* 当前版本：1. 1
* 作　　者：输入作者(或修改者)名字
* 完成日期：2016 年 5 月 2 日
*
* 取代版本：1. 0
* 原作者　：输入原作者(或修改者)名字
* 完成日期：2016 年 4 月 20 日
*/
```

2. 程序版式

在程序编写过程中应该注意代码的版式，使代码更加清晰易读。对空行、空格的使用及对代码缩进的控制与程序的视觉效果密切相关。比较图 11-2 中所示的两段代码，不难发现，采用了缩进和空行的第二段代码在布局上更清晰。

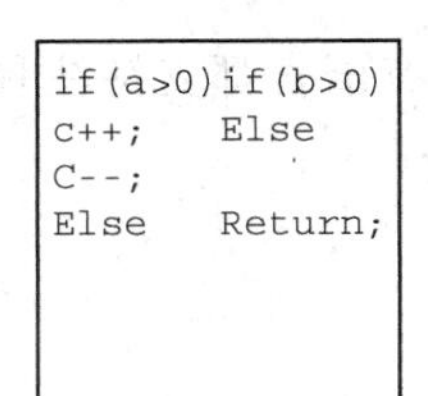

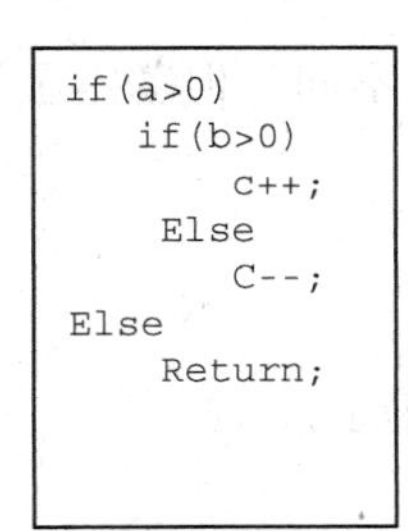

图 11-2　采用不同布局的代码示例

好的代码版式没有统一的标准，但在长期的代码编写过程中，编程人员基本积累了一些程序版式规则，列举如下。

1）在每个类声明之后、每个函数定义结束之后都要加空行。

2）在一个函数体内，密切相关的语句之间不加空行，其他地方应加空行分隔。

3）一行代码只做一件事情，如只定义一个变量或只写一条语句。

4）if、for、while 和 do 等语句自占一行，执行语句不得紧跟其后，不论执行语句有多少都要加 {}。

5）尽可能在定义变量的同时初始化该变量。

6）关键字之后要留空格，函数名之后不要留空格，“,”之后要留空格；

例如，应该写作

```
void Func1(int x, int y, int z);
```

而不要写成

```
void Func1 (int x,int y,int z);
```

7）赋值操作符、比较操作符、算术操作符、逻辑操作符和位域操作符等二元操作符的前后应当加空格，一元操作符前后不加空格。

8）程序的分界符“{”和“}”应独占一行并且位于同一列，同时与引用它们的语句左对齐。

9）代码行最大长度宜控制在 70 ～ 80 个字符以内。

10）长表达式要在低优先级操作符处拆分成新行，操作符放在新行之首。

随着集成开发环境的发展，很多集成开发环境都自动加入了对程序版式的默认编辑功能。如一条语句完成后输入“;”时，会自动在语句内加入空格。但是作为编程人员，还是应当了解并遵守一些基本的程序版式规则。

3. 注释

注释阐述了程序的细节，是软件开发人员之间，以及开发人员和用户之间进行交流的重要途径。做好注释工作有利于日后的软件维护。注释也需要遵循一定的规则，如注释需要提供哪些方面的信息、注释的格式和注释的位置等。

注释可以分为序言注释和行内注释。

- 序言注释位于模块的起始部分，对模块的详细信息进行说明，如模块的用途、模块的参数描述、模块的返回值描述、模块内捕获的异常类型、实现该模块的软件开发人员及实现时间，以及对该模块做过修改的开发人员和修改日期等。
- 行内注释位于模块内部，经常对较难理解、逻辑性强或比较重要的代码进行解释，从而提高代码的可理解性。

不同语言的注释方式可能不同，但基本上所有语言都支持注释功能。注释一般位于下列内容中。

1）版本、版权声明。

2）函数接口说明。

3）重要的代码行或段落提示。

举例如下。

```
/*
 * 函数介绍：
 * 输入参数：
```

```
*输出参数：
*返回值  ：
*/
void Function(float x, float y, float z)
{
…
}
```

在合适的位置适当注释有助于理解代码，但注意不可过多地使用注释。注释也应当遵守一些基本规则。

1）注释是对代码的“提示”，而不是文档，注释的花样要尽量少。

2）注释应当准确、易懂，防止注释有二义性。

3）注释的位置应与被描述的代码相邻，可以放在代码的上方或右方，不可放在下方。

4）当代码比较长，特别是有多重嵌套时，应当在一些段落的结束处加注释，便于阅读。

4. 命名规则

比较著名的命名规则有微软公司的“匈牙利”法，该命名规则的主要思想是“在变量和函数名中加入前缀以增进人们对程序的理解”。但是由于其过于烦琐而很少被实际使用。

事实上，没有一种命名规则可以让所有的编程人员都赞同，在不同的编程语言、不同的操作系统、不同的集成开发环境中，使用的命名规则可能不尽相同。因此，软件开发中仅需要制定一种使大多数项目成员满意的命名规则，并在项目中贯彻实施。但有几点基本事项还是需要注意。

1）按照标识符的实际意义命名，使其名称具有直观性，能够体现标识符的语义。这样可以帮助开发人员对标识符进行理解和记忆。

2）标识符的长度应当符合“最小长度与最大信息量”原则。

3）命名规则尽量与所采用的操作系统或开发工具的风格保持一致。比如，缩写的使用，字母大小写的选择，以及对常量和变量命名的区分等。例如，在有些软件开发项目的命名规则里，常量名称选用大写字母，变量名称选用小写字母。一般不推荐使用单词缩写进行命名，因为使用缩写在阅读时容易产生歧义。例如，表示班级名称的变量 className 不宜改成 cName。

4）变量名不要过于相似，这样容易引起误解。

5）在定义变量时，最好对其含义和用途做出注释。

6）程序中不要出现仅靠大小写区分的相似的标识符。

7）尽量避免名称中出现数字编号，除非逻辑上的确需要编号。

5. 数据说明

为了使数据更容易理解和维护，在数据说明时需要遵循一定的原则。

1）在进行数据说明时应该遵循一定的次序，如哪种数据类型的说明在前，哪种在后。如果数据说明能够遵循标准化的次序，那么在查询数据时就比较容易，这样能够加速测试、调试和维护的进程。

2）当在同一语句中说明相同数据类型的多个变量时，变量一般按照字母顺序排列。

3）对于复杂数据结构的说明，为了容易理解，需要添加必要的注释。

6. 语句构造

语句构造是编写代码的一个重要任务。语句构造的原则和方法在编程阶段尤为重要。人们在长期的软件开发实践中，总结出来的语句构造原则有以下几点。

1）不要为了节省空间而把多条语句写在一行。

2）合理地利用缩进来体现语句的不同层次结构。

3）将经常使用并且具有一定独立功能的代码封装为一个函数或公共过程。

4）避免使用 goto 语句。

5）对于含有多个条件语句的算术表达式或逻辑表达式，使用括号来清晰地表达运算顺序。

6）避免使用多层嵌套语句。

7）避免使用复杂的判定条件。

7. 输入/输出

软件系统的输入/输出部分与用户的关系比较紧密，良好的输入/输出的实现能够直接提高用户对系统的满意度。一般情况下，对软件系统的输入/输出模块要考虑以下原则。

1）要对所有的输入数据施行严格的数据检验机制，及时识别出错误的输入。

2）使输入的步骤和操作尽量简单。

3）输入格式的限制不要太严格。

4）应该允许默认输入。

5）在交互式的输入方式中，系统要给予用户正确的提示。

6）对输出数据添加注释。

7）输出数据要遵循一定的格式。

8. 效率

效率是对计算机资源利用率的度量，主要是指程序的运行时间和存储器容量两个方面。源程序的运行时间主要取决于详细设计阶段确定的算法。可以使用用于代码优化的编译程序来减少程序的运行时间。使用较少的存储单元可以提高存储器的效率。提高效率的具体方法有以下几种。

1）减少循环嵌套的层数。在多层循环中，可以把有些语句从外层移到内层。

2）用嵌套结构的语句来表示循环结构的语句。

3）简化算术和逻辑表达式，尽量不使用混合数据类型的运算。

4）避免使用多维数组和复杂的表。

例如，有关效率的程序如下所示。

```
//简洁但效率低的程序
for (i=0; i<N; i++)
{
   if (condition)
      Call1();
   else
      Call2();
}
```

```
//效率高但不太简洁的程序
if (condition)
{
     for (i=0; i<N; i++)
     Call1();
}
else
{
   for (i=0; i<N; i++)
     Call2();
}
```

11.3 面向对象实现

面向对象实现主要是指把面向对象设计的结果翻译成用某种程序语言书写的面向对象程序。

采用面向对象方法开发软件的基本目的和主要优点是通过重用提高软件的生产率。因此，应该优先选用能够最完善、最准确地表达问题域语义的面向对象语言。

在开发过程中，类的实现是核心问题。在用面向对象风格所写的系统中，所有的数据都被封装在类的实例中。而整个程序则被封装在一个更高级的类中。在使用既存部件的面向对象系统中，可以只花费少量时间和工作量来实现软件。只要增加类的实例，开发少量的新类和实现各个对象之间互相通信的操作，就能建立需要的软件。

在面向对象实现中，涉及的主要技术有类的封装和信息隐藏、类继承、多态和重载、模板、持久保存对象、参数化类，以及异常处理等。

11.4 软件编程实例

【例 11-1】某公司采用公用电话传递数据，数据是 4 位整数，在传递过程中是加密的，加密规则如下：每位数字都加上 5，然后用和除以 10 的余数代替该数字，再将第 1 位和第 4 位交换，第 2 位和第 3 位交换。源程序代码如下，请按照良好的程序风格规范代码。

```
phone(int a,aa[ ])
{int a,i,t;
aa[0] = a%10;
aa[1] = a%100/10;
aa[2] = a%1000/100;
aa[3] = a/1000;
for(i = 0;1 <= 3;i ++ )
   {aa[i] + =5;
    aa[i]% =10;
   }
for(i = 0;i <= 3/2;i ++ )
   {t = aa[i];
   aa[i] = aa[3 - i];
   aa[3 - i] = t;
   }
for(i = 3;i >= 0;i -- )
printf("%d",aa[i]);
}
```

【解析】

良好的布局结构应该能体现出程序的层次。对空行、空格的使用，以及对代码缩进的控制与程序的视觉效果密切相关。因此对源代码添加了空格并进行了换行，使得代码更易于阅读和理解，并且添加了注释。

1）声明变量的注释：（1）、（3）。

2）对过程进行说明的注释：（2）、（4）、（5）、（6）、（7）。

按照良好的程序风格，规范后的代码如下。

```
Void Phone(int data,int dataDigits\[\],int digitsNum)
{
    //定义数组索引和临时变量…………………………………………………………(1)
    int idx,temp;

    //拆分 data 为 dataDigits\[\]…………………………………………………………(2)
    //dataDigits\[0 - 3\]分别记录个、十、百、千位………………………………………(3)
    temp = data;
    for (idx = 0;idx < digitsNum;idx ++)
    {
        dataDigits\[idx\] = temp% 10;
        temp = temp/10;
    }

    //对 dataDigits 进行加密处理……………………………………………………………(4)
    for (idx = 0;idx < digitsNum;idx ++)
    {
        temp = dataDigits\[idx\] +5;
        dataDigits\[idx\] = temp% 10;
    }

    //交换 ……………………………………………………………………………………(5)
    //声明交换次数 …………………………………………………………………………(6)
    int count = digitsNum/2;
    for (idx = 0;idx < count;idx ++)
    {
        temp = dataDigits\[idx\];
        dataDigits\[idx\] = dataDigits\[digitsNum - 1 - idx\];
        dataDigits\[digitsNum - 1 - idx\] = temp;
    }

    //从高位到低位打印加密后的数字 …………………………………………………………(7)
    for (idx = digitsNum - 1;idx >= 0;idx --)
    {
        printf("%d",dataDigits\[idx\]);
    }
}
```

【例 11-2】 在【例 6-1】中，针对“图书馆信息管理系统”，请采用 Visual Studio 2012 + SQL Server 2012 + ASP. NET 来实现“续借图书”的部分代码。

【解析】

根据题中的描述，与本模块相关的类有如下几个。

实体类：book、reader

控制类：expBorrowControl

边界类：expBorrowBoundary

此外还需要一个处理与数据库连接等事物相关的系统级别的类：SqlDBControl。该解决方案的目录如图 11-3 所示。

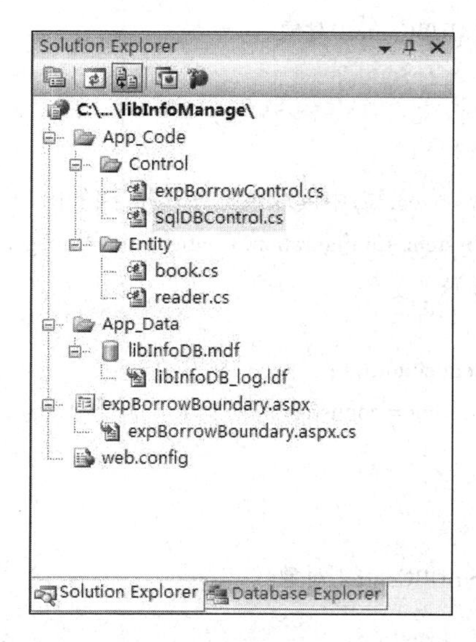

图 11-3　与“续借管理”模块相关的解决方案目录

其中，SqlDBControl 可以看作是一个公用的类，它处理与数据库相关的操作，代码如下：

```
using System;
using System. Data;
using System. Configuration;
using System. Web;
using System. Web. Security;
using System. Web. UI;
using System. Web. UI. WebControls;
using System. Web. UI. WebControls. WebParts;
using System. Web. UI. HtmlControls;
using System. Data. SqlClient;
/// < summary >
///SqlDBControl 的摘要说明
/// < /summary >
public class SqlDBControl
{
    //
    //TODO:在此处添加构造函数逻辑
```

```
//数据库操作类
//
private SqlConnection conn;
private SqlCommand cmd;
private SqlDataAdapter sda;
private string sql;

/// <summary>
///构造函数,生成 SqlDBControl 对象
/// </summary>
public SqlDBControl()
{
    //从配置文件 Web.config 中读取数据库连接字符串
    string connstr = System.Configuration.ConfigurationManager.ConnectionStrings["connString
Conf"].ToString().Trim();

    conn = new SqlConnection();
    conn.ConnectionString = connstr;
}

/// <summary>
///构造函数,生成 SqlDBControl 对象
/// </summary>
/// <param name = "strConn" >指定的连接字符串名称 </param>
public SqlDBControl(string strConn)
{
    //从配置文件 Web.config 中读取数据库连接字符串
    string connstr = System.Configuration.ConfigurationManager.ConnectionStrings[strConn].
ToString().Trim();

    conn = new SqlConnection();
    conn.ConnectionString = connstr;
}

/// <summary>
///打开到数据库的连接
/// </summary>
public void Open()
{
    if (conn.State != ConnectionState.Open)
    {
        conn.Open();
    }
}
```

```
/// <summary>
///根据已有 sql 语句创建 SqlCommand 对象
/// </summary>
private void CreateCommand()
{
    cmd = conn.CreateCommand();
    cmd.CommandText = sql;
}

/// <summary>
///根据提供 sql 语句创建 SqlCommand 对象
/// </summary>
/// <param name = "strSql" >提供的 sql 语句 </param>
private void CreateCommand(string strSql)
{
    this.sql = strSql;
    cmd = conn.CreateCommand();
    cmd.CommandText = sql;
}

/// <summary>
///借助 Command 创建 SqlAdapter 对象,可以使用 Parameters
/// </summary>
private void CreateAdapter()
{
    sda = new SqlDataAdapter(Command);
}

/// <summary>
///获取一个 SqlConnection 对象
/// </summary>
/// <returns>一个 SqlConnection 对象 </returns>
public SqlConnection getConnection()
{
    return conn;
}

/// <summary>
///返回执行结果的第一行第一列的值
/// </summary>
/// <returns>Object 第一行第一列的值 </returns>
public object ExecuteScalar()
{
```

```
        if (cmd == null)
        {
            CreateCommand();
        }
        Open();

        object objReturn = cmd.ExecuteScalar();

        Close();

        return objReturn;
    }

    /// <summary>
    ///返回执行结果的 SqlDataReader 对象
    /// </summary>
    /// <returns>包含执行结果的 SqlDataReader 对象</returns>
    public SqlDataReader ExecuteReader()
    {
        if (cmd == null)
        {
            CreateCommand();
        }
        Open();

        return cmd.ExecuteReader();
    }
    public SqlDataReader ExecuteReader(CommandBehavior behavior)
    {
        if (cmd == null)
        {
            CreateCommand();
        }
        Open();
        return cmd.ExecuteReader(behavior);
    }

    /// <summary>
    ///设置 sql 语句
    /// </summary>
    public string SqlText
    {
        set
        {
```

```
            sql = value;
        }
        get
        {
            return sql;
        }
    }

    public SqlCommand Command
    {
        get
        {
            if (cmd == null)
            {
                CreateCommand();
            }
            return cmd;
        }
    }

    public void ExecuteNonQuery()
    {
        if (cmd == null)
        {
            CreateCommand();
        }
        Open();

        cmd.ExecuteNonQuery();

        Close();
    }

    /// <summary>
    ///关闭数据库的连接
    /// </summary>
    public void Close()
    {
        if (conn.State == ConnectionState.Open)
        {
            conn.Close();
        }
        cmd = null;
        sda = null;
```

```
        }

        public void Fill(DataSet ds)
        {
            if (sda == null)
            {
                CreateAdapter();
            }

            Open();

            sda.Fill(ds);
            Close();
        }

        public SqlDataAdapter Adapter
        {
            get
            {
                if (sda == null)
                {
                    CreateAdapter();
                }
                return sda;
            }
        }
    }
```

实体类 book 的定义如下：

```
using System;
using System.Data;
using System.Configuration;
using System.Linq;
using System.Web;
using System.Web.Security;
using System.Web.UI;
using System.Web.UI.HtmlControls;
using System.Web.UI.WebControls;
using System.Web.UI.WebControls.WebParts;
using System.Xml.Linq;

/// <summary>
///图书概要说明
```

```
/// </summary>
public class book
{
    public book()
    {
        //
        //TODO:Add constructor logic here
        //
    }

    public book(int _bookID,string _bookName,string _isbn,int _categary,string _position,string _pub-
lisher,byte _state)
    {
        this.bookID = _bookID;
        this.bookName = _bookName;
        this.categaryID = _categary;
        this.position = _position;
        this.publisher = _publisher;
        this.state = _state;
    }

    private int bookID;
    public int BookID
    {
        set{ bookID = value;}
        get{ return bookID;}
    }

    private string bookName;
    public string BookName
    {
        set{ bookName = value;}
        get{ return bookName;}
    }

    private string isbn;
    public string ISBN
    {
        set{ isbn = value;}
        get{ return isbn;}
    }

    private int categaryID;
    public int CategaryID
```

```
        {
            set{ categaryID = value; }
            get{ return categaryID; }
        }

        private string position;
        public string Position
        {
            set{ position = value; }
            get{ return position; }
        }

        private string publisher;
        public string Publisher
        {
            set{ publisher = value; }
            get{ return publisher; }
        }

        private byte state;
        public byte State
        {
            set{ state = value; }
            get{ return state; }
        }
    }
```

实体类 reader 的定义如下：

```
using System;
using System.Data;
using System.Configuration;
using System.Linq;
using System.Web;
using System.Web.Security;
using System.Web.UI;
using System.Web.UI.HtmlControls;
using System.Web.UI.WebControls;
using System.Web.UI.WebControls.WebParts;
using System.Xml.Linq;

/// <summary>
///读者概要说明
/// </summary>
public class reader
```

```
{
    public reader( )
    {
        //
        //TODO:Add constructor logic here
        //
    }

    private int readerID;
    public int ReaderID
    {
        set{ readerID = value;}
        get{ return readerID;}
    }

    private int studentID;
    public int StudentID
    {
        set{ studentID = value;}
        get{ return studentID;}
    }

    private byte right;
    public byte Right
    {
        set{ right = value;}
        get{ return right;}
    }

    private byte state;
    public byte State
    {
        set{ state = value;}
        get{ return state;}
    }
}
```

边界类 expBorrowBoundary 是由 ASP. NET 中的 Web Form 生成的，它有 expBorrowBoundary. aspx 和 expBorrowBoundary. aspx. cs 两个文件，expBorrowBoundary. aspx. cs 的定义如下：

```
using System;
using System. Collections;
using System. Configuration;
using System. Data;
using System. Linq;
```

```
using System. Web;
using System. Web. Security;
using System. Web. UI;
using System. Web. UI. HtmlControls;
using System. Web. UI. WebControls;
using System. Web. UI. WebControls. WebParts;
using System. Xml. Linq;

public partial class expBorrowBoundary :System. Web. UI. Page
{
    private expBorrowControl _expBorrowControl;
    protected void Page_Load(object sender,EventArgs e)
    {
        Page. Title = "续借图书";
    }

    protected void butQuery_Click(object sender,EventArgs e)
    {
        drdChose. DataSource = this. _expBorrowControl. getBookbyStuID(Int32. Parse (this. txQuery.
Text. ToString ()));
        drdChose. DataBind();
    }
    protected void butChose_Click(object sender,EventArgs e)
    {
        book _book = this. _expBorrowControl . getBookbyName (this . drdChose . Text . ToString ());
        lbBookInfo. Text = "书目名称:" + _book. BookName + "\nISBN:" + _book. ISBN + "\n 类
别编号:" + _book. CategaryID
            + "\n 存放位置:" + _book. Position + "\n 出版社:" + _book. Publisher + "\n 借阅
状态:" + _book. State;
    }
    protected void butExpBorrow_Click(object sender,EventArgs e)
    {
        int _bookID = this. _expBorrowControl. getBookIdbyName(this. drdChose. Text);
        this. _expBorrowControl. expBorrow(Int32. Parse (this. butQuery. Text. ToString ()),_bookID);
    }
}
```

对照 expBorrowBoundary. aspx 的 Source 内容和 expBorrowBoundary. aspx. cs 的内容能够了解 expBorrowBoundary. aspx 中所使用的控件，及各控件的属性。

expBorrowBoundary. aspx 的 Source 内容如下：

```
<%@ Page Language = "C#" AutoEventWireup = "true" CodeFile = "expBorrowBoundary. aspx. cs" In-
herits = "expBorrowBoundary" %>

<! DOCTYPE html PUBLIC " -//W3C//DTD XHTML 1. 0 Transitional//EN" "http://www. w3. org/
```

```
TR/xhtml1/DTD/xhtml1 - transitional.dtd">

<html xmlns="http://www.w3.org/1999/xhtml">
<head runat="server">
    <title>Untitled Page</title>
</head>
<body>
    <form id="form1" runat="server">
    <div>

        <asp:Label ID="Label1" runat="server" Text="请输入学号:"></asp:Label>
        <asp:TextBox ID="txQuery" runat="server"
            BorderColor="#000066" BorderStyle="Solid" BorderWidth="5px"></asp:TextBox>
        <asp:Button ID="butQuery" runat="server" Text="确定" onclick="butQuery_Click" />
        <br />
        <br />
        <br />
        <asp:Label ID="Label4" runat="server" Text="选择要续借的图书:"></asp:Label>
        <asp:DropDownList ID="drdChose" runat="server" AutoPostBack="True"
            BackColor="#9999FF" Height="20px" Width="150px">
        </asp:DropDownList>
        <asp:Button ID="butChose" runat="server" Text="确定" onclick="butChose_Click" />
     
        <asp:Label ID="Label2" runat="server" Text="图书信息"></asp:Label>

    </div>
    <p align="right">
             
        <asp:Label ID="lbBookInfo" runat="server" BackColor="White" BorderColor="#000066"
            BorderStyle="Double" BorderWidth="10px" Height="250px" Width="600px">
</asp:Label>
    </p>
         
    <asp:Button ID="butExpBorrow" runat="server" Text="续借" BorderColor="#000066"
        Width="100px" onclick="butExpBorrow_Click" />
    </form>
</body>
</html>
```

解决方案正常运行之后，expBorrowBoundary.aspx 在浏览器中的显示如图 11-4 所示。

最后，还有一个比较重要的类，那就是与“续借图书”相关的控制类，expBorrowControl 的主要框架如下：

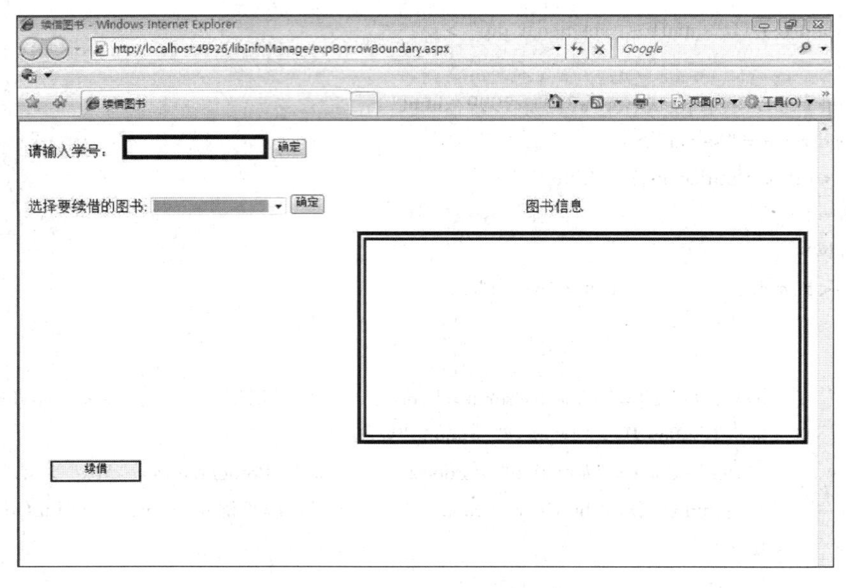

图 11-4 “续借图书”用户界面

```
using System;
using System.Data;
using System.Configuration;
using System.Linq;
using System.Web;
using System.Web.Security;
using System.Web.UI;
using System.Web.UI.HtmlControls;
using System.Web.UI.WebControls;
using System.Web.UI.WebControls.WebParts;
using System.Xml.Linq;
using System.Collections.Generic;
using System.Collections;

/// <summary>
///expBorrowControl 概要说明
/// </summary>
public class expBorrowControl
{
    public expBorrowControl()
    {
        //
        //TODO:Add constructor logic here
        //
    }
    //返回某学生所借图书的列表
    public book[] getBookbyStuID(int _studentID)
```

```
    {
        //TODO
    }

    //通过图书名称搜索图书
    public book getBookbyName( string _name)
    {
        //TODO
    }

    //续借图书
    public void expBorrow( int _studentID,int _bookID)
    {
        //TODO
    }

    //已知图书名称,返回该图书的编号
    public int getBookIdbyName( string _name)
    {
        //TODO
    }
}
```

该类中的 getBookbyStuID、getBookbyName、expBorrow、getBookIdbyName 函数分别要处理界面类发送的请求，它们会使用数据库中的存储过程，或者直接生成 SQL 语言与相关实体类或数据库中的表相交互。

11.5 实验：利用 Visual Studio 实现"'墨韵'读书会书籍共享平台"的用户登录模块

在本节中将学习如何使用 Visual Studio 2013 作为集成开发环境，结合 C#编程语言实现该登录模块。

1. 登录模块描述

登录模块描述如表 11-1 所示。

表 11-1 登录模块

模块编号	名称	模块功能描述
SS1 - 2	用户登录	登录页面：Login. aspx 参数：HostID = ?，指定登录之后跳转的页面。 如果在单击登录后判定用户是学生或者是导师，则跳转到 PersonalHome. aspx（? HostID = 用户登录时输入的用户名）页面；否则，如果用户选择的是管理员，则跳转到 Administer_Members. aspx 页面，HostID 参数为空。 调用背景如下。 （1）当用户进入该网站时，跳转到该页面。 （2）当用户从找回密码页面 ForgotPassword. aspx 返回登录页面时，跳转到此页面。

（续）

模块编号	名　称	模块功能描述
SS1－2	用户登录	（3）当单击个人主页里的按钮，检查登录用户ID为空时，跳转到此页面。 （4）如果用户是管理员，登录成功，跳转至Administer_ Members.aspx页面，否则，显示出错信息。 页面组成：一个登录框组成。登录框包含“用户名”和“密码”两个文本框，一组单选按钮包括“学生”“导师”和“管理员”3种身份，一个“登录”按钮，一个“注册”按钮，一个“忘记密码”按钮，两个验证控件验证“用户名”和“密码”是否为空。 调用描述如下。 （1）当前用户没有登录，在填入用户名和密码，选择用户身份后，单击“登录”按钮。在数据库中进行查询，若没有此记录，则在登录框中提示登录失败信息。若存在此记录，从单选按钮中进行判定，如果用户选择的是学生或者导师，则跳转到PersonalHome.aspx（?HostID＝用户登录时输入的用户名）页面；否则，如果用户选择的是管理员，则跳转到Administer_ Members.aspx页面，HostID参数为空。 （2）单击“注册”按钮，则页面跳转到Register1.aspx页面。游客进行注册。若注册成功，则弹出对话框提示成功，之后，页面跳转至PersonalHome.aspx（?HostID＝?）个人页面。 （3）单击“忘记密码”按钮，则页面跳转到ForgotPassword.aspx页面，用户填入用户名，注册邮箱，选择安全提示问题，填写对应答案之后通过发送邮件找回密码

登录模块使用的用户数据表描述如表11-2所示。

表11-2　User表

序　号	英文字段名	中文字段名	数据类型	是否允许为空	主键/外键
1	UserID	用户ID	varchar（20）	否	主键
2	Password	密码	varchar（20）	否	
3	Name	姓名	varcharr（20）	否	
4	Sex	性别	nchar（2）	是	
5	UserImagePath	用户头像储存路径	varchar（100）	是	
6	Birthday	生日	varchar（50）	是	
7	Email	邮箱	varchar（50）	否	
8	Briefintroduction	个人简介	varchar（500）	是	
9	Identify	身份类别	nchar（10）	否	
10	QuanZiID	加入的圈子	smallint	是	外键
11	Signature	个性签名	varchar（300）	是	
12	SecurityQ	安全问题	varchar（50）	是	
13	SecurityA	问题答案	varchar（50）	是	
14	FavBookCate	喜欢书的类型	varchar（50）	是	
15	Grade	年级	varchar（50）	是	

2. 建立数据库和表

考虑到方便性和普及性问题，这里选用SQL Server 2012来建立数据库。如果读者有需要，还可以采用Access、MySQL或Oracle等数据库产品作为数据库软件来使用。

运行Microsoft SQL Server Management Studio，选择Windows身份验证或者是SQL Server身份验证（SQL Server身份认证需要输入登录名和密码，而Windows身份认证则不需要）登入DBMS系统，如图11-5所示。

登录DBMS系统后，在左侧“对象资源管理器”中的“数据库”文件夹上右击，选择“新建数据库”命令，输入数据库名称BookSharingPlatform，并选择好数据库文件、日志文件初始大小及路径之后，单击“确定”按钮，就可以新建数据库了，如图11-6所示。

连接到服务器

Microsoft SQL Server 2012

服务器类型(T): 数据库引擎
服务器名称(S): JEANY-DELL
身份验证(A): Windows 身份验证
用户名(U): Jeany-Dell\Jeany
密码(P):
记住密码(M)

连接(C)　取消　帮助　选项(O) >>

图 11-5　SQL Server 登录界面

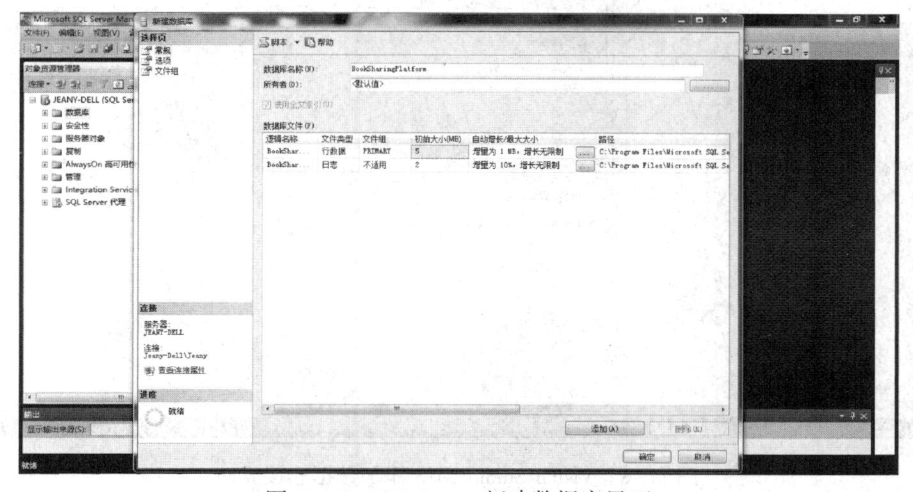

图 11-6　SQL Server 新建数据库界面

在已经创建好的数据库的列表中找到表选项并右击，在弹出的快捷菜单中选择“新建表”命令，输入每个字段的列名、数据类型、是否允许 Null 值，之后单击“保存”按钮并输入数据表的名字，一张数据表就创建好了，如图 11-7 所示。

JEANY-DELL.BookSharing - dbo.User - Microsoft SQL Server Management Studio

文件(F) 编辑(E) 视图(V) 项目(P) 调试(D) 表设计器(L) 工具(T) 窗口(W) 帮助(H)

对象资源管理器

系统表
FileTables
dbo.A
dbo.Blog
dbo.BlogComment
dbo.Book
dbo.BookReview
dbo.BookReviewComment
dbo.BookWarehouse
dbo.Forum
dbo.LeaveMessage
dbo.LeaveMessageReply
dbo.Letter
dbo.News
dbo.Participant
dbo.QuanZi
dbo.User
列
键
约束
触发器
索引

JEANY-DELL.BookSharing - dbo.User

列名	数据类型	允许 Null 值
UserID	varchar(20)	☐
Password	varchar(20)	☑
Name	varchar(20)	☐
Sex	nchar(2)	☑
UserImagePath	varchar(100)	☑
Birthday	varchar(50)	☑
Email	varchar(50)	☐
BriefIntroduction	varchar(500)	☑
[Identity]	varchar(50)	☐
QuanZiID	smallint	☑
Signature	varchar(300)	☑
SecurityQ	varchar(50)	☑
SecurityA	varchar(50)	☑
FavBookCate	varchar(50)	☑
Grade	varchar(50)	☑

列属性

输出
显示输出来源(S):

图 11-7　SQL Server 数据库新建表界面

3. 在 Visual Studio 中连接数据库并封装数据库操作

现在需要做的就是在 Visual Studio 2013 中将项目与数据库连接起来。Visual Studio 2013 拥有十分方便的方法可以将数据库加入到项目中。

打开建立好的网站项目之后，在 Visual Studio 2013 中选择“工具”→“连接到数据库”命令，则会弹出如图 11-8 所示的对话框，在选择好服务器和登录方式后，从数据库名列表中找到新建的数据库 BookSharingPlatform，单击“确定”按钮，就为项目添加了一个数据连接。

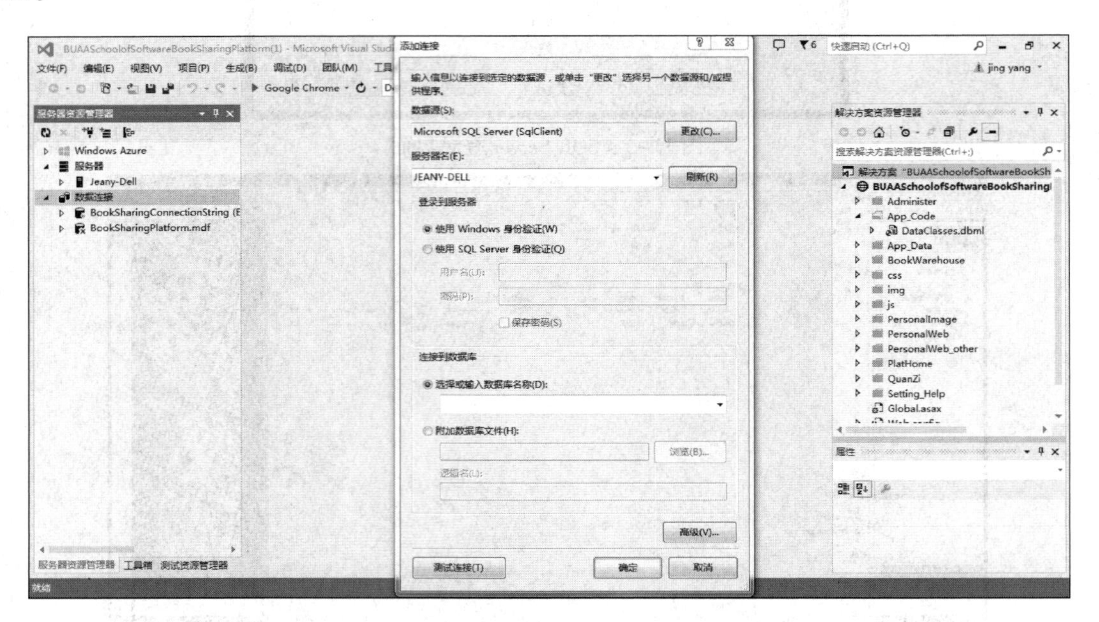

图 11-8　Visual Studio 2013 添加数据连接界面

此时按照传统的方式就可以在“web. config”文件中添加连接字符串结点，然后编写数据库操作代码了。但是在 . NET Framework 3. 5 以后，一种语言集成查询 LINQ（Language Integrated Query）技术被封装在 C#中，LINQ 不仅可以方便地查询结构化对象，而且可以很方便地查询像数据库这样的关系型对象。在 Visual Studio 2013 中，简单地使用拖曳方式即可将数据库中的表封装成为 LINQ to SQL 类，在使用时按照对象的操作即可实现数据库的操作，非常方便。下面将介绍如何使用 LINQ to SQL 操作数据库。

在 BookSharingPlatform 的项目解决方案中，添加 LINQ to SQL 类，采用默认命名 DataClasses. dbml，如图 11-9 所示。

从“视图”菜单中调取出服务器资源管理器，找到刚刚连接好的数据库，将其中的所有表选中并拖曳到 DataClasses. dbml 中，Visual Studio 2013 即完成了对数据库中表的封装，如图 11-10 所示。关闭选项卡并保存，在“解决方案管理器”中的 DataClasses. designer. cs 中就可以看到封装好的类的代码。

这样就完成了数据库与项目的连接，并且将数据库操作封装成类，使用起来很方便。同时，在 web. config 中也可以看到由系统自动生成的数据库连接字符串如下。

```
<connectionStrings>
    <add name = "BookSharingConnectionString" connectionString = "Data Source = JEANY - DELL; Ini-
```

```
tial Catalog = BookSharing;Integrated Security = True"  providerName = "System. Data. SqlClient"  / >
</connectionStrings >
```

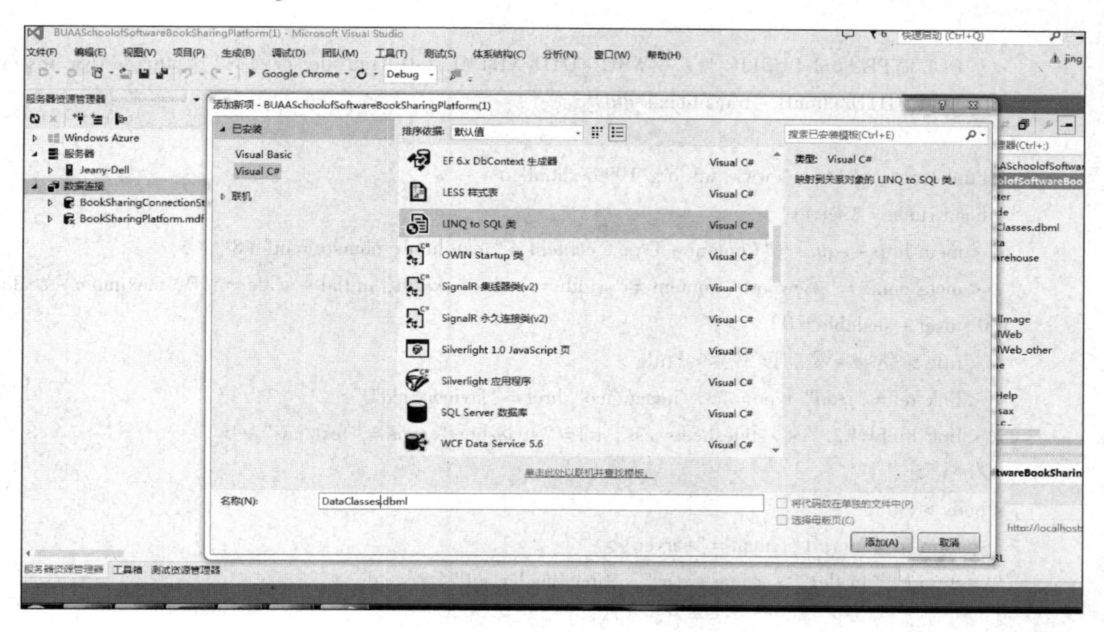

图 11-9　Visual Studio 2013 添加 LINQ to SQL 类

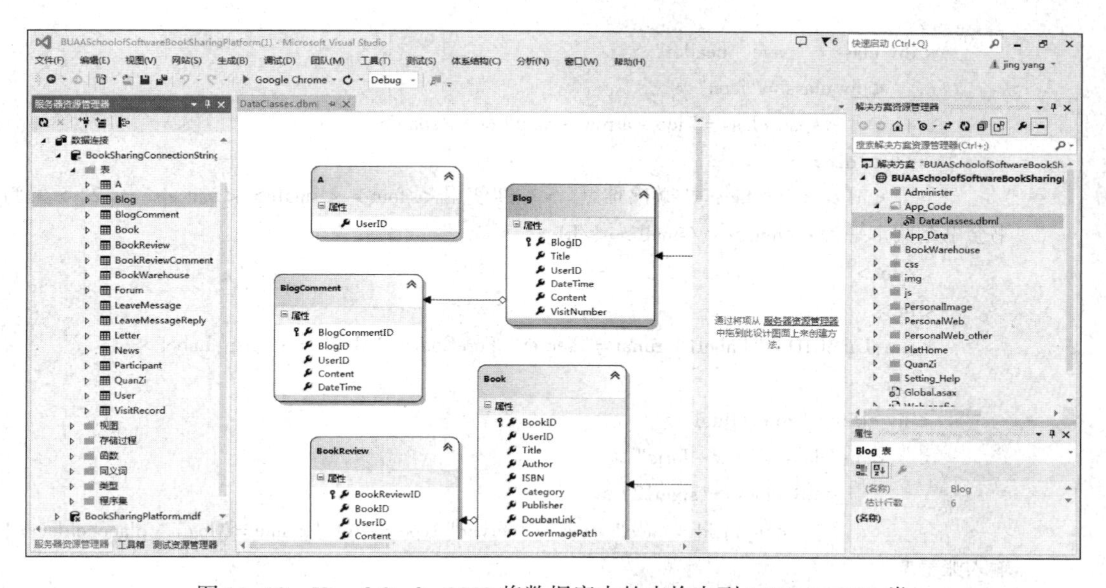

图 11-10　Visual Studio 2013 将数据库中的表拖曳到 LINQ To SQL 类

4. 编写页面和逻辑代码

写好了数据库操作代码之后，就可以编写登录模块的页面和后台逻辑代码了。在工程中添加“Login. aspx”页面，编写页面代码。建议此时使用拆分窗口，编写代码的同时可以即刻预览代码的设计效果。

登录表单的代码如下。

```
<%@ Page Language = "C#" AutoEventWireup = "true" CodeFile = "Login. aspx. cs" Inherits = "Person-
alWeb_Login" % >

<! DOCTYPE html PUBLIC " -//W3C//DTD XHTML 1.0 Transitional//EN" "http://www. w3. org/
TR/xhtml1/DTD/xhtml1 - transitional. dtd" >

<html xmlns = "http://www. w3. org/1999/xhtml" >
<head runat = "server" >
    <meta http - equiv = "Content - Type" content = "text/html; charset = utf - 8" / >
    <meta name = "viewport" content = "width = device - width, initial - scale = 1.0, maximum - scale =
1.0, user - scalable = 0" / >
    <title>登录 - 墨韵读书会</title>
    <link rel = "icon" type = "../image/ico" href = "favicon. ico"/ >
    <link href = "../css/stylesheets. css" rel = "stylesheet" type = "text/css" / >
</head>
<body>
    <form id = "form1" runat = "server" >
    <div id = "loader" > <img src = "../img/loader. gif"/> </div>

    <div class = "login" >

        <div class = "page - header" >
            <div class = "icon" >
                <span class = "ico - arrow - right" > </span>
            </div>
            <h1 > <font face = "微软雅黑" >欢迎使用</font> <small> <font size = "2" >墨韵读
书会书籍共享平台</font> </small> </h1>
        </div>
        <br>
        <asp:Label ID = "Label1" runat = "server" ForeColor = "Red" > </asp:Label>
        </br>
        <div class = "row - fluid" >
            <div class = "row - form" >
                <div class = "span12" >
                    <input id = "acc" runat = "server" type = "text" name = "login" placeholder = "请
输入账号"
                        validationgroup = "1"/ >
                    <asp:RequiredFieldValidator ID = "RequiredFieldValidator1" runat = "server"
                      ErrorMessage = "账号不能为空" ControlToValidate = "acc" ForeColor = "Red"
                      ValidationGroup = "1" > </asp:RequiredFieldValidator>
                </div>
            </div>
            <div class = "row - form" >
                <div class = "span12" >
```

```
                    <input id = "pass"  runat = "server"  type = "password"  name = "password"  place-
holder = "请输入密码"
                        validationgroup = "1"/>
                    <asp:RequiredFieldValidator ID = "RequiredFieldValidator2"  runat = "server"
                     ErrorMessage = "密码不能为空"  ControlToValidate = "pass"  ForeColor = "Red"
                     ValidationGroup = "1" > </asp:RequiredFieldValidator>
                </div>
            </div>
            <div>
                <br />
            </div>
            <div>
                <input id = "std"  runat = "server"  name = "identity"  type = "radio"  value = "student"
checked = "true" >学生
                <input id = "tea"  runat = "server"  name = "identity"  type = "radio"  value = "teacher"
>导师
                <input id = "adm"  runat = "server"  name = "identity"  type = "radio"  value = "adminis-
trator" >管理员
            </div>
            <div>
                <br />
            </div>
            <div class = "row-form" >
                <div class = "span12" >
                    <asp:button id = "login"  runat = "server"  class = "btn"  Text = "登录"  CssClass = "btn"
                      OnClick = "Login_onclick"  ValidationGroup = "1" > </asp:button>
                    <button id = "reg"  runat = "server"  class = "btn btn-success"  onserverclick = "Reg_
onclick" > <font size = "2" >注册</font>  </button>
                    <button id = "lost"  runat = "server"  class = "btn btn-warning"  onserverclick = "Lost
_Pass_onclick" > <font size = "2" >忘记密码</font>  </button>
                </div>
            </div>
        </div>
    </div>

    </form>
</body>
</html>
```

登录表单的界面如图 11-11 所示。

展开登录模块后台代码文件“Login. aspx. cs”，编写后台代码如下。

```
using System;
using System.Collections.Generic;
using System.Linq;
```

```
using System. Web;
using System. Web. UI;
using System. Web. UI. WebControls;

public partial class PersonalWeb_Login : System. Web. UI. Page
{
    protected void Page_Load( object sender, EventArgs e)
    {

    }
    protected void Login_onclick( object sender, EventArgs e)
    {
        string account = acc. Value, password = pass. Value,identity = null;
        if (std. Checked) identity = "学生";
        else if (tea. Checked) identity = "导师";
        else identity = "管理员";

        int result = IsVaild( account, password, identity);
        if (result ==1) Response. Redirect( "PersonalHome. aspx? HostID = " + Session\["UserID"\]);
        else if (result == 2) Response. Redirect( "../Administer/Administer_Members. aspx");
        else return;
    }
    protected void Reg_onclick( object sender, EventArgs e)
    {
        Response. Redirect( "Register1. aspx");
    }
    protected void Lost_Pass_onclick( object sender, EventArgs e)
    {
        Response. Redirect( "ForgotPassword. aspx");
    }
    protected int IsVaild( string accout,string password,string identity)
    {
        using (DataClassesDataContext db = new DataClassesDataContext( ))
        {
            var user = db. User. SingleOrDefault < User > (s => s. UserID == accout);
            if (user == null)
            {
                Label1. Text = "账号或者密码不正确";
                return 0;
            }

            if (user. Password ! = password)
            {
                Label1. Text = "账号或者密码不正确";
```

```
                return 0;
            }

            if (user.Identity != identity)
            {
                Response.Write("<script language=javascript>alert('请选择与自己账号匹配的身份~');</script>");
                return 0;
            }

            Session["UserID"] = user.UserID;
            Session["Identity"] = user.Identity;
            Session["Name"] = user.Name;
            Session["QuanZiId"] = user.QuanZiID;
            Session["HostID"] = user.UserID;
            Session["ImageUrl"] = user.UserImagePath;

            Label1.Text = "";
            if (user.Identity == "管理员") return 2;
            else return 1;
        }
    }
}
```

图 11-11 登录表单界面

这样，用户登录模块就实现完毕了。“书籍共享平台” 是基于 ASP. NET WebForm 实现的，感兴趣的读者可以尝试使用 ASP. NET MVC 的架构方式实现。

习题

1. 判断题

(1) C 语言是一种纯面向对象语言。 (　　)

（2）进行程序设计语言的选择时，首先考虑的是应用领域。（　　）

（3）良好的设计风格就是高的编程技巧。（　　）

（4）项目的应用领域是选择程序设计语言的关键因素。（　　）

（5）FORTRAN、Pascal、C 语言和汇编语言都是科学工程计算可选用的语言。（　　）

2. 选择题

（1）软件实现是软件产品由概念到实体的一个关键过程，它将（　　）的结果翻译成用某种程序设计语言编写的并且最终可以运行的程序代码。虽然软件的质量取决于软件设计，但是规范的程序设计风格将会对后期的软件维护带来不可忽视的影响。

A. 软件设计　　B. 详细设计

C. 架构设计　　D. 总体设计

（2）（　　）是一种纯面向对象语言。

A. C　　B. C++　　C. Eiffel　　D. Lisp

（3）第一个体现结构化编程思想的程序设计语言是（　　）。

A. FORTRAN　　B. C　　C. Pascal　　D. Cobol

（4）面向对象设计的结果，实现时（　　）。

A. 只能使用面向对象语言

B. 只能使用非面向对象语言

C. 可以使用第四代语言

D. 既可使用面向对象语言，也可使用非面向对象语言

3. 简答题

（1）在选择编程语言时，通常要考虑哪些因素？

（2）请简述编程风格的重要性。要形成良好的编程风格可以从哪些方面做起？

（3）编程语言主要有哪几类？总结每类语言的优缺点。

（4）对标识符命名时，要注意哪些原则？

（5）为什么要对源程序进行注释？

4. 应用题

（1）请对下面代码的布局进行改进，使其符合规范，更容易理解。

```
for (i=1;i <= n-1;i++){
t=i;
for(j=i+1;j <= n;j++)
    if(a\[j\] < a\[t\]) t=j;
    if(t! = i){
    temp=a\[t\];
    a\[t\] =a\[i\];
    a\[i\] =temp;
    }
}
```

（2）使用 Microsoft Visual Studio 2013 和 C#对求两个整数的最大公约数这一问题进行编程。

第12章　软件测试概述

本章首先介绍软件测试的基本概念，包括软件测试的原则和模型；然后讲述软件测试的分类；接着讲解测试用例，包括测试用例编写、设计和场景；最后对测试分析报告编写指南进行介绍。

本章目标

- ❑ 掌握软件测试的原则。
- ❑ 了解软件测试的常用模型。
- ❑ 了解软件测试的分类。
- ❑ 了解测试用例和测试用例设计方法。
- ❑ 学习编写测试分析报告。

12.1　软件测试的基本概念

软件测试是发现软件中错误和缺陷的主要手段。为了保证软件产品的质量，软件开发人员通过软件测试发现产品中存在的问题，并对其进行及时的修改。可以说，软件测试的过程就是发现并改正软件缺陷的过程。

软件缺陷是指软件产品中存在的问题，具体表现为用户所需的功能没有实现，无法满足用户的需求。由于软件开发是以人为中心的活动，开发人员之间交流的不畅、开发人员对需求理解的偏差、开发过程中的失误、所使用工具的误差及开发环境的限制等因素都可能造成软件缺陷，所以缺陷的产生是不可避免的，软件测试的工作是必需的。

在软件开发过程的任何阶段都可能引入缺陷。缺陷被引入的阶段越早，在软件开发的后期修复这些缺陷带来的成本损失就越大。尽早地发现并修复软件缺陷有利于减小已有缺陷对后续软件开发工作的影响，从而节约软件开发的时间和成本，提高软件开发的质量。

软件测试是软件开发过程中的一个重要阶段。在软件产品正式投入使用之前，软件开发人员需要保证软件产品正确地实现了用户的需求，并满足稳定性、安全性、一致性和完全性等各个方面的要求，通过软件测试对产品的质量加以保证。实际上，软件测试过程与整个软件开发过程是同步的，也就是说，软件测试工作应该贯穿于整个开发过程。

12.1.1　软件测试的原则

软件测试是为了发现错误而执行程序的过程，它并不可能找出所有的错误，但是却可以减少潜在的错误或缺陷。人们在长期进行软件测试实践的过程中，不断地总结出一些软件测试的经验或原则，可供参考。

1）完全测试是不可能的。测试并不能找出所有的错误。由于时间、人员、资金或设备等方面的限制，不可能对软件产品进行完全的测试。在设计测试用例时，也不可能考虑到软件产品所有的执行情况或路径。

2）测试中存在风险。每个软件测试人员都有自己独特的思维习惯或思考问题的方式，在设计测试用例或者进行产品测试时，难免考虑问题不全面。此外，并不存在十全十美的测试方法，不论是黑盒测试还是白盒测试，不论采用自动测试还是进行手工测试，被测试的软件产品中都会有被忽略的环节。而且，测试人员所使用的测试工具本身也是一种软件产品，即测试工具本身也是存在缺陷的，所以利用测试工具来查找软件缺陷时，也会出现异常情况。综合各种因素，软件测试中是存在风险的，测试的结果不一定是准确无误的。例如，对于一段判定变量 a 是否大于 0 的伪代码

```
if(a>=0)
    print"a>1"
else
    print"a<=0"
```

如果选用 a=5 为测试用例，那么本段代码的错误就不能被发现。

3）软件测试只能表明缺陷的存在，而不能证明软件产品已经没有缺陷。软件测试只是查找软件缺陷的过程，即使测试人员使用了大量的测试用例和不同的测试方法对软件产品进行测试，测试成功以后也不能说明软件产品已经准确无误，完全符合用户的需求。

4）软件产品中潜在的错误数与已发现的错误数成正比。通常情况下，软件产品中发现的错误越多，潜在的错误就越多。如果在一个阶段内，软件产品中发现的错误越多，就说明还有更多的错误或缺陷有待去发现和改正。

5）让不同的测试人员参与到测试工作中。在软件开发中，存在着“杀虫剂现象”。农业中的“杀虫剂现象”是指：如果长期使用某种药物，那么生物就会对该药物产生抗药性，从而降低了杀虫剂的威力。同样，在软件开发中，也存在着类似的“杀虫剂现象”。每个测试人员在进行软件测试时，都有自己的思维习惯、喜欢的测试方法和擅长的测试工具。如果同一个软件产品总是由特定的测试人员去测试，那么由于这个测试人员的思维方式、测试方法和所使用的测试工具的局限，有些软件缺陷是很难被发现的。因此，在软件的测试工作中，应该让多个测试人员参与到同一产品或同一模块的测试工作中。

6）让开发小组和测试小组分立，开发工作和测试工作不能由同一部分人来完成。如果开发人员对程序的功能要求理解错了，就很容易按照错误的思路来设计测试用例。如果开发人员同时完成测试工作，那么测试工作就很难取得成功。

7）尽早并不断地进行测试，使测试工作贯穿于整个软件开发的过程中。软件开发的各个阶段都可能出现软件错误。软件开发早期出现的小错误如果不能及时被改正，其影响力就会随着项目的进行而不断扩散，越到后期，纠正该错误所付出的代价就越大。因此，应该尽早进行测试工作。而且，测试工作应该贯穿在软件开发的各个阶段，这样才能提高软件开发的效率和质量。

8）在设计测试用例时，应包括输入数据和预期的输出结果两部分，并且，输入数据不仅应该包括合法的情况，还应该包括非法的输入情况。测试用例必须由两部分组成：对程序输入数据的描述和由这些输入数据产生的程序的正确结果的精确描述。这样在测试的过程中，测试人员就可以通过对实际的测试结果与测试用例预期的输出结果进行对照，方便地检验程序运行得正确与否。

此外，用户在使用软件产品时，不可避免地会输入一些非法的数据。为了检验软件产品是

否能对非法输入做出准确的响应，测试用例应当包括合理的输入条件和不合理的输入条件。测试人员应该特别注意用非法输入的测试用例进行测试，因为人们总是习惯性地过多考虑合法和期望的输入条件。实际上，用不合理的输入数据来进行测试，往往会发现较多的错误。

9）要集中测试容易出错或错误较多的模块。在软件测试工作中，存在着“二八定律”，即 80% 的错误会集中存在于 20% 的代码中。为了提高测试的工作效率，应该对容易出错或错误较多的模块给予充分的注意，集中测试这些模块。

10）应该长期保留所有的测试用例。测试的主体工作完成之后，还要进行回归测试。为了方便回归测试，有时还可以用已经使用过的用例。保留所有的测试用例有助于后期的回归测试。

12.1.2 软件测试模型

软件测试模型是指软件测试全部过程、活动或任务的结构框架。通常情况下，一个软件测试模型应该阐明的问题有以下几个。

- 测试的时间。
- 测试的步骤。
- 如何对测试进行计划。
- 不同阶段的测试中应该关注的测试对象。
- 测试过程中应该考虑哪些问题。
- 测试需要达到的目标等。

一个好的软件测试模型可以简化测试的工作，加速软件开发的进程。常用的软件测试过程模型有 V 模型、W 模型和 H 模型。

可以说 V 模型是最具代表意义的测试模型，它是软件开发中瀑布模型的变种。V 模型的重要意义在于它非常明确地表明了测试过程中存在的不同级别，并且清楚地描述了这些测试阶段和开发过程的各阶段的对应关系，即反映了测试活动与分析和设计活动的对应关系。V 模型的示意图如图 12-1 所示。

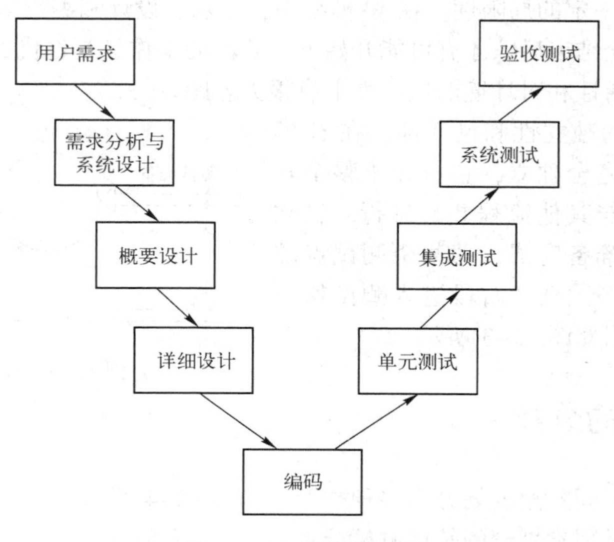

图 12-1　V 模型示意图

从 V 模型的示意图可以看出，它从左到右描述了基本的开发过程和测试行为。左起从上往下，描述的是开发过程的各阶段，与此对应的是右侧依次上升的部分，即与开发过程各阶段对应的测试过程的各个阶段。不难发现，在 V 模型中，测试工作在编码之后才能进行，所以在软件开发早期各个阶段引入的错误不能被及时发现。尤其是需求阶段的错误只有等到最后的验收测试才能被识别。对分析和设计阶段产生的错误不能及时发现并改正的缺点会对后期的修复工作带来诸多不便，造成更多资源的浪费和时间的延迟。

为了克服 V 模型开发和测试不能同步的问题，Evolutif 公司发明了 W 模型，它在 V 模型的基础上，增加了软件开发阶段中应同步进行的测试活动。图 12-2 所示为 W 模型的示意图，可以看出，W 模型由两个分别代表开发过程和测试过程的 V 模型组成。

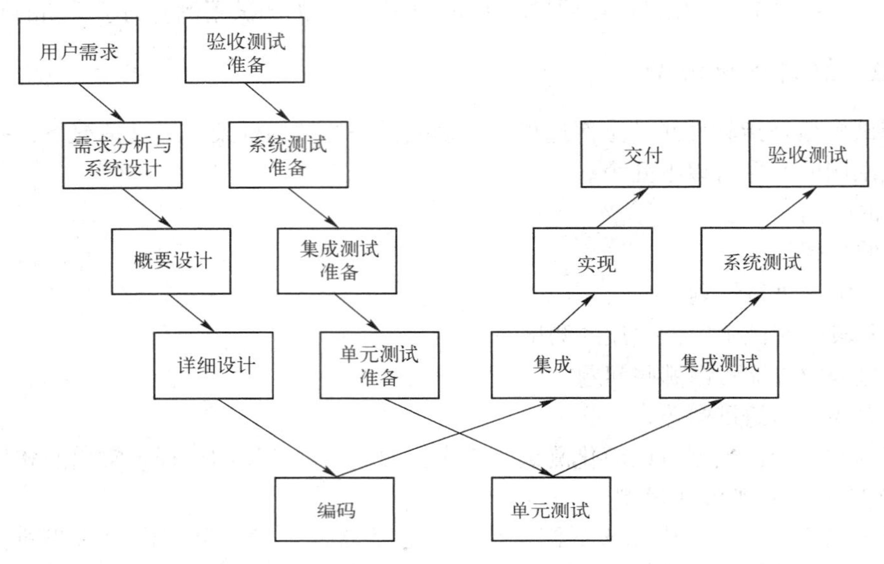

图 12-2　W 模型示意图

W 模型的最大优势在于，测试活动可以与开发活动并行进行，这样有利于及早地发现错误，但是 W 模型也有一定的局限性。在 W 模型中，需求、设计和编码等活动仍然是依次进行的，只有上一阶段完全结束后，才有可能开始下一阶段的工作。与迭代的开发模型相比，这种线性的开发模型在灵活性和对环境的适应性上有很大差距。

H 模型强调测试的独立性和灵活性。在 H 模型中，软件测试活动完全独立，它贯穿于整个软件产品的生命周期，与其他流程并行进行。当软件测试人员认为测试准备完成，即某个测试点准备就绪时，就可以从测试准备阶段进入测试执行阶段。H 模型的示意图如图 12-3 所示。

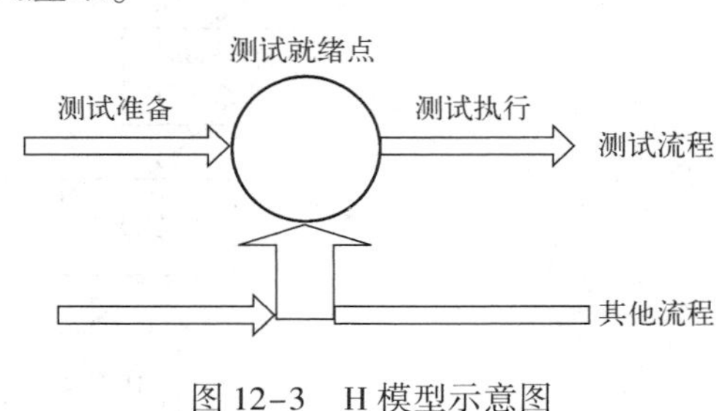

图 12-3　H 模型示意图

12.2　软件测试的分类

软件测试可以从不同的角度划分为多种类型，如图 12-4 所示。

下面介绍按照质量因素划分的软件测试分类。

- 功能测试关注于软件产品的功能实现，以软件产品的需求规格说明书为依据，检验最终的软件产品是否实现了需求规格说明书中的所有功能需求。

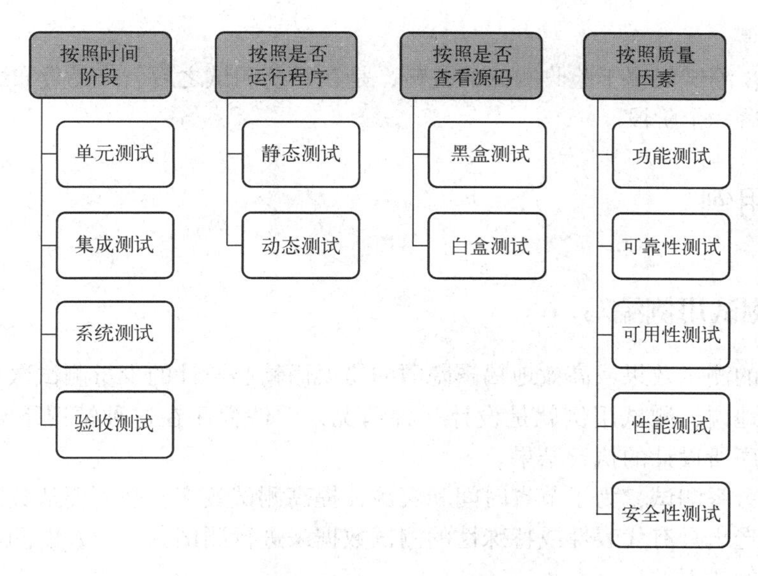

图 12-4　软件测试的分类

- 可靠性测试关注于程序输出结果的准确性，它以需求规格说明书中对系统的可靠性要求为依据，评测最终的软件产品提供准确输出结果的能力。
- 可用性测试用来衡量处理服务请求时应用程序的可用频率。顾名思义，它以需求规格说明书中对系统的可用性要求为依据。可用性和可靠性的区别在于，可用性衡量的是一个应用程序处理服务请求并且在最短时间内从故障中恢复的能力，而可靠性衡量的是应用程序能够在多长时间内一直运行，并且给出期望的结果值。
- 软件系统的性能包括多方面的因素，如输入/输出数据的精度、系统的响应时间、更新频率、数据的转换和传送时间、操作方式或运行环境变化时软件产品的适应能力、故障处理能力，以及资源利用率等。性能测试主要针对软件产品各方面的性能因素，可以细分为负载测试、容量测试和压力测试。
- 安全性测试主要验证系统的安全性、保密性等措施是否能有效地发挥作用，包括用户管理和访问控制、数据备份与恢复，以及入侵检测等。

除了图 12-4 中给出的各种测试类型以外，软件测试还包括配置测试、兼容性测试、安装测试、文档测试、软件国际化测试、软件本地化测试、α 测试和 β 测试等。

- 配置测试考察软件系统是否能在多种硬件平台上正常运行。
- 兼容性测试是为了检测各软件之间是否能正确地交互和共享信息，它主要关注软件的运行平台和应用系统的版本、标准和规范，以及数据的共享性。
- 安装测试是为了发现软件在安装过程中存在的错误，验证其与安装手册的内容是否一致。与安装测试相对应的还有卸载测试。
- 文档测试是指检验软件产品的文档是否清晰、准确、一致。
- 软件的国际化和本地化是相对应的。软件的国际化特性要求软件产品能够支持 Unicode，支持不同时区的设定、显示和切换，消除一些不容易改变的设置等。显而易见，软件国际化测试就是验证软件产品是否支持软件国际化所需满足的特性的过程。软件的本地化是将软件产品按特定的国家或地区的市场需要进行加工、处理，使其满足特定市场用户对软件产品的要求的过程。软件本地化测试的重点包括翻译问题、文化背景问题和数据格式问题等。

- α 测试和 β 测试都属于验收测试的范畴，是在系统测试之后、产品发布之前进行的测试过程的最后一个阶段。

12.3 测试用例

12.3.1 测试用例编写

为达到最佳的测试效果或高效地揭露隐藏的错误而精心设计的少量测试数据并执行，称为测试用例。简单地说，测试用例就是设计一种情况，软件程序在这种情况下必须能够正常运行，并且达到程序所设计的执行结果。

不可能进行穷举测试，为了节省时间和资源，提高测试效率，必须要从数量极大的可用测试数据中精心挑选出具有代表性或特殊性的测试数据来进行测试。一个好的测试用例在于它能发现至今未发现的错误。

12.3.2 测试用例设计

在测试用例设计过程中，有一些经验和方法可循。下面介绍其中的几种方法。

- 在任何情况下都必须选择边界值分析方法。经验表明用这种方法设计出测试用例发现程序错误的能力最强。
- 必要时用等价类划分法补充一些测试用例。
- 用错误推测法再追加一些测试用例。
- 对照程序逻辑，检查已设计出的测试用例的逻辑覆盖度。如果没有达到要求的逻辑覆盖标准，应当再补充足够的测试用例。
- 如果程序的功能说明中含有输入条件的组合情况，则可选用因果图法和决策表法。

从测试用例设计的角度，经常使用的软件测试方法主要包括黑盒测试和白盒测试。

12.3.3 测试用例场景

用例场景是通过描述流经用例的路径来确定的过程，这个流经过程要从用例开始到结束遍历其中所有基本流和备选流。如图 12-5 所示，共包括 8 个场景。比如，场景之一为基本流；场景之二为基本流、备选流 1 和备选流 2 等。

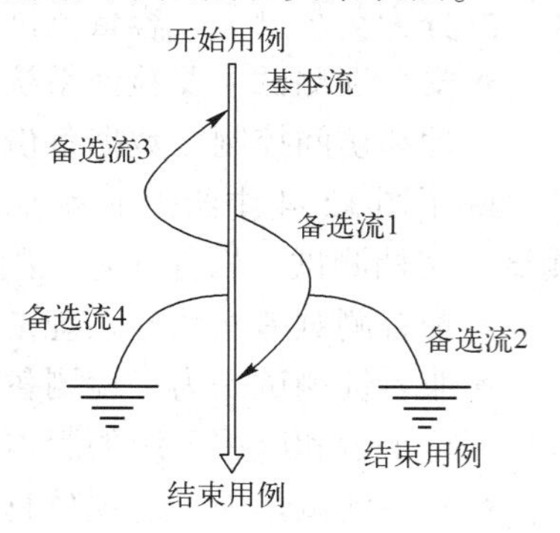

图 12-5　用例场景

12.4 测试分析报告编写指南

下面的测试分析报告模板（可裁剪）可作为参考。

1. 概述

1.1　项目简介

在本章节中简要介绍项目的基本情况。

1.2　术语定义

列出本文档中用到的专业术语的定义和外文首字母编写词的原词组。

1.3　参考资料

列出要用到的参考资料，列举如下。

1）本项目的经核准的计划任务书或合同、上级机关的批文。

2）属于本项目的其他已发表的文件。

3）本文件中各处引用的文件和资料，包括所要用到的软件开发标准。

列出这些文件的标题、文件编号、发表日期和出版单位，说明能够得到这些文件资料的来源。

1.4　版本更新信息

版本更新记录格式如表 12-1 所示。

表 12-1　版本更新记录

版本号	创建者	创建日期	维护者	维护日期	维护纪要
V1.0	王林	2016/02/18	—	—	—
V1.0.1	—	—	张浩	2016/02/26	不符合项测试

2. 目标系统功能需求

需求规格说明书中对功能需求的描述。

3. 目标系统性能需求

需求规格说明书中对性能需求的描述。

4. 目标系统接口需求

需求规格说明书中对接口需求的描述。

5. 功能测试报告

搭建功能测试平台，使测试平台与运行平台一致。按照功能需求内容，设计测试用例（输入/输出内容），进行现场测试，记录测试数据，评定测试结果。测试活动的记录格式如表 12-2 所示。

表 12-2　功能测试记录

编号	功能名称	功能描述	用例输入内容	用例输出内容	发现问题	测试结果	测试时间	测试人
1						√		
2						√		
3						√		
4						×		

6. 性能测试报告

搭建性能测试平台，使测试平台与运行平台一致。按照性能需求内容，设计测试用例（输入/输出内容），进行现场测试，记录测试数据，评定测试结果。测试活动的记录如表 12-3 所示。

表 12-3 性能测试记录

编号	性能名称	性能描述	用例输入内容	用例输出内容	发现问题	测试结果	测试时间	测试人
1						√		
2						√		
3						×		
4						√		

7. 接口测试报告

搭建接口测试平台，使测试平台与运行平台一致。按照接口列表内容，设计测试用例（输入/输出内容），进行现场测试，记录测试数据，评定测试结果。测试活动的记录如表 12-4 所示。

表 12-4 接口测试记录

编号	接口名称	入口参数	出口参数	传输频率	发现问题	测试结果	测试时间	测试人
1						×		
2						√		
3						√		

8. 不符合项列表

将测试中的所有不符合项整理后分别记录到表 12-5 ～表 12-7 所示的表格中。

表 12-5 功能测试不符合项列表

编号	功能名称	功能描述	用例输入内容	用例输出内容	发现问题	测试结果	测试时间	测试人
1						×		
2						×		
3						×		
4						×		

表 12-6 性能测试不符合项列表

编号	性能名称	性能描述	用例输入内容	用例输出内容	发现问题	测试结果	测试时间	测试人
1						×		
2						×		
3						×		
4						×		

表 12-7 接口测试不符合项列表

编号	接口名称	入口参数	出口参数	传输频率	发现问题	测试结果	测试时间	测试人
1						×		
2						×		
3						×		

以上不符合项，限期 XX 天内改正。改正完毕后重新进行回归测试。

9. 测试结论

测试完成之后，测试小组应对本次测试做出结论，格式如下。

测试日期：

测试地点：

测试环境：

参与测试的人员：

列出系统的强项：

列出系统的弱项：

列出不符合项的统计结果：

测试组组长签字：

测试组组员签字：

测试分析报告编写的具体实例可参看附录 B。

习题

1. 判断题

（1）软件测试是对软件规格说明、软件设计和编码的最全面也是最后的审查。（　　）

（2）如果通过软件测试没有发现错误，则说明软件是正确的。（　　）

（3）软件测试的目的是尽可能多地发现软件中存在的错误，将它作为纠错的依据。（　　）

（4）测试用例由输入数据和预期的输出结果两部分组成。（　　）

（5）软件测试的目的是证明软件是正确的。（　　）

2. 选择题

（1）软件测试的目的是（　　）。

A. 证明软件是正确的　　B. 发现软件的错误

C. 找出软件中的所有错误　　D. 评价软件的质量

（2）成功的测试是指运行测试用例后（　　）。

A. 发现了程序错误　　B. 未发现程序错误

C. 证明程序正确　　D. 改正了程序错误

（3）软件测试可能发现软件中的（　　），但不能证明软件（　　）。

A. 所有错误、没有错误　　B. 设计错误、没有错误

C. 逻辑错误、没有错误　　D. 错误、没有错误

（4）软件测试的目的是尽可能发现软件中的错误，通常（　　）是代码编写阶段可进行的测试，它是整个测试工作的基础。

A. 集成测试　　B. 系统测试　　C. 验收测试　　D. 单元测试

3. 简答题

（1）为什么软件开发人员不能同时完成测试工作？

（2）软件测试的目的是什么？

（3）软件测试应该划分为几个阶段？各个阶段应重点测试的内容是什么？

（4）请简述软件测试的原则。

（5）软件测试的常用模型有哪些？请简述它们的优缺点。

第13章　软件测试方法与过程

本章首先讲述黑盒测试的方法，包括等价类划分法、边界值分析法、错误推测法、因果图法、决策表法和场景法；然后讲述白盒测试的方法，包括代码检查法、静态结构分析法、程序插桩技术、逻辑覆盖法和基本路径法；接着阐述软件测试的一般步骤，包括单元测试、集成测试、系统测试和验收测试；最后针对回归测试、面向对象测试和软件调试进行介绍。

本章目标

- ❑ 掌握等价类划分法，熟悉黑盒测试的其他方法。
- ❑ 掌握逻辑覆盖法，熟悉白盒测试的其他方法。
- ❑ 掌握软件测试的一般步骤，以及每个阶段性测试的关注点。
- ❑ 了解回归测试和面向对象测试。
- ❑ 熟悉软件调试。
- ❑ 掌握 Visual Studio 中单元测试工具的用法。

13.1　软件测试方法

在 12.2 节中已经介绍过，按照执行测试时是否需要运行程序，软件测试可以划分为静态测试和动态测试。静态测试以人工测试为主，通过测试人员认真阅读文档和代码，仔细分析其正确性、一致性及逻辑结构的正确性，从而找出软件产品中的错误或缺陷。静态测试对自动化工具的依赖性较小，通过人脑的思考和逻辑判断来查找错误，因而可以更好地发挥人的主观能动性。根据软件开发实践的总结，静态测试的成效非常显著，一般静态测试检测出的错误数可以达到总错误数的80%以上。

审查和走查是静态测试的常用形式。审查是指通过阅读并讨论各种设计文档及程序代码，来检查其是否有错。审查的工作可以独自进行，也可以通过会议的形式将相关的人员召集起来共同发现并纠正错误。而走查的对象只是代码，不包括设计文档。代码走查以小组会议的形式进行，相关测试人员提供所需的测试用例，参会人员模拟计算机，跟踪程序的执行过程，对其逻辑和功能提出各种疑问，并通过讨论发现问题。

总而言之，静态测试的效率比较高，而且要求测试人员具有丰富的经验。

与静态测试不同的是，动态测试需要通过实际运行被测程序来发现问题。测试人员可以输入一系列的测试用例，通过观察测试用例的输出结果是否与预期相符来检验系统内潜在的问题或缺陷。

动态测试中有两种非常流行的测试技术，即黑盒测试和白盒测试，下面重点介绍这两种技术。

13.2　黑盒测试

在黑盒测试里，测试人员把被测试的软件系统看成是一个黑盒子，并不需要关心盒子的内部结构和内部特性，而只关注软件产品的输入数据和输出结果，从而检查软件产品是否符合它的功能说明。与黑盒测试不同，白盒测试关注软件产品的内部细节和逻辑结构，即把被测的程序看成是一个透明的盒子。黑盒测试和白盒测试的示意图分别如图13-1和图13-2所示。

图13-1　黑盒测试　　　　图13-2　白盒测试

不论是黑盒测试还是白盒测试，它们都可以发现被测系统的问题。但是由于它们侧重的角度不同，所以发现的问题也不尽相同。一般在软件测试的过程中，既要用到黑盒测试，又要用到白盒测试。大的功能模块采用黑盒测试，小的构件采用白盒测试。

可以说，黑盒测试和白盒测试都是基于用例的测试方法，因为它们都通过运行测试用例来发现问题。

根据设计用例的方法的不同，黑盒测试包括等价类划分法、边界值分析法、错误推测法和因果图法等，而白盒测试包括逻辑覆盖测试方法、基本路径测试等。下面将重点对黑盒测试和白盒测试进行详细介绍。

13.2.1　等价类划分法

等价类划分是把程序的输入域划分为若干子集，然后从每个子集中选取少数具有代表性的数据用做测试用例，所选取的输入数据对于揭露程序中的错误都是等效的。对于测试来说，某个等价类的代表值与该等价类的其他值是等价的，因此可以把所有的输入数据划分为若干等价类，在每一个等价类中取少部分数据进行测试。等价类分为有效等价类和无效等价类。

- 有效等价类是指对程序的规格说明是有意义的、合理的输入数据所构成的集合。
- 无效等价类是指对程序的规格说明是无意义的、不合理的输入数据所构成的集合。

在划分等价类时，有一些可供遵循的原则如下。

1）如果输入条件规定了取值范围或个数，则可确定一个有效等价类和两个无效等价类。例如，输入值是选课人数，在0～100之间，那么有效等价类是“0≤学生人数≤100”，无效等价类是“学生人数<0”和“学生人数>100”。

2）如果输入条件规定了输入值的集合或是规定了“必须如何”的条件，则可确定一个有效等价类和一个无效等价类。例如，输入值是日期类型的数据，那么有效等价类是日期类型的数据；无效等价类是非日期类型的数据。

3）如果输入条件是布尔表达式，则可以分为一个有效等价类和一个无效等价类。例如，要求密码非空，则有效等价类为非空密码，无效等价类为空密码。

4）如果输入条件是一组值，且程序对不同的值有不同的处理方式，则每个允许的输入值对应一个有效等价类，所有不允许的输入值的集合为一个无效等价类。例如，输入条件“职称”的值是初级、中级或高级，那么有效等价类应该有3个，即初级、中级和高级，无效等价类有一个，即其他任何职称。

5）如果规定了输入数据必须遵循的规则，则可以划分出一个有效的等价类（符合规则）和若干个无效的等价类（从不同的角度违反规则）。例如，在 Pascal 语言中对变量标识符规定为“以字母开头的……串”，那么其有效等价类是“以字母开头的串”，而“以非字母开头的串”为其中的一个无效等价类。

6）如已划分的等价类各元素在程序中的处理方式不同，则应将此等价类进一步划分成更小的等价类，如最终用户与系统交互的提示。

划分好等价类后，就可以设计测试用例了。设计测试用例的步骤可以归结为以下 3 步。

1）对每个输入和外部条件进行等价类划分，画出等价类表，并为每个等价类进行编号。

2）设计一个测试用例，使其尽可能多地覆盖有效等价类，重复这一步，直到所有的有效等价类被覆盖。

3）为每一个无效等价类设计一个测试用例。

下面以一个测试 NextDate 函数的具体实例为出发点，讲解使用等价类划分法的细节。输入 3 个变量（年、月、日），函数返回输入日期后面一天的日期：1≤月份≤12，1≤日期≤31，1812 ≤年≤2012。给出等价类划分表并设计测试用例。

1）划分等价类，得到等价类划分表，如表 13-1 所示。

表 13-1　等价类划分表

<table>
<tr><th>输入及外部条件</th><th>有效等价类</th><th>等价类编号</th><th>无效等价类</th><th>等价类编号</th></tr>
<tr><td>日期的类型</td><td>数字字符</td><td>1</td><td>非数字字符</td><td>8</td></tr>
<tr><td rowspan="2">年</td><td rowspan="2">在 1812～2012 之间</td><td rowspan="2">2</td><td>年小于 1812</td><td>9</td></tr>
<tr><td>年大于 2012</td><td>10</td></tr>
<tr><td rowspan="2">月</td><td rowspan="2">在 1～12 之间</td><td rowspan="2">3</td><td>月小于 1</td><td>11</td></tr>
<tr><td>月大于 12</td><td>12</td></tr>
<tr><td rowspan="2">非闰年的 2 月</td><td rowspan="2">日在 1～28 之间</td><td rowspan="2">4</td><td>日小于 1</td><td>13</td></tr>
<tr><td>日大于 28</td><td>14</td></tr>
<tr><td rowspan="2">闰年的 2 月</td><td rowspan="2">日在 1～29 之间</td><td rowspan="2">5</td><td>日小于 1</td><td>15</td></tr>
<tr><td>日大于 29</td><td>16</td></tr>
<tr><td rowspan="2">月份为 1 月、3 月、5 月、7 月、8 月、10 月、12 月</td><td rowspan="2">日在 1～31 之间</td><td rowspan="2">6</td><td>日小于 1</td><td>17</td></tr>
<tr><td>日大于 31</td><td>18</td></tr>
<tr><td rowspan="2">月份为 4 月、6 月、9 月、11 月</td><td rowspan="2">日在 1～30 之间</td><td rowspan="2">7</td><td>日小于 1</td><td>19</td></tr>
<tr><td>日大于 30</td><td>20</td></tr>
</table>

2）为有效等价类设计测试用例，如表 13-2 所示。

表 13-2　有效等价类的测试用例

序号	输入数据			预期输出			覆盖范围（等价类编号）
	年	月	日	年	月	日	
1	2003	3	15	2003	3	16	1，2，3，6
2	2004	2	13	2004	2	14	1，2，3，5
3	1999	2	3	1999	2	4	1，2，3，4
4	1970	9	29	1970	9	30	1，2，3，7

3）为无效的等价类设计测试用例，如表 13-3 所示。

表 13-3　无效等价类的测试用例

序号	输入数据			预期结果	覆盖范围（等价类编号）
	年	月	日		
1	xy	5	9	输入无效	8
2	1700	4	8	输入无效	9
3	2300	11	1	输入无效	10
4	2005	0	11	输入无效	11
5	2009	14	25	输入无效	12
6	1989	2	-1	输入无效	13
7	1977	2	30	输入无效	14
8	2000	2	-2	输入无效	15
9	2008	2	34	输入无效	16
10	1956	10	0	输入无效	17
11	1974	8	78	输入无效	18
12	2007	9	-3	输入无效	19
13	1866	4	35	输入无效	20

13.2.2　边界值分析法

人们从长期的测试工作经验中得知，大量的错误往往发生在输入和输出范围的边界上，而不是范围的内部。因此，针对边界情况设计测试用例，能够更有效地发现错误。

边界值分析法是一种补充等价类划分法的黑盒测试方法，它不是选择等价类中的任意元素，而是选择等价类边界的测试用例。实践证明，这些测试用例往往能取得很好的测试效果。边界值分析法不仅重视输入范围边界，也从输出范围中导出测试用例。

通常情况下，软件测试所包含的边界条件有以下几种类型：数字、字符、位置、质量、大小、速度、方位、尺寸和空间等；对应的边界值应该在：最大/最小、首位/末位、上/下、最快/最慢、最高/最低、最短/最长和空/满等情况。

用边界值分析法设计测试用例时应当遵守下列几条原则。

- 如果输入条件规定了取值范围，应以该范围的边界内及刚刚超范围的边界外的值作为测试用例。如以 a 和 b 作为输入条件，测试用例应当包括 a 和 b，以及略大于 a 和略小于 b 的值。
- 若规定了值的个数，应分别以最大、最小个数、稍小于最小和稍大于最大个数作为测试用例。例如，一个输入文件有 1 ～ 300 条记录，设计测试用例时则可以分别设计有 1 条记录、300 条记录，以及 0 个记录和 301 条记录的输入文件。
- 针对每个输出条件，也使用上面的两条原则。
- 如果程序规格说明书中提到的输入或输出范围是有序的集合，如顺序文件、表格等，应注意选取有序集的第一个和最后一个元素作为测试用例。
- 分析规格说明，找出其他的可能边界条件。

通常，设计测试方案时总是联合使用等价划分和边界值分析两种技术。例如，为了测试 13.2.1 节的 NextDate 函数的程序，除了上一小节已经用等价类划分法设计出的测试方案外，还应该用边界值分析法再补充下述测试方案，如表 13-4 所示。

表 13-4　用边界值分析法设计测试用例

序号	输入数据			预期输出			覆盖范围（等价类编号）
	年	月	日	年	月	日	
5	1812	1	1	1812	1	2	1，2，3，6
6	1812	12	31	1813	1	1	1，2，3，6
7	2012	1	1	2012	1	2	1，2，3，6
8	2012	12	31	2013	1	1	1，2，3，6

13.2.3　错误推测法

错误推测法在很大程度上靠直觉和经验进行。它的基本想法是列举出程序中可能有的错误和容易发生错误的特殊情况，并且根据它们选择测试方案。例如，输入数据为零或输出数据为零往往容易发生错误；如果输入或输出的数目允许变化（如被检索的或生成的表的项数），则输入或输出的数目为 0 和 1 的情况（如表为空或只有一项）是容易出错的情况。还应该仔细分析程序规格说明书，注意找出其中遗漏或省略的部分，以便设计相应的测试方案，检测程序员对这些部分的处理是否正确。

13.2.4　因果图法

等价类划分法和边界值分析法主要考虑的都是输入条件，而没有考虑输入条件的各种组合，以及各个输入条件之间的相互制约关系。然而，如果在测试时考虑到输入条件的所有组合方式，可能其本身非常大甚至是一个天文数字。因此，必须考虑描述多种条件的组合，相应地产生多个动作的形式来考虑设计测试用例。这就需要利用因果图法。

因果图法是一种黑盒测试方法，它从自然语言书写的程序规格说明书中寻找因果关系，即输入条件与输出和程序状态的改变，通过因果图产生判定表。它能够帮助人们按照一定的步骤高效地选择测试用例，同时还能指出程序规格说明书中存在的问题。

在因果图中，用 C 表示原因，E 表示结果，各结点表示状态，取值 0 表示某状态不出现，取值 1 表示某状态出现。因果图有 4 种关系符号，如图 13-3 所示。

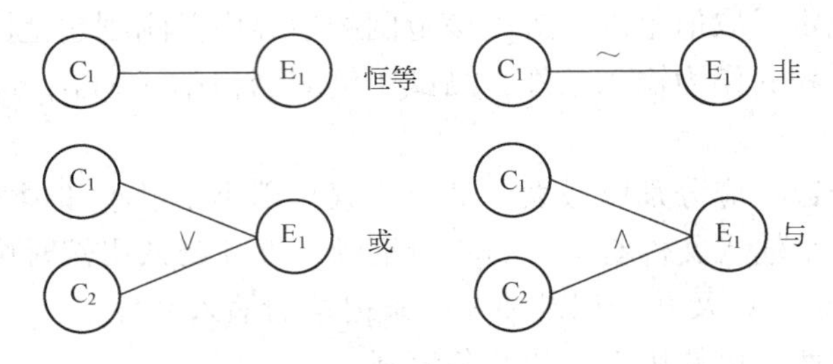

图 13-3　因果图基本符号

- 恒等：若原因出现则结果出现，若原因不出现则结果不出现。
- 非（～）：若原因出现则结果不出现，若原因不出现则结果反而出现。
- 或（∨）：若几个原因中有一个出现则结果出现，若几个原因都不出现则结果不出现。
- 与（∧）：若几个原因都出现结果才出现，若其中一个原因不出现则结果不出现。

为了表示原因与原因之间、结果与结果之间可能存在的约束关系，在因果图中可以附加一些表示约束条件的符号，如图 13-4 所示。从输入考虑，有 4 种约束。

- E 约束（互斥）：表示 a 和 b 两个原因不会同时成立，最多有一个可以成立。
- I 约束（包含）：表示 a 和 b 两个原因至少有一个必须成立。
- O 约束（唯一）：表示 a 和 b 两个条件必须有且仅有一个成立。
- R 约束（要求）：表示 a 出现时，b 也必须出现。

从输出考虑，有 1 种约束。

M 约束（强制）：表示 a 是 1 时，b 必须为 0。

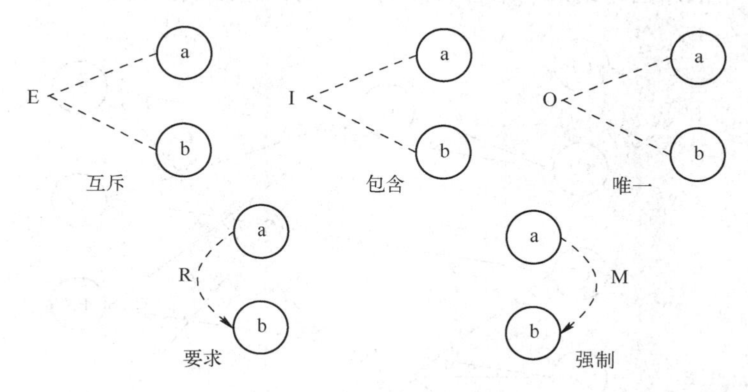

图 13-4　因果图约束符号

因果图法设计测试用例的步骤如下。

1）分析程序规格说明书的描述中，哪些是原因，哪些是结果，原因常常是输入条件或输入条件的等价类，而结果常常是输出条件。

2）分析程序规格说明书中描述的语义内容，并将其表示成连接各个原因与各个结果的因果图。

3）由于语法或环境的限制，有些原因和结果的组合情况是不可能出现的，为表明这些特定的情况，在因果图上使用若干特殊的符号标明约束条件。

4）把因果图转化为决策表。

5）为决策表中每一列表示的情况设计测试用例。

后面两个步骤中提到的决策表，将在下一节进行详细介绍。如果项目在设计阶段已存在决策表，则可以直接使用而不必再画因果图。

下面以一个自动饮料售货机软件为例，展示因果图分析方法。该自动饮料售货机软件的规格说明如下。

有一个处理单价为 1 元 5 角的盒装饮料的自动售货机软件。若投入 1 元 5 角硬币，按下“可乐”“雪碧”或“红茶”按钮，相应的饮料就送出来。若投入的是 2 元硬币，在送出饮料的同时退还 5 角硬币。

首先从软件规格说明中分析原因、结果及中间状态。分析结果如表 13-5 所示。

表 13-5　自动饮料售货机软件分析结果

原因	C1：投入 1 元 5 角硬币； C2：投入 2 元硬币； C3：按“可乐”按钮； C4：按“雪碧”按钮； C5：按“红茶”按钮

（续）

中间状态	11：已投币； 12：已按钮
结果	E1：退还 5 角硬币； E2：送出“可乐”按钮； E3：送出“雪碧”按钮； E4：送出“红茶”按钮

根据表 13–5 中的原因与结果，结合软件规格说明，连接成如图 13–5 所示的因果图。

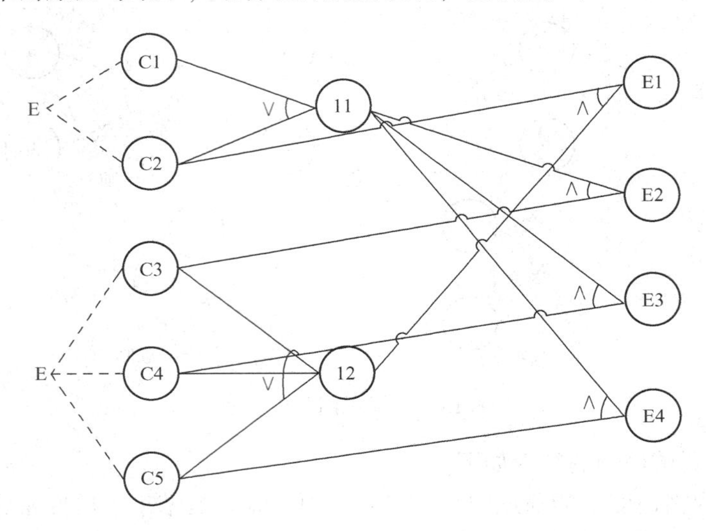

图 13–5　自动饮料售货机软件因果图

13.2.5　决策表法

在一些数据处理问题中，某些操作是否实施依赖于多个逻辑条件的取值。在这些逻辑条件取值的组合所构成的多种情况下，分别执行不同的操作。处理这类问题的一个非常有力的工具就是决策表。

决策表（也称判定表）是分析和表达多逻辑条件下执行不同操作的情况的工具，可以把复杂逻辑关系和多种条件组合的情况表达得比较明确。决策表通常由 4 部分组成，如图 13–6 所示。

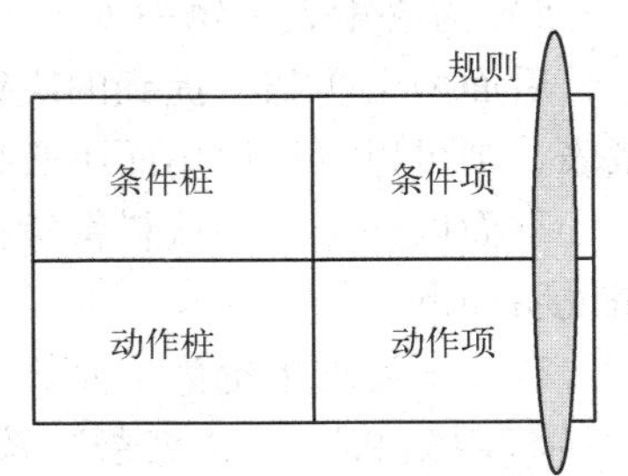

图 13–6　决策表组成

- 条件桩：列出问题的所有条件。
- 条件项：列出所列条件下的取值在所有可能情况下的真假值。
- 动作桩：列出问题规定可能采取的动作。
- 动作项：列出在条件项的各种取值情况下应采取的动作。

规则规定了任何一个条件组合的特定取值及其相应要执行的操作。在决策表中贯穿条件项和动作项的一列就是一条规则。有两条或多条规则具有相同的动作，并且其条件项之间存在着极为相似的关系的规则可以进行规则合并。

决策表的建立应当根据软件规格说明书分为以下几个步骤。

- 确定规则个数。
- 列出所有条件桩和动作桩。
- 填入条件项。
- 填入动作项，制定初始决策表。
- 简化、合并相似规则或者相同动作。

在简化并得到最终决策表后，只要选择适当的输入，使决策表每一列的输入条件得到满足，即可生成测试用例。

下面将 13. 2. 4 节得到的自动饮料售货机软件因果图转换为决策表，如表 13-6 所示。

表 13-6　自动饮料售货机软件决策表

		1	2	3	4	5	6	7	8	9	10	11
条件	C1：投入 1 元 5 角硬币	1	1	1	1	0	0	0	0	0	0	0
	C2：投入 2 元硬币	0	0	0	0	1	1	1	1	0	0	0
	C3：按“可乐”按钮	1	0	0	0	1	0	0	0	1	0	0
	C4：按“雪碧”按钮	0	1	0	0	0	1	0	0	0	1	0
	C5：按“红茶”按钮	0	0	1	0	0	0	1	0	0	0	1
中间状态	11：已投币	1	1	1	1	1	1	1	1	0	0	0
	12：已按钮	1	1	1	0	1	1	1	0	1	1	1
动作	E1：退还 5 角硬币	0	0	0	0	1	1	1	0	0	0	0
	E2：送出“可乐”按钮	1	0	0	0	1	0	0	0	0	0	0
	E3：送出“雪碧”按钮	0	1	0	0	0	1	0	0	0	0	0
	E4：送出“红茶”按钮	0	0	1	0	0	0	1	0	0	0	0

可以根据上述决策表设计测试用例，验证适当的输入组合能否得到正确的输出。特别是在本案例中，利用因果图和决策表法能够很清晰地验证自动饮料售货机软件的功能完备性。

13. 2. 6　场景法

现在的软件很多都是用事件触发来控制流程，将事件触发时的情形变形成场景，而同一事件不同的触发顺序和处理结果就形成了事件流。这种在软件设计中的思想也可以应用到软件测试中，可生动地描绘出事件触发时的情形，有利于测试者执行测试用例，同时测试用例也更容易得到理解和执行。

用例场景是通过描述流经用例的路径来确定的过程，这个流经过程要从用例开始到结束遍历其中所有的基本流和备选流。

- 基本流：采用黑直线表示，是经过用例的最简单的路径，表示无任何差错，程序从开始执行到结束。
- 备选流：采用不同颜色表示，一个备选流可以从基本流开始，在某个特定条件下执行，然后重新加入基本流中，也可以起源于另一个备选流，或终止用例，不再加入到基本流中。

应用场景法进行黑盒测试的步骤如下。

- 根据规格说明，描述出程序的基本流和各个备选流。
- 根据基本流和各个备选流生成不同的场景。

- 对每个场景生成相应的测试用例。
- 对生成的所有测试用例进行复审，去掉多余的测试用例，对每一个测试用例确定测试数据。

下面以一个经典的 ATM 机为例，介绍使用场景法设计测试用例的过程。ATM 机的取款流程的场景分析如图 13-7 所示，其中灰色框构成的流程为基本流。

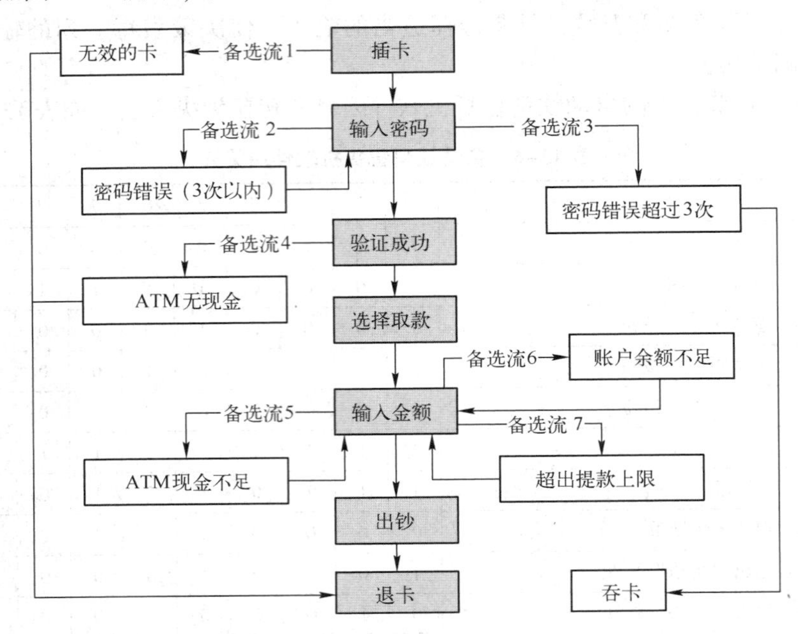

图 13-7　ATM 取款流程场景法分析图

得到该程序用例场景如表 13-7 所示。

表 13-7　ATM 取款程序用例场景

场景 1	成功提款	基本流	
场景 2	无效卡	基本流	备选流 1
场景 3	密码错误（3 次以内）	基本流	备选流 2
场景 4	密码错误超过 3 次	基本流	备选流 3
场景 5	ATM 无现金	基本流	备选流 4
场景 6	ATM 现金不足	基本流	备选流 5
场景 7	账户余额不足	基本流	备选流 6
场景 8	超出提款上限	基本流	备选流 7

接下来设计用例覆盖每个用例场景，如表 13-8 所示。

表 13-8　场景法测试用例

用例号	场景	账　　户	密码	操　　作	预 期 结 果
1	场景 1	621226XXXXXXXXX3481	123456	插卡，取 500 元	成功取款 500 元
2	场景 2	–	–	插入一张无效卡	系统退卡，显示该卡无效
3	场景 3	621226XXXXXXXXX3481	123456	插卡，输入密码 111111	系统提示密码错误，请求重新输入

（续）

用例号	场景	账　户	密码	操　作	预期结果
4	场景4	621226XXXXXXXXX3481	123456	插卡，输入密码111111超过3次	系统提示密码输入错误超过3次，卡被吞掉
5	场景5	621226XXXXXXXXX3481	123456	插卡，选择取款	系统提示ATM无现金，退卡
6	场景6	621226XXXXXXXXX3481	123456	插卡，取款2000元	系统提示现金不足，返回输入金额界面
7	场景7	621226XXXXXXXXX3481	123456	插卡，取款3000元	系统提示账户余额不足，返回输入金额界面
8	场景8	621226XXXXXXXXX3481	123456	插卡，取款3500元	系统提示超出取款上限（3000元），返回输入金额界面

13.2.7　黑盒测试方法选择

此外，黑盒测试还有正交实验设计法等方法，本书不再展开叙述。黑盒测试的每种测试方法都有各自的优缺点，需要测试人员根据实际项目特点和需要选择合适的方法设计测试用例。

选择合适的测试方法能够极大地提高黑盒测试的效率和效果。除了12.3.2介绍的几种方法外，还需要测试人员积累实际的测试经验，做出合适的选择。

13.3　白盒测试

白盒测试，有时也称为玻璃盒测试，它关注软件产品的内部细节和逻辑结构，即把被测的程序看成是一个透明的盒子。白盒测试利用构件层设计的一部分而描述的控制结构来生成测试用例。白盒测试需要对系统内部结构和工作原理有一个清楚的了解。白盒测试也有多种技术，如代码检查法、逻辑覆盖测试和基本路径测试等。白盒测试的示意图如图13-8所示。

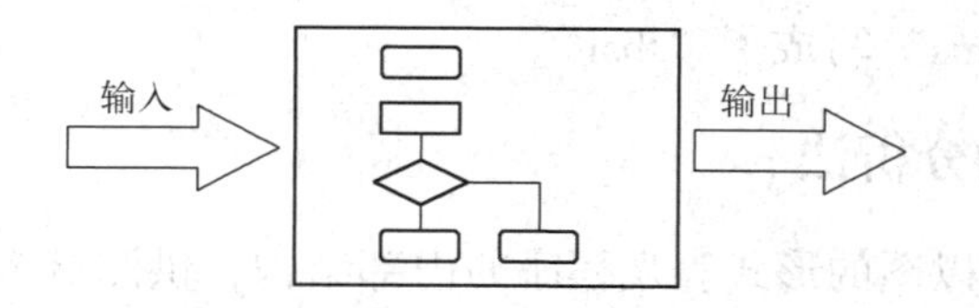

图13-8　白盒测试示意图

13.3.1　代码检查法

代码检查法包括桌面检查、代码审查和走查等。它主要检查代码和设计的一致性、代码对标准的遵循、可读性、代码逻辑表达正确性，以及代码结构合理性等方面；发现程序中不安全、不明确和模糊的部分，找出程序中不可移植的部分；发现违背程序编写风格的问题。其中包括变量检查、命名和类型审查、程序逻辑审查、程序语法检查和程序结构检查等内容。

代码检查应该在编译和动态测试之前进行。在检查前，应准备好需求描述文档、程序设计文档、程序的源代码清单、代码编写标准和代码错误检查表等。

在实际使用时，代码检查法能快速找到缺陷，发现30%～70%的逻辑设计和编码缺陷，而且代码检查法看到的是问题本身而非征兆。但是代码检查法非常耗费时间，并且需要经验和知识的积累。

代码检查法可以使用测试软件进行自动化测试，以提高测试效率，降低劳动强度；或者使用人工进行测试，以充分发挥人力的逻辑思维能力。

图 13-9 所示是一段未经过桌面检查的源代码，由集成开发环境进行了初步的检查，并指出了基本的拼写、语法和标点错误。

```
28    public Int getCount() {
29        return count;
30    }
31
32    public void setCount(int count) {
33        this.count = count
34    }
35
36    public String getNumber() {
37        returm number;
38    }
39
40    public void setNumber(String number) {
41        that.number = number;
42    }
```

图 13-9　桌面检查案例

第 28 行：返回数据类型应该为 int，而代码中却写成了 Int。

第 33 行：缺少标点符号“;”。

第 37 行：返回的关键字“return”拼写错误；

第 41 行：关键字“this”写成了“that”。

13.3.2　静态结构分析法

静态结构分析主要是以图的形式表现程序的内部结构，供测试人员对程序结构进行分析。程序结构形式是白盒测试的主要依据。研究表明，程序员 38% 的时间花费在理解软件系统上，因为代码以文本格式被写入多重文件中，这是很难阅读理解的，需要其他一些东西来帮助人们阅读理解，如各种图表等，而静态结构分析满足了这样的需求。

静态结构分析是一种对代码机械性的、程式化的特性进行分析的方法。在静态结构分析中，测试者通过使用测试工具分析程序源代码的系统结构、数据接口和内部控制逻辑等内部结构，生成函数调用关系图、模块控制流图、内部文件调用关系图、子程序表、宏和函数参数表等各类图形图表，可以清晰地标识整个软件系统的组成结构，使其便于阅读和理解，然后可以通过分析这些图表，检查软件有没有存在缺陷或错误。包括控制流分析、数据流分析、信息流分析、接口分析和表达式分析等。

13.3.3　程序插桩技术

在调试程序时，常常需要插入一些打印语句，进而在执行程序时能够打印有关信息，进一步通过这些信息来了解程序执行时的一些动态特性，如程序的执行路径或特定变量在特定时刻的取值。这一思想发展出来的程序插桩技术在软件动态测试中，作为一种基本的测试手段，有着广泛的应用。

简单来说，程序插桩技术是借助往被测程序中插入操作来实现测试目的的方法，即向源程序中添加一些语句，实现对程序语句的执行、变量的变化等情况进行检查。例如，想要了解一个程序在某次运行中所有可执行语句被覆盖的情况，或是每个语句的实际执行次数，就可以利用程序插桩技术。

13.3.4 逻辑覆盖法

逻辑覆盖法以程序内在的逻辑结构为基础，根据程序的流程图设计测试用例。根据覆盖的目标不同，又可分为语句覆盖、分支覆盖、条件覆盖、分支-条件覆盖、条件组合覆盖和路径覆盖。

下面以一段代码为例，用各种不同的覆盖方法对其进行逻辑覆盖测试。

```
Dim x, y As Integer
Dim z As Double
IF(x>0 AND y>0) THEN
z=z/x
END IF
IF(x>1 OR z>1) THEN
z=z+1
END IF
z=y+z
```

对其进行逻辑覆盖测试的第一步就是要先绘制出它的程序流程图，如图 13-10 所示。

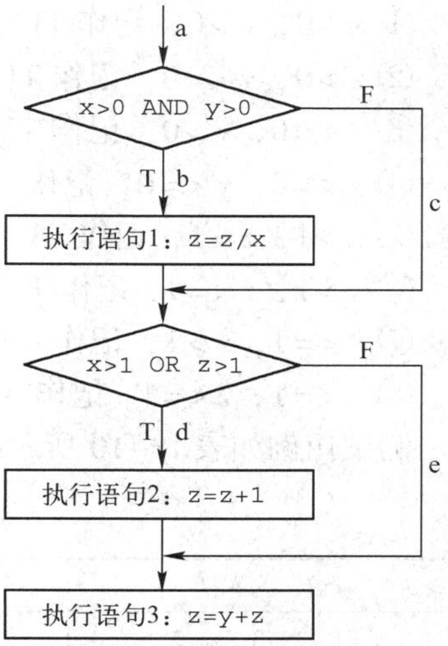

图 13-10　程序流程图

这时就该设计测试用例了。

1）语句覆盖的基本思想是，设计若干个测试用例，运行被测试的程序，使程序中的每个可执行语句至少执行一次。该程序段的语句覆盖用例如下。

输入：{x=2，y=3，z=4} 执行路径：abd

可见，根据用例，执行语句 1、2、3 都执行了一次。

2）分支覆盖的思想是使每个判断的取真分支和取假分支至少执行一次。其用例如下。

输入：{x=3，y=4，z=5} 执行路径：abd

输入：{x=-1，y=2，z=0} 执行路径：ace

3）条件覆盖的思想是使每个判断的所有逻辑条件的每种可能取值至少执行一次。下面给出其用例设计的过程。

对于判断语句 x>0 AND y>0，规定如下。

- 条件 x>0 取真为 T1，取假为 -T1。
- 条件 y>0 取真为 T2，取假为 -T2。

对于判断语句 x>1 OR z>1，规定如下。

- 条件 x>1 取真为 T3，取假为 -T3。
- 条件 z>1 取真为 T4，取假为 -T4。

测试用例如表 13-9 所示。

表 13-9 条件覆盖的测试用例

输 入	通过路径	条件取值	覆盖分支
x=7, y=1, z=3	abd	T1, T2, T3, T4	Bd
x=-1, y=-3, z=0	ace	-T1, -T2, -T3, -T4	Ce

4）分支-条件覆盖就是要同时满足分支覆盖和条件覆盖的要求。其用例取分支覆盖的用例和条件覆盖的用例的并集即可。

5）条件组合覆盖的思想是使每个判断语句的所有逻辑条件的可能取值组合至少执行一次。下面给出其用例设计的过程。

对各判断语句的逻辑条件的取值组合标记如下。

① x>0, y>0, 记作 T1, T2, 条件组合取值 M。

② x>0, y<=0, 记作 T1, -T2, 条件组合取值 -M。

③ x<=0, y>0, 记作 -T1, T2, 条件组合取值 -M。

④ x<=0, y<=0, 记作 -T1, -T2, 条件组合取值 -M。

⑤ x>1, z>1, 记作 T3, T4, 条件组合取值 N。

⑥ x>1, z<=1, 记作 T3, -T4, 条件组合取值 N。

⑦ x<=1, z>1, 记作 -T3, T4, 条件组合取值 N。

⑧ x<=1, z<=1, 记作 -T3, -T4, 条件组合取值 -N。

测试用例如表 13-10 所示。

表 13-10 条件组合覆盖的测试用例

输 入	通过路径	条件取值	覆盖组合号
x=1, y=3, z=2	abd	T1, T2, -T3, T4	1, 7
x=2, y=0, z=8	acd	T1, -T2, T3, T4	2, 5
x=-1, y=1, z=1	ace	-T1, T2, -T3, -T4	3, 8
x=-2, y=-3, z=0	ace	-T1, -T2, -T3, -T4	4, 8
x=5, y=9, z=0	abd	T1, T2, T3, -T4	1, 6

6）路径覆盖的思想是覆盖被测试程序中所有可能的路径，其用例如表 13-11 所示。

表 13-11 路径覆盖的测试用例

输 入	通过路径	覆盖条件
x=2, y=4, z=3	abd	T1, T2, T3, T4
x=1, y=3, z=0	abe	T1, T2, -T3, -T4
x=-1, y=-1, z=3	acd	-T1, -T2, -T3, T4
x=-2, y=-3, z=1	ace	-T1, -T2, -T3, -T4

一般情况下，这 6 种覆盖法的覆盖率是不一样的，其中路径覆盖的覆盖率最高，语句覆盖的覆盖率最低。

13.3.5 基本路径法

基本路径测试法是在程序控制流图的基础上，通过分析控制构造的环路复杂性，导出基本可执行的路径集合，从而设计测试用例的方法。在基本路径测试中，设计出的测试用例要保证在测试中程序的每条可执行语句至少执行一次。在基本路径法中，需要使用程序的控制流图进行可视化表达。

程序的控制流图是描述程序控制流的一种图示方法。其中，圆圈称为控制流图的一个结点，表示一个或多个无分支的语句或源程序语句；箭头称为边或连接，代表控制流。在将程序流程图简化成控制流图时，应注意以下两点。

- 在选择或多分支结构中，分支的汇聚处应有一个汇聚结点。
- 边和结点圈定的区域，当对区域计数时，图形外的区域也应记为一个区域。

控制流图表示如图 13-11 所示。

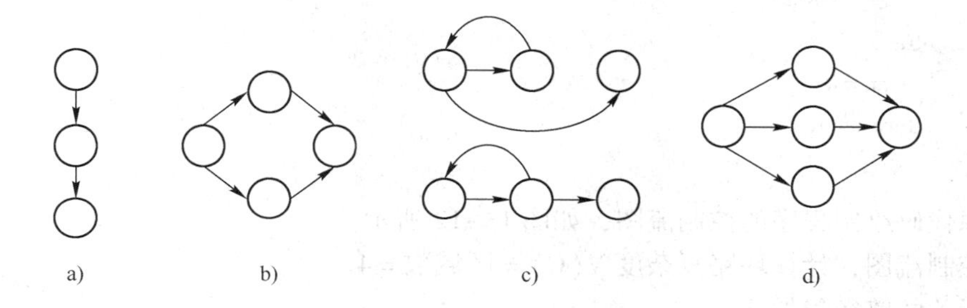

图 13-11　控制流图表示

a）顺序结构　b）IF 选择结构　c）While 循环结构/Until 循环结构　d）CASE 分支结构

环路复杂度是一种为程序逻辑复杂性提供定量测度的软件度量，将该度量用于计算程序的基本的独立路径数目，为确保所有语句至少执行一次的测试数量的上界。独立路径必须包含一条在定义之前不曾用到的边。有以下 3 种方法用于计算环路复杂度。

1）流图中区域的数量对应于环路的复杂度。

2）给定流图 G 的环路复杂度 V(G)，定义为 $V(G)=E-N+2$，其中 E 是流图中边的数量，N 是流图中结点的数量。

3）给定流图 G 的环路复杂度 V(G)，定义为 $V(G)=P+1$，其中 P 是流图 G 中判定结点的数量。基本路径测试法适用于模块的详细设计及源程序。其步骤如下。

① 以详细设计或源代码为基础，导出程序的控制流图。

② 计算得出控制流图 G 的环路复杂度 V(G)。

③ 确定线性无关的路径的基本集。

④ 生成测试用例，确保基本路径集中每条路径的执行。

每个测试用例执行后与预期结果进行比较，如果所有测试用例都执行完毕，则可以确信程序中所有可执行语句至少被执行了一次。但是必须注意，一些独立路径往往不是完全孤立的，有时它是程序正常控制流的一部分，这时对这些路径的测试可以是另一条测试路径的一部分。

下面以一个具体实例为出发点，讲解使用基本路径测试法的细节。

对于下面的程序，假设输入的取值范围是 $1000<year<2001$，使用基本路径测试法为变量 year 设计测试用例，使满足基本路径覆盖的要求。

```
int IsLeap(int year)
{
    if(year%4 ==0)
    {
        if(year%100 ==0)
        {
            if(year%400 ==0)
            leap =1;
            else
            leap =0;
        }
        else
            leap =1;
    }
    else
      leap =0;
    return leap;
}
```

根据源代码绘制程序的控制流图，如图 13-12 所示。

通过控制流图，计算环路复杂度 V(G) = 区域数 =4。

线性无关的路径集如下。

1) 1 -3 -8。

2) 1 -2 -5 -8。

3) 1 -2 -4 -7 -8。

4) 1 -2 -4 -6 -8。

设计测试用例如下。

路径 1：输入数据：year =1999　　预期结果：leap =0

路径 2：输入数据：year =1996　　预期结果：leap =1

路径 3：输入数据：year =1800　　预期结果：leap =0

路径 4：输入数据：year =1600　　预期结果：leap =1

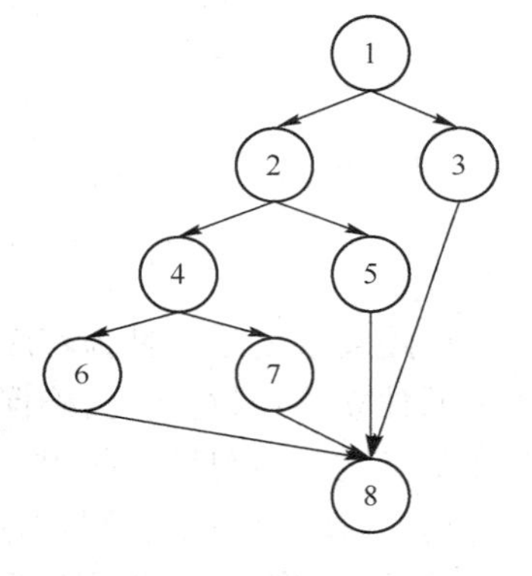

图 13-12　控制流图

13.3.6　白盒测试方法选择

此外，白盒测试还有静态质量度量、域测试和 Z 路径覆盖等方法，本书不再展开叙述。白盒测试的每种测试方法都有各自的优点和不足，需要测试人员根据实际软件特点、实际测试目标和测试阶段选择合适的方法设计测试用例，这样能有效地发现软件错误，提高测试效率和测试覆盖率。以下是选择白盒测试方法的几条经验。

- 在测试中，可采取先静态再动态的组合方式，先进行代码检查和静态结构分析，再进行覆盖测试。
- 利用静态分析的结果作为引导，通过代码检查和动态测试的方式对静态分析的结果做进一步确认。
- 覆盖测试是白盒测试的重点，一般可使用基本路径测试法达到语句覆盖标准，对于软件的重点模块，应使用多种覆盖标准衡量测试的覆盖率。

- 在不同的测试阶段测试重点不同，在单元测试阶段，以代码检查和覆盖测试为主；在集成测试阶段，需要增加静态结构分析等；在系统测试阶段，应根据黑盒测试的结果，采用相应的白盒测试方法。

13.3.7 白盒测试与黑盒测试的比较

白盒测试和黑盒测试是两类软件测试方法，传统的软件测试活动基本上都可以划分到这两类测试方法中。表 13-12 给出了两种方法的一个基本比较。

表 13-12　白盒测试与黑盒测试的比较

白 盒 测 试	黑 盒 测 试
考察程序逻辑结构	不涉及程序结构
用程序结构信息生成测试用例	用软件规格说明书生成测试用例
主要适用于单元测试和集成测试	可适用于从单元测试到系统验收测试
对所有逻辑路径进行测试	某些代码段得不到测试

白盒测试和黑盒测试各有侧重点，不能相互取代，在实际测试活动中，这两种测试方法不是截然分开的。通常在白盒测试中交叉着黑盒测试，黑盒测试中也交叉着白盒测试。相对来说，白盒测试比黑盒测试成本要高得多，它需要测试在可以被计划前产生源代码，并且在确定合适数据和决定软件是否正确方面需要花费更多的工作量。

在实际测试活动中，应当尽可能使用可获得的软件规格从黑盒测试方法开始测试计划，白盒测试计划应当在黑盒测试计划已成功通过之后再开始，使用已经产生的流程图和路径判定。路径应当根据黑盒测试计划进行检查，并且决定和使用额外需要的测试。

灰盒测试是介于白盒测试和黑盒测试之间的测试方法，它关注输出对于输入的正确性，同时也关注内部表现，但是不像白盒测试那样详细、完整，只是通过一些表征性的现象、事件和标志来判断内部的运行状态。有时候输出是正确的，但是程序内部已经是错误的，这种情况非常多，如果每次都通过白盒测试来操作，效率会很低，因此可采取灰盒测试这种方法。

灰盒测试结合了白盒测试和黑盒测试的要素，考虑了用户端、特定的系统知识和操作环境。它在系统组件的协同性环境中评价应用软件的设计。可以认为，集成测试就是一类灰盒测试。关于灰盒测试，本书不再展开叙述。

13.4 软件测试的一般步骤

除非是测试一个小程序，否则一开始就把整个系统作为一个单独的实体来测试是不现实的。与开发过程类似，测试过程也必须分步骤进行，后一个步骤在逻辑上是前一个步骤的继续。

从过程的观点考虑测试，在软件工程环境中的测试过程，实际上是顺序进行的 4 个步骤的序列。最开始着重测试每个单独的模块，以确保它作为一个单元来说功能是正确的，这种测试称为单元测试。单元测试大量使用白盒测试技术，检查模块控制结构中的特定路径，以确保做到完全覆盖并发现最大数量的错误。接下来，必须把模块装配（即集成）在一起形成完整的软件包，在装配的同时进行测试，因此称为集成测试。集成测试同时解决程序验证和程序构造两个问题。在集成过程中最常用的是黑盒测试用例设计技术。当然，为了保证覆盖主要的控制路径，也可能使用一定数量的白盒测试。在软件集成完成之后，还需要进行一系列高级测试。必须测试在需求分析阶段确定下来的确认标准，确认测试是对软件满足所有功能的、行为的和性能需求的最终保证。在确认测试过程中仅使用黑盒测试技术。

软件一旦经过确认，就必须和其他系统元素（如硬件、人员和数据库）结合在一起。系统测试的任务是，验证所有系统元素都能正常配合，从而可以完成整个系统的功能，并能达到预期的性能。验收测试以用户测试为主，分为 α 测试和 β 测试。α 测试是指由用户、测试人员和开发人员等共同参与的内部测试，而 β 测试是指完全交给最终用户的测试。

13.5 单元测试

13.5.1 单元测试概述

编写一个函数，执行其功能，检查功能是否正常，有时还要输出一些数据辅助进行判断，如果弹出信息窗口，可以把这种单元测试称为临时单元测试。只进行了临时单元测试的软件，针对代码的测试很不充分，代码覆盖率要超过 70% 都很困难，未覆盖的代码可能遗留有大量细小的错误，而且这些错误还会相互影响。当 Bug 暴露出来的时候难以调试，大幅度提高了后期测试和维护的成本，因此，进行充分的单元测试是提高软件质量、降低开发成本的必由之路。

单元测试是开发者通过编写代码检验被测代码的某单元功能是否正确而进行的测试。通常而言，一个单元测试是用于判断某个特定条件（或者场景）下某个特定函数的行为。例如，将一个很大的值放入一个有序表中，然后确认该值是否出现在表的尾部，或者从字符串中删除匹配某种模式的字符，然后确认字符串确实不再包含这些字符。

单元测试与其他测试不同，可以看做是编码工作的一部分，是由程序员自己完成的，最终受益的也是程序员自己。可以这么说，程序员有责任编写功能代码，同时也就有责任为自己的代码进行单元测试。执行单元测试，就是为了证明这段代码的行为与所期望的一致。经过了单元测试的代码才是已完成的代码，提交产品代码时也要同时提交测试代码。

单元测试是软件测试的基础，其效果会直接影响软件后期的测试，最终在很大程度上影响软件质量。做好单元测试能够在接下来的集成测试等活动中节省很多时间，发现很多集成测试和系统测试无法发现的深层次问题，降低定位问题和解决问题的成本，从整体上提高软件质量。

13.5.2 单元测试内容

单元测试侧重于模块的内部处理逻辑和数据结构，利用构件级设计描述作为指南，测试重要的控制路径以发现模块内的错误。测试的相对复杂度和这类测试发现的错误受到单元测试约束范围的限制，测试可以对多个构件并行执行。

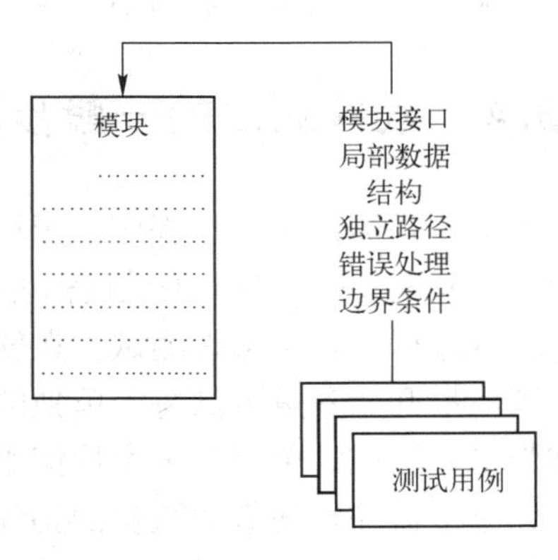

图 13-13　单元测试内容

图 13-13 概要描述了单元测试。测试模块的接口是为了保证被测程序单元的信息能够正常地流入和流出；检查局部数据结构是为了确保临时存储的数据在算法的整个执行过程中能够维持其完整性；执行控制结构中的所有独立

路径（基本路径）以确保模块中的所有语句至少执行一次；测试错误处理确保被测模块在工作中发生了错误能够做出有效的错误处理措施；测试边界条件确保模块在到达边界值的极限或受限处理的情形下仍能正确执行。

13.5.3 单元测试方法

一般情况下，单元测试在代码编写完成之后就可以进行。测试用例设计应与复审工作结合，根据设计规则选取数据，增大发现各类错误的可能。

在进行单元测试时，被测试的单元本身不是独立的程序，需要为其开发驱动模块和桩模块。驱动模块是用来模拟待测试模块的上级模块。驱动模块在集成测试中接受测试数据，将相关的数据传送给待测模块，启动待测模块，并打印出相应的结果；桩模块也称为存根程序，用于模拟待测模块工作过程中所调用的模块。桩模块由待测模块调用，它们一般只进行很少的数据处理，如打印入口和返回，以便于检验待测模块与下级模块的接口。

驱动模块和桩模块都是额外的开销，属于必须开发但是又不能和最终软件一起提交的部分。如果驱动模块和桩模块相对简单，则额外开销相对较低；在比较复杂的情况下，完整的测试需要推迟到集成测试阶段才能完成。

13.6 集成测试

13.6.1 集成测试概述

集成是指把多个单元组合起来形成更大的单元。集成测试是在假定各个软件单元已经通过了单元测试的前提下，检查各个软件单元之间的接口是否正确。集成测试是构造软件体系结构的系统化技术，同时也是进行一些旨在发现与接口相关的错误的测试。其目标是利用已通过单元测试的构件建立设计中描述的程序结构。

集成测试是多个单元的聚合，许多单元组合成模块，而这些模块又聚合成程序的更大部分，如子系统或系统。集成测试（也称组装测试、联合测试）是单元测试的逻辑扩展，它的最简单形式是将两个已经测试通过的单元组合成一个构件，并且测试它们之间的接口。集成测试是在单元测试的基础上，测试将所有的软件单元按照概要设计规则的要求组装成模块、子系统或系统的过程中，各部分功能是否达到或实现相应技术指标及要求的活动。集成测试主要是测试软件单元的组合能否正常工作，以及与其他组的模块能否集成起来工作。最后，还要测试构成系统的所有模块组合能否正常工作。集成测试参考的主要标准是软件概要设计，任何不符合该设计的程序模块行为都应该加以记录并上报。

在集成测试之前，单元测试应该已经完成，集成测试中所使用的对象应该是已经经过单元测试的软件单元。这一点很重要，因为如果不经过单元测试，那么集成测试的效果将会受到很大程度的影响，并且会大幅增加软件单元代码纠错的代价。单元测试和集成测试所关注的范围不同，因此它们发现问题的集合上包含不相交的区域，所以二者之间不能相互替代。

13.6.2 集成测试分析

要做好集成测试，必须加强集成测试的分析工作。集成测试分析直接指导集成测试用例的设计，在整个集成测试过程中占据最关键的地位。

集成测试分析可以从以下几个方面进行。

1. 体系结构分析

体系结构分析可以从两个角度出发，首先从需求的跟踪实现出发，划分出系统实现上的结构层次，这个结构层次对集成的层次考虑是有帮助的；其次需要划分系统构件之间的依赖关系图，通过对该图的分析，划分出集成测试的粒度。

2. 模块分析

模块分析是集成测试分析最关键的活动之一，模块划分的好坏直接影响了集成测试的工作量、进度及质量。因此需要慎重地对待模块的分析。

3. 接口分析

接口分析包括接口划分、接口分类和接口数据分析 3 个部分。

4. 集成测试策略分析

集成测试策略分析主要根据被测试对象选择合适的集成策略。下面重点讲述集成测试策略。

13.6.3 集成测试策略

由模块组装成软件系统有两种方法：一种方法是先分别测试每个模块，再将所有模块按照设计要求放在一起结合成所要的程序，这种方法称为非增量集成；另外一种方法是将下一个要测试的模块同已经测试好的那些模块结合起来进行测试，测试完后再将下一个应测试的模块结合起来进行测试，这种每次增加一个模块的方法称为增量集成。

对两个以上模块进行集成时，需要考虑它们和周围模块之间的关系。为了模拟这些联系，需要设计驱动模块或者桩模块这两种辅助模块。

1. 非增量式集成测试

通常存在进行非增量集成的倾向，即利用“一步到位”的方式来构造程序。非增量集成测试采用一步到位的方法来进行测试，即对所有模块进行个别的单元测试后，按程序结构图将各模块连接起来，把连接后的程序当做一个整体进行测试。其结果往往是混乱不堪的。它会遇到许多的错误，错误的修正也非常困难。一旦改正了这些错误，可能又会出现新的错误。这个过程似乎会以一个无限循环的方式继续下去。

图 13-14 所示为采用非增量集成测试的一个实例，被测试程序的结构如图 13-14a 所示，它由 7 个模块组成。在进行单元测试时，根据它们在结构图中的位置，对模块 C 和 D 配备了驱动模块和桩模块，对模块 B、E、F、G 配备了驱动模块。主模块 A 由于处于结构图的顶端，无其他模块调用它，因此仅为它配备了 3 个桩模块，以模拟被它调用的 3 个模块 B、C、D，如图 13-14b ～图 13-14h 所示，分别进行单元测试后，再按图 13-14a 所示的结构图形式连接起来进行集成测试。

2. 增量式集成测试

增量式集成测试中单元的集成是逐步实现的，集成测试也是逐步完成的。按照实施的不同次序，增量式集成测试可以分为自顶向下和自底向上两种方式。

（1） 自顶向下增量式集成测试

自顶向下增量式集成测试表示逐步集成和逐步测试是按结构图自上而下进行的，即模块集成顺序是首先集成主控模块，然后按照软件控制层次接口向下进行集成。从属于主控模块的模块按照深度优先策略或广度优先策略集成到结构中去。

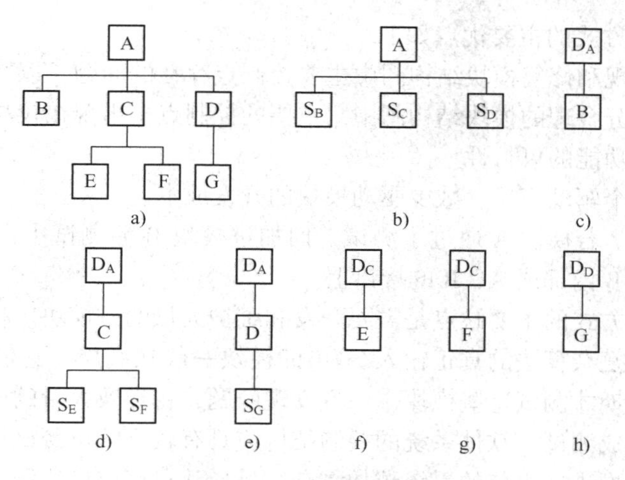

图 13-14　非增量集成测试示例

深度优先策略：首先集成在结构中的一个主控路径下的所有模块，主控路径的选择是任意的，一般根据问题的特性来确定。

广度优先策略：首先沿着水平方向，把每一层中所有直接隶属于上一层的模块集成起来，直至最底层。

自顶向下的集成方式的测试步骤如下。

1）以主模块为被测模块，主模块的直接下属模块则用桩模块代替。

2）采用深度优先或广度优先策略，用实际模块替换相应的桩模块（每次仅替换一个或少量几个桩模块，视模块接口的复杂程度而定），它们的直接下属模块则又用桩模块代替，与已测试的模块或子系统集成为新的子系统。

3）对新形成的子系统进行测试，发现和排除模块集成过程中引起的错误，并做回归测试。

4）若所有模块都已集成到系统中，则结束集成，否则转到步骤 2）。

图 13-15 所示为采用自顶向下的深度优先集成方式进行集成测试的过程。读者可以自行求解广度优先方式。

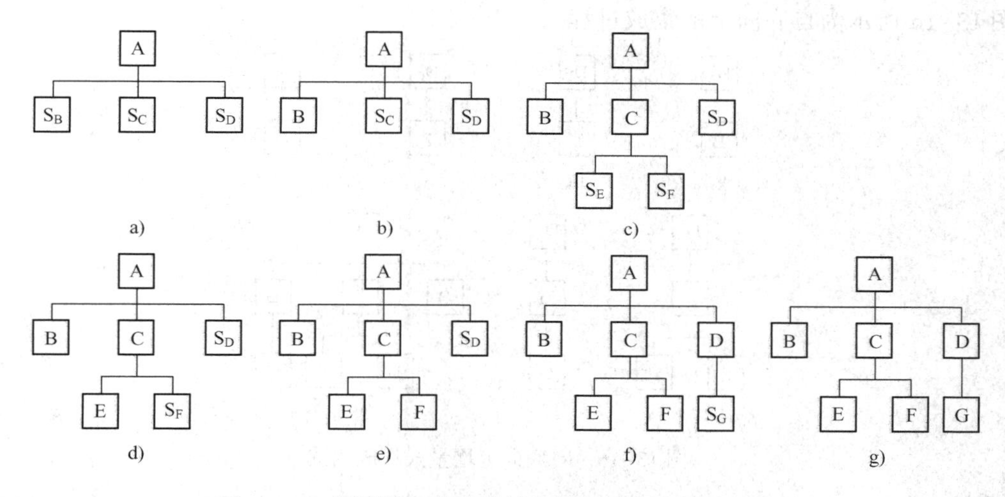

图 13-15　深度优先策略进行自顶向下增量式集成测试

自顶向下的集成方式的主要优点如下。

- 可以及早地发现和修复模块结构图中主要控制点存在的问题，以减少以后的返工，因为在一个模块划分合理的模块结构图中，主要的控制点多出现在较高的控制层次上。
- 能较早地验证功能的可行性。
- 最多只需要一个驱动模块，减少驱动模块的开发成本。
- 支持故障隔离。若模块 A 通过了测试，而加进模块 B 后测试中出现错误，则可以肯定错误处于模块 B 内部或 A、B 的接口上。

自顶向下的集成方式的主要缺点是需要开发和维护大量的桩模块。桩模块很难模拟实际子模块的功能，而涉及复杂算法的真正输入/输出的模块一般在底层，它们是最容易出问题的模块，如果到组装的后期才测试这些模块，一旦发现问题，将导致大量的回归测试。

为了有效进行集成测试，软件系统的控制结构应具有较高的可测试性。

随着测试的逐步推进，组装的系统越加复杂，易导致对底层模块测试的不充分，尤其是那些被复用的模块。

在实际使用中，自顶向下的集成方式很少单独使用，这是因为该方法需要开发大量的桩模块，增加了集成测试的成本，违背了应尽量避免开发桩模块的原则。

(2) 自底向上增量式集成测试

自底向上增量式集成策略是从最底层的模块开始，按结构图自下而上逐步进行集成并逐步进行测试工作。由于是从最底层开始集成，测试到较高层模块时，所需的下层模块功能已经具备，因此不需要再使用被调用模拟子模块来辅助测试。

因为是自底向上进行组装，对于一个给定层次的模块，它的所有下属模块已经组装并测试完成，所以不再需要桩模块。测试步骤如下。

1) 为最底层模块开发驱动模块，对最底层模块进行并行测试。

2) 用实际模块替换驱动模块，与其已被测试过的直属子模块集成为一个子系统。

3) 为新形成的子系统开发驱动模块（若新形成的子系统对应为主控模块，则不必开发驱动模块），对该子系统进行测试。

4) 若该子系统已对应为主控模块，即最高层模块，则结束集成，否则转到步骤 2)。

图 13-16 所示为自底向上的集成过程。

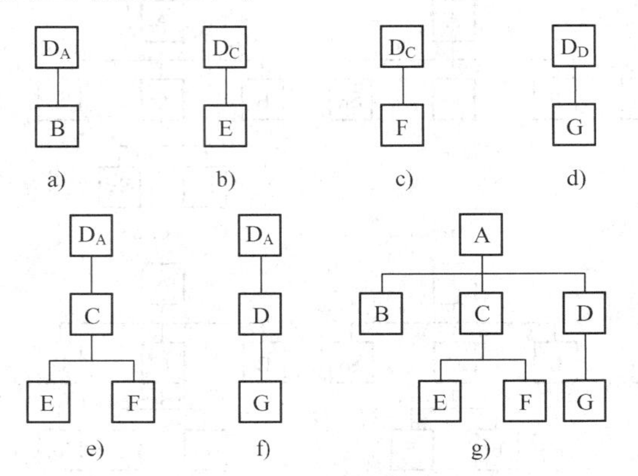

图 13-16　自底向上增量式集成测试

自底向上集成方式的主要优点是：大大减少了桩模块的开发，虽然需要开发大量驱动模块，但其开发成本要比开发桩模块小；涉及复杂算法和真正输入/输出的模块往往在底层，它们是最容易出错的模块，先对底层模块进行测试，减少了回归测试成本；在集成的早期实现对底层模块的并行测试，提高了集成的效率；支持故障隔离。

自底向上集成方式的主要缺点是需要大量的驱动模块，主要控制点存在的问题要到集成后期才能修复，需要花费较大的成本。故此类集成方法不适合那些控制结构对整个体系至关重要的软件产品。随着测试的逐步推进，组装的系统越加复杂，对底层模块的异常很难测试。

在实际应用中，自底向上集成方式比自顶向下集成方式应用更为广泛，尤其是在以下场合，更应使用自底向上的集成方式：软件的高层接口变化比较频繁，可测试性不强，软件的底层接口比较稳定。

（3）三明治集成测试

三明治集成测试是将自顶向下测试与自底向上测试两种模式有机结合起来，采用并行的自顶向下、自底向上集成方式形成的方法。三明治集成测试更重要的是采取持续集成的策略，软件开发中各个模块不是同时完成的，根据进度将完成的模块尽可能早地进行集成，有助于尽早发现缺陷，避免集成阶段大量缺陷的涌现。同时，自底向上集成时，先期完成的模块将是后期模块的驱动模块，从而使后期模块的单元测试和集成测试出现了部分交叉，不仅节省了测试代码的编写，也有利于提高工作效率。

如果通过分解树考虑三明治集成，则只需要在树上真正进行大爆炸集成（大爆炸集成也称为一次性组装或整体拼装，这种集成测试策略的做法就是把所有通过单元测试的模块一次性集成到一起进行测试，不考虑组件之间的互相依赖性及可能存在的风险）。桩模块和驱动模块的开发工作都比较小，不过其代价是作为大爆炸集成的后果，在一定程度上增加了定位缺陷的难度。

此外，在考虑集成测试环境时，应包含硬件环境、操作系统环境、数据库环境和网络环境等内容。集成测试主要测试软件结构问题，因为测试建立在模块接口上，因此多采用黑盒测试方法，辅以白盒测试方法。

集成测试一般由测试人员和从开发组选出的开发人员完成。一般情况下，集成测试的前期测试由开发人员或白盒测试人员进行，通过前期测试后，就由测试人员完成。整个测试工作在测试组长的监督指导下进行，测试组长负责保证在合理的质量控制和监督下使用合理的测试技术进行充分的集成测试。

13.7 系统测试

13.7.1 系统测试概述

系统测试的对象包括源程序、需求分析阶段到详细设计阶段中的各技术文档、管理文档、提交给用户的文档、软件所依赖的硬件、外设，甚至包括某些数据、某些支持软件及其接口等。

随着测试概念的发展，当前系统测试已逐渐侧重于验证系统是否符合需求规定的非功能指标。其测试范围可分为功能测试、性能测试、压力测试、容量测试、安全性测试、图形用户界面测试、可用性测试、安装测试、配置测试、异常测试、备份测试、健壮性测试、文档测试、在线帮助测试、网络测试和稳定性测试等。

13.7.2 系统测试类型

由于系统测试涉及广泛，本书将仅从功能测试、性能测试、安装测试、可用性测试、压力测试、容量测试、安全性测试、健壮性测试、图形用户界面测试和文档测试这10个方面进行介绍。更多的测试类型及详细内容，建议读者阅读一些专门讲解系统测试的书籍。

1. 功能测试

功能测试是系统测试中最基本的测试，它不管软件内部是如何实现的，而只是根据需求规格说明书和测试需求列表，验证产品的功能是否符合需求规格。

2. 性能测试

性能测试用来测试软件系统在实际的集成系统中的运行性能。因为无论是在单元测试，还是集成测试中，都没有将系统作为一个整体放入实际环境中运行，因此，只有在性能测试阶段，才能真正看到系统的实际性能。

对于实时系统和嵌入式系统，提供符合功能需求但不符合性能需求的软件是不能接受的。性能测试的目的是度量系统相对于预定义目标的差距。需要的性能级别针对实际的性能级别进行比较，并把其中的差距文档化。

3. 安装测试

安装测试用来确保软件在正常情况和异常情况的不同条件下都不丢失数据或者功能，具体测试活动包括首次安装、升级、完整安装、自定义安装和卸载等。测试对象包括测试安装代码及安装手册。安装代码提供安装一些程序能够运行的基础数据，安装手册提供如何进行安装。

4. 可用性测试

所谓可用性测试，即是对软件的“可用性”进行测试，检验其是否达到可用性标准。目前的可用性测试方法超过20种，按照参与可用性测试的人员划分，可以分为专家测试和用户测试；按照测试所处的软件开发阶段，可以将可用性测试划分为形成性测试和总结性测试。形成性测试是指在软件开发或改进过程中，请用户对产品或原型进行测试，通过测试后收集的数据来改进产品或设计，直至达到所要求的可用性目标。形成性测试的目标是发现尽可能多的可用性问题，通过修复可用性问题实现软件可用性的提高。总结性测试的目的是横向测试多个版本或者多个产品，输出测试数据进行对比。

5. 压力测试

压力测试是一种基本的质量保证行为，它是每个重要软件测试工作的一部分。压力测试的基本思路很简单：不是在常规条件下运行手动或自动测试，而是长时间或超大负荷地运行测试软件来测试被测系统的性能、可靠性和稳定性等。通俗地讲，压力测试是为了发现在什么条件下应用程序的性能会变得不可接受。

性能测试和压力测试常常被人混淆，认为二者是同一种测试。其实性能测试和压力测试的测试过程和方法没有太大区别，二者主要的区别在于它们不同的测试目的。

软件性能测试是为了检查系统的反应、运行速度等性能指标，它的前提是要求在一定负载下，如检查一个网站在100人同时在线的情况下的性能指标，每个用户是否都还可以正常地完成操作等。概括来说就是：在负载一定时，测试获得系统的性能指标。

软件压力测试是为了测试系统在异常情况下执行可重复的负载测试，以检查程序对异常情况的抵抗能力，找出性能瓶颈和隐藏缺陷。异常情况主要指峰值、极限值和大量数据的长时间处理等。比如，某个网站的用户峰值为500，则检查用户数为750～1000时系统的性能指标。所以概括来说就是：在异常情况下，测试获得系统的性能指标。

6. 容量测试

在进行压力测试时，如果发现了被测系统在可接受的性能范围内的极限负载，则在一定程度上完成了容量测试。

容量测试的目的是通过测试预先分析出反映软件系统应用特征的某项指标的极限值（如最大并发用户数、数据库记录数等），系统在该极限值下没有出现任何软件故障或还能保持主要功能正常运行。或者说容量测试是为了确定测试对象在给定时间内能够持续处理的最大负载或工作量。例如，对于一个从数据库中检索数据的测试，在功能测试阶段，只需验证能够正确检索出结果即可，数据库中的数据量可能只有几十条。但进行容量测试时，就需要往数据库中添加几十万甚至上百万条数据，测试这时的检索时间是否在用户可接受的范围内，并找出数据库中数据数量级达到多少时性能变得不可接受。

容量测试的完成标准可以定义为：所计划的测试已全部执行，而且达到或超出指定的系统限制时没有出现任何软件故障。

7. 安全性测试

安全性测试的目的是验证系统的保护机制是否能够在实际的环境中抵御非法入侵、恶意攻击等非法行为。任何包含敏感信息或能够对个人造成不正当伤害的计算机系统都会成为被攻击的目标。入侵的内容非常广泛，包括仅仅为了练习技术而试图入侵的黑客，为了报复而试图破坏系统的内部雇员，以及为了获取非法利益而试图入侵系统的非法个人，甚至组织。

8. 健壮性测试

健壮性是指在故障存在的情况下，软件还能正常运行的能力。有些人认为健壮性测试就是容错性测试，或者认为容错性测试与恢复测试相同。其实容错性测试与恢复测试是有区别的，而健壮性测试包含这两种测试。健壮性有两层含义：一是容错能力，二是恢复能力。

容错性测试通常依靠输入异常数据或进行异常操作，以检验系统的保护性。如果系统的容错性好，系统只给出提示或内部消化掉，而不会导致系统出错甚至崩溃。

恢复测试通过各种手段，让软件强制性地发生故障，然后验证系统已保存的用户数据是否丢失，系统和数据是否能尽快恢复。

9. 图形用户界面测试

图形化用户接口（Graphic User Interface，GUI）测试包含两方面内容，一是界面实现与界面设计是否吻合；二是界面功能是否正确。为了更好地进行 GUI 测试，一般将界面与功能分离设计，比如分成界面层、界面与功能接口层、功能层。这样 GUI 的测试重点就可以放在前两层上。

10. 文档测试

文档的种类包括开发文档、管理文档和用户文档。这 3 类文档中，一般主要测试的是用户文档，因为用户文档中的错误可能会误导用户对软件的使用，而且如果用户在使用软件时遇到的问题没有通过用户文档中的解决方案得到解决，用户将因此对软件质量产生不信赖感，甚至厌恶使用该软件，这对软件的宣传和推广很不利。

13.8 验收测试

13.8.1 验收测试概述

验收测试是在系统测试之后进行的测试，目的是为了验证新建系统产品是否能够满足用户的需要，产品通过验收测试工作才能最终结束。具体来说，验收测试就是根据各自需求说明书的标准，利用工具进行的一项检查工作，其中包括对进程的验收、进程质量是否达到需求说明书的要求，以及是否符合工程的设计要求等，可分为前阶段验收和竣工验收两个阶段。

验收测试是依据软件开发商和用户之间的合同、软件需求说明书，以及相关行业标准、国家标准和法律法规等的要求，对软件的功能、性能、可靠性、易用性、可维护性和可移植性等特性进行严格的测试，验证软件的功能、性能及其他特性是否与用户需求一致。

13.8.2 验收测试内容

验收测试是在软件开发结束后，用户实际使用软件产品之前，进行的最后一次质量检验活动，主要回答开发的软件是否符合预期的各项要求，以及用户能否接受的问题。验收测试主要验证软件功能的正确性和需求符合性。单元测试、集成测试和系统测试的目的是发现软件错误，将软件缺陷排除在交付客户之前；验收测试需要客户共同参与，目的是确认软件符合需求规格，具体如图 13-17 所示。

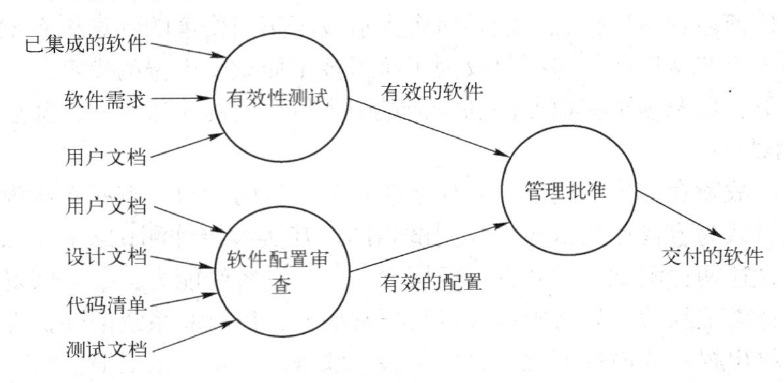

图 13-17　实施验收测试

验收测试主要包括配置复审、合法性检查、文档检查、软件一致性检查、软件功能和性能测试，以及测试结果评审等内容。

13.8.3 α 测试和 β 测试

α 测试是用户在开发环境下的测试，或者是开发公司组织内部人员模拟各类用户行为，对即将面市的软件产品进行的测试，它是由开发人员或测试人员进行的测试。在 α 测试中，主要是对使用的功能和任务进行确认，测试的内容由用户需求说明书决定。

α 测试是试图发现软件产品的错误的测试，它的关键在于尽可能逼真地模拟实际运行环境和用户对软件产品的操作，并尽最大努力涵盖所有可能的用户操作方式。

β 测试由最终用户实施，通常开发（或其他非最终用户）组织对其的管理很少或不进行管理。β 测试是所有验收测试策略中最主观的：测试员负责创建自己的环境、选择数据，并决定要研究的功能、特性或任务，采用的方法完全由测试员决定。

13.9 回归测试

回归测试不是一个测试阶段，而是一种可以用于单元测试、集成测试、系统测试和验收测试各个测试过程的测试技术。图 13-18 所示为回归测试与 V 模型之间的关系。

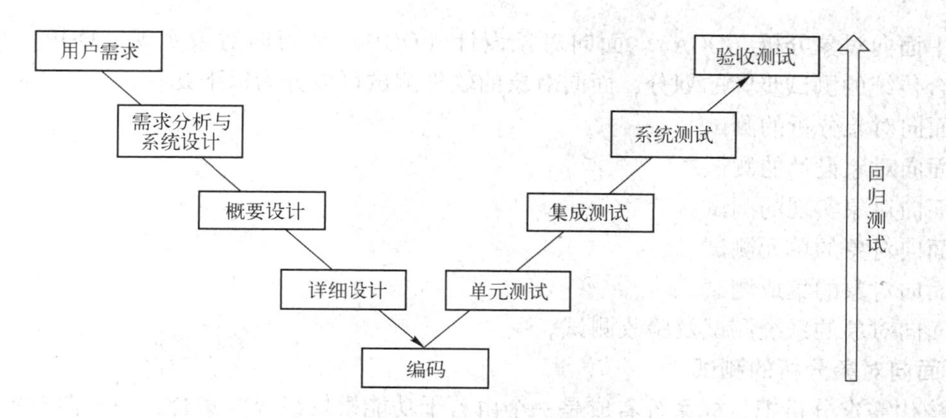

图 13-18　回归测试和 V 模型关系

回归测试是指软件系统被修改或扩充后重新进行的测试，回归测试是为了保证对软件修改后，没有引入新的错误而重复进行的测试。每当软件增加了新的功能，或软件中的缺陷被修正，这些变更都可能影响软件原来的结构和功能。为了防止软件变更产生的无法预料的副作用，不仅要对内容进行测试，还要重复进行过去已经进行的测试，以证明修改没有引起未曾预料的后果，或证明修改后软件仍能够满足实际的需求。

在软件系统运行环境改变后，或者发生了一个特殊的外部事件，也可以采用回归测试。

13.10　面向对象的软件测试

在基于面向对象思想的软件开发中，由于面向对象的软件工程方法与传统的软件工程方法有诸多不同，传统的软件测试模型对面向对象的软件系统已经不再适用。

在传统的软件工程中，测试是按照单元测试、集成测试、系统测试到验收测试的顺序进行的。单元测试一般针对一个过程或者函数。当单元测试通过后，就把相应的单元按照一定的策略集成起来，然后再测试集成之后模块之间的接口及交互是否正常，最后再进行系统测试和验收测试。

然而，在面向对象的软件开发中，程序的基本单元是类或对象，而不再是函数或者过程。所以，单元测试通常以类或对象为单位。类的本质和特征会对单元测试造成很多影响。比如，类具有多态性，不论与特定对象确切相关的类是什么，测试者都要保证代码能够正常工作。类还支持信息隐藏的特性，这个特性会使测试复杂化，有时需要向类的接口中添加一些操作才能完成特定的测试工作。

此外，传统的软件工程中的集成测试所要求的逐步将开发模块搭建在一起进行测试的方法对面向对象的软件开发已经不再适用。面向对象的系统中，程序结构已经不再是传统的功能模块结构，所以不再适宜将模块按照自顶向下或者自底向上的策略进行集成。因为类的构件之间存在着交互，一次集成一个操作或属性到类中不太可行。系统集成策略的改变必然会使集成测试时策略发生相应的变化。通常，面向对象的集成测试会采用基于线程或者基于使用的测试方法。在基于线程的测试中，首先把响应系统的某个事件所需要的一组类集成起来，然后分别集成并测试每个线程。在基于使用的测试中，首先测试系统中不与服务器相关联的类，然后再逐层往下测试，直到测试完整个系统。

实际上，在面向对象的软件开发中，人们已经抛弃了传统的测试模型。针对面向对象的开发模型中面向对象分析（OOA）、面向对象设计（OOD）和面向对象实现（OOP）3 个阶段，同时结合传统的测试步骤的划分，面向对象的软件测试可以分为以下几种。

- 面向对象分析的测试。
- 面向对象设计的测试。
- 面向对象实现的测试。
- 面向对象的单元测试。
- 面向对象的集成测试。
- 面向对象的系统测试及验收测试。

1. 面向对象分析的测试

结构化需求分析把目标系统看成是一个由若干功能模块组成的集合，而面向对象需求分析以现实世界中的概念为模型结构。前者关注系统的行为，即功能结构，而后者更关注于系统的逻辑结构。对面向对象需求分析的测试要考虑以下几点。

- 对认定的对象或类的测试。
- 对定义的属性和操作的测试。
- 对类之间层次关系的测试。
- 对对象之间交互行为的测试。
- 对系统逻辑模型的测试等。

2. 面向对象设计的测试

与传统的软件工程方法不同的是，面向对象分析和面向对象设计之间并没有严格的界限。实际上，面向对象设计是对面向对象分析结果的进一步细化、纠正和完善。对面向对象设计的测试涉及了面向对象分析的测试内容，但是会更加关注对类及其类之间关系的测试和对类库支持情况的测试。

3. 面向对象实现的测试

面向对象的程序具有封装、继承和多态的特性。测试多态的特性时要尤为注意，因为它使得同一段代码的行为复杂化，测试时需要考虑不同的执行情况和行为。由于系统功能的实现分布在类中，所以本阶段的测试中还要重点评判类是否实现了要求的功能。

4. 面向对象的单元测试

面向对象的单元测试以类或对象为单位。由于类包含一组不同的操作，并且某些特殊的操作可能被多个类共享，因此单元测试不能孤立地测试某个操作，而是将操作作为类的一部分。

5. 面向对象的集成测试

面向对象的集成测试采用基于线程或者基于使用的测试方法。基于线程的测试是指把回应系统外界输入的一组相关的类集成起来，对线程进行集成并测试。基于使用的测试方法按照类对服务器的依赖及对其他类的依赖程度，把类划分为独立类和依赖类。

- 独立类是指那些几乎不使用服务器的类。在进行基于使用的测试时，先对独立类进行测试。
- 依赖类是使用独立类的类，即它们对独立类存在着某种程度的依赖。

在测试完独立类后，就可以对依赖类进行测试了。依赖类中可能还划分为多个层次，测试时按照逐层向下的顺序，直到测试完整个系统。

6. 面向对象的系统测试及验收测试

在系统测试的过程中，软件开发人员要尽量搭建与用户的实际使用环境相同的平台，对目标系统是否能作为一个整体，满足用户在性能、功能、安全性和可靠性等各个方面对系统的要求做出检测和评估。面向对象的系统测试要以面向对象需求分析的结果为依据，对需求分析中描述的对象模型、交互模型等各种分析模型进行检验。

验收测试是以用户为主的测试，是将软件产品正式交付给用户或市场发布之前的最后一个测试阶段。

下面举一个实例，对 HelloWorld 类进行测试。

（1）类说明

相信读者对 HelloWorld 这个实例并不陌生，因为每一种语言，其学习用书的第一个实例通常都是最简单的 HelloWorld。首先以 HelloWorld 为例来说明如何进行面向对象的单元测试。代码如下。

```
//HelloWorld. java
package HelloWorld;
public class helloWorld{
    public String sayHello( ){      //返回测试字符串的方法
        return str;
    }
    private String str;
}
```

（2）设计测试用例

为了对 HelloWorld 类进行测试，可以编写以下测试用例，它本身也是一个 Java 类文件。代码如下。

```
//HelloWorldTest. java;
package hello. Text;
import helloWorld. * ;
public class HelloWorldTest{
    boolean testResult;          //测试结果
    public static void main(String args[ ]){
    //实现以 sayHello( )方法的测试
        private static final String str = "Hello Java!";
        protected void setUp( ){
        //覆盖 setUp( )方法
            HelloWorld JString = new HelloWorld( );
        }
        public void testSayHello( ){
        //测试 SayHello( )方法
            if("Hello Java!" == Jstring. sayHello( ))
            testResult = True;
            else
            testResult = False;
            //如果两个值相等,测试结果为真,否则则为假
        }
```

```
    }
}
```

这里使用的方法是判断期望输出与“Hello Java!”字符串是否相同，相同则将 testResult 赋值为真，否则为假。如果通过 JUnit 这一工具进行单元测试，可以更加方便快捷。

13.11 软件调试

调试（也称为纠错）是作为成功的测试的后果而出现的，也就是说，调试是在测试发现错误之后排除错误的过程。虽然调试可以而且应该是一个有序的过程，但是在很大程度上它仍然是一项技巧。软件工程师在评估测试结果时，往往仅面对着软件问题的症状，也就是说，错误的外部表现和它的内在原因之间可能并没有明显的联系。调试就是把症状和原因联系起来的尚未被人很好理解的智力过程。

13.11.1 调试过程

调试不是测试，但是它总是发生在测试之后。调试过程总会有以下两种结果之一：找到了问题的原因并把问题改正和排除掉了；没找出问题的原因。在后一种情况下，调试人员可以猜想一个原因，并设计测试用例来验证这个假设，重复此过程直至找到原因并改正了错误。

13.11.2 调试途径

无论采用什么方法，调试的根本目标都是寻找软件错误的原因并改正。这个目标是通过将系统的评估、直觉和运气组合起来实现的。一般来说，有下列 3 种调试途径可以采用：蛮力法、回溯法和原因排除法。每一种方法都可以使用调试工具辅助完成，但是工具并不能代替对全部设计文档和源程序的仔细评估。

如果各种调试方法和调试工具都用过了，却仍然找不出错误的原因，则应该请求别人帮助。把遇到的问题向同行陈述并一起分析讨论，往往能开阔思路，很快找出错误原因。

13.12 软件测试实例

【例 13-1】这是一个有关“俄罗斯方块游戏排行榜”的单元测试实例。

【解析】

1. 测试策划

（1）目的

俄罗斯方块游戏的排行榜功能经过编码后，在与其他模块进行集成之前，需要经过单元测试，测试其功能点的正确性和有效性。以便在后续的集成工作中不会引入更多的问题。

（2）背景

俄罗斯方块（Tetris）是一款风靡全球的电视游戏机和掌上游戏机游戏，它由俄罗斯人阿列克谢·帕基特诺夫发明，故得此名。俄罗斯方块的基本规则是移动、旋转和摆放游戏自动输出的各种方块，使之排列成完整的一行或多行并且消除得分。由于上手简单、老少皆宜，从而家喻户晓，风靡世界。

排行榜功能是俄罗斯方块游戏中不可或缺的一部分，用以将当前用户的得分与历史得分记录进行比较并重新排序。

主要涉及的功能点有历史记录文件的读取，分数排名的计算与排序，新纪录文件的保存，以及新纪录的显示等。这些功能将在一局游戏结束并获取到该局游戏的得分后启动。

待测源代码如下。

```
private void_gameOver(int_scor)                              //游戏结束
{
  //Display game over.
  string s = "您的得分为:";
  string al = "";
  char[] A = {};
  int i = 1;
  _blockSurface. FontStyle = new Font(FontFace,BigFont); //设置基本格式
  _blockSurface. FontFormat. Alignment = StringAlignment. Near;
  _blockSurface. DisplayText = "GAME OVER!!";
  string sc = Convert. ToString(_score);                     //得到当前玩家的分数
  //write into file;
  string path = "D:\\test1. txt";                            //文件路径
  try
  {
    FileStream fs = new FileStream(path,FileMode. OpenOrCreate,FileAccess. ReadWrite);
    StreamReader strmreader = new StreamReader(fs);       //建立读文件流
    String[] str = new String[5];
    String[] split = new String[5];
    while(strmreader. Peek()!= -1)                           //从文件中读取数据不为空时
    {
      for(i =0;i <5;i ++)
      {
        str[i] = strmreader. ReadLine();                     //以行为单位进行读取,赋予数组 str[i]
        split[i] = str[i]. Split(':')[1]                    //按照":"将文字分开,赋予数组 split[i]
      }
    }
    person1 = Convert. ToInt32(split[0]);                    //split[0]的值赋予第一名
    person2 = Convert. ToInt32(split[1]);                    //split[1]的值赋予第二名
    person3 = Convert. ToInt32(split[2]);                    //split[2]的值赋予第三名
    person4 = Convert. ToInt32(split[3]);                    //split[3]的值赋予第四名
    person5 = Convert. ToInt32(split[4]);                    //split[4]的值赋予第五名
    strmreader. Close();                                     //关闭流
    fs. Close();
    FileStream ffs = new FileStream(path,FileMode. OpenOrCreate,FileAccess. ReadWrite);
    StreamWriter sw = new StreamWriter(ffs);                 //建立写文件流
    if(_score > person1)                                     //如果当前分数大于第一名,排序
    {person5 = person4;person4 = person3;person3 = person2;person2 = person1;person1 = _score;}
    else if(_score > person2)                                //如果当前分数大于第二名,排序
```

```
    {person5 = person4;person4 = person3;person3 = person2;person2 = _score;}
    else if(_score > person3)                        //如果当前分数大于第三名,排序
    {person5 = person4;person4 = person3;person3 = _score;}
    else if(_score > person4)                        //如果当前分数大于第四名,排序
    {person5 = person4;person4 = _score;}
    else if(_score > person5)                        //如果当前分数大于第五名,排序
    {person5 = _score;}
    在文件中的文件内容
    string pp1 = "第一名:" + Convert.ToString(person1);
    string pp2 = "第二名:" + Convert.ToString(person2);
    string pp3 = "第三名:" + Convert.ToString(person3);
    string pp4 = "第四名:" + Convert.ToString(person4);
    string pp5 = "第五名:" + Convert.ToString(person5);
    string ppR = pp1 + "\r\n" + pp2 + "\r\n" + pp3 + "\r\n" + pp4 + "\r\n" + pp5 + "\r\n";
    byte[] info = new UTF8Encoding(true).GetBytes(ppR);
    sw.Write(ppR);                                   //将内容写入文件
    sw.Close();
    ffs.Close();
  }
  catch(Exception ex)                                //异常处理
  {
    Console.WriteLine(ex.ToString());
  }
  s = s + " " + sc;
  //Draw surface to display text.
  //Draw();
  MessageBox.Show(s);                                //在界面中显示排行榜内容
}
```

2. 测试设计

下面利用白盒测试方法对本案例进行相应的测试，得到测试报告与错误列表，在实际项目中可进一步与开发方进行 Bug 的确认与修复。

（1）代码走查

首先利用代码走查的方法检查一下该模块的代码，对代码质量进行初步评估。具体实现如表 13-13 所示。

表 13-13　排行榜模块代码走查情况记录

序号	项　目	发现的问题
1	程序结构	1. 代码的结构清晰，具有良好的结构外观和整齐 2. 函数定义清晰 3. 结构设计能够满足机能变更 4. 整个函数组合合理 5. 所有主要的数据构造描述清楚、合理 6. 模块中所有的数据结构都定义为局部的 7. 为外部定义了良好的函数接口

（续）

序号	项　目	发现的问题
2	函数组织	8. 函数都有一个标准的函数头声明 9. 函数组织：头，函数名，参数，函数体 10. 函数都能够在最多 2 页纸上打印 11. 所有的变量声明每行只声明一个 12. 函数名小于 64 个字符
3	代码结构	13. 每行代码都小于 80 个字符 14. 所有的变量名都小于 32 个字符 15. 所有的行每行最多只有一句代码或一个表达式 16. 复杂的表达式具备可读性 17. 续行缩进 18. 括号在合适的位置 19. 注解在代码上方，注释的位置不太好
4	函数	20. 函数头清楚地描述了函数和它的功能 21. 代码中几乎没有相关注解 22. 函数的名称清晰地定义了它的目标及函数所做的事情 23. 函数的功能清晰定义 24. 函数高内聚，只做一件事情，并做好 25. 参数遵循一个明显的顺序 26. 所有的参数都被调用 27. 函数的参数个数小于 7 个 28. 使用的算法说明清楚
5	数据类型与变量	29. 数据类型不存在数据类型解释 30. 数据结构简单以便降低复杂性 31. 每一种变量没有明确分配正确的长度、类型和存储空间 32. 每一个变量都初始化了，但并不是每一个变量都在接近使用它的地方才初始化 33. 每一个变量都在最开始的时候初始化 34. 变量的命名不能完全、明确地描述该变量代表什么 35. 命名不与标准库中的命名相冲突 36. 程序没有使用特别的、易误解的、发音相似的命名 37. 所有的变量都用到了
6	条件判断	38. 条件检查和结果在代码中清晰 39. if/else 使用正确 40. 普通的情况在 if 下处理而不是 else 41. 判断的次数降到最小 42. 判断的次数不大于 6 次，无嵌套的 if 链 43. 数字、字符、指针和 0/NULL/FLSE 判断明确 44. 所有的情况都考虑 45. 判断体足够短，以使得一次可以看清楚 46. 嵌套层次小于 3 次
7	循环	47. 循环体不为空 48. 循环之前做好初始化代码 49. 循环体能够一次看清楚 50. 代码中不存在无穷次循环 51. 循环的头部进行循环控制 52. 循环索引没有有意义的命名 53. 循环设计得很好，只干一件事情 54. 循环终止的条件清晰 55. 循环体内的循环变量起到指示作用 56. 循环嵌套的次数小于 3 次

（续）

序号	项　　目	发现的问题
8	输入输出	57. 所有文件的属性描述清楚 58. 所有 OPEN/CLOSE 调用描述清楚 59. 对文件结束的条件进行检查 60. 显示的文本无拼写和语法错误
9	注释	61. 注释不清楚，主要的语句没有注释 62. 注释过于简单 63. 看到代码不一定能明确其意义

从表 13-13 的分析中可以看出，本模块的代码基本情况如下。

- 代码直观。
- 代码和设计文档对应。
- 无用的代码已经被删除。
- 注释过于简单。

（2）基本路径法

基本路径测试法是在程序控制流图的基础上，通过分析控制构造的环路复杂性，导出基本可执行的路径集合，从而设计测试用例的方法。首先需要简化程序模块，绘制程序模块图如图 13-19 所示。接着按照模块图设计路径覆盖策略。主要可分为以下 4 步执行。

1）绘制程序的控制流图。

进行基本路径法的第一步是绘制控制流图，根据程序模块图的逻辑关系，获得该程序模块的控制流图，如图 13-20 所示。

2）计算环路复杂度。

其次是根据控制流图计算环路复杂度，环路复杂度是一种为程序逻辑复杂性提供定量测度的软件度量，将该度量用于计算程序的基本独立路径数目，为确保所有语句至少执行一次的测试数量的上界。

$$V(G)=P+1=5+1=6$$

则确定至少要覆盖 6 条路径。

3）导出独立路径。

根据控制流图可以方便得到以下 6 条路径。

- 路径 1：1－2－11。
- 路径 2：1－3－4－11。
- 路径 3：1－3－5－6－11。
- 路径 4：1－3－5－7－8－11。
- 路径 5：1－3－5－7－9－10－11。
- 路径 6：1－3－5－7－9－11。

4）设计测试用例。

最后是设定一组初始参数，设计测试用例。规定如下。

- person1 = 23。
- person2 = 20。
- person3 = 10。

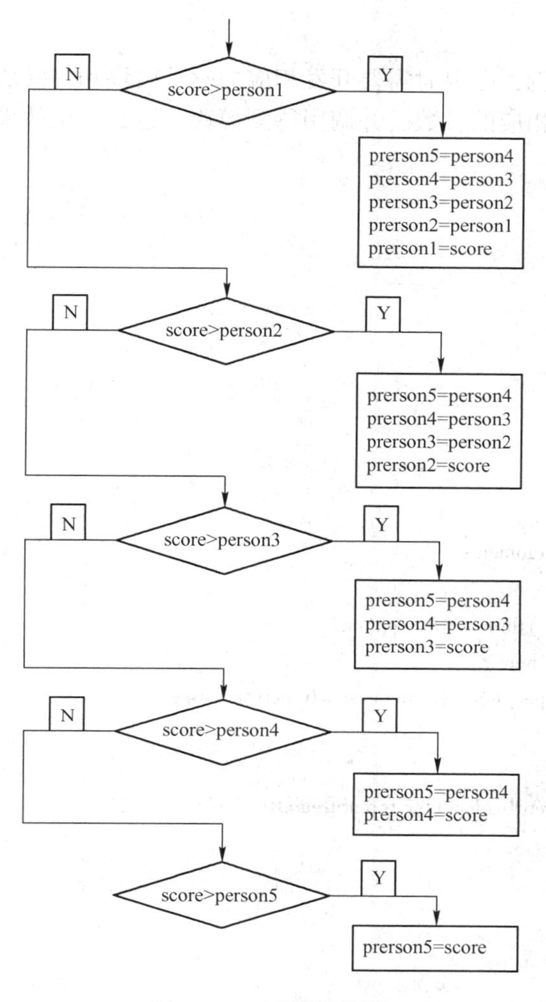

图 13-19　程序模块图

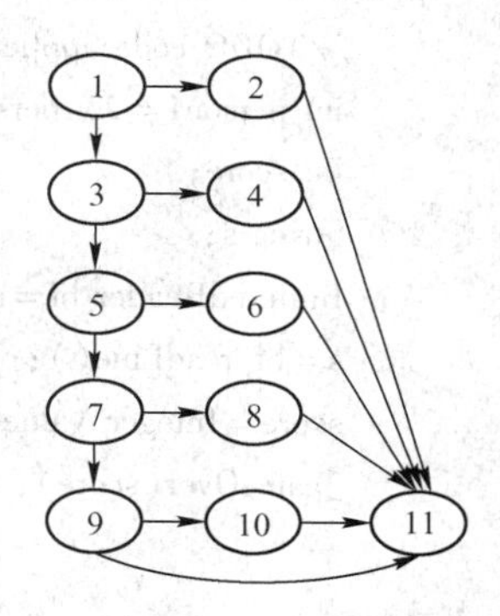

图 13-20　程序控制流图

- person4 =6。
- person5 =4。

作为测试输入，设计测试用例如表 13-14 所示。

表 13-14　基本路径法测试用例

编号	输入数据	输出数据					路 径 覆 盖	判断覆盖
	score	person1	person2	person3	person4	person5		
1	24	24	23	20	10	6	1 -2 -11	T
2	21	23	21	20	10	6	1 -3 -4 -11	FT
3	15	23	20	15	10	6	1 -3 -5 -6 -11	FFT
4	8	23	20	10	8	6	1 -3 -5 -7 -8 -11	FFFT
5	5	23	20	10	6	5	1 -3 -5 -7 -9 -10 -11	FFFFT
6	0	23	20	10	6	4	1 -3 -5 -7 -9 -11	FFFFF

3. 测试执行

将设计的测试用例整理合并为测试用例，必要时需要开发相应的驱动模块和桩模块。本次测试需要开发一个驱动模块，用于初始化相应的参数，并调用待测模块，达到测试效果。驱动模块代码如下。

```
import java. io. BufferedReader;
import java. io. IOException;
import java. io. InputStreamReader;
/ * *
 *
 * @ author zhutao
 * /
public class Main{
    / * *
     * @ param args the command line arguments
     * /
    public static void main(String[ ]args)throws IOException{
        //TODO code application logic here
        int person1 =23,person2 =20,person3 =10,person4 =6,person5 =4;
        int score;
        String s;
        BufferedReader bf = new BufferedReader( new InputStreamReader( System. in) ) ;
        s = bf. readLine( ) ;
        score = Integer. valueOf( s) ;
        _gameOver( score) ;
    }
}
```

4. 测试总结

测试结果可利用 Bug 记录平台（BugFree 等）进行记录，在实际项目中可反馈给开发人员进行确认并修复。

测试结束后，形成测试报告。

13.13 实验：利用 Visual Studio 对"'墨韵'读书会书籍共享平台"的用户登录模块进行单元测试

在前面小节中，学习了单元测试的基本方法，本节将介绍如何使用 Visual Studio 2013 对"书籍共享平台"的用户登录模块进行单元测试。

在 Visual Studio 2013 中打开"书籍共享平台"，选择解决方案，选择"添加"→"新建项目"→"单元测试项目"命令。将新建的测试项目名称命名为"TestProject_Login"，如图 13-21 所示。

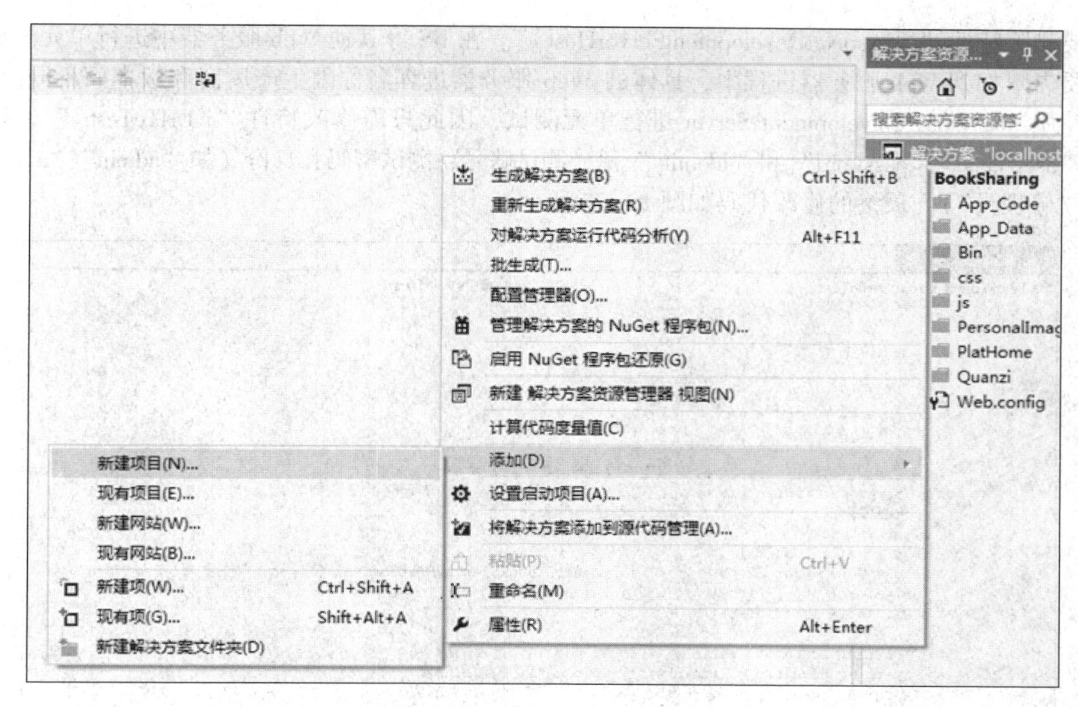

图 13-21　创建登录模块单元测试项目

创建完毕，定位到 Login. aspx. cs 的后台代码中的 Page_Load 为页面载入方法，IsVaild 为业务逻辑用户验证方法，还有一些其他的控件交互方法。在对 Web 项目进行单元测试时，通常分为业务逻辑测试和界面 UI 测试。通常的 Web 单元测试都是对业务逻辑代码的测试，而界面测试一般不采用自动化的方法，这一点与本地应用程序不同，因为 Web 界面会因不同的浏览器而有所差异，测试工具跨进程与浏览器交互会出现各种问题。对于 ASP. NET Web Form 类型的网站，由于服务器端控件将数据和交互整合在一起，进行界面测试更加困难；ASP. NET MVC 由于设计层面上分离了业务和视图代码，测试起来相对容易得多，如果项目对测试要求较高，建议选用 MVC 模式进行设计。

在 Login，aspx. cs 中，定位到 IsVaild 函数，利用右键快捷菜单创建单元测试，从打开的项目列表里查找到 IsVaild 函数，单击“确定”按钮，即可在 TestProject_Login 中完成对 IsVaild 测试函数的创建。在添加测试函数完成之后，TestProject_Login 工程中的引用列表如图 13-22 所示。

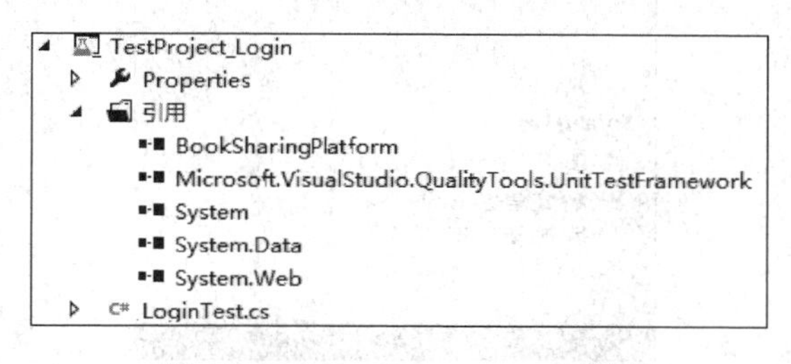

图 13-22　TestProject_Login 工程

创建成功后，打开 TestProject_Login 测试工程中的 LoginTest. cs 测试类。定位到测试类中包含的用户登录测试 IsVaildTest 方法。由于测试 Login. aspx 页面，需要修改方法特性“［UrlToTest］”地址为 Login. aspx 页面的 URL。如果不在 ASP. NET Development Server 中进行测试，还要删除特性“[AspNetDevelopmentServerHost]”。在 IIS 等其他 Web 服务器中进行单元测试，需要先附加到 Web 服务器进程中，具体的 Web 服务器进程名称因生产厂商和版本而不同。此处使用 ASP. NET Development Server 进行单元测试，因此只需修改特性“[UrlToTest]”即可。给“userName”“password”和“identity”赋予测试账号、测试密码和身份（如“admin”“admin”和“管理员”）。最终的修改代码如图 13-23 所示。

```
LoginTest.cs
TestProject_Login.LoginTest                    IsVaildTest()
        }

        附加测试特性


        /// <summary>
        ///IsVaild 的测试
        ///</summary>
        // TODO: 确保 UrlToTest 特性指定一个指向 ASP.NET 页的 URL(例如，
        // http://.../Default.aspx)。这对于在 Web 服务器上执行单元测试是必需的，
        //无论要测试页、Web 服务还是 WCF 服务都是如此。
        [TestMethod()]
        [HostType("ASP.NET")]
        [AspNetDevelopmentServerHost(@"G:\Projects\BookSharingPlatform","/")]
        [UrlToTest("http://localhost:25202/Login.aspx")]
        public void IsVaildTest()
        {
            string accout = "admin"; // TODO: 初始化为适当的值
            string password = "admin"; // TODO: 初始化为适当的值
            string identify = "管理员"; // TODO: 初始化为适当的值
            int expected = 1; // TODO: 初始化为适当的值
            int actual;
            actual = Login.IsVaild(accout, password, identify);
            Assert.AreEqual(expected, actual);
            Assert.Inconclusive("验证此测试方法的正确性。");
        }
    }
}
100 %
```

图 13-23　UserLoginTest 方法

启动 ASP. NET Development Server，在 IsVaildTest 函数处右击，在弹出的快捷菜单中选择“运行测试”命令，在测试结果窗口中查看测试运行结果，如图 13-24 所示。

图 13-24　用户登录模块测试结果

至此，登录模块用户验证函数的单元测试完成。读者可以用类似的方法对其他模块和其他函数进行单元测试等。

习题

1. 判断题

（1）白盒测试无须考虑模块内部的执行过程和程序结构，只需了解模块的功能即可。
（　　）

（2）白盒测试是结构测试，主要以程序的内部逻辑为基础设计测试用例。（　　）

（3）单元测试通常应该先进行“人工走查”，再以白盒法为主，辅以黑盒法进行动态测试。（　　）

（4）白盒测试法是一种静态测试方法，主要用于模块测试。（　　）

（5）在等价分类法中，为了提高测试效率，一个测试用例可以覆盖多个无效等价类。
（　　）

（6）功能测试是系统测试的主要内容，检查系统的功能和性能是否与需求规格说明相同。
（　　）

2. 选择题

（1）白盒法又称为逻辑覆盖法，主要用于（　　）。

A. 确认测试　　B. 系统测试　　C. α 测试　　D. 单元测试

（2）以下哪种测试方法不属于白盒测试技术（　　）。

A. 基本路径测试　　B. 边界值分析测试

C. 循环覆盖测试　　D. 条件测试

（3）白盒测试法是根据程序的（　　）来设计测试用例的方法。

A. 输出数据　　B. 内部逻辑　　C. 功能　　D. 输数据

（4）软件的集成测试工作最好由（　　）承担，以提高集成测试的效果。

A. 该软件的设计人员　　B. 该软件开发组的负责人

C. 不属于该软件开发组的软件设计人员　　D. 该软件的编程人员

（5）黑盒测试是从（　　）观点的测试，白盒测试是从（　　）观点的测试。

A. 开发人员、管理人员　　B. 用户、管理人员

C. 用户、开发人员　　D. 开发人员、用户

（6）使用白盒测试方法时确定测试数据应根据（　　）和指定的覆盖标准。

A. 程序的内部逻辑　　B. 程序的复杂程度

C. 程序的难易程度　　D. 程序的功能

（7）黑盒测试方法根据（　　）设计测试用例。

A. 程序的调用规则　　B. 软件要完成的功能

C. 模块间的逻辑关系　　D. 程序的数据结构

（8）在软件测试中，逻辑覆盖标准主要用于（　　）。

A. 白盒测试方法　　B. 黑盒测试方法　　C. 灰盒测试方法　　D. 回归测试方法

（9）集成测试的主要方法有两个，一个是（　　）一个是（　　）。

A. 白盒测试方法、黑盒测试方法　　B. 等价类划分方法、边缘值分析方法

C. 渐增式测试方法、非渐增式测试方法　　D. 因果图方法、错误推测方法

（10）单元测试主要针对模块的几个基本特征进行测试，该阶段不能完成的测试是（　　）。

A. 系统功能　　　　　　　　　　　　　B. 局部数据结构

C. 重要的执行路径　　　　　　　　　　D. 错误处理

3. 简答题

（1）什么是黑盒测试？有哪些常用的黑盒测试方法？

（2）什么是白盒测试？有哪些常用的白盒测试方法？

（3）请对比白盒测试和黑盒测试。

（4）请简述静态测试和动态测试的区别。

（5）单元测试、集成测试和系统测试各自的主要目标是什么？它们之间有什么不同？相互之间有什么关系？

（6）什么是集成测试？非增量测试与增量测试有什么区别？增量测试如何组装模块？

（7）什么是调试？什么是测试？二者有何区别？

（8）软件测试应该划分为几个阶段？各个阶段应重点测试的内容是什么？

4. 应用题

（1）某程序功能说明书指出，该程序的输入数据为每个学生的学号。其中，学号由以下三个部分构成：

① 入学年份：4 位数字（1 9 0 0 ~ 2 9 9 9）之间的数字。

② 专业编码：0 或 1 开头的 4 位数字。

③ 序号：2 位数字。

试用等价类划分法设计测试用例。

（2）图 13–25 给出了用盒图描绘的一个程序的算法，请用逻辑覆盖法设计测试方案，要求做到语句覆盖和路径覆盖。

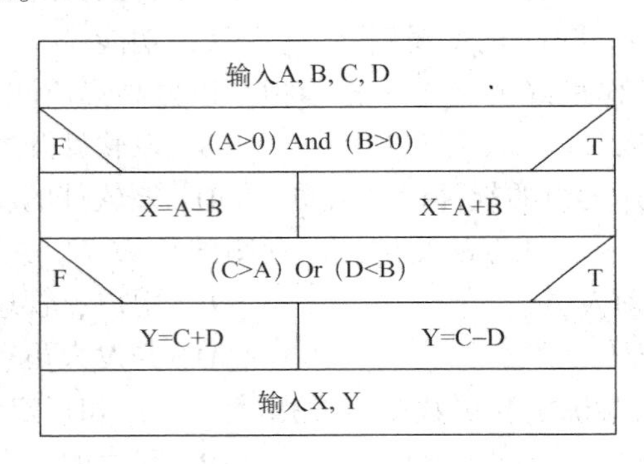

图 13–25　用盒图描绘的算法

第 14 章　软件维护与软件工程管理

本章首先介绍软件维护的概念，包括软件维护的过程和分类、软件的可维护性、软件维护的副作用，以及软件再工程技术；然后阐述软件估算、软件开发进度计划、软件开发人员组织、软件开发风险管理、软件质量保证、软件配置管理、软件工程标准与软件文档、软件过程能力成熟度模型，以及软件项目管理等相关的概念；最后讲述软件复用。

本章目标

- ❑ 熟悉软件维护的基本概念。
- ❑ 了解软件估算的概念、方法、原则与技巧。
- ❑ 掌握制定软件开发进度计划的方法
- ❑ 了解软件开发人员组织的形式。
- ❑ 了解软件开发风险管理的概念。
- ❑ 了解软件质量保证的措施。
- ❑ 了解软件配置管理的相关概念。
- ❑ 熟悉软件工程标准与软件文档的概念。
- ❑ 熟悉软件过程能力成熟度模型。
- ❑ 了解软件项目管理的相关内容。
- ❑ 了解软件复用的概念。
- ❑ 掌握利用 Microsoft Project 管理开发过程。

14.1　软件维护

软件维护是软件产品生命周期的最后一个阶段。在产品交付并投入使用之后，为了解决在使用过程中不断发现的各种问题，保证系统正常运行，同时使系统功能随着用户需求的更新而不断升级，软件维护的工作是非常必要的。概括地说，软件维护就是指在软件产品交付给用户之后，为了改正软件测试阶段未发现的缺陷，改进软件产品的性能，补充软件产品的新功能等，所进行的修改软件的过程。

进行软件维护通常需要软件维护人员与用户建立一种工作关系，使软件维护人员能够充分了解用户的需要，及时解决系统中存在的问题。通常，软件维护是软件生命周期中延续时间最长、工作量最大的阶段。据统计，软件开发机构 60% 以上的精力都用在维护已有的软件产品上。对于大型的软件系统，一般开发周期是 1 ～ 3 年，而维护周期会长达 5 ～ 10 年，维护费用甚至会高达开发费用的 4 ～ 5 倍。

软件维护不仅工作量大、任务重，而且如果维护不恰当，还会产生副作用，引入新的软件缺陷。因此，进行软件维护工作要相当谨慎。

14.1.1 软件维护的过程

可以把软件维护过程看成是一个简化或修改了的软件开发过程。为了提高软件维护工作的效率和质量，降低维护成本，同时使软件维护过程工程化、标准化、科学化，在软件维护的过程中需要采用软件工程的原理、方法和技术。

典型的软件维护的过程可以概括为：建立维护机构，用户提出维护申请并提交维护申请报告，维护人员确认维护类型并实施相应的维护工作，整理维护记录并对维护工作进行评审，以及对维护工作进行评价。

1. 建立维护机构

对于大型的软件开发公司，建立独立的维护机构是非常必要的。维护机构中要有维护管理员、系统监督员、配置管理员和具体的维护人员。对于一般的软件开发公司，虽然不需要专门建立一个维护机构，但是设立一个产品维护小组是必需的。

2. 用户提出维护申请并提交维护申请报告

当用户发现问题并需要解决时，首先应该向维护机构提交一份维护申请报告。申请报告中需要详细记录软件产品在使用过程中出现的问题，如数据输入、系统反应和错误描述等。维护申请报告是维护人员研究问题和解决问题的基础，因此它的正确性和完整性是后续维护工作的关键。

3. 维护人员确认维护类型并实施相应的维护工作

软件维护有多种类型，对不同类型的维护工作所采取的具体措施也有所不同。维护人员根据用户提交的申请报告，对维护工作进行类型划分，并确定每项维护工作的优先级，从而确定多项维护工作的顺序。

在实施维护的过程中，需要完成多项技术性的工作，列举如下。

- 对软件开发过程中的相关文档进行更新。
- 对源代码进行检查和修改。
- 单元测试。
- 集成测试。
- 软件配置评审。

4. 整理维护记录并对维护工作进行评审

为了方便后续的维护评价工作，以及对软件产品运行状况的评估，需要对维护工作进行简单的记录。与维护工作相关的数据量非常庞大，需要记录的数据一般有以下几种。

- 程序标识。
- 使用的程序设计语言及源程序中语句的数目。
- 机器指令的条数。
- 程序交付的日期和程序安装的日期。
- 程序安装后的运行次数。
- 程序安装后运行时发生故障导致运行失败的次数。
- 进行程序修改的次数、修改内容及日期。
- 修改程序而增加的源代码数目。
- 修改程序而删除的源代码数目。
- 每次进行修改所消耗的人力和时间。

- 程序修改的日期。
- 软件维护人员的姓名。
- 维护申请表的标识。
- 维护类型。
- 维护的开始和结束日期。
- 维护工作累计花费的人力和时间。
- 与维护工作相关的纯收益。

维护的实施工作完成后，最好对维护工作进行评审。维护评审可以为软件开发机构的有效管理提供反馈信息，对以后的维护工作产生重要的影响。维护评审时，评审人员应该对以下问题进行总结。

- 在当前的环境下，设计、编码或测试的工作中是否还有改进的余地和必要？
- 缺乏哪些维护资源？
- 维护工作遇到的障碍有哪些？
- 从维护申请的类型来看，是否还需要有预防性维护？

5. 对维护工作进行评价

当维护工作完成时，需要对维护工作完成的好坏进行评价。维护记录中的各种数据是维护评价的重要参考。如果维护记录完成得全面、具体、准确，会在很大程度上方便维护的评价工作。

对维护工作进行评价时，可以参考的评价标准有以下几个。

- 程序运行时的平均出错次数。
- 各类维护申请的比例。
- 处理不同类型的维护，分别消耗的人力、物力、财力和时间等资源。
- 维护申请报告的平均处理时间。
- 维护不同语言的源程序所花费的人力和时间。
- 维护过程中，增加、删除或修改一条源程序语句所花费的平均时间和人力。

14.1.2 软件维护的分类

前面多次提到维护的类型。本节将对维护的分类进行具体介绍。

根据维护工作的特征及维护目的的不同，软件维护可以分为纠错性维护、适应性维护、完善性维护和预防性维护 4 种类型，如图 14-1 所示。

1）纠错性维护是为了识别并纠正软件产品中所潜藏的错误，改正软件性能上的缺陷所进行的维护。在软件的开发和测试阶段，必定有一些缺陷是没有被发现的。这些潜藏的缺陷会在软件系统投入使用之后逐渐暴露出来。用户在使用软件产品的过程中，如果发现了这类错误，可以报告给维护人员，要求对软件产品进行维护。根据资料统计，在软件产品投入使用的前期，纠错性维护的工作量比较大，随着潜藏的错误不断地被发现并处理，纠错性维护的工作量会日趋减少。

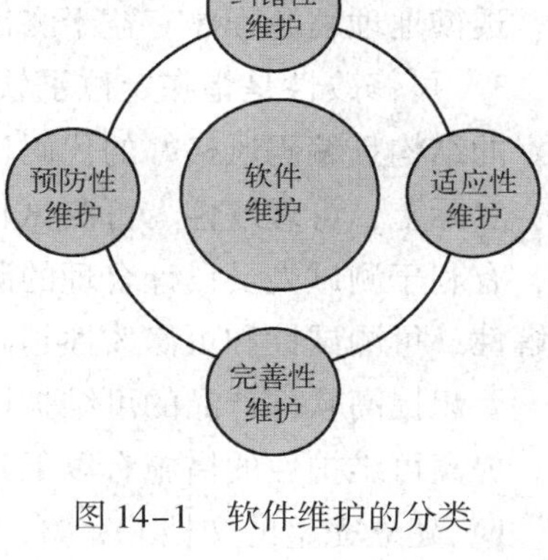

图 14-1 软件维护的分类

2）适应性维护是为了使软件产品适应软硬件环境的变更而进行的维护。随着计算机的飞速发展，软件的运行环境也在不断地升级或更新，比如，软硬件配置的改变、输入数据格式的变化、数据存储介质的变化，以及软件产品与其他系统接口的变化等。如果原有的软件产品不能适应新的运行环境，维护人员就需要对软件产品做出修改。适应性维护是不可避免的。

3）完善性维护是软件维护的主要部分，它是针对用户对软件产品所提出的新需求而进行的维护。随着市场的变化，用户可能要求软件产品能够增加一些新的功能，或者对某方面的功能能够有所改进，这时维护人员就应该对原有的软件产品进行功能上的修改和扩充。完善性维护的过程一般比较复杂，可以看成是对原有软件产品的“再开发”。在所有类型的维护工作中，完善性维护所占的比重最大。此外，要进行完善性维护的工作，一般都需要更改软件开发过程中形成的相应文档。

4）预防性维护主要是采用先进的软件工程方法对已经过时的、很可能需要维护的软件系统的某一部分进行重新设计、编码和测试，以达到结构上的更新，它为以后进一步维护软件打下了良好的基础。实际上，预防性维护是为了提高软件的可维护性和可靠性。形象地讲，预防性维护就是“把今天的方法用于昨天的系统中以满足明天的需要”。在所有类型的维护工作中，预防性维护的工作量最小。

据统计，一般情况下，在软件维护过程中，各种类型的维护的工作量分配如图 14-2 所示。

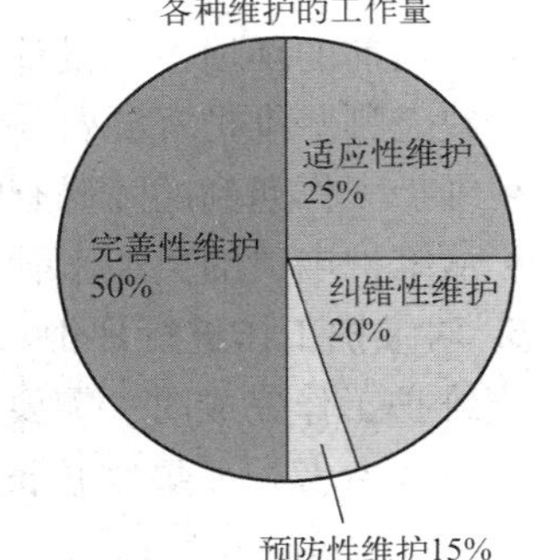

图 14-2　各种维护的工作量比例

14.1.3　软件的可维护性

软件的可维护性是用来衡量对软件产品进行维护的难易程度的标准，它是软件质量的主要特征之一。软件产品的可维护性越高，纠正并修改其错误或缺陷，对其功能进行扩充或完善时，消耗的资源越少，工作越容易。开发可维护性高的软件产品是软件开发的一个重要目标。

影响软件可维护性的因素有很多，如可理解性、可测试性和可修改性等。

1）可理解性是指人们通过阅读软件产品的源代码和文档，来了解软件的系统结构、功能、接口和内部过程的难易程度。可理解性高的软件产品应该具备一致的编程风格，准确、完整的文档，有意义的变量名称和模块名称，以及清晰的源程序语句等特点。

2）可测试性是指诊断和测试软件缺陷的难易程度。程序的逻辑复杂度越低，就越容易测试。透彻地理解源程序有益于测试人员设计出合理的测试用例，从而有效地对程序进行检测。

3）可修改性是指在定位了软件缺陷以后，对程序进行修改的难易程度。一般来说，具有较好的结构且编码风格好的代码比较容易修改。

实际上，可理解性、可测试性和可修改性这三者是密切相关的。可理解性较好的软件产品，有利于测试人员设计合理的测试用例，从而提高了产品的可测试性和可修改性。显然，可理解性、可测试性和可修改性越高的软件产品，它的可维护性就一定越好。

要想提高软件产品的可维护性，软件开发人员需要在开发过程和维护过程中都对其非常重视。提高可维护性的措施有以下几种。

1）建立完整的文档。完整、准确的文档有利于提高软件产品的可理解性。文档包括系统文档和用户文档，它是对软件开发过程的详细说明，是用户及开发人员了解系统的重要依据。完整的文档有助于用户及开发人员对系统进行全面的了解。

2）采用先进的维护工具和技术。先进的维护工具和技术可以直接提高软件产品的可维护性。例如，采用面向对象的软件开发方法、高级程序设计语言及自动化的软件维护工具等。

3）注重可维护性的评审环节。在软件开发过程中，每一阶段的工作完成前，都必须通过严格的评审。由于软件开发过程中的每一个阶段都与产品的可维护性相关，因此对软件可维护性的评审应该贯穿于每个阶段完成前的评审活动中。

在需求分析阶段的评审中，应该重点标识将来有可能更改或扩充的部分。在软件设计阶段的评审中，应该注重逻辑结构的清晰性，并且尽量使模块之间的功能独立。在编码阶段的评审中，要考查代码是否遵循了统一的编写标准，是否逻辑清晰、容易理解。严格的评审工作可以在很大程度上对软件产品的质量进行控制，提高其可维护性。

14.1.4　软件维护的副作用

软件维护是存在风险的。对原有软件产品的一个微小的改动都有可能引入新的错误，造成意想不到的后果。软件维护的副作用主要有3类，包括修改代码的副作用、修改数据的副作用和修改文档的副作用。

1）人类通过编程语言与计算机进行交流，每种编程语言都有严格的语义和语法结构。编程语言的微小错误，哪怕只是一个标点符号的错误，都会造成软件系统无法正常运行。因此，每次对代码的修改都有可能产生新的错误。虽然每次对代码的修改都可能导致新的错误产生，但是相对而言，以下修改更具危险性。

- 删除或修改一个子程序。
- 删除或修改一个语句标号。
- 删除或修改一个标识符。
- 为改进性能所做的修改。
- 修改文件的打开或关闭模式。
- 修改运算符，尤其是逻辑运算符。
- 把对设计的修改转换成对代码的修改。
- 修改边界条件的逻辑测试。

2）修改数据的副作用是指数据结构被改动时有新的错误产生的现象。当数据结构发生变化时，可能新的数据结构不适应原有的软件设计，从而导致错误的产生。比如，为了优化程序的结构将某个全局变量修改为局部变量，如果该变量所存在的模块已经有一个同名的局部变量，那么就会引入命名冲突的错误。会产生副作用的数据修改经常发生在以下几种情况中。

- 重新定义局部变量或全局变量。
- 重新定义记录格式或文件格式。
- 更改一个高级数据结构的规模。
- 修改全局数据。
- 重新初始化控制标志或指针。
- 重新排列输入/输出或子程序的自变量。

3）修改文档的副作用是指在软件产品的内容更改之后没有对文档进行相应的更新，而为以后的工作带来不便的情况。文档是软件产品的一个重要组成部分，它不仅会对用户的使用过程提供便利，还会为维护人员的工作带来方便。如果对源程序的修改没有反映到文档中，或对文档的修改没有反映到源程序中，造成文档与源程序不一致，对后续的使用和维护工作都会带来极大的不便。

对文档资料的及时更新及有效的回归测试有助于减少软件维护的副作用。

14.1.5 软件再工程技术

软件维护使软件的可维护性下降，束缚着新软件的开发。同时，待维护的软件又常常是业务的关键，废弃它们重新开发不仅十分可惜，而且风险较大。软件维护的此类问题引出了软件再工程。软件再工程是一类软件工程活动，通过对旧软件实施处理，增进了对软件的理解，同时又提高了软件自身的可维护性、可复用性等。软件再工程可以帮助软件机构降低软件演化的风险，可使软件将来易于进一步变更，有助于推动软件维护自动化的发展等。

1. 逆向工程

术语“逆向工程”源自硬件领域，是一种通过对产品的实际样本进行检查分析，得出一个或多个关于这个产品的设计和制造规格的活动。软件的逆向工程与此类似，通过对程序的分析，导出更高抽象层次的表示，如从现存的程序中抽取数据、体系结构和过程的设计信息等，是一个设计恢复过程。

逆向工程过程从源代码重构开始，将无结构的源代码转化为结构化的程序代码。这使得源代码易阅读，并为后续的逆向工程活动提供了基础。抽取是逆向工程的核心，内容包括处理抽取、界面抽取和数据抽取。处理抽取可在不同的层次对代码进行分析，包括语句、语句段、模块、子系统和系统。在进行更细的分析之前应先理解整个系统的整体功能。由于 GUI（图形用户界面）给系统带来越来越多的好处，进行用户界面的图形化已成为最常见的再工程活动。界面抽取应先对现存用户界面的结构和行为进行分析和观察。同时，还应从相应的代码中提取有关附加信息。数据抽取包括内部数据结构的抽取、全局数据结构的抽取和数据库结构的抽取等。

逆向工程过程所抽取的信息，一方面可以提供给软件工程师，以便在维护活动中使用这些信息；另一方面可以用来重构原来的系统，使新系统更易维护。

2. 重构

软件重构是对源代码和/或数据进行修改，使其易于理解或维护，以适应将来的变更。通常，重构并不修改整个软件程序的体系结构，而主要关注模块的细节。如果重构扩展到模块边界之外并涉及软件体系结构，则重构就变成了正向工程。

软件重构中代码重构的目标是生成可提供相同功能、更高质量的程序。需要代码重构的模块往往以难于理解、测试和维护的方式编码。为此，用重构工具分析源代码，标注出和结构化程序设计概念相违背的部分，然后重构此代码，复审和测试生成的重构代码，更新代码的内部文档。

和代码重构不同，数据重构发生在相当低的抽象层次上，它是一种全范围的再工程活动。当数据结构较差时，其程序将难以进行适应性修改和增强。数据重构在多数情况下由逆向工程活动开始，理解现存的数据结构，称之为数据分析。数据分析完成后则开始数据重新设计，包括数据记录标准化、数据命名合理化、文件格式转换和数据库类型转换等。

软件重构的好处是，它可以提高程序的质量、改善软件生产率、减少维护工作量，以及使软件易于测试和调试等。

3. 正向工程

正向工程也称为改造，用从现存软件的设计恢复中得到的信息去重构现存系统，以改善其整体质量。在大多数情况下，实行再工程的软件需要重新实现现存系统的功能，并加入新功能和/或改善整体性能。正向工程过程将应用软件工程的原则、概念和方法来重建现存应用。由于软件的原型（现存系统）已经存在，正向工程的生产率将远高于平均水平；同时，又由于用户已对该软件有一定的经验，因而正向工程过程可以很容易地确定新的需求和变化的方向。这些优越性使得再工程比重新开发更有吸引力。

14.2 软件估算

14.2.1 软件估算的概念

软件估算是指以准确的调查资料和项目信息（如人员和设备信息）为依据，从估算对象的历史、现状及其规律性出发，运用科学的方法，对估算对象的规模、所需工作量和成本进行的测定。

软件估算的内容包括软件规模、工作量和进度。对于估算来说，有些可以做得很仔细，而大多数只是凭主观经验判断。所以多数估算难以做到10%以内的精确度，有的甚至误差达几倍，尤其是当估算人员经验不足或估算项目没有可参考凭借时。

软件估算是项目计划的依据，但是多数的软件开发组织没有意识到软件估算的重要性。调查结果如下。

- 35%的组织没有对软件开发的成本和时间进行估算。
- 50%的组织没有记录任何正在进行的项目的相关数据。
- 57%的组织没有使用成本会计。
- 80%的项目在成本或时间上超出预算。
- 超出成本和时间的项目里仅有50%是有意义的超出。
- 进行成本估算的组织里，62%的组织基于主观经验，仅仅16%的组织使用了正式的估算方法，如成本估算模型。

一些组织希望在需求定义投入前就把成本估算的误差控制在10%以内。尽管项目的精确估计越早达到越好，但理论上是不可能实现的。软件开发是一个逐渐改进的过程，在每个阶段，都可能出现影响项目最终成本和进度的决策或困难。不考虑这些问题，将会导致最终估算结果产生很大偏差。对于经验不成熟的估算人员来说，尤其如此。有的项目误差可能达到300%，最终结果却是在投入大量人力、物力和财力之后被迫放弃。

不同的软件开发阶段，估算的对象和使用的方法会有所不同，估算的精确度也不一样。一般来说，随着项目进展，对项目内容了解越多，估算也会越来越精确。

估算既不要过高也不要过低，应该与实际费用尽可能接近。估算的目标是寻找估算与实际的交汇点。在软件企业中，有时估算人员会迫于领导的压力凭直觉压缩估算，往往导致估算误差增大，也给项目组成员造成了更大压力。正确估算很重要，应该根据具体情况，制定不同的估算计划，计划内容可以包括估算的对象说明、估算人员的角色和职责、估算的方法、估算的风险识别、工作量估算，以及估算活动进度安排。大的估算活动还需要取得参与估算人员对估算计划的承诺，交给机构高级管理者审阅后再执行估算活动，确保估算活动顺利进行。

14.2.2 软件估算的方法

估算的方法有很多，大致分为基于分解技术的估算方法和基于经验模型的估算方法两大类。基于分解技术的方法包括功能点估算法、特征点估算法、对象点估算法、代码行（LOC）估算法和 MARK Ⅱ等；基于经验模型的方法包括 IBM 模型、普特南模型和 COCOMO 模型等。

1. 功能点（FP）估算法

功能点估算法是一种在需求分析阶段基于系统功能的一种规模估算方法，也称 IBM 方法。这种方法适用于面向数据库应用的项目早期的规模估算，基于初始应用需求，即需求规格说明书，来确定各种输入和输出数、外部接口数、用户交互数和系统要用的文件数以获得功能点。功能点方法包括 3 个逻辑部分：未调整的功能点、加权因子和功能点。

2. 代码行（LOC）估算法

代码行估算往往是依据经验和组织的历史数据进行估算，多采用 PERT、Delphi、WBS 和类比估算等方法。其优点是计算方便、监控容易、能反映程序员的思维能力；缺点是代码行数不能正确反映一项工作的难易程度及代码的效率，而且编码一般只占系统开发工作量的 10% 左右。高水平的程序员常常能以短小精悍的代码解决问题。对于相同规模的软件，如果只用代码行方法估算，程序员水平的改变将使估算结果失真。所以实际中，代码行估算只是作为一个辅助的估算方法。

3. COCOMO 估算法

COCOMO（Constructive Cost Model，构造性成本模型）是一种软件估算综合经验模型。

COCOMO 模型适用于以下 3 种类型的软件项目。

- 组织型：组织模式较小的、简单的软件项目，开发人员对开发目标理解比较充分，对软件的使用环境很熟悉，受硬件的约束较小，有良好应用经验的小型项目组，针对一组不是很严格的需求开展工作，程序规模一般不是很大。
- 半独立型：一个中等规模和复杂度的软件项目，具有不同经验水平的项目组必须满足严格的或不严格的需求，如一个事务处理系统，对于终端硬件和数据库软件有确定需求。程序规模一般属于中等或较大。
- 嵌入型：要求在紧密联系的硬件、软件和操作限制条件下运行，通常与某种复杂的硬件设备紧密结合在一起。对接口、数据结构和算法的要求高。

4. 软件方程式估算法

软件方程式估算是一个多变量模型，它假定在软件开发项目的整个生命周期中的一个特定的工作量分布。该模型是从 4000 多个当代的软件项目中收集的生产率数据中导出的公式。由于公式基于大量的实际参考数据，因此，准确度比较高。

5. 类比估算法

类比估算通过与历史项目比较来估算新项目的规模或工作量。类比估算的精度一方面取决于项目与历史项目在应用领域、环境及复杂度等方面的相似程度，另一方面取决于历史数据的完整性和准确度。类比估算需要提前建立度量数据库，以及项目完成后的评价与分析机制，保证可信赖的历史数据分析。

6. WBS 估算法

工作任务分解（Work Breakdown Structure，WBS）是 WBS 方法的基础，以可交付成果为导向对项目要素进行细分，直至分解到可以确认的程度。每深入一层，都是对项目工作的更详细定义。WBS 的三要素中，W 代表可以拆分的工作任务；B 表示一种逐步细分和分类的层级结构；S 表示按照一定的模式组织各部分。使用这一方法有以下几个前提条件。

- 项目需求明确，包括项目的范围、约束、功能性需求和非功能需求等，以便于任务分解。
- 完成任务必需的步骤已经明确，以便于任务分解。
- WBS 表确定。

WBS 表可以基于开发过程，也可以基于软件结构划分来进行分解，很多时候都是将两者结合进行划分。WBS 方法基本都是和其他估算方法结合使用，如 Delphi、PERT 方法等。

7. Delphi 估算法

Delphi 估算法是一种专家评估法，在没有历史数据的情况下，通过综合多位专家的估算结果作为最终估算结果的方法。特别适合于需要预测和深度分析的领域，依赖于专家的评估能力，一般来说可以获得相对客观的结果。

Delphi 估算法的基础假设如下。

- 如果多位专家基于相同的假设独立地做出了相同的评估，那么该评估多半是正确的。
- 必须确保专家针对相同的正确的假定进行估算工作。

8. PERT 估算法

PERT 估算法是一种基于统计原理的估算法，对指定的估算单元（如规模、进度或工作量等），由直接负责人给出 3 个估算结果，分别为乐观估计、悲观估计和最可能估计，对应有最小值、最大值和最可能值。然后通过公式计算期望值和标准偏差，并用其表述估算结果。

PERT 方法通常与 WBS 方法结合使用，尤其适用于专家不足的情况下。当然，如果有条件结合 Delphi 方法，将会大大提高估算结果的准确性。

9. 综合估算法

WBS、Delphi 和 PERT 方法经常综合使用，以期获得更为准确的估算。在这种综合估算法中，WBS 是估算的基础，将作业进行分解，并用 WBS 表格给出；然后每位专家针对作业项使用 PERT 估算法，得出期望值；再用 Delphi 方法综合评估专家结果。

14.2.3 软件估算的原则与技巧

估算毕竟只是预计，与实际值必定存在差距。在实际工作中，注意结合以下估算原则和技巧，有利于提高估算的准确度。

1）估算时间越早，误差越大。但有估算总比没估算好。

2）估算能够用来辅助决策。良好的估算有利于项目负责人做出符合实际的决策。

3）在项目计划中预留估算时间，并做好估算计划。

4）避免无准备估算，估算前收集到的数据越多，越利于估算结果的准确性。

5）估算尽量实现文档化，以便于将估算经验应用于以后的估算中。

6）尽量结合以前的项目估算数据和经验，有利于提高当前估算的准确度。

7）估算工作单元最好有一个合适的粒度，而且各单元之间最好互相独立。

8）尽量考虑各类因素，如假期、会议和验收检查等影响估算结果的因素。

9）尽量使用专用人士做估算员，若涉及代码量，最好让负责实现该任务的程序员来估算。

10）使用估算工具，提高估算精度和速度。

11）结合多种估算方法，从不同角度进行估算。

估算的目的是得到准确结果，而不是寻求特定结果。比如，不要因为预算不够而刻意压低估算，或隐匿不确定成本等。

14.3 软件开发进度计划

项目管理者的目标是定义全部项目任务，识别出关键任务，规定完成各项任务的起、止日期，跟踪关键任务的进展状况，以保证能及时发现拖延进度的情况。为了做到这一点，管理者必须制定一个足够详细的进度表，以便监督项目进度，并控制整个项目。

14.3.1 Gantt 图

Gantt 图（甘特图）是一种能有效显示行动时间规划的方法，也称横道图或条形图。甘特图把计划和进度安排两种职能结合在一起，纵向列出项目活动，横向列出时间跨度。每项活动计划或实际的完成情况用横道线表示。横道线还显示了每项活动的开始时间和终止时间。某项目进度计划的甘特图如图 14-3 所示。

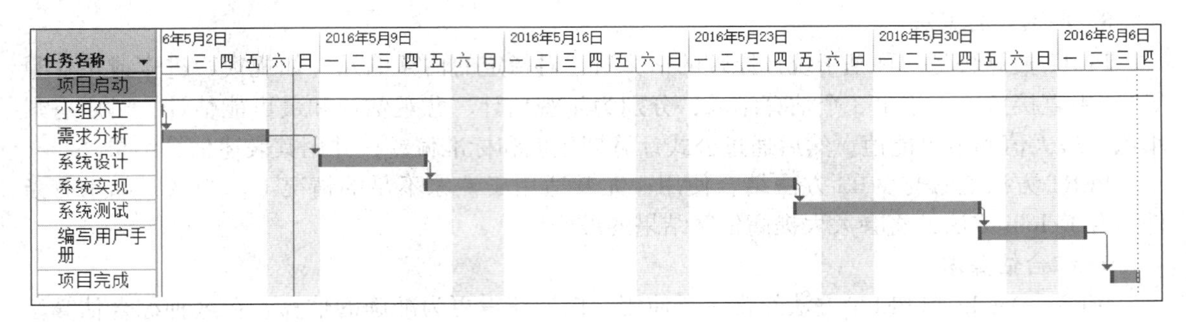

图 14-3 某项目进度计划的甘特图

14.3.2 PERT 图

PERT 图也称“计划评审技术”，它采用网络图来描述一个项目的任务网络。不仅可以表达子任务的计划安排，还可以在任务计划执行过程中估计任务完成的情况，分析某些子任务完成情况对全局的影响，找出影响全局的区域和关键子任务，以便及时采取措施，确保整个项目的完成。

PERT 图是一个有向图，图中的有向弧表示任务，它可以标上完成该任务所需的时间；图中的结点表示流入结点的任务的结束，并开始流出结点的任务，这里把结点称为事件。只有当流入该结点的所有任务都结束时，结点所表示的事件才出现，流出结点的任务才可以开始。事件本身不消耗时间和资源，它仅表示某个时间点。每个事件有一个事件号，以及出现该事件的最早时刻和最迟时刻。每个任务还有一个松弛时间，表示在不影响整个工期的前提下，完成该任务有多少机动余地。松弛时间为 0 的任务构成了完成整个工程的关键路径。

PERT 图不仅给出了每个任务的开始时间、结束时间和完成该任务所需的时间，还给出了任务之间的关系，即哪些任务完成后才能开始另外一些任务，以及如期完成整个工程的关键路径。松弛时间则反映了完成某些任务是可以推迟其开始时间或延长其所需的完成时间。但是

PERT 图不能反映任务之间的并行关系。

某项目的 PERT 图如图 14-4 所示。

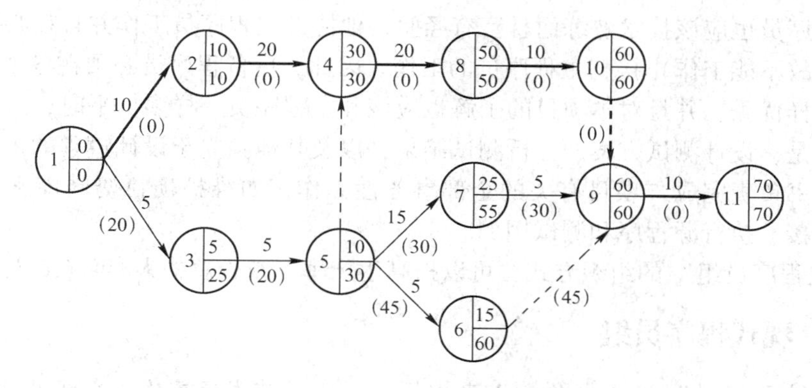

图 14-4　某项目的 PERT 图

1-2 是建立计划，2-4 是编程，4-8 是测试代码，8-10 是测试系统，1-3 是购买硬件，3-5 是安装，5-7 是撰写手册，5-6 是转化，7-9 是培训，9-10 是用户测试

关键路径如图 14-4 粗黑线所示，该项目最短完成时间为 70。

14.4　软件开发人员组织

为了成功地完成软件开发工作，项目组成员必须以一种有意义且有效的方式彼此交互和通信。如何组织项目组是一个管理问题，管理者必须合理地组织项目组，使项目组有较高的生产率，能够按预定的进度计划完成所承担的工作。经验表明，项目组组织得越好，其生产率越高，而且产品质量也越高。

组织软件开发人员的方法取决于所承担的项目的特点、以往的组织经验，以及软件开发公司负责人的看法和喜好。

14.4.1　民主制程序员组

民主制程序员组的一个重要特点是，小组成员完全平等，享有充分民主，通过协商做出技术决策，对发现错误抱着积极的态度，这种积极态度有助于更快速地发现错误，从而导致高质量的代码；小组有高度凝聚力，组内学术空气浓厚，有利于攻克技术难关。因此，小组成员间的通信是平行的，如果一个小组有 n 个成员，则可能的通信信道有 n(n-1)/2 条。但其缺点是，如果小组人员比较多的话，通信量会非常大；如果组内多数成员技术水平不高，或是缺乏经验的新手，很有可能不能完成项目。

14.4.2　主程序员组

为了使少数经验丰富、技术高超的程序员在软件开发过程中能够发挥更大作用，程序设计小组也可以采用主程序员组的组织方式。

主程序员组核心人员的分工如下。

- 主程序员既是成功的管理人员，又是经验丰富、能力强的高级程序员，负责体系结构设计和关键部分（或复杂部分）的详细设计，并且负责指导其他程序员完成详细设计和编码工作。程序员之间没有通信渠道，所有接口问题都由主程序员处理。因为主程序员要对每行代码的质量负责，所以他还要对其他成员的工作成果进行复查。

- 后备程序员也应该技术熟练而且富有经验，他协助主程序员工作并且在必要时（如主程序员因故不能工作）接替主程序员的工作。因此，后备程序员必须在各个方面都和主程序员一样优秀，并且对本项目的了解也应该和主程序员一样多。平时，后备程序员的主要工作是，设计测试方案、分析测试结果，以及其他独立于设计过程的工作。
- 编程秘书负责完成与项目有关的全部事务性工作，如维护项目资料库和项目文档，编译、链接、执行源程序和测试用例。

使用“主程序员组”的组织方式，可以提高生产率，减少总的人/年（或人/月）数。

14.4.3 现代程序员组

实际的“主程序员”应该由两个人来担任：一个是技术负责人，负责小组的技术活动；一个是行政负责人，负责所有非技术的管理决策。由于程序员组的成员人数不宜过多，当软件项目规模较大时，应该把程序员分成若干个小组（每组2～8人）。

把民主制程序员组和主程序员组的优点结合起来，是在合适的地方采用分散做决定的方法。这样做有利于形成畅通的通信渠道，以便充分发挥每个程序员的积极性和主动性，集思广益，攻克技术难关。

14.5 软件开发风险及其管理

14.5.1 软件开发风险

软件开发风险是一种不确定的事件或条件，一旦发生，会对项目目标产生某种正面或负面的影响。风险有其成因，同时，如果风险发生，也会导致某种后果。风险大多数会随着项目的进展而变化，不确定性会随之逐渐减少。

风险具有下列3个属性。

- 风险事件的随机性：风险事件是否发生、何时发生、后果怎样？许多事件发生都遵循一定的统计规律，这种性质称为随机性。
- 风险的相对性：风险总是相对项目活动主体而言，同样的风险对于不同的主体有不同的影响。
- 风险的可变性：辩证唯物主义认为，任何事情和矛盾都可以在一定条件下向自己的反面转化，这里的条件指活动涉及的一切风险因素，当这些条件发生变化时，必然会引起风险的变化。

按照不同的分类标准，风险可以分为不同的类别。

- 按风险后果划分，可以分为纯粹风险和投机风险。
- 按风险来源划分，可以分为自然风险和人为风险。
- 按风险是否可管理划分，可以分为可以预测并可采取相应措施加以控制的风险；反之，则为不可管理的风险。
- 按风险影响范围划分，可以分为局部风险和总体风险。
- 按风险的可预测性划分，可以分为已知风险、可预测风险和不可预测风险。

- 按风险后果的承担者划分，可以分为业主风险、政府风险、承包商风险、投资方风险、设计单位风险、监理单位风险、供应商风险、担保方风险和保险公司风险等。

14.5.2 软件开发风险管理

风险管理就是预测在项目中可能出现的最严重的问题（伤害或损失），并采取必要的措施来处理。风险管理不是项目成功的充分条件。但是，没有风险管理却可能导致项目失败。项目实行风险管理的好处如下。

- 通过风险分析，可加深对项目和风险的认识和理解，澄清各方案的利弊，了解风险对项目的影响，以便减少或分散风险。
- 通过检查和考虑所有到手的信息、数据和资料，可明确项目的各有关前提和假设。
- 通过风险分析不但可提高项目各种计划的可信度，还有利于改善项目执行组织内部和外部之间的沟通。
- 编制应急计划时更有针对性。
- 能够将处理风险后果的各种方式更灵活地组合起来，在项目管理中减少被动，增加主动。
- 有利于抓住机会，利用机会。
- 为以后的规划和设计工作提供反馈，以便在规划和设计阶段就采取措施防止和避免风险损失。
- 风险即使无法避免，也能够明确项目到底应该承受多大损失或损害。
- 为项目施工、运营选择合同形式和制订应急计划提供依据。
- 通过深入的研究和情况了解，可以使决策更有把握，更符合项目的方针和目标，从总体上使项目减少风险，保证项目目标的实现。
- 可推动项目执行组织和管理班子积累有关风险的资料和数据，以便改进将来的项目管理。

风险管理内容如图14-5所示。

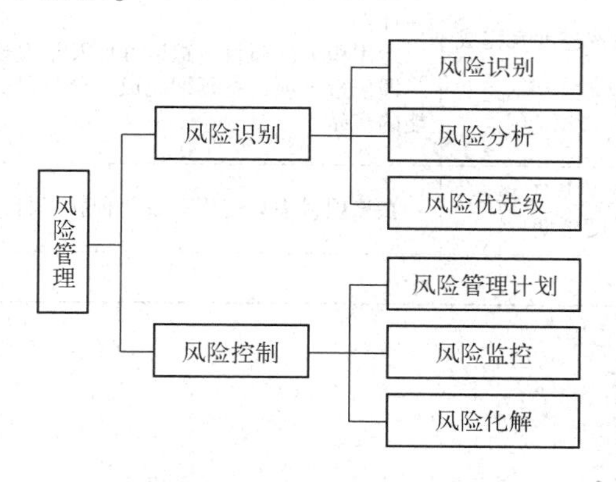

图14-5　软件开发风险管理内容

风险识别分为3步：收集资料；估计项目风险形势；识别风险。风险可能来自于计划编制、组织和管理、开发环境、最终用户、客户、承包商、需求、产品、外部环境、人员、设计和实现，以及过程等方面。

风险分析分为6步：确定风险关注点；估计损失大小；评估损失的概率；计算风险暴露

量；整个项目的延期；整个项目的缓冲。

风险优先级按照总体风险值降序排列所有风险，找出引起80%损失的20%的风险。

风险控制包括以下几个方面。

1）制订风险管理计划，对每种风险建立一份风险管理计划。

2）找出风险管理者。

3）建立匿名风险反馈通道。

4）风险监控。

5）风险化解。

一个主要的风险管理工具就是10项首要风险清单，它指明了项目在任何时候面临的最大风险。项目组应当在开始需求分析之前就初步列一张风险清单，并且直到项目结束前不断更新这张清单。项目经理和风险管理负责人应定期回顾这张清单，这种回顾应包含在计划进度表中，以免遗忘。

一张典型的风险清单如表14-1所示。

表14-1　风险清单样例

本周	上周	周数	风险	风险解决的情况
1	1	5	需求的逐渐增加	利用用户界面原型来收集高质量的需求； 已将需求规约置于明确的变更控制程序之下； 运用分阶段交付的方法在适当的时候提供能力来改变软件特征（如果需要的话）
2	5	5	有多余的需求或开发人员	项目要旨的陈述中要说明软件中不需要包含哪些东西；设计的重点放在最小化；评审中有核对清单用以检查“多余设计或多余的实现”
3	2	4	发布的软件质量低	开发用户界面原型，以确保用户能够接受这个软件；使用符合要求的开发过程；对所有的需求、设计和代码进行技术评审；制订测试计划，以确保系统测试能测试所有的功能；系统测试由独立的测试员来完成
4	7	5	无法按进度表完成	要避免在完成需求规约之前对进度表做出约定；在花费代价最小的早期进行评审，以发现并解决问题；在项目进行过程中，要对进度表反复估计； 运用积极的项目追踪以确保及早发现进度表的疏漏之处。 即使整个项目将延期完成，分阶段交付计划允许先交付只具备部分功能的产品
5	4	2	开发工具不稳定，造成进度延期	在该项目中只使用一或两种新工具，其余的都是过去项目用过的
			……	……

14.6　软件质量保证

14.6.1　软件质量的基本概念

质量是产品的生命线，保证软件产品的质量是软件产品生产过程的关键。ANSI/IEEE729—183把软件质量定义为“与软件产品满足规定的和隐含的需要的能力有关的特征或特性的组合”。也就是说，软件产品包含一系列的特征或特性，这些特征或特性可以对产品在性能、功能和开发标准化等各方面的绩效进行度量。软件产品的质量越高，其相关特征或特性就越能满足用户的需求。实际上，可以通俗地说，软件质量是指软件系统满足用户需要或期望的程度。高质量的软件产品意味着较高的用户满意度和较低的缺陷等级，它较好地满足了用户需求，具有高水平的可维护性和可靠性。

不难理解，软件的质量是由多种因素决定的，它等价于软件产品的一系列质量特性。根据 ISO Standard 9126 的定义，软件质量的特性包括功能性、可靠性、可用性、效率、可维护性和可移植性。软件质量的每项特性的定义如下。

1）功能性：符合一组功能及特定性质的属性的组合。

2）可靠性：在规定的时间和条件下，软件维持其性能水平能力的属性的组合。

3）可用性：衡量软件产品在运行中使用灵活、方便的程度。

4）效率：完成预期功能所需的时间、人力和计算机资源等指标。

5）可维护性：当系统的使用环境发生变化、用户提出新的需求或者系统在运行中产生了错误时，对潜在的错误或缺陷进行定位，并修改或对原系统的结构进行变更的难易程度。

6）可移植性：反映了把软件系统从一种计算机环境移植到另一种计算机环境所需要的工作量的多少。

有关软件质量特性的定义还有很多种，除 ISO Standard 9126 的定义外，McCall 软件质量特性模型也很受人们欢迎。McCall 软件质量特性模型把与软件质量相关的多种特性划分为运行、维护和移植 3 个方面，如图 14-6 所示。

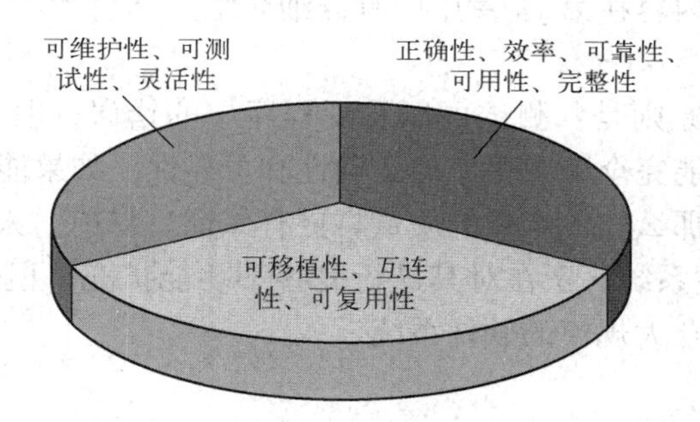

图 14-6　McCall 软件质量特性模型

McCall 软件质量特性模型中的每种特性的定义如下。

- 正确性：系统在预定的环境下，正确完成系统预期功能的程度。
- 效率：完成预期功能所需的时间、人力和计算机资源等指标。
- 可靠性：在规定的时间和条件下，软件维持其性能水平能力的属性的组合。
- 可用性：衡量软件产品在运行中使用灵活、方便的程度。
- 完整性：保存必要的数据，使之免受偶然或有意的破坏、改动或遗失的能力。
- 可维护性：当系统的使用环境发生变化、用户提出新的需求或者系统在运行中产生了错误时，对潜在的错误或缺陷进行定位，并修改或对原系统的结构进行变更的难易程度。
- 可测试性：测试软件系统，使之能够完成预期功能的难易程度。
- 灵活性：对一个已投入运行使用的软件系统进行修改时所需工作量多少的度量。
- 可移植性：反映了把软件系统从一种计算机环境移植到另一种计算机环境所需要的工作量的多少。
- 互连性：将一个软件系统与其他软件系统相连接的难易程度。
- 可复用性：软件系统在其他场合下被再次使用的程度。

14.6.2 软件质量保证的措施

在软件开发实践中，可以采取多种方法保证软件产品的质量。下面介绍几种常用的方法。

1. 基于非执行的测试

非执行的测试是指不具体执行程序的测试工作，也称为软件评审。非执行的测试需要贯穿于整个软件开发过程。在项目开发前期，软件开发人员需要制订详细的开发计划及评审计划，标识各阶段的检查重点和阶段工作的预期输出，为以后的阶段评审做准备。

在项目的阶段评审工作中，要保证评审工作的严格性和规范性。首先，评审人员要具备相应的资格和能力，评审团队的规模及任务分配要合理。每次评审都需要做详细的评审记录，并给出明确的评审结果。对于不合规范的工作成果还要给出修改意见。

软件评审的具体实施手段包括设计评审、审查、走查和个人评审等。

2. 基于执行的测试

基于执行的测试是指通过具体地执行程序，观察实际输出和预期输出的差异，来发现软件产品错误的方法。软件开发人员通常使用一种或几种自动测试工具对系统进行测试。但是，由于手工测试灵活性高的特点，手工测试也是必需的。

测试人员可以使用黑盒测试或白盒测试的方法设计测试用例进行测试。软件测试有利于及早揭示软件缺陷，其相关内容在第 13 章中已有详细介绍。

3. 程序的正确性证明

软件测试有一条重要原则是：测试可以发现程序中的错误，但是不能证明程序中没有错误。可见，软件测试并不能完全证明程序的正确性和可靠性。如果能采用某种方法对软件系统运行的正确性进行证明，那么软件产品的质量将更有保证。目前，人们已经研究出证明 Pascal 和 LISP 程序正确性的软件系统，正在对其进行完善和功能扩充。但是，这些系统还只适用于小型的软件系统，并不适合大规模的软件系统。

14.7 软件配置管理概述

软件的开发过程中，常常产生大量的文档和程序版本，如立项报告、需求规格说明书、概要设计文档、详细设计文档、编码设计说明、源代码、可执行程序、用户手册、测试计划、测试用例、测试结果和在线文档等，此外还可能有合同、会议记录、报告和审核等管理文档。在软件开发中，还常常存在对这些文档的大量变更。在人员方面，随着软件规模越来越大，很多项目拥有上千名开发人员，而且可能分布于世界各地，有不同的文化和社会背景。如何有效地组织和管理这些内容，对于项目的成败和效率影响非常重大。

14.7.1 软件配置管理术语

软件配置是软件产品在生命周期的各个阶段中产生的文档、程序和数据的各个配置项的合理组合。软件从建立到维护的过程中，产生变更是不可避免的。软件配置管理就是一种标识、组织和控制变更的技术，目的是使由变更而引起的错误降至最少，从而有效地保证产品的完整性和生产过程的可视性。

由于软件配置管理涉及很多概念，为了便于深入理解，下面给出一些软件配置管理的相关术语，这些术语主要基于 GB/T 12505—90 规范。

1. 项目委托单位

项目委托单位是指为产品开发提供资金，通常也是（但有时未必）确定产品需求的单位或个人。

2. 项目承办单位

项目承办单位是指为项目委托单位开发、购置，或选用软件产品的单位或个人。

3. 软件开发单位

软件开发单位是指直接或间接受项目委托单位而直接负责开发软件的单位或个人。

4. 用户

用户是指实际使用软件来完成某项计算、控制或数据处理等任务的单位或个人（即软件的最终使用者）。

5. 软件

软件是指计算机程序，以及有关的数据和文档，也包括固化到硬件中的程序。

IEEE 给出的定义是：计算机程序、方法、规则、相关的文档资料，以及在计算机上运行时所必需的数据。

6. 配置

配置是指在配置管理中，软件或硬件所具有的（即在技术文档中所陈述的或产品所实现的）那些功能特性和物理特性。

7. 软件对象

软件对象是在项目进展过程中产生的、可由软件配置管理加以控制的任何实体。每个软件对象都具有唯一的一个标识符、一个包含实体信息的对象实体、一组用于描述其自身特性的属性与关系，以及用于与其他对象进行关系操作与消息传递的机制。

软件对象按其生成方式可分为源对象与派生对象，按其内部结构可分为原子对象与复合对象，按照软件开发的不同阶段可分为可变对象与不可变对象。

8. 软件生命周期

软件生命周期是指从对软件系统提出应用需求开始，经过开发，产生出一个满足需求的计算机软件系统，然后投入实际运行，直至软件系统退出使用的整个过程。这一过程分为 3 个主要阶段，系统分析与软件定义、软件开发、系统运行与维护。其中软件开发阶段又分为需求分析、概要设计、详细设计、编码与单元测试、组装与集成测试、系统测试、安装与验收等 7 个阶段。

9. 软件开发库

软件开发库是指在软件生命周期的某一阶段中，存放与该阶段软件开发工作有关的计算机可读信息和人工可读信息的库。

10. 配置项

GB/T 11457—1995《软件工程术语》中对配置项的定义为：为了配置管理目的而作为一个单位来看待的硬件和/或软件成分，满足最终应用功能并被指明用于配置管理的硬件/软件，或它们的集合。

软件配置管理的对象是软件配置项，它们是在软件工程过程中产生的信息项。在 ISO 9000—3 中的，配置项可以是以下内容。

- 与合同、过程、计划和产品有关的文档和数据。
- 源代码、目标代码和可执行代码。

- 相关产品，包括软件工具、库内的可复用软件/构件、外购软件及用户提供的软件。

上述信息的集合构成软件配置，其中每一项称为一个软件配置项，这是配置管理的基本单位。软件配置项基本可划分为两种类别。

- 软件基准。经过正式评审和认可的一组软件配置项（文档和其他软件产品），它们可作为下一步的软件开发工作基础。只有通过正式的变更控制规程才能更改基准。比如，详细设计是编码工作的基础，详细设计文档是软件基准的配置项之一。
- 非基准配置项。没有正式评审或认可的一组软件配置项。

配置标识的命名必须唯一，以便用于追踪和报告配置管理项的状态。通常情况下，配置项标识常常采用层次命名的方式，以便能够快速地识别配置项，比如，某一即时通信软件的登录配置项可以命名为 IM_ Log_ 001、IM_Log_002 等。

根据软件的生命周期，一般把配置管理项分为 4 种状态，如图 14-7 所示。4 种状态之间的联系具有方向性，实线箭头所指方向的状态变化是允许的，虚线表示为了验证或检测某些功能或性能而重新执行相应的测试，正常情况下不沿虚线方向变化。

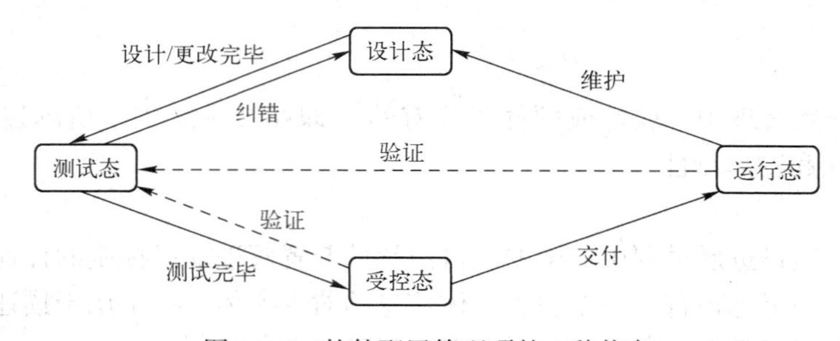

图 14-7　软件配置管理项的 4 种状态

11. 配置标识

配置标识由系统所选的配置项，以及记录它们功能和物理特性的技术文档组成；经核准的配置项的技术文档由说明书、图和表等组成。为了方便对配置项进行控制和管理，需要对它们进行唯一的命名。

配置标识的主要目的是对变更配置项的软件行为及变更结果提供一个可跟踪的手段，避免软件开发行为在不受控或混乱的情况下进行，也有利于软件开发工作以基线渐进的方式完成。

12. 配置管理

配置管理是指对配置管理过程中的各个对象进行监视和管理。如对配置项的功能特性和物理特性进行标识并写成文档；对这些特性的更改进行控制；对更改处理过程和实施状态进行记录和报告；以及对是否符合规定需求进行验证等。

13. 版本

版本是某一配置项的已标识的实例。或者也可定义为：不可变的源对象经质量检验合格后所形成的新的相对稳定的状态（配置）。

14. 基线

基线是指一个配置项在其生命周期的某一特定时间，被正式标明、固定并经正式批准的版本。也可以说，基线是软件生命期中各开发阶段末尾的特定点，也常称为里程碑。所有成为基线的软件配置项协议和软件配置的正式文本必须经过正式的技术审核。通过基线，各阶段的任务划分更加清晰，本来连续的工作在这些点上断开，作为阶段性的成果。基线的作用就是进行质量控制，是开发进度表上的一个参考点与度量点，是后续开发的稳定基础。基线的形成实际上就是对某些配置项进行冻结。一般情况下，不允许跨越基线修改另一阶段的文档。比如，一旦完成系统设计，经过正式审核之后，设计规格说明就成为基线，在之后的编码和测试等阶段，一般不允许修改设计文档；如果存在重大的设计变更，则必须通过正式的流程由系统设计人员对系统设计进行修正，并重新生成基线。

基线又分为功能基线、分配基线、产品基线和过程能力基线等。

15. 版本控制

版本控制就是管理在整个软件生命周期中建立起来的某一配置项的不同版本。

14.7.2 配置管理的过程

配置管理的工作范围一般包括 4 个方面：标识配置项、进行配置控制、记录配置状态和执行配置审计。

1. 标识配置项

配置项是配置管理中的基本单元，每个配置项应该包含相应的基本配置管理信息。标识配置项就是要给配置项取一个合适的名称。所有的软件产品都要进行配置项的标识，该标识符应该具有唯一性，并且要遵循特定的版本命名规律，以便于管理和追踪。比如，V2015.0.1、V2016.1.2 等。

2. 进行配置控制

进行配置控制是配置管理的关键，包括访问控制、版本控制、变更控制和产品发布控制等。

1）访问控制通过配置管理中的“软件开发库”“软件基线库”和“软件产品库”来实现，每个库对应着不同级别的操作权限，为团队成员授予不同的访问权利。

2）版本控制是指用户能够对适当的版本进行选择，从而获得需要的系统配置，它往往使用自动的版本控制工具来实现，如 Git。

3）变更控制是应对软件开发过程中各种变化的机制，可以通过建立控制点和报告与审查制度来实现。

4）产品发布控制面向最终发布版本的软件产品，旨在保证提交给用户的软件产品版本是完整、正确和一致的。

3. 记录配置状态

记录配置状态的目的是使配置管理的过程具有可追踪性。配置状态报告记录了软件开发过程中每一次配置变更的详细信息，包括改动的配置项、改动内容、改动时间和改动人等。配置状态报告是开发人员之间进行交流的重要工具，对项目的成功来说非常重要。

4. 执行配置审计

配置审计是为了保证软件工作产品的一致性和完整性，从而保证最终软件版本产品发布的正确性。

软件的配置管理贯穿于整个软件开发过程，可以建立和维护整个软件生命周期内软件产品的完整性。目前市场上流行的配置管理工具有很多，如微软公司的 Visual Source Safe（VSS）、Rational 公司的 Clear Case，以及 Github 公司的 Git 等。

14.7.3 配置管理的角色划分

比较合理的基于软件配置管理的团队成员一般包含以下几个角色。

- 负责软件小组的项目经理。
- 负责软件配置管理规程和方针的配置管理者。
- 负责软件产品开发与产品维护的软件工程师。
- 负责验证产品正确性的测试者。
- 负责确保产品质量的质量保证经理。
- 使用产品的用户。

不同的角色可以根据团队自身情况由相同的人担任，不过，配置管理建议这些角色由不同的人担任，以保证每个成员能够专注于自身的角色。

项目经理的目标是确保产品在一定的时间框架内开发，其任务是监视开发过程并发现问题，及时解决出现的问题。而这些问题又必须通过分析软件系统的现状报告及评审系统才能完成。

配置管理者的目标是确保代码的创建、变更和测试等活动都执行相应的程序和方针，并使有关工程的信息都可访问。为了实施控制代码变更，管理者需要制定变更请求、变更评估、变更允许的策略和方法。管理者需要为每个成员和相关工程创建和分配任务表。同时，管理者还要收集和统计软件系统各部件的信息。

软件工程师的目标是实现产品。由于工程师彼此之间需要协作和沟通，而又不能影响彼此的工作，所以通常每个工程师都有自己独立的工作区域用于创建、变更、测试和集成代码。而软件配置管理可以将工程师的工作成果以代码基线渐进的方式保存，以便于延续以后的开发工作和对不同目标的并行开发。

测试者的目标是保证产品的所有内容都是经过充分测试并符合要求的。包括对产品的某个版本进行的测试，以及将测试结果与该版本一起保存。需要回归测试时，可以相对容易地追踪到错误的发生版本及原因，并将其反馈给开发人员。

质量保证经理的目标是确保产品的高质量。制定的程序和方针必须以适当的方法完全贯彻执行。错误和漏洞必须得到修改和重新测试。用户对产品的意见也必须得到跟踪和响应。

不同的用户使用的产品版本有时是不同的，用户需要遵循制定的程序来进行变更请求和参与改进产品。

14.8 软件工程标准与软件文档

14.8.1 软件工程标准

1. 软件工程标准化的定义

在软件工程项目中，为了便于项目内部不同人员之间交流信息，要制定相应的标准来规范软件开发过程和产品。

随着软件工程学的发展，软件开发工作的范围从只是使用程序设计语言编写程序，扩展到整个软件生命期，包括软件需求分析、设计、实现、测试、运行和维护，直到软件退役。

软件工程还有一些管理工作，如过程管理、产品质量管理和开发风险管理等。所有这些工作都应当逐步建立其标准或规范。由于计算机技术发展迅速，在未形成标准之前，计算机行业中先使用一些约定，然后逐渐形成标准。软件工程标准化就是对软件生命周期内的所有开发、维护和管理工作都逐步建立起标准。

软件工程标准化给软件开发工作带来的好处主要有以下几点。

- 提高软件的可靠性、可维护性和可移植性，因而可提高软件产品的质量。
- 提高软件的生产率。
- 提高软件开发人员的技术水平。
- 改善软件开发人员之间的通信效率，减少差错。
- 有利于软件工程的管理。
- 有利于降低软件成本和缩短软件开发周期。

2. 软件工程标准的分类

软件工程标准的类型有许多，包括过程标准（如方法、技术及度量等）、产品标准（如需求、设计、描述及计划报告等）、专业标准（如职业、道德准则、认证、特许及课程等）和记法标准（如术语、表示法及语言等）。

根据中华人民共和国国家标准 GB/T 15538—1995《软件工程标准分类法》，软件工程标准的分类，主要有以下 3 种。

1）FIPS 135。这是美国国家标准局发布的《软件文档管理指南》（National Bureau of Standards，Guideline for Software Documentation Management，FIPS PUB 135，June 1984）。

2）NSAC－39。这是美国核子安全分析中心发布的《安全参数显示系统的验证与确认》（Nuclear Safety Analysis Center，Verification and Validation from Safety Parameter Display Systems，NASC－39，December 1981）。

3）ISO 5807—985。这是国际标准化组织公布的《信息处理——数据流程图、程序流程图、程序网络图和系统资源图的文件编制符号及约定》，现已成为中华人民共和国国家标准 GB 1526—1989。

这个标准规定了图表的使用，而且对软件工程标准的制定具有指导作用，可启发人们去制定新的标准。

3. 软件工程标准的层次

根据软件工程标准的制定机构与适用范围，软件工程标准可分为国际标准、国家标准、行业标准、企业规范和项目（课题）规范 5 个等级。

（1）国际标准

由国际标准化组织 ISO（Intemational Standards Organization）制定和公布，供世界各国参考的标准。该组织所公布的标准具有很大的权威性。如 ISO 9000 是质量管理和质量保证标准。

（2）国家标准

由政府或国家级的机构制定或批准，适用于全国范围的标准。主要有以下几类。

- GB：中华人民共和国国家质量技术监督局是中国的最高标准化机构，它所公布实施的标准简称为“国标”。如软件开发规范 GB 8566—1995、计算机软件需求说明编制指南 GB 9385—1988、计算机软件测试文件编制规范 GB 9386—1988 和软件工程术语 GB/T 11457—1989 等。
- ANSI（Amencan National Standards Institute）：美国国家标准协会。这是美国一些民间标准化组织的领导机构，具有一定的权威性。
- BS（British Standard）：英国国家标准。
- DIN（Deutsches Institut Fur Normung，German Standards Orgamzation）：德国标准协会（德国标准化组织）。

• JIS（Japanese Industrial Standard）：日本工业标准。

(3) 行业标准

由行业机构、学术团体或国防机构制定的适合某个行业的标准。主要有以下几类。

• IEEE（Institute of Electrical and Electronics Engineers）：美国电气与电子工程师协会。

• GJB：中华人民共和国国家军用标准。

• DOD－STD（Deartment Of Defense STanDard）：美国国防部标准。

• MIL－S（MILitary－Standard）：美国军用标准。

(4) 企业规范

大型企业或公司所制定的适用于本单位的规范。

(5) 项目（课题）规范

某一项目组织为该项目制定的专用的软件工程规范。

14.8.2 软件文档

文档是指某种数据介质和其中所记录的数据。软件文档是用来表示对需求、过程或结果进行描述、定义、规定或认证的图示信息，它描述或规定了软件设计和实现的细节。在软件工程中，文档记录了从需求分析到产品设计，再到产品实现及测试的过程，甚至到产品交付及交付后的使用情况等各个阶段的相关信息。

软件文档的编制在软件开发工作中占有突出的地位和相当的工作量。具体来讲，文档一方面充当了各个开发阶段之间的桥梁，作为前一阶段的工作成果及结束标志，它使分析有条不紊地过渡到设计，再使设计的成果物化为软件。

另一方面，文档在团队的开发中起到了重要的协调作用。随着科学技术的发展，现在几乎所有的软件开发都需要一个团队的力量。团队成员之间的协调与配合不能仅靠口头交流，而是要靠编制规范的文档。它告诉每个成员应该做什么，不应该做什么，应该按着怎样的要求去做，以及要遵守哪些规范。此外，还有一些与用户打交道的文档成为用户使用软件产品时最得力的助手。

合格的软件工程文档应该具备以下几个特性。

1）及时性。在一个阶段的工作完成后，此阶段的相关文档应该及时地完成，而且开发人员应该根据工作的变更及时更改文档，保证文档是最新的。可以说，文档的组织和编写是不断细化、不断修改、不断完善的过程。

2）完整性。应该按有关标准或规范，将软件各个阶段的工作成果写入有关文档，极力防止因丢失一些重要的技术细节而造成源代码与文档不一致的情况出现，从而影响文档的使用价值。

3）实用性。文档的描述应该采用文字、图形等多种方式，语言准确、简洁、清晰、易懂。

4）规范性。文档编写人员应该按有关规定采用统一的书写格式，包括各类图形、符号等的约定。此外，文档还应该具有连续性、一致性和可追溯性。

5）结构化。文档应该具有非常清晰的结构，内容上要脉络清楚，形式上要遵守标准，让人易读、易理解。

6）简洁性。切忌无意义地扩充文档，内容才是第一位的。充实的文档在于用简练的语言深刻而全面地对问题展开论述，而不在于文档的字数多少。

总体上说，软件工程文档可以分为用户文档、开发文档和管理文档3类，如表14-2所示。

表14-2　软件文档的分类

文档类型	文档名称
用户文档	用户手册 操作手册 修改维护建议 用户需求报告
开发文档	软件需求规格说明书 数据要求说明书 概要设计说明书 详细设计说明书 可行性研究报告 项目开发计划
管理文档	项目开发计划 测试计划 测试分析报告 开发进度月报 开发总结报告

下面是对几个重要文档的说明。

1）可行性研究报告：说明该软件开发项目的实现在技术上、经济上和社会因素上的可行性，评述为了合理地达到开发目标可供选择的各种可能实施的方案。

2）项目开发计划：为软件项目实施方案而制订的具体计划，应该包括各项工作的负责人员、开发的进度、开发经费的预算，以及所需的硬件和软件资源等。

3）软件需求规格说明书：也称软件规格说明书，是对所开发软件的功能、性能、用户界面及运行环境等做出的详细说明。

4）概要设计说明书：是概要设计阶段的工作成果，它应说明功能分配、模块划分、程序的总体结构、输入/输出，以及接口设计、运行设计、数据结构设计和出错处理设计等，为详细设计奠定基础。

5）详细设计说明书：重点描述每一模块是怎样实现的，包括实现算法、逻辑流程等。

6）用户手册：详细描述软件的功能、性能和用户界面，使用户了解如何使用该软件。

7）测试计划：为组织测试而制订的实施计划，包括测试的内容、进度、条件、人员、测试用例的选取原则和测试结果允许的偏差范围等。

8）测试分析报告：是在测试工作完成以后提交的测试计划执行情况的说明。对测试结果加以分析，并提出测试的结论意见。

14.9　软件过程能力成熟度模型

软件过程能力成熟度模型（Capability Maturity Model，CMM）是用于评估软件能力与成熟度的一套标准，它由美国卡内基梅隆大学软件工程研究所推出，侧重于软件开发过程的管理及工程能力的提高与评估，是国际软件业的质量管理标准。

软件过程能力成熟度模型认为，软件质量难以保证的问题在很大程度上是由管理上的缺陷造成的，而不是由技术方面的问题造成的。因此，软件过程能力成熟度模型从管理学的角度出发，通过控制软件的开发和维护过程来保证软件产品的质量。它的核心是对软件开发和维护的全过程进行监控和研究，使其科学化、标准化，能够合理地实现预定目标。

此外，软件过程能力成熟度模型建立在很多软件开发实践经验的基础上，汲取了成功的实践因素，指明了一个软件开发机构在软件开发方面需要管理哪些方面的工作、这些工作之间的关系，以及各项工作的优先级和先后次序等，进而保证软件产品的质量，使软件开发工作更加高效、科学。

软件过程能力成熟度模型的内容如图 14-8 所示。

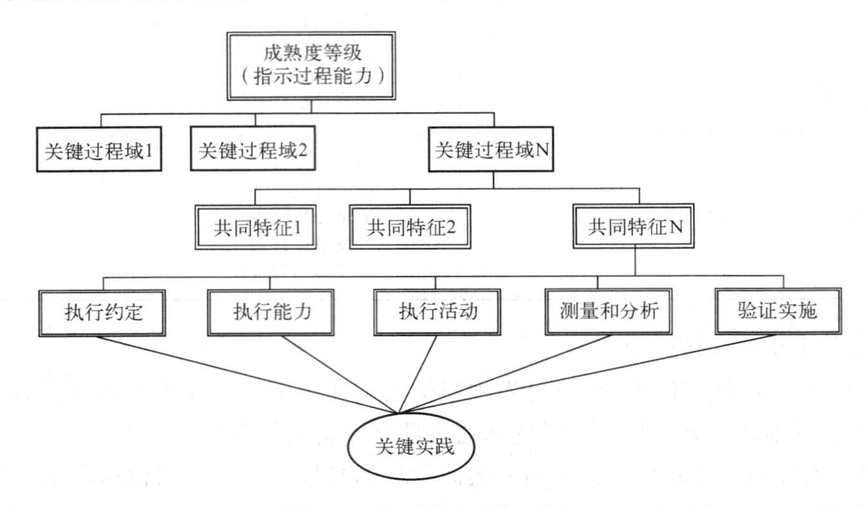

图 14-8　软件过程能力成熟度模型图

软件过程能力成熟度模型中包含 5 个成熟度等级，它们描述了过程能力，即通过遵循一系列软件过程的标准所能实现预期结果的程度。这 5 个等级分别是初始级、可重复级、已定义级、已管理级和优化级，如图 14-9 所示。5 个成熟度等级构成了软件过程能力成熟度模型的顶层结构。

图 14-9　软件过程能力成熟度模型的成熟度等级

初始级的软件过程是无秩序的，它几乎处于无步骤可循的状态。管理是随机的，软件产品的成功往往取决于个人。在可重复级，已建立了基本的项目管理过程，对成本、进度和功能特性可进行跟踪，并且在借鉴以往经验的基础上制定了必要的规范。在已定义级，用于管理和工程两个方面的过程均已文档化、标准化，并形成了整个软件组织的标准软件过程，所有项目均使用经过批准、裁减的标准软件过程来开发和维护软件。已管理级的软件过程和产品质量有详细的度量标准，并且得到了定量的认证和控制。优化级的软件过程可以通过量化反馈和先进的新思想、新技术来不断地、持续性地改进。

在软件过程能力成熟度模型中，每个成熟度等级都由若干个关键过程域组成。关键过程域是指相互关联的若干个软件实践活动和相关设施的集合，它指明了改善软件过程能力应该关注的区域，以及为达到某个成熟度等级应该重点解决的问题。达到某个成熟度等级的软件开发过程必须满足相应等级上的全部关键过程域。

对于每个关键过程域，都标识了一系列为完成一组相同目标的活动。这一组目标概括了关键域中所有活动应该达到的总体要求，表明了每个过程域的范围、边界和意图。关键过程域为了达到相应的目标，组织了一些活动的共同特征，用于描述有关的职责。

关键实践是指在基础设施或能力中对关键过程域的实施和规范化起重大作用的部分。关键实践以5个共同特征加以组织：执行约定、执行能力、执行活动、测量和分析，以及验证实施。对于每一个特征，其中的每一项操作都属于一个关键实践。

1）执行约定：企业为了保证过程建立，并且在建立后继续长期有效而必须采取的行动，一般包括构建组织方针和获得高级管理者的支持。

2）执行能力：描述了组织和实施软件开发过程的先决条件，包括资源获取、人员职责分配等。

3）执行活动：指实施关键过程域时所必需的角色和规程，一般涉及计划制订、跟踪与监督、修正措施等。

4）测量和分析：对过程的执行状况进行测量，并对执行结果进行分析。

5）验证实施：保证软件开发过程按照已建立的标准或计划执行。

CMMI是一种“集成模型”，是将CMM模型（即软件能力成熟度模型SW－CMM、系统工程能力成熟度模型SE－CMM和集成产品开发能力成熟度模型IPD－CMM）结合在一起。它是一个参考模型，涵盖了开发产品与服务的活动。由于篇幅有限，这里就不进一步讲述CMMI了。

14.10 软件项目管理

14.10.1 软件项目管理概述

软件项目管理是为了使软件项目能够按照预定的成本、进度和质量顺利完成，而对人员、产品、过程和项目进行分析和管理的活动。

软件项目管理的根本目的是为了让软件项目尤其是大型项目的整个软件生命周期（从分析、设计、编码到测试、维护全过程）都能在管理者的控制之下，以预定成本按期、按质地完成软件开发并交付用户使用。而研究软件项目管理是为了从已有的成功或失败的案例中总结出能够指导今后开发的通用原则和方法，同时避免前人的失误。

软件项目管理包含五大过程。

- 启动过程——确定一个项目或某阶段可以开始，并要求着手实行。
- 计划过程——进行（或改进）计划，并且保持（或选择）一份有效的可控的计划安排，确保实现项目的既定目标。
- 执行过程——协调人力和其他资源，并执行计划。
- 控制过程——通过监督和检测过程确保项目目标的实现，必要时采取一些纠正措施。
- 收尾过程——取得项目或阶段的正式认可，并且有序地结束该项目或阶段。

同时，软件项目管理涉及9个知识领域，包括整体管理、范围管理、时间管理、成本管理、质量管理、人力资源管理、沟通管理、风险管理和采购管理。软件项目管理中的9个知识领域与5大过程的关系如表14-3所示。

表 14-3　9 个知识领域与 5 大过程的关系

	启动	计划	执行	控制	收尾
整体管理		制订项目计划	执行项目计划	整体变更控制	
范围管理	启动	活动定义、安排、历时估算、进度安排		进度控制	
时间管理		活动定义、安排、历时估算、进度安排		进度控制	
成本管理		资源计划编制、成本估算、预算		成本控制	
质量管理		质量计划编制	质量保证	质量控制	
人力资源管理		组织计划编制、人员获取	团队开发		
沟通管理		沟通计划编制	信息发布	执行状况报告	管理收尾
风险管理		风险计划编制、风险识别、定性风险分析、定量风险分析、风险应对计划编制		风险监督、控制	
采购管理		采购计划编制、询价计划编制	询价、供货方选择、合同管理		

14.10.2　软件项目管理与软件工程的关系

软件工程与软件项目管理都是围绕软件产品开发的管理。软件工程是软件开发方法论，是关于如何开发出好的软件产品；软件项目管理是软件产品的开发管理形式，项目目标是项目的绩效。软件工程对于任何软件项目都具有指导性，而软件项目管理是落实软件工程思想的载体。

14.11　软件复用

复用也称为再用或重用，是指同一事物不做修改或稍加改动就可多次重复使用。显然，软件复用是降低软件成本、提高软件生产率和软件质量的非常合理、有效的途径。

广义地说，软件复用可划分成以下 3 个层次：知识复用（如软件工程知识的复用）；方法和标准的复用（如面向对象方法、国家标准局制定的软件开发规范或某些国际标准的复用）；软件成分的复用。这里着重讨论软件成分的复用问题。软件成分的复用可以划分为以下 3 个级别。

1. 代码复用

代码复用应用最广，通常把它理解为调用库中的模块。实际上，代码复用也可以采用下列几种形式中的任何一种。

- 源代码剪贴：这是最原始的复用形式。这种复用方式的缺点是，复制或修改原有代码时可能出错。更糟糕的是，存在严重的配置管理问题，人们几乎无法跟踪原始代码块多次修改复用的过程。
- 源代码包含：许多程序设计语言都提供包含库中源代码的机制。使用这种复用形式时，配置管理问题有所缓解，因为修改了库中源代码之后，所有包含它的程序自然都必须重新编译。

- 继承：利用继承机制复用类库中的类时，无须修改已有的代码，就可以扩充或具体化在库中找出的类，因此，基本上不存在配置管理问题。

2. 设计结果复用

设计结果复用是指复用某个软件系统的设计模型（即求解域模型）。这个级别的复用有助于把一个应用系统移植到完全不同的软、硬件平台上。

3. 分析结果复用

分析结果复用是一种更高级别的复用，即复用某个系统的分析模型。这种复用特别适用于用户需求未改变，但系统体系结构发生了根本变化的场合。

具体来说，可能被复用的软件成分主要有以下 10 种。

- 项目计划。软件项目计划的基本结构和许多内容（如 SQA 计划）都是可以跨项目复用的。这样做减少了用于制订计划的时间，也降低了与建立进度表和进行风险分析等活动相关联的不确定性。
- 成本估计。因为在不同项目中经常含有类似的功能，所以有可能在只做极少修改或根本不做修改的情况下，复用对该功能的成本估计结果。
- 体系结构。即使在考虑不同的应用领域时，也很少有截然不同的程序和数据体系结构，因此，有可能创建一组类属的体系结构模板（如事务处理体系结构），并把那些模板作为可复用的设计框架。
- 需求模型和规格说明。类和对象的模型及规格说明是明显的复用的候选者，此外，用传统软件工程方法开发的分析模型（如数据流图）也是可复用的。
- 设计。用传统方法开发的体系结构、数据、接口和过程设计结果，是复用的候选者，更常见的是，系统和对象设计是可复用的。
- 源代码。用兼容的程序设计语言书写的、经过验证的程序构件，是复用的候选者。
- 用户文档和技术文档。即使针对的应用是不同的，也经常有可能复用用户文档和技术文档的大部分。
- 用户界面。这可能是最广泛被复用的软件成分，GUI（图形用户界面）软件经常被复用。因为它可占到一个应用程序的 60% 代码量，因此，复用的效果非常显著。
- 数据。在大多数经常被复用的软件成分中，被复用的数据包括内部表、列表和记录结构，以及文件和完整的数据库。
- 测试用例。一旦设计或代码构件将被复用，相关的测试用例应该“附属于”它们。

复用过程包括两个并发的子过程：领域工程和软件工程。领域工程的目的是在特定的应用领域中标识、构造、分类和传播一组软件成分。然后，软件工程在开发新系统的过程中选取适当的软件成分供复用。

分析和设计可复用构件的技术，使用与良好的软件工程实践中相同的概念和原理。可复用构件应该在这样一个环境中设计：该环境为每个应用领域建立标准的数据结构、接口协议和程序体系结构。

基于构件的开发使用数据交换模型、自动化工具、结构化存储及底层对象模型，以利用已有的构件来构造应用系统。对象模型通常遵守一个或多个构件标准（如 OMG/CORBA），构件标准定义了应用系统访问可复用对象的方式。软件构件的分类模式使得开发者能够发现和检索可复用的构件，这些分类模式遵照明确的标识概念、内容和语境的 3C 模型。枚举分类、刻面分类和属性 – 值分类是众多构件分类模式中的典型代表。

14.12　实验：利用 Project 管理“‘墨韵’读书会书籍共享平台”的开发过程

本节通过对“书籍共享平台”的开发过程进行管理，来演示 Project 的用法。

1）启动 Project 2016，在菜单栏中选择“文件”→“新建”命令，工作界面中会出现一个“新建”窗口，如图 14-10 所示。该窗口中显示了可用的模板，如果没有合适模板，则可以使用搜索功能，系统会自动到 Office 官方网站上搜索合适的模板，如搜索“项目计划”模板，如图 14-11 所示。

图 14-10　新建项目

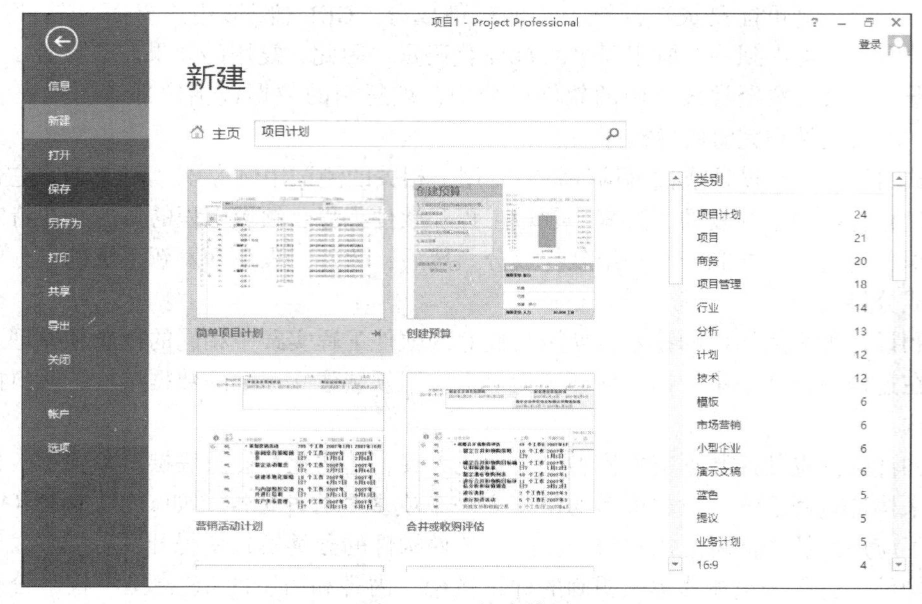

图 14-11　搜索模板

2）搜索到相关模板后，下载到本地，如图 14-12 所示。接下来所要做的工作就是对这份计划进行修改以适合“书籍共享平台”开发过程的需要，初始模板如图 14-13 所示。

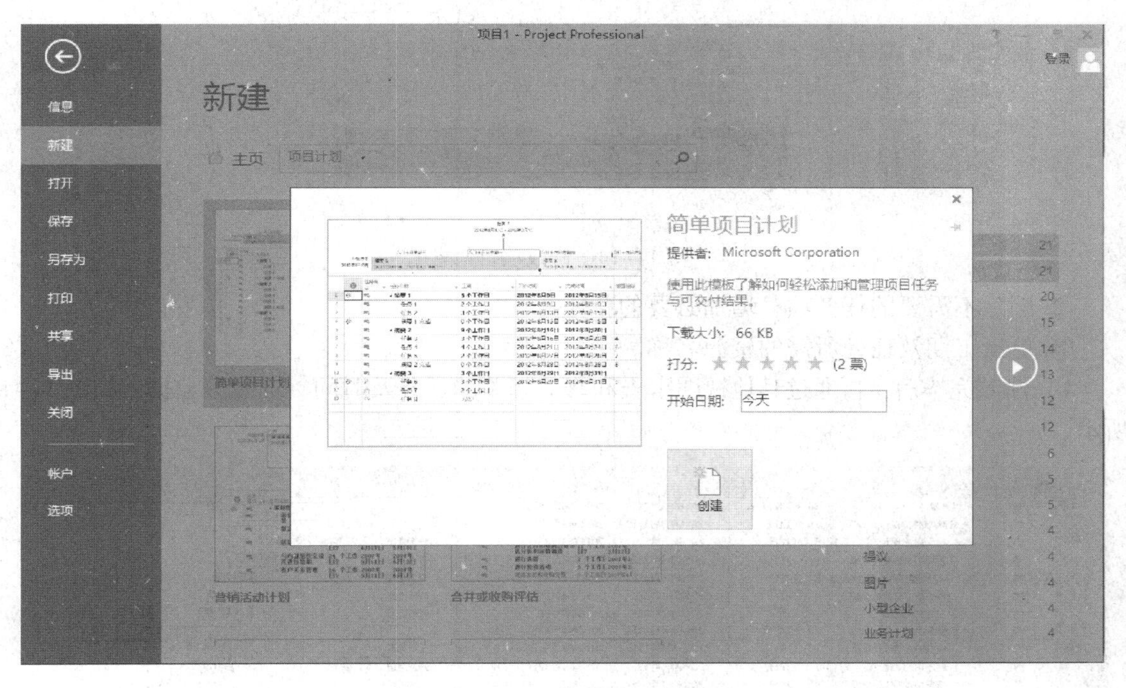

图 14-12　下载模板到本地

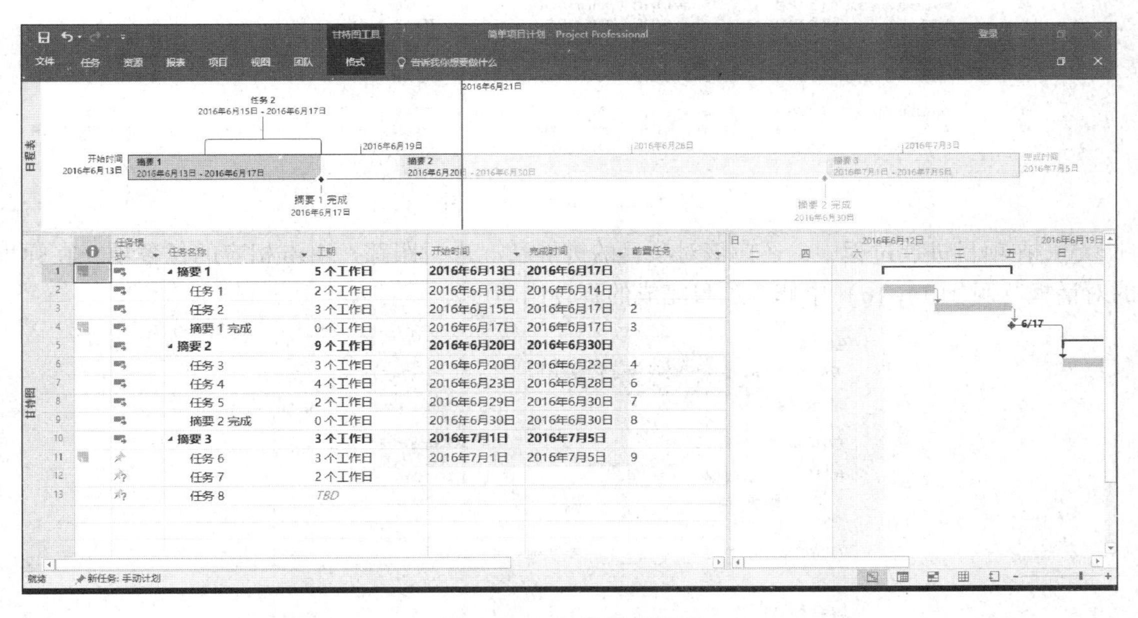

	任务模式	任务名称	工期	开始时间	完成时间	前置任务
1		摘要 1	5 个工作日	2016年6月13日	2016年6月17日	
2		任务 1	2 个工作日	2016年6月13日	2016年6月14日	
3		任务 2	3 个工作日	2016年6月15日	2016年6月17日	2
4		摘要 1 完成	0 个工作日	2016年6月17日	2016年6月17日	3
5		摘要 2	9 个工作日	2016年6月20日	2016年6月30日	
6		任务 3	3 个工作日	2016年6月20日	2016年6月22日	4
7		任务 4	4 个工作日	2016年6月23日	2016年6月28日	6
8		任务 5	2 个工作日	2016年6月29日	2016年6月30日	7
9		摘要 2 完成	0 个工作日	2016年6月30日	2016年6月30日	8
10		摘要 3	3 个工作日	2016年7月1日	2016年7月5日	
11		任务 6	3 个工作日	2016年7月1日	2016年7月5日	9
12		任务 7	2 个工作日			
13		任务 8	TBD			

图 14-13　初始模板模板

3）根据“书籍共享平台”开发团队的时间限制和项目规模的实际情况，删除不需要的任务，增加需要的新任务，并更新每项任务的工期。

① 在菜单栏中选择“项目”→“项目信息”命令，在弹出的对话框（见图 14-14）中，把项目的开始日期改为其实际开始日期，并选择合适的日程排定方法及日历。

图 14-14　修改项目信息

② 删除不需要的任务项，增加必要的新任务。

③ 更新工期及任务所需的资源名称。

4）删减完毕后，再通过其他视图审查和修剪相关的任务及时间、资源等数据，如图 14-15 所示。

	任务名称	工期	开始时间	完成时间	前置任务	人员
1	**软件开发**	**60 个工作日**	**2016年3月21日**	**2016年6月10日**		
2	**分析/软件需求**	**15 个工作日**	**2016年3月21日**	**2016年4月8日**		
3	行为需求分析	5 个工作日	2016年3月21日	2016年3月25日		分析人员
4	起草初步的软件规范	5 个工作日	2016年3月28日	2016年4月1日	3	分析人员
5	工作组共同审阅软件规范	2 个工作日	2016年4月4日	2016年4月5日	4	需求经理
6	根据反馈修改软件规范	2 个工作日	2016年4月6日	2016年4月7日	5	分析人员
7	制定交付期限	1 个工作日	2016年4月8日	2016年4月8日	6	项目经理
8	**系统设计**	**10 个工作日**	**2016年4月11日**	**2016年4月22日**	**2**	
9	审核初步的软件规范	1 个工作日	2016年4月11日	2016年4月11日	7	开发经理
10	制定功能规范	1 个工作日	2016年4月12日	2016年4月12日	9	开发经理
11	根据功能规范开发原型	5 个工作日	2016年4月13日	2016年4月19日	10	开发人员
12	审阅功能规范	1 个工作日	2016年4月20日	2016年4月20日	11	开发经理
13	根据反馈修改功能规范	1 个工作日	2016年4月21日	2016年4月21日	12	开发人员
14	完成设计工作	1 个工作日	2016年4月22日	2016年4月22日	13	开发人员
15	**开发**	**35 个工作日**	**2016年4月25日**	**2016年6月10日**	**8**	
16	审阅功能规范	2 个工作日	2016年4月25日	2016年4月26日	14	开发经理
17	确定模块化/分层设计参数	3 个工作日	2016年4月27日	2016年4月29日	16	开发人员
18	分派任务给开发人员	1 个工作日	2016年5月2日	2016年5月2日	17	开发人员
19	编写代码	9 个工作日	2016年5月3日	2016年5月13日	18	开发人员
20	开发人员测试	4 个工作日	2016年5月16日	2016年5月19日	19	开发人员

图 14-15　审查任务工作

5）在项目进展过程中，还应该对项目的进展情况进行跟踪。双击相应的任务项，在弹出的对话框（见图 14-16）中修改项目完成的百分比即可。

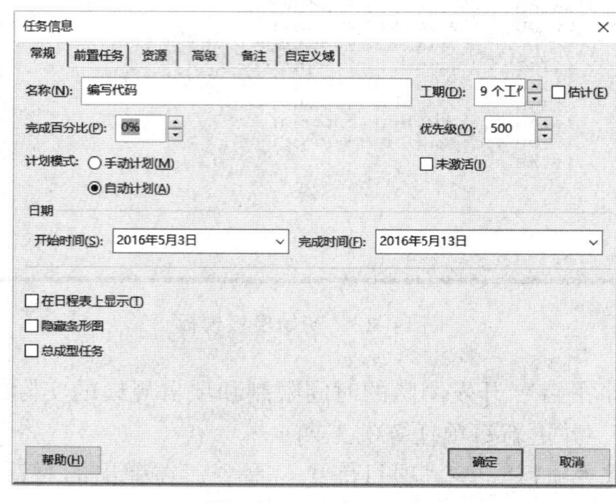

图 14-16　项目跟踪

至此，读者应该已经对如何使用 Project 2016 有了基本的了解。

习题

1. 判断题

（1）代码行技术是比较简单的定量估算软件规模的方法。（　　）

（2）功能点技术依据对软件信息域特性和软件复杂性的评估结果，估算软件规模。（　　）

（3）常用的制订进度计划的工具主要有 Word 和 Excel 两种。（　　）

（4）民主制程序员组的一个重要特点是，小组成员完全平等，享有充分民主，通过协商做出技术决策。（　　）

（5）主程序员组的两个关键特性是专业化和层次性。（　　）

（6）现代程序员组中，技术组长既负责技术工作，又负责非技术事务。（　　）

（7）风险有两个显著特点，一个是不确定性，另一个是损失。（　　）

（8）回避风险是指，风险倘若发生，就接受后果。（　　）

（9）软件质量保证的措施主要有，基于非执行的测试（也称为复审）、基于执行的测试和程序正确性证明。（　　）

（10）总体上说，软件工程文档可以分为用户文档、开发文档和管理文档 3 类。（　　）

（11）文档是影响软件可维护性的决定因素。（　　）

（12）适应性维护是在软件使用过程中，用户会对软件提出新的功能和性能要求，为了满足这些新的要求而对软件进行修改，使之在功能和性能上得到完善和增强的活动。（　　）

（13）进行软件维护活动时，直接修改程序，无须修改文档。（　　）

（14）软件生命周期的最后一个阶段是书写软件文档。（　　）

（15）CMM 是指导软件开发的一种面向对象的新技术。（　　）

2. 选择题

（1）软件工程针对维护工作的主要目标是提高软件的可维护性，降低（　　）。

A. 维护的效率　　B. 维护的工作量　　C. 文档　　D. 维护的代价

（2）（　　）的作用是为有效、定量地进行管理，把握软件工程过程的实际情况和它所产生的产品质量。

A. 估算　　B. 度量　　C. 风险分析　　D. 进度安排

（3）LOC 和 FP 是两种不同的估算技术，但两者有许多共同的特征，只是 LOC 和 FP 技术对于分解所需要的（　　）不同。

A. 详细程度　　B. 分解要求　　C. 使用方法　　D. 改进过程

（4）项目团队原来有 6 个成员，现在又增加了 6 个成员，这样沟通渠道增加了多少？（　　）

A. 4.4 倍　　B. 2 倍　　C. 6 倍　　D. 6 条

（5）下列哪项不是风险管理的过程？（　　）。

A. 风险规划　　B. 风险识别　　C. 风险评估　　D. 风险收集

（6）按照软件配置管理的原始指导思想，受控制的对象应是（　　）。

A. 软件过程　　B. 软件项目　　C. 软件配置项　　D. 软件元素

（7）下面（　　）不是人们常用的评价软件质量的 4 个因素之一。

A. 可理解性　　B. 可靠性　　C. 可维护性　　D. 易用性

（8）使用软件时提出增加新功能，就必须进行（　　）维护。

A. 预防性　　B. 适应性　　C. 完善性　　D. 纠错性

（9）软件维护的副作用是指（　　）。

A. 运行时误操作　　B. 隐含的错误

C. 因修改软件而造成的错误　　D. 开发时的错误

（10）软件文档是软件工程实施的重要成分，它不仅是软件开发各阶段的重要依据，而且也影响软件的（　　）。

A. 可用性　　B. 可维护性　　C. 可扩展性　　D. 可移植性

（11）影响软件可维护性的主要因素不包括（　　）。

A. 可修改性　　B. 可测试性　　C. 可用性　　D. 可理解性

（12）CMM 表示（　　）。

A. 软件过程成熟度模型　　B. 软件配置管理

C. 软件质量认证　　D. 软件重用

3. 简答题

（1）请简述软件项目管理和软件工程的区别和关系。

（2）请简述软件估算的意义。

（3）怎样进行代码行 LOC 度量？怎样进行功能点 FP 度量？

（4）请简述制订进度计划的两种方式。

（5）目前项目开发时常用的小组组织方法有哪些？

（6）请简述主程序员组的优缺点。

（7）民主制和主程员制各存在什么问题？

（8）如何进行软件项目的风险分析？

（9）请简述软件质量的定义。

（10）针对软件质量保证问题，最有效的办法是什么？

（11）软件配置管理的目的是什么？

（12）请简述软件配置管理的工作内容。

（13）为什么要进行软件维护？软件维护的作用有哪些？

（14）软件维护的副作用表现在哪 4 个方面？

（15）请简述软件文档的意义。

（16）假设你所在的信息系统开发公司指定你为项目负责人。你的任务是开发一个应用系统，该系统类似于你的小组以前做过的那些系统，不过这个规模更大而且更复杂一些。需求已经由客户写成了完整的文档。你将选用哪种小组结构？为什么？你准备采用哪（些）种软件过程模型？为什么？

附录 课程设计

附录A 课程设计指导

课程设计的目的是使学生进一步加深理解并综合运用软件工程化的思想、知识、技术和方法，提高综合运用软件工程化思想和技术方法开发实际应用软件的素质和能力；另外，体会出用软件工程开发方法与一般程序设计方法的不同之处，在对所开发的系统进行软件计划、需求分析和设计的基础上，实现并测试实际，并通过一系列规范化软件文档的编写和系统实现，具备实际软件项目分析、设计、实现和测试的基本动手能力。

学生应该初步掌握软件工程的基础知识，能够综合运用所学知识及合适的过程模型组队实现具有一定复杂度的软件系统。

软件工程是理论与实践结合非常紧密的学科，建议学生在学习的过程中，采用理论到实践，再回归理论的学习策略。如果条件允许，可以尝试选择合适的题目进行课程设计。通过实际的项目将所学的知识串联起来，同时也是对所学知识的检验。开发软件切忌眼高手低，一定要通过深入参与完整的软件项目来深入体会软件工程相关的知识理论。很多问题，只有在实际的工作中才能发现；解决了这些问题，才能够真正提高能力。

1. 项目准备

对于软件工程课程的课程设计，项目准备主要包括选题、组建团队、确定团队工作方式和制定项目进度等工作。

大多数院系的软件工程课程设计的要求如下：题目自选，时间为10周左右，将学生划分为多个项目组，每组4～6人，确定1名项目经理，组员之间既分工又协作。这种形式的课程设计安排在各高校应该是比较普遍的。

一般来说，课程设计开始后，首先要完成的是选题、组队，并确定团队的工作方式和开发进度。这部分可以认为是项目开始、需求之前的事项。可以先选题，后组队；也可先组队，后选题。这依具体情况而定。如果有比较好的点子，可以以自己的点子为题，寻找自己认为合适的同学来组成团队。而若是几位同学有过共同合作的经历，或是彼此比较熟悉，为此先建一个关系融洽的团队，然后再确定选题当然也是可行的。

2. 项目选题

软件工程有一整套理论和方法体系，当前绝大多数的软件都是按照这套体系来实施的，很多项目也因此取得了很好的成效。但问题是，软件工程的思想并不适用于所有软件，软件工程的具体理论和方法在实际应用中也是需要合理变通的。

那么，什么样的软件不适于采用软件工程的思想来开发呢？例如，下面几种软件都不适合采用软件工程的思想来开发。

- 算法相对密集，性能要求较高，而功能需求很简单。
- 一个裁剪图片的脚本。
- 类似于Google的搜索引擎。

……

在确定选题时，应该避免选择这类软件选题。因为软件工程实际上是采用一种工程化的方法来开发软件，以提高团队开发的效率，保证开发软件的质量。非功能密集型、非流程复杂型的软件，是难以用工程化的方法和手段对其开发过程加以促进的。

一般来说，应该尽量选择功能需求较多、流程较复杂的软件选题。这样的软件项目，采用软件工程的方式来开发是非常合适的。作为学生的课程设计，一般是自主选题。既然给了自主选题的机会，那么很有必要选择一个好的题目。选题是否满足上述的功能需求较多、流程较复杂这一条件，是课程设计选题时的一个重要考虑因素。

由于软件工程课程设计的目的是让学生从实践中领会和理解软件工程，因此在课程设计的选题问题上，应避免选择技术性较强、开发难度大的软件项目，相反，技术难度应越小越好，但项目的功能和流程应该能完整地体现实际要求。如小型信息系统、办公系统及网上书店之类的软件项目，一般都是符合上述需求的，选择这样的题目是合适的。例如，可以选择一个简单的会议管理系统，其主要的要求都集中在功能和流程上，技术难度也很小，用软件工程的方式来开发，可以说是麻雀虽小，五脏俱全。

选择了一个符合上述要求的题目后，还需要依照可行性对选题进行一定的限定和优化。课程设计一般对团队人数和开发周期都有限制，需要依此来确定项目的规模和范围，以使项目能在规定的时间内顺利完成。学生的课程设计虽然没有必要像大型项目那样做一份专业的可行性报告，但也需要对软件的可行性进行一定的分析。对于在校学生，由于个人能力有限，不可能熟悉所有的相关知识和技术，在考虑可行性时，主要应从团队成员能力的角度去考虑。对可行性考虑的不充分，通常会导致软件开发延期，从而无法在课程设计规定的开发周期内完成软件工程过程。学生团队因这个问题而最终开发失败的例子不在少数。在软件需求分析过程中，还要对软件的规模和范围进行深入定义，那是站在需求的层次上。而在选题时，只需要一个大概的定义即可。

3. 组建团队

团队的组建，应注意 3 个问题。

- 要按照软件工程要求的角色，寻找各方面都认为优秀和适合的人选。
- 要有团队融洽度的考虑。
- 对团队成员的可工作时间要有充分的考虑。

第一点很容易理解。比如美工、数据库开发等工作，如果之前没有相关的经验，是很难做好的。例如，有一个团队缺乏一位擅长美工或有美工经验的成员，这直接造成了项目最终在界面美化、用户舒适度等方面存在一定的缺陷。因此，对于各个角色，尤其是需要天分和经验的角色，一定要结合工作需要，寻找在这方面有能力、可出色完成任务的团队成员。

在选择成员时，要考虑该成员对团队融洽的影响。学生组队完成一项工作，一方面可以锻炼能力，另一方面也可以结交朋友。团队成员间若能建立亲密的友谊，工作效率自然会高，同时会减少很多不必要的麻烦。反之，成员之间勾心斗角，最终是不欢而散，项目也会以失败告终。例如，某个团队实际上并不是因为软件工程课程设计而临时组建的，在这之前他们已经合作完成了其他项目。大家在一起工作，感觉还比较开心。于是，在软件工程课程设计中，很可能自然地又走到了一起。

团队成员可工作时间的考虑对于本科学生团队来说尤其重要。本科生往往有比较繁重的课程及多样的社团工作和活动，同时还可能准备考研、出国或者承担实验室任务等。因此，其空余时间并不多。而为了使自己的团队能保质保量地按时完成课程设计，必须充分考虑团队成员对于本项目的可工作时间。即使一个学生很优秀，能力完全满足甚至超出了的项目需求，但他很忙（这种学生一般都很忙），对于本项目的可工作时间太少，那么，团队也可以毫不犹豫地放弃他。例如，有一个团队在组队过程中，曾有非常优秀的学生主动要求加入，但考虑到他并没有足够的时间参与到项目中，因此该团队果断地拒绝了他的要求。

对于软件工程的课程设计，组建团队还应包括明确的角色分工。软件工程课程设计的团队人数一般为 4 ～ 6 人。例如，实现会议管理系统项目的角色可分为项目经理、编码、测试、美工和数据库，其中编码角色 2 人，其他角色 1 人。也许有人会问，怎么没有需求人员和设计人员？这是不是不符合软件工程的要求？这里有必要解释一下。学生团队与企业中真正意义上的团队还是有很大差距的。企业级团队成员一般是不固定的，各种角色并不存在于整个软件生命周期，这些成员完成某个项目的工作后就可能转去完成另一个项目。因此，参与某一软件项目的总人数会很多，但每个人的角色很单一，一般都只存在于软件生命周期的某一阶段。这样，自然会设置专业的需求和设计人员等。但学生课程设计的团队却不一样，由于教师出于考核方面的考虑，对团队人数有严格的限定，且每个成员都应自始至终地参与到项目中。因此，对于一个 4 ～ 6 人的团队，若单独分出人员做分析和设计等工作，会造成在整个软件生命周期中都有一定的人员资源的浪费，同时成员无法参与软件工程的全过程，也就无法深入理解整个过程，这与软件工程课程教学大纲安排相应的课程设计等实践环节的主旨是相悖的。因此，秉承着所有成员都能充分地参与到软件生命周期的全过程的宗旨，对于需求和设计等过程和环节，可以集体工作，在此过程和环节中忽略原本分配的角色，进行再分工。比如，当进行需求分析时，团队成员都参与，然后每个人都有各自需求部分的分工。

4. 团队工作方式

完成选题和组队后，就可以商定团队的工作方式了。对于学生，一般难以找到一个合适的独立环境来集体工作。图书馆、教室等公共场所由于不能讨论，不适合团队工作。而团队成员都在同一个实验室和教研室的概率几乎为零。因此，对于绝大多数的学生团队，采用“分布式”工作方式更为恰当。由于团队成员都是分开的，可能有的在图书馆工作，有的在宿舍工作，必然需要很好的沟通协调和工作同步。团队的交流，可以采用 QQ、微信等即时通信工具完成；而工作的同步，则可以采用 Git 等同步工具，这里只是提一下。会议是团队交流和沟通的一种重要方式。在本阶段，应该确定今后会议的地点、频率和时间等。一般来说，团队会议至少有两种：一是阶段性的会议，这应结合项目的进展情况，这种会议主要关注项目的向前推进速度；二是项目例会，项目应有周期性的固定的例会，主要是为了团队成员能在工作上进行充分的交流。

5. 项目进度安排

作为一个学生课程设计的团队，由于课程设计的时间一般都不会太长，所以必须严格把握时间。为了更好地控制时间，有必要对项目进度的安排做出详细的定义。项目进度安排是指对项目的进度和人员分工所做的项目计划。此计划主要是依据团队人员、课程设计时间、工作量估计及成员对于本项目的可工作时间等因素而制订的。计划的生成方式建议采用表格的形式。若采用工具（如 Microsoft Project 等）制订项目计划，则要将工具所生成的图表附于项目计划中。例如，如果一个团队采用的是“分布式工作”和“集中式讨论”的方式，就可以采用表格的方式，且项目进度的安排可以以周为单位。因为软件产品的特殊性，在软件开发过程中会遇到很多预想不到的困难，这必然会影响项目的进度，所以在制定项目进度的安排时，应该考虑到这一点。一般的处理方法是给整个项目留出一周的缓冲时间。具体到各个阶段的进度安排时，要从整体上把握，合理地安排各个阶段的时间。对于需求分析阶段，一般来说，由于其重要性及对后续阶段的持续影响性，所用的时间长一些，大约占整个项目的30%左右。但这不是必需的，应该根据实际情况做出合理的安排。软件设计会直接影响编码和测试的效率，对于任何一个项目来说都是十分重要的，这个过程的时间大约占整个项目的20%。如果软件设计足够优秀，那么编码和测试的效率和正确性将会很高，而且时间也较容易把握。一般来说，编码和测试大约占整个项目时间的35%左右。有了前面的工作，接下来的产品包装和发布将变得比较容易，这个阶段大约占整个项目时间的15%，其中应该包括一定的缓冲时间，以应对开发过程中所遇到的意外情况。

以会议管理系统项目为例，将需求分析安排在第1周，主要是进行需求的确认，对该项目的功能进行一些合理的裁剪和添加。对于软件设计，可安排3周的时间，对于编码可安排3周的时间。由于这个项目本身并不很大，所以测试安排1周时间即可。产品最后的包装与发布可用1周时间完成，而剩下的1周时间作为缓冲时间。整个项目为期10周。当然，这样的安排完全是根据项目本身的实际情况，可通过成员之间的讨论而最后决定，至于其合理性，将会在项目的开发过程中进行验证。在安排自己的项目时，要根据实际情况来安排各个阶段的进度，并不一定要完全按照某个项目的时间安排进行分配。但关键的一点是，项目进度制定以后，如没有特殊情况发生，必须严格按照该进度安排去执行。

6. 软件工程课程设计的评价

教育部高等学校计算机科学与技术教学指导委员会在《高等学校计算机科学与技术专业实践教学体系与规范》中指出，软件工程课程设计的培养目标为：重点培养学生的软件开发能力、软件工程素质和软件项目管理能力。依据该培养目标，软件工程课程设计的评价工作重点应从以下几个方面着手。

1）团队的分工与协调。软件工程课程设计是一个团队的工作，团队是否有合理、明确的分工，团队各成员能否相互协调好各自的工作是课程设计成败的关键，也是课程设计评价的重要标准之一。这与提高学生的软件项目管理能力的培养目标是一致的。

2）软件开发的复杂程度。软件工程课程设计要培养学生的软件开发能力，因此软件的复杂程度也是评价工作要考虑的因素。单从软件开发的角度看，软件本身越复杂，开发者在开发过程中投入越多，开发者在软件开发上的收获也越大。因此软件项目较为复杂的课程设计，在同等条件下应获得更高的评价。

3）软件工程过程的完整性和规范性。软件工程过程至少应包括需求分析、软件设计、软件实现和软件测试。同时，项目管理、配置管理等配套工作也不可少。这些过程的完整和规范程度能很好地反映开发团队对软件工程的理解及实际操作情况。这里主要考察的是学生的软件工程素质。

4）文档是否齐全和规范。软件工程课程设计对于各阶段的工作都有明确的文档要求，包括需求分析文档、概要和详细设计文档，以及软件测试文档等，这些文档的齐全和规范程度能较好地反映学生对软件工程各种基础知识的掌握程度和熟练运用的能力，是学生软件工程素质的评价标准之一。

依据上述4点，制定出一套评价方法。下面介绍该评价方法，可供参考。

课程设计评分包含团队答辩和文档评分两部分，二者各占50分。答辩时，所有团队成员都需参加。各团队按照项目背景、项目管理、需求分析、软件设计、软件实现和软件测试等介绍课程设计的完成情况。评委老师依照答辩情况，重点考查团队的分工与协调情况、软件的复杂程度和最终实现情况，以及团队对软件工程过程的执行情况。这3项满分均为50分，答辩成绩为这3项得分的平均值。详细评分组成如表A-1。

表 A-1 软件工程课程设计答辩评分

团队的分工与协调情况	团队成员分工和角色是否明确（10 分）	
	项目经理的作用（10 分）	
	团队的沟通和协调机制（30 分）	
软件的复杂程度和最终实现情况	软件的复杂程度（20 分）	
	软件的实现情况	完成百分比（10 分）
		可用性（10 分）
		易用性（10 分）
团队对软件工程的执行情况	软件工程过程的完整性（20 分）	
	软件工程各阶段工作的规范性（20 分）	
	团队在软件工程过程中的收获和进步（10 分）	

软件工程课程设计的文档一般包括需求分析文档、软件设计文档、软件测试文档和用户手册等，指导教师基于这些文档的完整性、规范性和正确性来对学生的软件工程课程设计进行评分。这 3 项满分均为 50 分，文档成绩为这 3 项得分的平均值。详细评分组成如表 A-2 所示。

表 A-2 软件工程课程设计文档评分

文档的完整性	包括需求、设计和测试等在内的主要文档是否齐全（20 分）
	各文档内部的内容是否完整，即是否包含文档规范所要求的各个组成部分（15 分）
	各文档内部的如用例图等软件工程技术的完整性（15 分）
文档的规范性	依照各文档的规范性标准，按各文档的规范性程度给分（50 分）
文档的正确性	按各文档的正确性程度给分（50 分）

附录 B 案例——“墨韵”读书会书籍共享平台（通过扫描二维码获取文档和代码）

图 B-1 软件开发计划书

图 B-2 需求规格说明书

图 B-3 软件设计说明书

图 B-4 源代码

图 B-5　测试分析报告

图 B-6　用户手册

图 B-7　部署文档

注：读者可以使用移动设备的相关软件（如微信、QQ）中的“扫一扫”功能扫描书中提供的二维码，在线查看相关资源。如果“扫一扫”后，在微信端无法打开相关资源，请选择用手机浏览器直接打开。

参 考 文 献

[1] 田淑梅，廉龙颖，高辉．软件工程——理论与实践[M]．北京：清华大学出版社，2011.
[2] 陈明．软件工程实用教程[M]．北京：清华大学出版社，2012.
[3] 陶华亭，等．软件工程实用教程[M]．2版．北京：清华大学出版社，2012.
[4] 李代平，等．软件工程[M]．3版．北京：清华大学出版社，2011.
[5] 贾铁军，等．软件工程与实践[M]．北京：清华大学出版社，2012.
[6] 沈文轩，等．软件工程基础与实用教程——基于架构与MVC模式的一体化开发[M]．北京：清华大学出版社，2012.
[7] 赵池龙，等．实用软件工程[M]．北京：电子工业出版社，2011.
[8] 韩万江，等．软件工程案例教程——软件项目开发实践[M]．2版．北京：机械工业出版社，2011.
[9] 王华，周丽娟．软件工程学习指导与习题分析[M]．北京：清华大学出版社，2012.
[10] 吕云翔，王洋，王昕鹏．软件工程实用教程[M]．北京：机械工业出版社，2010.
[11] 吕云翔，王昕鹏，邱玉龙．软件工程理论与实践[M]．北京：人民邮电出版社，2012.
[12] 吕云翔，刘浩，王昕鹏，等．软件工程课程设计[M]．北京：机械工业出版社，2009.
[13] 张燕，等．软件工程理论与实践[M]．北京：机械工业出版社，2012.
[14] 耿建敏，吴文国．软件工程[M]．北京：清华大学出版社，2012.
[15] 陆惠恩，张成姝．实用软件工程[M]．2版．北京：清华大学出版社，2012.
[16] 李军国，等．软件工程案例教程[M]．北京：清华大学出版社，2013.
[17] 许家珆，等．软件工程——方法与实践[M]．2版．北京：电子工业出版社，2011.
[18] 钱乐秋，等．软件工程[M]．北京：清华大学出版社，2007.
[19] Rajib Mall. 软件工程导论[M]．马振晗，胡晓，译．北京：清华大学出版社，2008.
[20] 刘冰．软件工程实践教程[M]．2版．北京：机械工业出版社，2012.
[21] 张海藩．软件工程导论[M]．5版．北京：清华大学出版社，2008.
[22] 张海藩．软件工程导论学习辅导[M]．5版．北京：清华大学出版社，2008.
[23] 张海藩．牟永敏，面向对象程序设计实用教程[M]．北京：清华大学出版社，2001.
[24] 张海藩，吕云翔．软件工程[M]．4版．北京：人民邮电出版社，2013.
[25] 张海藩，吕云翔．软件工程学习辅导与习题解析[M]．4版．北京：人民邮电出版社，2013.
[26] 郑人杰，等．软件工程概论[M]．北京：机械工业出版社，2010.
[27] 窦万峰，等．软件工程方法与实践[M]．北京：机械工业出版社，2009.
[28] 杜文洁，白萍．软件工程基础与实训教程[M]．北京：电子工业出版社，2013.
[29] 陈松桥，等．现代软件工程[M]．北京：清华大学出版社，2004.
[30] 陆惠恩．软件工程[M]．2版．北京：人民邮电出版社，2012.
[31] 郭宁，等．软件工程实用教程[M]．北京：人民邮电出版社，2011.
[32] 吕云翔，杨颖，朱涛，等．软件测试实用教程[M]．北京：清华大学出版社，2014.
[33] 赖均，等．软件工程[M]．北京：清华大学出版社，2016.

[34] 阎菲，等. 实用软件工程教程[M]. 北京：中国水利水电出版社，2006.
[35] 翟中，等. 软件工程.2版.[M]. 北京：机械工业出版社，2011.
[36] 张晓龙，等. 现代软件工程[M]. 北京：清华大学出版社，2011.
[37] 郑人杰，等. 软件工程概论[M]. 2版. 北京：机械工业出版社，2014.
[38] 贲可荣，等. 软件工程：基于项目的面向对象研究方法[M]. 北京：机械工业出版社，2009.
[39] 吕云翔，赵天宇，丛硕. UML与Rose建模实用教程[M]. 北京：人民邮电出版社，2016.
[40] 吕云翔. 软件工程实用教程[M]. 北京：清华大学出版社，2015.